DE LA
PERFECTION
DE L'HOMME,

OV LES VRAYS BIENS SONT CONSIDEREZ,
ET SPECIALEMENT CEVX DE L'AME;
AVEC LES METHODES DES SCIENCES,

QVI CONTIENNENT,

La Recherche des Sciences vtiles ou inutiles;
La Clef de la Science vniuerselle & le Sommaire de
*   son ordre,*
Le Sommaire des opinions les plus estranges des Noua-
*   teurs en Philosophie,*
L'Examen des Encyclopædies,
Le vray Examen des Esprits propres aux Sciences,
La grande & parfaite Methode pour les Academies,
Et la Methode Royalle pour l'instruction des Princes &
*   des personnes qui ne peuuent s'assujettir aux Me-*
*   thodes ordinaires.*

Par M. CH. SOREL, Conseiller du Roy en ses Conseils,
premier Historiographe de France & de sa Majesté.

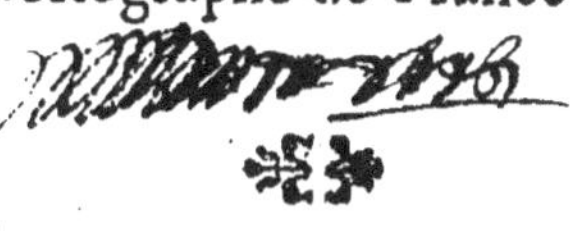

A PARIS,

Chez ROBERT DE NAIN, au Palais, à l'entrée de la
Salle Dauphine, à l'Annonciation.

___

M. DC. LV.
Auec Priuilege du Roy.

AVERTISSEMENT SVR CE LIVRE.

L'AFFECTION que plusieurs ont pour les choses anciennes est tres-juste & tres-raisonnable, à cause des grandes lumieres que nous receuons des anciens Oracles de la Science : Toutefois ce seroit auoir peu de consideration pour le progrez que les Hommes peuuent faire dans les connoissances de ne pas rechercher les pieces de nouuelle inuention, quand elles ont vne marque extraordinaire. Il y a des-ja quelques années que les Liures de la Science Vniuerselle ont esté mis au iour, mais les deux premiers ayant parû sous le nom de la Science des choses Corporèlles & des choses Spirituelles, & les autres venans apres sous leurs noms particuliers, ils ont esté vn peu mesconnus, iusques à ce que le tout estant rassemblé, on ait veu qu'ils seruoient à composer le vray enchaisnement des Sciences. Ceux qui n'ont pas eu la patience de les lire de suite, ou qui n'ont pas eu assez d'attention pour comprendre la connexion des sujets, auront la commodité d'en trouuer icy le Secret. C'est ce qui fait que ce Liure est donné au public auec plus d'esperance de le voir bien receu, ioint qu'il concerne l'ordre & la liaison de la Science Vniuerselle, sans l'intelligence de laquelle on ne peut estre parfaitement Sçauant. Pour rendre ce present plus vtile, il a esté rangé parmy d'autres traitez de la Perfection entiere de l'Homme, dependans de la premiere partie de nostre Institution, où l'on void les moyens d'estre instruit dans les Sciences en moins de temps qu'à l'ordinaire, ce qui doit apporter beaucoup de fruict. La diuision de ces Traitez est à peu pres selon leur dignité.

4

Quoy que toutes les choses du Monde ayent vne liaison reciproque & ne forment qu'vne seule Machine qu'on appelle
l'Vniuers, si est ce que separément elles en composent plusieurs
differentes, qui sont accomplies en leur total. Il en est de mesme de ces Discours que nous verrons maintenant & de quelques autres semblables, qui vnis ou separez composent des
Corps parfaits en ce qu'ils contiennent. La Science Vniuerselle estant diuisée en deux parties qui sont de l'Estre des
Choses & de leur Vsage, Melioration & Perfection, il ne
faut pas pourtant s'imaginer que le Liure DE LA PERFE-
CTION DE L'HOMME, que l'on trouue icy en soit seulement vne suite où l'on veüille traiter plus au long ce qui n'a
esté auparauant que tracé & designé. L'ouurage present a
des parties si considerables qu'il doit faire luy seul vn corps à
part, & si l'on se persuade qu'il depend de la Science Vniuerselle, cette Science Vniuerselle en peut bien dependre reciproquement: Tant y a que tous deux, ils peuuent estre des
Liures separez; Et pour rendre celuy-cy plus independant
on luy pourra dõner encore ce nom general de L'INSTITVTION
HVMAINE. Cecy a esté representé en plusieurs endroits
de ces ouurages, & mesmes si l'on s'attend que les Prefaces
declarent les principaux suiets des Liures, comme des Affi-
ches mises à l'entrée des Escholes, qui font vn denombrement
de ce que l'on y monstre, il est peu necessaire d'obseruer cette
coustume, veu que le contenu des diuers Traitez qui sont mis
auiour, est assez aparent par des Titres fort estendus, &
par ce qui en est divulgué autrepart. Vous trouuerez aussi
en quelque lieu des promesses dont le Temps fera voir
l'execution.

TABLE
DES TRAITEZ
CONTENVS EN CE LIVRE,
ET DE LEVRS CHAPITRES ET SECTIONS.

DE LA SCIENCE, premier Bien de l'Ame & de l'Efprit; De l'ignorance qui luy eft opofée & de fes differentes efpeces; Des deffaux de l'inftruction, & quels font les Traitez qui doiuent dependre de celuy cy.

CHAPITRE III. 77

LES METHODES DES SCIENCES. Des
Sciences vtiles & de celles qui font inutiles; Les definitions
& les principales obseruations de quelques vnes, & des Erreurs
de leur instruction, auec la Responce à ceux qui les veullent
accufer toutes de vanité & d'incertitude. PREMIER
TRAITE'.

Auant

LA CLEF DE LA SCIENCE VNIVERSELLE, qui monstre premierement quelques deffaux des Cours de Philosophie & mesmes des Encyclopædies; En suite est le Sommaire de l'ordre gardé dans l'ouurage intitulé, La Science Vniuerselle, accompagné de quelques Reflexions, & d'vne grande Table ou Carte qui fait voir cét ordre tres-clairement.

LE SOMMAIRE DES OPINIONS les plus eftranges des Nouateurs modernes en la Philofo-phie, comme de Telefius, de Patritius, de Cardan, de Ra-mus, de Campanelle, de Defcartes & autres, & en quoy on les peut fuiure. TROISIESME TRAITE'. 209

L'EXAMEN DES ENCYCLOPÆDIES,
ou l'Examen des ouurages des Autheurs qui ont voulu enfeigner toutes les Sciences dans vn feul Liure ; Comme de Martian Capelle, George Valle, Raymond Lulle, Gregoire
Thoulouzain, Robert Flud, Alftedius & autres; Pour conferer leur ordre auec celuy de la Science Vniuerfelle, & monftrer en quel lieu fe trouue le vray & naturel rañg des Sciences
& des Arts, & leur correfpondance diuerfe felon le progrez
qui s'en fait dans l'Efprit de l'Homme. QVATRIESME
TRAITE' feruant de fuite à la clef de la Science Vniuerfelle.   277

DV VRAY EXAMEN DES ESPRITS,

Ou des Moyens d'aprendre les Sciences fondez fur la Nature,
par l'Examen de la Complexion des Hommes, & par les
changemens qu'on y peut aporter. CINQVIESME
TRAITE'.

DE LA GRANDE ET PARFAITE METHODE

Pour aprendre les Sciences & les Arts dans les Colleges ou
Academies; Comment les Leçons y doiuent eftre autrement
reiglées qu'à l'ordinaire, pour y eftre inftruit de plus de chofes,
& plus facilement & en moins de temps. SIXIESME
TRAITE'.

Extraict du Priuilege du Roy.

PAR Lettres Patentes du Roy données à Paris le quatrief-me iour de Fevrier mil six cens quarante-fept, Signées, Par le Roy en fon Confeil RENOVARD, & fcellées du grand Sceau. Il eft permis à C. H. SOREL, S.D.S.M. Confeiller du Roy en fes Confeils, prémier Hiftoriographe de France & de fa Majefté, de faire imprimer, vendre & diftribuer par tel Libraire ou Imprimeur qu'il luy plaira en vn feul Volume ou en plufieurs diffe-rends, vn Liure intitulé, *De la Perfection de l'Homme, tant pour les connoiffances que pour les mœurs, Auec les bonnes reigles de la Vie, & l'Examen de plufieurs Autheurs*, & ce pour le temps de fept ans, à compter du iour que chaque Volume ou Traité fera acheué d'im-primer pour la premiere fois : Et défenfes font faites à toutes autres perfonnes de l'imprimer, vendre & diftribuer fur les peines y conte-nuës, comme il eft plus amplement porté par lefdites Lettres.

Et le fufdit a cedé & tranfporté le prefent Priuilege à R. DE NAIN Marchand Libraire à Paris en ce qui eft des Traitez particuliers, De la Perfection de l'Homme, & des Methodes des Sciences.

Acheué d'imprimer pour la premiere fois le deuxiefme iour de Ianuier mil six cens cinquante-cinq.

Les Exemplaires ont efté fournis.

DE
LA PERFECTION
DE L'HOMME,

Propofition du Liure de la Perfection de l'Homme.
Plaintes fur les imperfections & miferes de l'Homme;
Refponfe à de telles plaintes, où l'on void quels aduan-
tages a l'Homme fur les autres Animaux;
Auec la Conclufion pour fon excellence & fes perfe-
ctions diuerfes.

CHAPITRE PREMIER.

ENTRE le grand nombre de fujets qui peuuent eftre donnez à la parole où à la plume,
pour s'aquerir l'attention des Hommes, il n'y
en a point qui y doiuent reüffir d'auantage
que ceux qui concernent leur perfection, foit
qu'ils l'ayent receuë naturellement, où qu'ils
fe foient rendus capables de l'obtenir par leur
soin & leur trauail. S'ils en ont def-ja gagné quelques notables
parties, ils fe plairont à voir reprefenter ce qu'ils poffedent, &
s'ils ne font point encore paruenus à vn tel bien, cette reprefentation enflammera leur defir pour leur faire fuiure les voyes
qui y menent. La perfection eftant vn amas de tout ce qu'il

Propofition
du Liure de
la Perfection
del'Homme.

A

y a de beau , de bon , & de iuſte , quiconque parle d'elle n'oublie
rien de ce qui eſt au Monde. D'autant que ce deſſein embraſſe
tous les autres , ie l'ay choiſi pour laiſſer par eſcrit , vne deſduction generalle , de ce que les Hommes peuuent aprendre de
plus vtile ; Que l'on donne à cét ouurage , le tiltre , *De l'Homme*
parfaict , *& de la Perfection de l'Homme, ou des Hommes,* il ſera autant pour le general que pour le particulier. C'eſt ſous de tels
noms que l'on peut comprendre l'Inſtruction generalle des Hommes, ou leur Inſtitution Philoſophique, Ciuille, Moralle & Politique. Ce traicté tout au moins y ſeruira de preparation & de
fondement , les diſpoſant à compoſer leur perfection de ces diuerſes pieces. Il ne faut pas ſe laiſſer emporter neantmoins à des
penſées temeraires & vagues ; Ce que l'on promet aux Hommes
doit eſtre limité à ce qui leur eſt propre. Si l'on leur parloit de
la Perfection abſolument, c'eſt à quoy ils ne pourroient atteindre , car la Perfection abſoluë eſt la ſouueraine qui ne ſe trouue
qu'en Dieu , Maiſtre & Createur de l'Vniuers , ſeul parfaict de
tout temps & à l'infiny , lequel eſtend ſa Beauté , ſa Bonté & ſa
Iuſtice ſur toutes ſes Creatures , comme des rayons ou eſclats
d'vne Lumiere ſupréme , qui eſt la ſource de tout Bien , & dont
elles reçoiuent plus ou moins ſelon leur capacité. Ceſt de cette
ſorte que les Subſtances Inferieures ont quelque Perfection , &
qu'on en peut attribuer aux Hommes. I'entrepren donc de leur
monſtrer le droict qu'ils ont de pretendre à ce bonheur , eſtant
pourueus d'vn corps & d'vne ame propres à pluſieurs operations
excellentes où leur Perfection reçoit ſon accompliſſement. Ceſt
à cela qu'ils doiuent aſpirer comme à leur principalle fin , de laquelle il leur ſeroit honteux de ſe deſtourner , veu que tout ce
qui a l'eſtre recherche auec vehemence ce qui luy conuient. Les
animaux qui ont des qualitez moins releuées & moins ſuffiſantes
pour les perfectionner, pourſuyuent auec tant de ſoin ce qui leur
eſt profitable, qu'il pareſt qu'ils ne viuent que pour ſe rendre par-
faicts chacun ſelon leur eſpece , & quoy qu'ils ne le faſſent que
par des mouuemens que la Nature guide ; ſi eſt-ce que leurs Sens
receuans les objects des choſes qui leur ſont propres , ils ſont eſmeus d'vn certain apetit qui leur tient lieu d'vne affection veritable & connoiſſante. Les corps ſimplement vegetatifs, comme

font ceux des arbres & des herbes, tendent auffi à leur perfection
particuliere, fe plaifant aux endroicts de la Terre qui ne font
point trop pierreux, où quelques eaux voyfines les rafraifchif-
fent, & où le Soleil leur peut jetter de fauorables regards, de forte que fe trouuans en cét eftat on les void incontinent reuerdir
& fructifier dauantage. Les Subftances mefmes qui n'ont rien
que l'Eftre, comme la Terre, & l'Eau, cherchent leur repos &
leur conferuation, tombant en droicte ligne iufques aux lieux
où elles peuuent eftre fouftenues felon leur poids, & s'efleuant au
deffus des autres lors qu'elles font moins pefantes. Que fi tout
cela ne fe fait que par vne puiffance vniuerfelle, à laquelle tous
les corps obeyffent, c'eft pourtant vne image de ce qu'on doit
rechercher, & vne exhortation aux creatures raifonnables, de
ne pas moins faire que celles qui n'ont point de fentiment. Les
Hommes s'y doiuent porter auec d'autant plus de courage, qu'ils
ont la faculté de connoiftre le bien qui leur eft neceffaire, & de
le trouuer eux mefmes, fe faifans diftinguer notablement des autres animaux par leurs qualitez fpecialles ; Mais quelque opinion
qu'on puiffe auoir de ces prerogatiues, il y a des Hommes qui les
mefconnoiffent, fe plaifant à contrepoincter les autres, & qui
s'occupent ordinairement à faire des plaintes de leur condition
& à quereller la Nature. Si pour ce fujet on les veut accufer d'i-
gnorance, ils croyét au contraire que c'eft en cela qu'ils donnent
des marques de fuffifance & de bon iugement, voulant mefmes
eftre eftimez parfaits, lors qu'ils publient leur imperfection: Toutefois c'eft fe mettre fort loin des honneurs qu'ils fe veullent attribuer, & ce font d'eftranges obftacles à la Perfection que i'ay
entrepris de defcrire, laquelle eft plus releuée que ce qu'ils fe
propofent. Il faut les ouyr en leurs plus fortes preuues, pour y
refpondre apres ponctuellement, afin que fi nous les pouuons
conuaincre ils n'ayent plus rien à objecter.

QVELQVES vns ne fe pouuans empefcher d'aduoüer
qu'entre les Subftances qui ont fimplement l'Eftre, ou qui ont la
vegetation, & celles qui de plus ont le fentiment, il y a diuers degrez d'excellence, il ne leur femble pas neantmoins que les Hommes en foient plus auantagez que les autres animaux ; Au contraire à peine les font ils efgaux aux moindres, & ils ne croyent

pas que les facultez de l'Entendement, les puiſſent beaucoup
releuer au deſſus des Beſtes qui ont le Sentiment accompagné
d'Imagination & de Memoire. Ces gens là eſtant de ceux qui
communiquent leurs penſées au public, ils compoſent des Liures
exprez pour deſcrire leurs imperfections & leurs infirmitez, &
comme s'ils triomphoient dans leur propre calamité, il n'y a
point d'endroiçt où ils eſtallent dauantage leur eloquence. Ils penetrent iuſques dans les cachots de la Nature pour conſiderer leur
origine, & repreſentent aux autres Hommes auſſi bien qu'à eux
meſmes ; Que leurs membres ne ſont formez que d'vne goutte
de ſang recuit, & que leur premiere demeure eſt entre des re-
ceptacles d'excremens, afin que la baſſeſſe & l'ordure de leur
production les auiliſſe dauantage ; Qu'eſtant huiçt ou neuf mois
dans cette triſte cloſture, encore n'y ſont ils pas à ſauueté, & qu'il
faut meſmes beaucoup de ſoin pour leur conſeruer leur miſere ;
Qu'vne ſimple cheute de leur Mere, ou vn pas vn peu trop
prompt, ſont capables de priuer de vie, leurs foibles corps ; Que
la ſeule vapeur d'vne meſche eſteinte ou quelque autre odeur
deſagreable, peut auſſi faire auorter la Femme qui les porte, &
les faire ſortir au iour lors qu'ils ne ſont pas capables d'en iouyr ;
Qu'vne ſeule penſée que cette Femme aura eüe, les peut faire
naiſtre monſtrueux, ou leur faire garder eternellement la marque de ſes apetits ; Qu'au temps meſme le plus conuenable & le
plus heureux qu'ils puiſſent venir au Monde, ce n'eſt qu'auec
des crys & des larmes, comme s'ils aprehendoient deſia les maux
qui leur ſont preparez, & s'ils commençoient de bonne heure vn
exercice, auquel ils ſe doiuent ſouuent adonner ; Que bien loin
d'eſtre le Miracle & le Chef-d'œuure de l'Vniuers, tels qu'ils ſe
glorifient, la Nature les jette nuds ſur la Terre, ainſi qu'vn
fruiçt abandonné & comme par deſdain ; Que pour l'impuiſſance
où ils ſont, ils paſſent apres deux ou trois années entre les mains
des nourrices & des goüuernantes, qui ſeules leur adminiſtrent
ce qui leur eſt neceſſaire, & que des bras que l'on croid qui me-
naſſent deſia toute la Terre ſi elle ne ſe ſouſmet à eux, & deſquels on ſe promet tant de belles actions, ſont liez comme des
Criminels, & ſont ſerrez & emmaillottez par de ſimples Femmes ; Que leurs jambes & leurs cuiſſes eſtant enfermées de

mefme, elles ne font non plus d'aucun feruice à ce corps auquel
elles font attachées ; Que tous leurs membres font enfeuelis
dans l'ordure ; fans que de fi fiers animaux ayent la force ny le
fentiment d'y remedier , & qu'enfin ils feroient expofez à toutes les iniures de l'Air & à toutes les autres fortes d'accidens,
s'ils n'en eftoient preferuez par des perfonnes plus agées & plus
fortes ; Qu'ils font fi imbecilles d'eux mefmes en ce premier
âge, que fi on les auoit abandonnez pour vn peu de temps, ils
pourroient eftre deuorez des autres animaux , & que cela leur
feroit d'autant plus honteux , que cela fe feroit par ceux qu'ils
fe vantent de maiftrifer ; Qu'ils prennent mal leurs mefures
lors qu'ils publient neantmoins, que tout ce qui eft au Monde
n'eft fait que pour eux; Qu'ils doiuent fe reprefenter que ce n'eft
pas que toutes chofes foient faites pour leur gloire , & qu'elles
leur rendent vn feruice abaiffé , mais c'eft qu'ils ont befoin de
toutes chofes ; Que nonobftant leurs vaines prefomptions ces
autres hoftes de la Terre, qu'ils apellent Beftes Brutes , femblent eftre plus fauorifez de la Nature ; Que s'ils ont vne pareille production , leur naiffance eft plus facile & plus heureufe;
Qu'ils naiffent auec plus de vigueur, & fçauent pluftoft trouuer tout ce qui leur eft propre ; Que venant au Monde auec le
poil , la plume ou les efcailles , ils n'ont point befoin de vefte-
ftement artificiel , & qu'ils ont auffi des armes naturelles pour fe
defendre ; eftant pourueus d'Ongles, de Cornes, de Dents, ou
de Venin ; Que plufieurs excellent en force de Corps & en
agilité , pouuans vaincre leurs ennemis au combat , ou fe fauuer du peril par la promptitude de leur vol, ou la legereté de
leur courfe ; Qu'en outre ils ont les Sens corporels tres parfaits, & qu'il n'y a point d'homme qui ait l'odorat tel que le
chien ; l'ouye telle que l'Oye & la veuë telle que l'Aigle ; Que
fi l'on fait cas du Sens interieur de l'homme, de l'intelligence qu'il a des chofes , & de fes reflexions, ce que l'on appelle la Raifon, on affeure que non feulement les autres animaux n'en font point priuez, mais qu'ils en iouïffent plus parfaitement & plus vtilement ; Qu'ils vont trouuer incontinent
les alimens qui leur font propres ou les herbes qui peuuent remedier à leurs maladies , fans iamais y manquer, ce que les

hommes ne peuuent faire s'ils ne l'ont apris les vns des autres ou
par vñe longue experience ; Que les Oyseaux bastissent des
Nids, les Araignées font des toiles, & les Vers filent de la
soye, sans y auoir esté instruits ; Au lieu que les Hommes ne
pratiquent leurs diuers Arts, qu'apres auoir esté long-temps à
les aprendre de leurs semblables, & que mesmes ils en ont apris
plusieurs des Bestes, comme de l'Hyrondelle & de la Mouche
à miel, à bastir des Maisons, dés Araignées & des vers ou Chenilles, à faire de la toille & autres estoffes., de la Cygogne à se
purger, & du Cheual marin à se saigner; Qu'auec cecy plusieurs
animaux non seulement s'exercent à diuerses industries ausquelles ils font sçauans d'eux mesmes, mais que tous en general
sçauent marcher dés qu'ils viennent au Monde, & se font entendre les vns aux autres par leurs diuers cris, au lieu que les
Hommes employent vn long-temps pour aprendre à marcher
& à parler, & mesme à manger, & ne le sçauroient faire sans
quelque instruction, ne sçachant rien sans aprentissage que
pleurer ; Que si auec le temps ils forment leurs paroles, quoy
que les voix des Bestes, ne soient pas si articulées, elles declarēt
bien pourtant leurs apetits & affections, & leur seruent autant
& plus que la Parole ne nous sert, veu que les hommes qui font
d'vne nation differente, entendent moins le langage les vns des
autres, que les animaux de differente espece ne s'entendent par
leurs cris diuers; Que la plus part de ces Animaux, outre leur
science naturelle, ont encore vne certaine prudence & industrie, pour faire tout ce qui leur est de besoin dans dés occasions
extraordinaires, comme on en donne plusieurs exemples, &
que si on veut prendre le soin de les instruire à quelque chose,
ils ont vne habilité extreme à le retenir; Que si l'on soustient
que pour cela ils n'ont pas la Raison comme les Hommes, qui
est auoir la connoissance des choses vniuerselles, non pas seulement de quelques particulieres, on remonstre que cette connoissance treuue des bornes en beaucoup d'endroits, & que la
faculté de la Raison par laquelle les Hommes s'estiment les superieurs, leur est venduë fort cherement, veu qu'elle ne sert
qu'à leur faire de la peine, les accablant de quantité de maux
dont les Bestes font exemptes, comme des tourmens de l'am-

bition, de l'auarice, de l'amour, de la hayne, de la jaloufie,
de l'enuie, de la fuperftition, & des foins de l'auenir qui les
rendent les plus miferables creatures de l'Vniuers, n'eftant jamais fatisfaits d'aucune chofe qu'ils ayent, & s'affligeant l'efprit continuellement pour les chofes qu'ils n'ont point. On adjoufte encore que de toutes les commoditez du monde, les autres animaux ne recherchent que celles qui font neceffaires à
leur Vie; Qu'ils fe quittent librement les vns aux autres, les
alimens dont ils n'ont pas befoin: Qu'ils diftribuent efgallement à leurs petits, ce qu'ils ont amaffé, & qu'en ce qui eft des
plaifirs du Corps, ils ne s'y adonnent point par excez, ayant
leurs faifons & leurs mefures pour les actes de la generation, au
lieu que les Hommes eftant intemperans pour toutes chofes, &
n'ayans jamais affez de ce qu'ils fouhaitent, oftent mefmes à
leurs prochains ce qui leur doit apartenir legitimement, & ceux
d'entr'eux qui font enclins aux voluptez corporelles, s'y abandonnent en tout temps iufqu'à la perte de leur Santé. Qu'au refte de tous les autres animaux, ceux d'vn mefme genre ne fe
font point la guerre entr'eux comme les hommes, qui femblent
n'afpirer qu'a deftruire leur propre nature, tellement que ceux
qui font des conditions les plus paifibles, & ceux qu'vn facré
lien de parenté ou d'alliance, deuroit faire entre aymer, fe que-
rellent quelquefois, & s'entre-battent, ou tafchent au moins
de fe ruiner les vns les autres par des procez & par d'autres in-
trigues, & que cela eftant bien confideré il fe trouue enfin que
ces Animaux que les hommes apellent irraifonnables, ont plus
de raifon, plus de temperance, & plus de iuftice & de charité
que ceux qui les mefprifent.

Ayant ainfi confronté les Hommes auec les Beftes, pource Miferes
qui eft des qualitez perfonnelles tant de l'Efprit que du Corps, humaines
en quoy l'on pretend que les hommes font les plus mal partagez en tous âges
des dons de la Nature, delà l'on vient à nous reprefenter les & en toutes
miferes humaines en tous âges & en toutes conditions L'Hom- conditions.
me eftant dans l'enfance eft, ce dit on, vne forte d'animal moins
raifonnable qu'aucun autre, lequel eft fi fantafque qu'il fe faf-
che & fe plaint le plus lors qu'on luy fait le plus de bien, & on
ne luy fçauroit iamais faire comprendre ce qui eft iufte & nec-

ceſſaire. Comme il fait du mal aux autres par ſon opiniaſtreté, il s'en donne auſſi beaucoup, & à meſure que ſon âge augmente, il a vne autre ſorte d'affliction pour les rigueurs & les chaſtimens d'vn Pere ou d'vn Maiſtre, & pour le ſoin & le trauail qu'il luy faut employer aux Sciences ou aux Arts qui doiuent ſeruir à la conduite de ſes mœurs, & à le rendre capable d'vne profeſſion digne de ſa naiſſance ou qui le tire de la neceſſité. Le tiers de ſa vie eſt ainſi conſommé à aprendre à bien paſſer le reſte, & il ſe void ſouuent en eſtat de mourir lors qu'à peine a-t'il commencé de viure. Lors qu'il eſt homme fait, & qu'il a vne femme & vne famille à gouuerner & à nourrir & des enfans a'pouruoir, dont les faſcheuſes humeurs & la deſobeiſſance luy cauſent beaucoup d'inquietudes, on peut iuger combien ſes peines luy ſont redoublées, ayant quelquefois le regret de ſçauoir que ceux à qui il a donné la vie, ſont ceux qui ſouhaitent le plus ſa mort. Quels malheurs n'ont point encore les hommes dans les differentes naiſſances & conditions ? Ceux à qui les Peres ont laiſſé des richeſſes toutes acquiſes, & qui n'ont qu'a choiſir entre les diuers moyens de les deſpencer, ne rencontrent en cela que des occaſions de viure en oyſiueté, & parmy les voluptez. C'eſt ce qui les fait croupir dans l'ignorance & la laſcheté ; C'eſt ce qui leur attire la haine & le meſpris des autres hommes, & leur cauſe enfin quelque diſgrace pour la recompenſe de leurs vices. Mais d'vn autre coſté qu'y a t'il de plus miſerable que ceux qui ſont nez dans la miſere? Ceux à qui la naiſſance n'a octroyé aucunes facultez pour ſe ſubuenir, ou qui ont perdu toutes celles qu'ils auoient, ne demeurent ils pas dans ce malheureux eſtat tout le reſte de leurs iours, ſi ce n'eſt que par quelque grand haſard la fortune vienne à les fauoriſer, ou que par quelques meſchancetez inſignes ils la contraignent à ſe tourner vers eux, puis qu'il eſt malayſé de s'enrichir en peu de temps auec innocence ? Les plus pauures ſont forcez d'implorer l'aſſiſtance des Riches par des abaiſſemens, & des ſuplications ſemblables que s'ils parloient à des Dieux, & pource que le plus ſouuent ils n'en recoiuent que des rebuts, voyant cette dureté, le deſeſpoir en porte pluſieurs aux voleries & aux homicides, pour auoir par fineſſe ou par

vio-

violence, ce que l'on ne leur veut pas donner de bon gré, &
c'eſt ordinairement ce qui leur fait finir leur vie en vn gibet. Que
ſi ayant de la force & de l'adreſſe, ils ont auec cela vne volonté
ſi portée au bien qu'ils aiment mieux ſouffrir de la peine, que
d'auoir ce qui leur eſt neceſſaire par de mauuais moyens, il faut
qu'ils ſe rendent Eſclaues volontaires, ſe ſouſmettant à toutes
les bigearreries desRiches, pour gagner leur pain en les ſeruant,
& ils n'ont perſonne à qui ſe plaindre s'ils ſont mal nourris &
mal recompenſez. Quant à ceux d'vne condition plus franche,
s'ils s'employent à cultiuer leurs terres pour en receuoir les
fruits, ils ſont ſouuent fruſtrez de leurs attentes par les iniures
des ſaiſons, & à peine peuuent ils recueillir autant comme ils
ont ſemé, & lors qu'ils auront fait vne meilleure recolte, il arriuera qu'ils perdront tout par le pillage de la guerre. L'artiſan
le plus expert ne demeure-t'il pas oyſif dans les villes faute de
connoiſſance, ou pour auoir eſté deſcrié par des enuieux, &
ayant beaucoup trauaillé pour des gens barbares & ſans foy,
n'eſt il pas priué iniuſtement de la plus part de ſes ſalaires? Les
Marchands ne voyent ils pas toutes leurs facultez à la mercy de
la mer & des Pyrates, & ne peuuent ils pas auſſi eſtre ruinez par
des banqueroutes qui ſont des naufrages ſur terre? Les plus gros
financiers ne ſont ils pas ſujets à de meſmes riſques dans les a-
uances qu'ils font pour le ſecours des Eſtats & autres grandes
affaires, voyant leurs payemens fort reculez ou deſeſperez par
des reuolutions inopinées? Quant aux gens de Iudicature,
s'ils ont l'ambition d'eſtre aſſis au Tribunal, n'achetent ils
pas fort cher vne dignité qui leur raporte peu, & ceux qui ont
la conduite des affaires des parties, ne trauaillent ils pas ordinairement pour des ingrats, qui les en recompenſent le
moins qu'ils peuuent, & ſe plaignent touſiours ou du peu de
iuſtice, ou d'vne trop longue procedure; Pour les hommes
de Lettres, s'ils s'employent à faire des liures, & qu'ils
n'y reüſſiſſent pas, ils ſont la Fable & la riſée de chacun,
& lors meſmes que leur doctrine & leur induſtrie leur font compoſer d'excellens ouurages pour le ſeruice des Grands & du public, l'Enuie de leurs contendans les priue de leur gloire; Auec
le peu de cas que l'on fait des Sciences dans le Monde, c'eſt ce

qui acheue de leur oster l'esperance de iamais receuoir le prix de
leur merite, & l'on void ordinairement que ne s'estant adonnez
qu'aux connoissances curieuses ou à la recherche des belles paroles, ce leur est vn amusement vain qui les rend mal propres à
acquerir & à conseruer les biens de fortune. Si l'on considere
la vie des gens de Guerre, l'on trouuera qu'ils souffrent autant
de mal comme ils en peuuent faire aux autres; Ils sont perse-
cutez de la faim, de la soif & de la fatigue des chemins; Ils se
mettent tous les iours aux dangers de la mort pour vne cheti-
ue solde, & c'est leur plus grand malheur, si la vie leur est
conseruée apres la perte de quelqu'vn de leurs membres. D'autant aussi qu'ils n'ont autre employ que de tuer des hommes,
leur profession n'est elle pas à detester & ne la doit on pas tenir
pour ennemie de la Nature ? Quant à ceux qui viuent prés des
Grands, sont-ils plus libres que ceux qui sont à la chaisne, &
neantmoins apres toutes leurs deferences & leurs peines, ne sont
ils pas souuent chassez auec honte, & sans remporter autres
marques de leurs longs seruices que les cheueux gris ? Les Princes mesmes que chacun croid estre au dessus des attaques de la
fortune, ne voyent ils pas quelques fois leurs trosnes renuersez
ou leur puissance diminuée, lors qu'ils pensoient rendre leur autorité plus affermie, & ne perdent ils pas leurs Estats en voulant conquerir ceux d'autruy ? Ainsi en tous genres de vie les
hommes voyent la ruine de leurs esperances, & la participation
qu'ils ont aux miseres cómunes. S'ils ne peuuent s'esleuer si haut
qu'ils desireroient, la fascherie qu'ils en recoiuent, n'est pas seulement pource qui regarde leur personne, mais à cause de leur
posterité; Ils font passer leur connoitise audelà d'eux n'estant
pas plus ambitieux pour eux mesmes que pour leurs enfans. Ceux
qui ne sont point mariez & qui n'ont point d'heritiers engendrez d'eux, ont quelquefois de pareils soins pour ceux qui leur
touchent de parenté ou d'alliance, mais plusieurs autres ne les
considerent que comme des gens qui mesurent leur vie, & en
attendent la fin impatiemment pour auoir leur bien, tellement
que plus ils leur sont proches, plus ils y treuuent de matiere de
haine & d'auersion. Quelques Ecclesiastiques sont en cette peine, tant pour le sujet de leurs biens paternels que pour leurs Be-
nefices, ausquels quelques-vns pretendent succeder. Ceux mes-

mes d'entre eux qui ont defiré de s'adonner à la contemplation, font quelquefois forcez de fe mefler dans le tracas de la vie
actiue, & pour ceux qui demeurent enfermez dans les Cloi-
ftres, de vray il n'eft point à propos de fe plaindre que les fatigues de leurs diuers Offices & leurs aufteritez ordinaires leur
caufent beaucoup d'infirmitez, puis qu'ils s'y font refolus en
faifant leurs vœux, & qu'ils les tiennent à grace, mais l'on fe
reprefente encore qu'ils peuuent eftre trauaillez de tentations
qui n'ont pas efpargné les plus grands Saints. Apres cela où peut
on chercher vn azile contre les miferes humaines, & ne fe trom-
peroit on pas de croire que l'on s'en puft mefme exempter en
quelqu'vne des plus auantageufes conditions?

On dit cecy des miferes & des malheurs de l'homme pour
chaque âge & chaque profeffion, & afin d'en acheuer la peinture.
on pretend monftrer que les infortunes des particuliers viennēt
fouuent de leurs deffaux, & que les malheurs de leur condition
font caufez par eux mefmes & feruent apres à en produire d'autres ; Que tous les Hommes temoignent qu'ils font pluftoft portez au mal qu'au bien, comme s'il leur eftoit naturel de mal faire,
& fi de bien faire ce leur eftoit vne chofe forcée ; Que plufieurs
de ceux que leurs vœux & leurs denoirs ont confacrez à Dieu,
femblent pluftoft eftre attachez au Monde & ont les mefmes
paffions que les feculiers ; Que les Princes Souuerains qui deuroient eftre les Peres de leurs peuples en font quelquefois les
deftructeurs, comme ces mefmes peuples manquent auffi de
leur part à la fidelité qu'ils leur doiuent & à l'obferuation de
leurs ordonnances ; Que ceux qui ont efté choifis pour iuger les
differans des parties fe font long-temps folliciter auant que de
rendre la Iuftice, & fouuent rendent l'iniuftice pour elle &
vendent cherement l'vne & l'autre ; Que les Miniftres inferieurs contribuent à la durée des procez & à la perte de ceux qui
s'y ruinēt par leurs chiquaneries eternelles ; En ce qui eft des gēs
de lettres, que plufieurs d'entre eux fuiuent les vaines & fauffes
doctrines, non point les Sciences veritables ; Quant à ceux qui
s'eftiment Nobles pour venir de quelque race de gens d'efpée,
que ce font des prodiges de vanité & d'orgueil, qui traitent auec
infolence & mefmes auec outrage, tous ceux qu'ils voyent foi-

bles & au deſſous d'eux , & qui cherchent ſans ceſſe des ſujets
de querelles & de combats contre leurs eſgaux , eſtant charmez
d'vn faux honneur & d'vn furieux deſir de vengeance ; Que les
plus innocens d'entr'eux ſont au moins coulpables d'oiſiueté ,
n'ayant autre occupation hors de la guerre que la Chaſſe , le jeu
les promenades & les desbauches ; Que pour tous ceux en general qui portent les armes , ce ſont pluſtoſt des Demons que des
Hommes ; Qu'il n'y a ſorte de brigandages & de cruautez qu'ils
n'exercent autant contre les amis que contre les ennemis ;
Quant aux gens de Finance qu'ils ſont perpetuellement occupez à faire que la pluſpart de l'argent qu'ils manient leur demeure , ou à inuenter des ſubſides pour tirer s'ils pouuoient iuſqu'au ſang & à l'ame du peuple ; Que les Artiſans & les Marchands ne penſent qu'à rendre leurs ouurages & leur marchan-
diſe de moindre trauail & de plus legere fabrique , & à les vendre pourtant à prix exceſſif ; Bref qu'en quelque part qu'on aille , on trouue que les hommes abuſent de leur condition , &
qu'apres tant de mechancetez ils ſe monſtrent fort indignes de
cet excellent naturel qu'on leur attribue ; Qu'auſſi n'eſt ce point
le merite qui les eſleue aux plus hautes places , mais l'argent ou
la faueur ; Que l'vn s'acquiert par des iniuſtices & l'autre par des
laſchetez , & que comme la Fortune preſide encore ſur tout cela , c'eſt ce qui y met la confuſion , & que les vices ayant plus de
credit que les Vertus , la pluſpart des Hommes ont peu de ſoin
de ſe rendre Vertueux & d'obtenir les Perfections dont on a
creu qu'ils eſtoient capables , parce qu'elles ſont inutiles à acquerir des richeſſes & des dignitez : Pour concluſion on en reuient là qu'il n'y peut guere auoir de perfection parmy tant de
deffauts naturels ou d'habitude ; Qu'a bon droit on ſe plaint que
la Nature a eſté moins liberalle aux Hommes qu'aux Beſtes, tant
pour les dons du Corps que pour ceux de l'Eſprit ; & que ſi les
Corps des hommes ſont delicats , leur Memoire & leur imagination n'eſtant point plus fortes , en donnēt moins de puiſſance
à leur Raiſonnement ; Que la pluſpart de leurs Sciences eſtant
pleines d'erreur ſont plus capables de les exciter au mal qu'au
Bien ; Que dans leur plus grande excellance , elles ne leur ſont
pas ſi vtiles que ce que les Beſtes ſçauent naturellement dés

qu'elles voyent le iour , & que de plus les hommes ont ce malheur de ne pouuoir maintenir l'ordre & la police parmy eux,
sans s'embaraffer de tous ces diuers degrez de condition, qui
donnent lieu à l'ambition & à l'auarice , & aux autres troubles
de l'Efprit , & que c'eft ce qui les porte apres aux tromperies,
aux trahifons , aux larcins, aux meurtres & à tous les crimes
imaginables , n'y ayant que le feul nom de la Vertu qui ait vogue parmy eux , fans que l'on en voye iamais vn entier effect ;
Que les autres Animaux n'ayant point de peine à s'inftruire
dans leur ieuneffe., ny à eftablir leur fortune dans vn âge plus
efleué , & à chercher ce qui leur eft neceffaire , & viuans auec
efgalité de condition les vns auec les autres , font encore def-
chargez de toute inquietude , & que s'ils ont quelque vice ou
quelque mauuaife inclination , ils n'en ont chacun que d'vne
forte, comme les Tygres qui font feulement cruels , & les lie-
vres qui ne font que timides , mais qu'il fe treuue des hommes qui ont prefque tous les vices en general ; Qu'au refte la
foible complexion de l'homme & fes trauaux continuels , le
rendent fujet à beaucoup d'infirmitez corporelles ; Que
l'on nomme iufques à trois cens fortes de maladies aufquelles fes yeux font fujets , & qu'il n'y en a guere moins pour
chacune des autres parties de fon Corps , tellement que toutes
les Beftes enfemble n'en ont pas tant comme il en a luy feul, &
qu'on peut croire que ce font des punitions ineuitables de fes
fautes ; Que le lieu où la Nature l'a logé , ne paroift auffi eftre
fait que pour luy nuire; Que le Ciel & les Elemens luy declarent la guerre , le Soleil l'efchauffe exceffiuement de l'ardeur
de fes rayons, la Lune le refroidit de fa froide humidité , l'air
l'empoifonne de fes mauuaifes Vapeurs , & qu'il court diuers
hafards d'eftre noyé dans l'eau , ou accablé fous les ruines de la
Terre , ou bruflé dedans le feu , ou de voir quelques vns de fes
membres meurtris, froiffez ou entrouuers du heurt des pierres , des coups de quelques pieces de bois ou de fer , & autres
corps folides ; Que les maladies ou les bleffures luy venans ainfi
de toutes parts , il n'y a point de temps ny de lieu où il foit en
feureté ; Que mefmes fans ces accidens , il porte toufiours fes
malheurs en luy ; Que l'âge le menant à la vieilleffe qui eft vne

maladie incurable , lors qu'il a le plus de maux , c'eſt lors qu'il
a moins de force pour les endurer , Qu'eſtant alors accablé des
douleurs de l'Eſprit & du Corps , il deuient triſte & faſcheux,
inſuportable aux autres & à ſoy meſme , & quelquefois ren-
trant dans l'enfance, il ne ſert que de riſée à ceux qui le voyent,
ou bien perdant l'vſage de ſes membres & de ſes Sens l'vn a-
pres l'autre , il demeure ſur la Terre à demy mort , iuſques à
ce qu'enfin il meure tout entier : Mais que tous ne vont pas ſi
loin , & que leurs maladies ayant abregé leurs iours , ils meurent d'vne mort ſubite ou apres de grandes ſouffrances ; Que
telle eſt la Vie de pluſieurs Hommes , qui n'eſt proprement
qu'vne Mort continuée , ou pluſieurs Morts entremeſlées de
quelques ſimples momens de vie; Et voila , ce dit on , par
moquerie , les qualitez excellantes de cét animal qui s'eſtimoit
ſi parfait.

Comment
l'on repre-
ſente en peu
de mots les
Miſeres des
hommes.

Pline l. 7.
Mont. l. 2.
c. 12. Cha.
l. 1. Thea-
tre du
Monde de
Pierre Boi
ſtuau. La
Circé de
Bap. Gelli.
La cōnoiſ-
ſance des
merueilles
du Monde
& de l'hō-
me par P.
de Damp-
martin.

C'eſt ce que l'on publie ordinairemant au deſauantage de
l'homme , & pour repreſenter ſes imperfections & ſes Miſeres
en peu de mots , on dit qu'il vaudroit autant qu'il ne fuſt point
que d'eſtre ſi peu de choſe comme il eſt ; Que ſa naiſſance eſt
douteuſe , ſa vie fragille , & ſa fin ſi proche du commencement , que ce n'eſt qu'vne ampoulle d'eau , vn ſouffle de vent,
vn Eſclair , vn Songe , ou pluſtoſt l'ombre d'vn Songe , vn
Milieu entre le Rien & quelque choſe , & que ce qui paſſe le
plus viſte & a moins de ſubſiſtance , eſt ſa meilleure figure.
Pluſieurs Autheurs anciens , notammant le vieux Pline , ont
commencé de telles plaintes , que Montagne & Charron ont
continuées & amplifiées , l'vn dans ſes Eſſays , l'autre dans ſes
liures de Sageſſe. Pierre Boiſtuau en a fait autant dans ſes liures des Miſeres de l'homme , & Baptiſte Gelli , & Pierre de
Dampmartin dans des Traitez ſur le meſme ſujet. De ſemblables attaques ſe trouuent encore dans diuers liures de nos Autheurs les plus reçens. Quelques vns n'ont point voulu accuſer
la Nature ſans la defendre ; Ils ont fait pareſtre ce qu'ils penſoient de l'excellence de l'homme , comme de ſes infirmitez;
Mais il y en a d'autres qui ne gardent point cette iuſte proportion , & qui taiſent malitieuſement tout le bien qu'ils voyent.
C'eſt ce qui nous a obligez de ramaſſer tant de propoſitions eſ-

parſés , & de les accommoder à l'vſage de ce ſiecle, afin de ſouſtenir ce qu'ils attaquent, & de releuer l'honneur de noſtre condition qu'ils ont voulu abaiſſer. Nous ne deuons pas nous troubler de crainte & d'eſtonnement pour quelques diſcours temeraires. Gardons nous de nous meſconnoiſtre nous meſmes,
& que la deffiance de nos forces ne nous empeſche point d'aſpirer à nous rendre parfaits, puis qu'il y a autant de danger à
ne point ſçauoir ce que l'on eſt , comme d'en auoir vne trop
grande preſomption.

Ceux qui rauallent l'homme iuſqu'au deſſous des Beſtes, & qui n'en font gueres plus d'eſtat que du Neant , croyent conclurre apres tres facilement, qu'il doit auoir toutes les im-perfections imaginables, & que delà viennent ſa foibleſſe, ſa legereté, ſon inconſtance, & beaucoup d'autres deffaux qui le rendent fort incapable de perfection ; Il n'eſt pas beſoin de raporter tout cecy en particulier ; Ce ne ſont que des dependan-ces des premieres obiections. En refutant les vnes on reſpond aſſez aux autres, & meſmes on le peut faire quelquefois en ter-mes plus courts que ceux des aduerſaires, pource que la ſolu-tion d'vn article en decide pluſieurs.

VOYONS ce que nous auons à dire contre des gens qui ſe rendent ennemis d'eux meſmes en parlant contre leur condition, & qui ſe mettent en eſtat d'eſtre vaincus de quelque coſté que tourne la victoire. Il faut ſuiure l'ordre du diſcours que nous auons eſtably. Premierement en ce qui eſt de la naiſ-ſance ordinaire de tous les hommes, il eſt certain qu'elle eſt à peu prés de meſme que celle des autres animaux , & que ce n'eſt point en cela qu'il y a de l'auantage de quelque coſté ; Que ſi le Corps des hommes eſt plus aiſé à offenſer, ne ſçait on pas que cette delicateſſe leur eſt neceſſaire pour auoir des Organes dont vne ame telle que la leur ſe puiſſe ſeruir ? Que c'eſt pour ce ſujet qu'ils naiſſent ſans autre couuerture que leur ſimple peau, & que leurs premiers cris procedent de ce que l'Air qui commence à les toucher leur fait quelque mal, eſtant plus froid que le lieu d'où ils ſortent ? C'eſt donc vne reſuerie de croire qu'ils ne pleurent en naiſſant que pour preſager leurs miſeres : Les autres animaux temoignent auſſi leur douleur par leurs cris ou autrement ; Et ſi l'on dit que les Hommes ne ſçauent rien faire d'eux meſmes que pleurer, & qu'ils ne ſont nés que pour cela, ne dira t'on pas pluſtoſt le meſme du Ris, qui n'eſt particulier qu'a eux entre tous les animaux, & duquel ils ſe ſeruent ſi agreablement quelques mois apres qu'ils ſont au Monde ? Que ſi on obiecte qu'ils ne marchent point d'abord, & qu'il les faut long-temps emmailloter & auoir ſoin de leur fournir toutes leurs neceſſitez, on n'y doit point trouuer vn ſujet de meſpris, puis que le ſecours qu'ils empruntent ne vient que des autres hommes, & que le pouuoir de leur eſpece eſt rendu commun a tous ; Que ſi on leur reproche leurs foibleſſes & leurs maladies, outre que l'on les peut rejetter ſur la conſtitution delicate qui ſeule leur eſt propre, il faut s'imaginer qu'encore que les Beſtes ayent le corps plus fort, elles ont pourtant leurs maladies, deſquelles ſi on ne ſçait pas ſi bien les qualitez & le nombre, c'eſt qu'elles n'ont pas l'vſage de la Raiſon & de la parole pour les ſignifier. Cette tendreſſe ordinaire qui rend les Hommes incapables de ſuporter pluſieurs incommoditez, eſt ce qui leur fait auoir recours aux veſtemens artificiels, leſquels outre leur vtilité pour les defendre de l'iniure des ſaiſons ſont plus honneſtes que la Nudité, de ſorte que quand meſmes les hommes auroient du poil ou des plumes pour ſe couurir entierement, ils pourroient encore eſtre eſtimez nuds, & les habits qu'ils prendroient de ſurcroiſt ne leur ſeroient point mal ſeans. De plus on doit conſiderer que leurs differentes façons de ſe veſtir, font paroiſtre leur induſtrie, & ſont vtiles & agreables ſelon leur diuerſité. A cauſe de leur temperature, la Nature n'a pû auſſi leur donner des parties ſi fortes & ſi dures qu'ils n'ayent beſoin de ſe ſeruir d'armes empruntées ; Mais de meſme que cela ſembleroit difforme de les voir tout velus comme des Ours, ou tout couuerts d'eſcailles ainſi que l'on peint les Tritons, ne ſeroit il pas horrible qu'ils euſſent des Ongles crochus comme les Lyons, des Cornes côme les Taureaux, & de longues dents comme les Elephans & les Sangliers, & qu'ils iettaſſent du venim comme les Scorpions & les Serpens ? Pourquoy vn Animal né à la bonté & à la douceur, porteroit il en ſon Corps de telles marques de cruauté ?

Ses

Ses mains font affez fortes pour le defendre de la plus part de
fes ennemis, & en cas de befoin il fuffit qu'elles foient adroi-
ctes à tenir des Armes de fecours qui luy font plus-conuéna-
bles, puis que les quittant quand il veut, il monftre qu'il n'en
a pas befoin continuellement, & que fa colere fe peut apaifer
par la Raifon. S'il n'a point d'autre couuerture naturelle que
fa peau, ie puis refpondre encore que cela fuffit à quelques
peuples qui y font accouftumez, & que fi la neceffité a apris
aux autres à trouuer des veftemens, quoy qu'ils ne foient
qu'artificiels, les Beftes ne fe doiuent point glorifier de leurs
veftemens naturels, veu qu'il fe void enfin qu'ils ne font faits
que pour l'Homme, lequel fe fert de leur poil & de leur laine
beaucoup mieux qu'elles, les renuerfant en dedans pour en tirer plus de chaleur; Qu'il fe peut feruir de leurs armes pareillement, mais qu'il s'en fait auffi d'autres plus redoutables,
forgeant des armes offenfiues & defenfiues auec le bois & les
metaux, & employant mefmes tous les Elemens, pour fa conferuation, lors qu'il conftruit des ramparts & des forterefles
auec de la Terre ou des pierres; lors qu'il s'enferme de foffez
pleins d'eau, ou qu'il inonde les pais qu'il veut ruiner, & qu'il
confomme par le feu ce qui luy pourroit nuire; Que pource
qui eft de l'agilité fi l'homme ne l'a pas telle que les Oyfeaux
il ne cede point en cela à aucun des animaux terreftres, puis
qu'on voit quelques hommes qui font des fauts merueilleux;
Que s'il femble que le cheual & le cerf les furpaffent à la courfe, les hommes fçauent bien s'en reuanger en montant fur le
dos du cheual, qu'ils pouffent de l'efperon, & auec la bride &
le frein le retiennent foudain, ou le font tourner par tout où
ils veulent. On void ainfi que les dons corporels que la Nature a faits aux Beftes, ne font principalement que pour l'v-
fage de l'Homme, & que la Prouidence fuperieure a ordonné
qu'il tiraft d'elles ce qu'il n'a pas, afin de marquer fa fuperiorité. Au refte la vigueur du cheual & fa promptitude à courir ne
luy feruiroient de gueres fans le fecours de l'Homme; Car fi
l'Hóme n'auoit trouué l'inuétion de lui garnir les pieds de fers,
lors qu'il feroit côtraint de courir en des lieux pierreux, fa corne feroit bien toft vfée, & fe bleffant par tout, il n'auroit plus

C

de fouftien. Plufieurs Beftes feroient reduites auffi à mourir
de faim & à fouffrir d'autres grandes incommoditez, fi l'Homme ne les en garantiffoit par les prouifions qu'il fait de foin,
d'auoine, & d'autres grains, & de toutes autres chofes neceffaires. Pource qui eft de l'auantage des Sens nous pouuons fçauoir qu'il eft quelquefois plus grand & plus parfait en de certains hommes qu'aux animaux que l'on en croid eftre les
mieux pourueus : Il y a des Hommes qui ont la veuë & l'ouye
fi excellentes, qu'aucun objet vifible & aucun fon ne leur ef-
chapent ; Et quand les Sens & tous les autres auantages corporels feroient moins fubtils en eux qu'en quelques Beftes,
que penferoit t'on inferer dela ? Tout cela n'eft que pour
monftrer que les prerogatiues de leur Nature ne font point

Science
vniuerfelle
vol. 2.

dans les Perfections du Corps, mais dans les Perfections de
l'Efprit. Il faut de neceffité que je repaffe fur des matieres
dont i'ay traicté ailleurs, mais elles auront icy vne autre face
& beaucoup d'augmentation.

Comment
les Beftes
femblent
raifonna-
bles fans
l'eftre.

Apres tant de temoignages de l'excellence des Hômes, n'eft-
ce pas vne moquerie de leur difputer la Raifon, & de vouloir prouuer que les autres Animaux y ont meilleure part ? Ne
reconnoift on pas que fi les Beftes femblent raifonnables, ce
n'eft que pource qu'elles font quelquefois des chofes qui ont
quelque conformité à ce que nous faifons : Mais cela n'arriue
pas toufiours ; Il eft faux de dire que les Beftes trouuent fans
y manquer tout ce qui leur eft propre. On en void affez qui
font malades pour auoir mangé des chofes qui leur eftoient
nuifibles. Pour vne preuue infaillible qu'elles ne fçauent pas
fe gouuerner, on peut remonftrer qu'elles ne s'abftiennent
jamais de mâger de ce qu'elles trouuent bon à leur gouft, quoy
que cela foit nuifible a leur Santé, & que lors qu'elles ont perdu l'apetit, & qu'il leur feroit befoin de manger, elles ne s'efforcent jamais de le faire, ce qui eft vne faculté referuée aux
Hommes comme eftans raifonnables. Que fi elles mangent
volontiers de ce qui leur eft bon, & fi elles y rencontrent bien
d'ordinaire, ie m'en vay declarer tout le fecret du choix qu'elles font, lequel on prend mal à propos pour vn effet de Prudence ; Ce n'eft qu'vne marque de l'impulfion qu'elles ont

pour de certaines chofes, laquelle impulfion fe fait par vn
moyen qui eftant conu doit terminer quantité de difputes
qu'on a fur ce fujet. Si elles vont incontinent à ce qui leur eft
bon lors qu'elles ont la fanté, c'eft que cela eft pourueu de
quelque odeur ou de quelque couleur capable de les attirer, &
que les autres qualitez s'en trouuent conformes à leur gouft;
Et fi pendant leurs maladies, elles s'adreffent iuftement aux
Plantes qui leur font falutaires, comme on dit que les Perdrix,
les Ramiers, & les Geays, fe fentant pleins de mauuaifes humeurs prennent des feüilles de laurier, & les Pigeons & les
Poules, prennent de la Parietaire ou de l'herbe à glouteron,
c'eft que la Nature a fait que dans l'alteration de leur Temperament, & dans leur gouft depraué, ils ont affection pour
de certaines chofes qui leur font vtiles, ce qui monftre le foin
que la Prouidence vniuerfelle a eu de toutes fes Creatures. De
vray on ne laiffe pas de connoiftre par ce moyen que quelques
Beftes ont les Sens corporels fort exquis, mais celles qui excellent en vn n'ont pas tant de vigueur aux autres: D'ailleurs cela
ne prouue pas qu'elles ayent de la Raifon, & comme elles font
deftituées de ratiotination & d'intelligence, lumieres du Sens
commun particulieres à l'Homme, les Sens inferieurs les peuuent fouuent tromper, leur faifant iuger des chofes felon qu'elles leur aparoiffent. Pource qui eft de leurs ouurages que l'on
eftime tant, fi les oyfeaux baftiffent des Nids, fi les Moufches
font des cellulles dans leurs Ruches, fi les Araignées font des
toilles & les vers filent de la foye, ce n'eft point vne preuue
que leur Sentiment foit quelque chofe de pareil à la Raifon
humaine. Il faut demeurer d'accord que tout ce que font les
Araignées & les Vers à foye, n'eftant qu'vne deficharge de
leurs excremens, auec quelque chofe qu'elles tirent de leur
propre fubftance, cela monftre que c'eft vne action naturelle,
& que la faculté vegetatiue fuffiroit prefque à les y conduire
fans la Senfitiue, bien loin d'auoir befoin de la faculté raifonnable. Il en eft ainfi du trauail des Abeilles, qui n'eft que l'effet
de leur digeftion, quoy qu'il foit plus deftaché d'elles, & pour-ce
qui eft du Nid des Oyfeaux qui eft compofé de matieres externes fimplement appliquées, on peut dire que la Nature

leur a donné l'Idée de cét ouurage pour le befoin qu'ils en ont,
de mefme que fi la matiere dependoit d'eux. Que l'on y penfe
tant que l'on voudra, l'on ne s'en peut figurer autre chofe, car
fi l'on pretend que cela fe faffe par vn acte de la Raifon, il en
faudroit voir le progrez : Mais comment vn oyfeau qui n'a
pas vn an accomply, pourroit il faire vn Nid auec deffein de
fe garentir du froid, s'il n'a iamais veu d'hyuer ? Comment
auroit il la penfée de foulager par ce moyen fes petits, s'il ne
fçait ce que c'eft, n'en ayant iamais eu, & n'ayant iamais reconnû la neceffité qu'ils auront d'eftre couchez mollement ?
D'où aprendroit il qu'il leur faut preparer vn lit, & qui luy auroit fait remarquer quelles matieres y font propres ? Les
Hommes ont fenty l'incommodité de la chaleur du Soleil, ou
celle de la froideur de l'air & de l'humidité des pluyes, auant
qu'il leur ait pris enuie de baftir des maifons bien couuertes &
bien bouchées, & auant que d'y trauailler ils ont efprouué que
la chaux ou le mortier fe pouuoient lier auec les pierres, & que
l'ardoife, les thuilles, ou le chaume leur pouuoient feruir de
couuerture ; Ceux qui ont trouué cela d'eux mefmes l'ont
apris à leurs fucceffeurs, lefquels l'ont confirmé par plufieurs
experiences, & c'eft en cela que l'on void des effets du raifonnement ; Or l'on ne remarque point que les Beftes faffent ainfi
diuerfes efpreuues, pour connoiftre ce qui leur eft neceffaire,
ny qu'elles foient inftruictes par d'autres ; c'eft pourquoy il y a
de l'erreur de croire qu'elles pouruoyent aux chofes, & qu'elles les preuoient, raifonnant deffus à la maniere des Hommes;
Ioint que fi elles agiffoient auec prudence & experience, on
verroit par la fuite du temps qu'elles fe rendroient plus inge-
nieufes que celles d'autrefois ; mais cela ne fe remarque point,
tous leurs ouurages eftant de mefme maniere. Au refte que
voudroit on inferer de ce qu'elles fçauent baftir des nids fans
l'auoir apris ? Eft-ce là dequoy les eftimer dauantage que les
Hommes ? Ne font ils point capables de faire d'eux mefmes
des ouurages auffi induftrieux fans auoir eu autre Maiftre que
leur iugement naturel, & n'eft il pas ridicule de dire, comme
font plufieurs Autheurs, que les Hommes ayent apris quelque
chofe des Beftes, eux qui ont inuenté tant de fortes de Sciences

&-d'Arts, aux moindres defquels aucun autre Animal ne fçauroit atteindre ?

Comme l'on reconnoift aifement que tout ce que les Beftes font de plus ordinaire, eft fujet à des ordonnances eternelles & inuariables, ceux qui fouftiennent leur party né le
pouuans nier, penfent fe fortifier par là d vne autre forte, &
eftre venus au point de leur victoire.   Ils difent que puis qu'on
leur accorde que les Beftes connoiffent tout ce qui leur eft de
befoin fans eftude & fans inftruction, cela monftre que leurs
facultez font plus excellentes que celles de l'Homme; Demandons leur quelles ils penfent donc que foient ces facultez ?
Et quoy de la façon qu'ils en parlent, n'eftant point des facultez qui fe feruent de reflexion & de diftinction, ainfi que la
Raifon peut faire, dequoy les Hommes fe trouuent affez hc-
norez, il faudroit donc que ce fuft vne connoiffance parfaite
comme celle des Subftances fpirituelles.   O quel aueuglement, de s-imaginer qu'vne fi noble Qualité habite dans des
corps fi vils que ceux des Beftes! C'eft de vray vne puiffance
Diuine qui eft caufe de tels effects, mais elles n'en difpofent
pas; Elle eft au deffus d'elles & de tout ce qui eft en l'Vniuers;
Elle opere generallement en elles, & en toutes les autres Subftances, fi baffes qu'elles foient, portant leurs facultez toutes
confufes & obfcures qu'elles font, aux actions qui leur font
propres; C'eft celle là mefmes qui porte le germe des Plantes
à fe groffir & à efleuer fa tige hors de Terre pour receuoir fa
vigueur de l'Air, & qui fait chercher de l'apuy au lyerre & à
la Vigne pour fe fouftenir dans leur foibleffe, en quoy l'on auroit tout autant de fujet de leur attribuer quelque vfage de
raifon. Si leur faculté qui n'eft que Vegetatiue & fans fentiment, obeyt bien à cette fouueraine Loy, la faculté fenfitiue
des Beftes, le doit faire auec plus de facilité, puis qu'elle eft
plus capable de receuoir de l'inclination pour de certaines chofes, ayant les organes du Sentiment dans lefquels la Nature a
graué vne proportion & correfpondance auec tout ce qui leur
eft neceffaire pour leur nourriture & leurs autres commoditez.
Pour conceuoir cecy ayfement, il ne faut que fe reprefenter,
ainfi que i'ay des-ja fait entendre, qu'il y a des chofes qui leur

La Faculté
fenfitiue
des Beftes
obeyt à vne
Loy fouue-
raine.

plaifent à fleurer & voir, comme les Plantes qu'elles vont
chercher, & que leur gouft en eft auffi flatté lors qu'elles les
ma.gent, & que de mefmes il y a des ouurages qui leur plaifent à faire comme d'amaffer de la paille & de la bouë pour
baftir vn Nid en certain temps & autres chofes femblables;
Car quoy que la puiffance diuine les conduife, ce n'eft que par
des caufes fecondes, & il ne s'y faut point figurer d'autres miracles que ceux que Dieu a eftablis dans toute la conduite de
la Nature. Quand elles vont donc goufter de quelques Plantes, c'eft qu'elles y font attirées, fans qu'elles en connoiffent
l'vtilité par efpreuue ny autrement, ce que l'on remarque encore en ce que la premiere fois qu'elles s'en aprochent elles s'y
portent auec autant d'auidité que fi elles en auoient tafté plufieurs fois; Auffi ne peut on point dire qu'elles foient affeurées du bien qu'elles en doiuent receuoir par quelque intelligence particuliere, pource qu'il faudroit qu'elles connûffent
les qualitez des Plantes & celles de leurs propres corps, &
qu'elles iugeaffent des effets par leurs Caufes, ce que les plus
grands Medecins & Philofophes ont de la peine à faire auec
toute leur doctrine & toutes leurs experiences; De mefme
pour auoir la preuoyance & l'induftrie que l'on leur donne
en beaucoup de rencontres, il faudroit qu'elles euffent la
Science des Aftrologues & des plus grands Mathematiciens.
Quant à l'autre voye qui eft que fans aucun difcernement, elles apriffent cecy par tradition de leurs femblables, il eft vray
que les ieunes fuiuent quelquefois les vieilles, ce qui fe fait par
vn fentiment de conformité qui eft empreint en elles, & quelquefois par vne imitation inconfiderée. Sans cela elles ne
laiffent pas auffi de courir d'elles mefmes vers ce qui leur femble le plus conuenable. Si l'on pretendoit qu'elles fe rendif-
fent fçauantes par inftruction, l'on voudroit prefque croire
qu'elles fe fiffent des leçons les vnes aux autres, & en vn mot
ce feroit fe perfuader, *Que les Beftes parlent*; Mais ce que l'on
allegue de leurs diuers cris par lefquels on pretend qu'elles
s'entendent l'vn l'autre diftinctement, n'eft qu'vne fauffe
imagination; Quoy qu'elles tefmoignent par là quelque chofe de leurs Paffions, ce n'eft qu'obfcurement & fans particu-

larifer ce qu'elles veulent fignifier. Lors que les Enfans n'ont
pas encore l'vfage de Raifon, ils forment diuers cris foit de
ioye foit de trifteffe, neantmoins il n'eft iamais venu dans l'éf-
prit de perfonne de dire que ce fuft vne Parole. Des Hommes qui auroient efté nourris fans aucune focieté des vns auec
les autres, ne formeroient que des fons confus auant qu'ils
euffent inuenté quelque langage, & ne pourroient s'entre-
communiquer les diuerfes circonftances que les Mots expriment; Pourquoy croira-t'on que les Beftes le puiffent faire? Quand elles pourroient parler toutes, comme il y en a qui
prononçent quelques Mots que l'on leur a aprispar de frequentes repetitions, ce n'eft pas ce que proprement on apelle parler,
& encore moins eft-ce difcourir, puis qu'elles ne fçauroient ré-
pondre auec fuite, & qu'elles n'entendent point ce qu'elles difent, ce qui demande vne connoiffance des Chofes, & vn Vfage de Raifon qu'autre Animal que l'Homme ne peut auoir.

Il faut maintenant refpondre aux exemples que l'on allegue
de leur Prudence & de leur induftrie. Il eft certain qu'il y en
a plufieurs de fabuleux & peu receuables. Pour ceux qui ont
le plus d'aparence de verité & qui font confirmez par d'autres
pareils qu'on void tous les iours; comme des chiens & des
chats qui fçauent paffer la patte où il faut pour ouurir vn pa-
nier ou vne porte, & des Chiens qui ont apris à fauter & à
danfer & à tenir diuerfes poftures, ils ne font toutes ces chofes que par couftume, & pour s'eftre imprimé cela par plufieurs actions reiterées, dans leur Fantaifie ou Sens commun,
qui eft leur plus haute faculté, tellement que cela ne conclud
pas que la vraye Raifon fe trouue en eux. C'eft en vain
que quelques gens ont penfé monftrer par là que l'homme n'e-
ftoit pas fort parfait, puis que les Beftes ayans l'vfage de la
Raifon auoient autant de perfection que luy. Cette fubtilité
nous paroift tres foible: Il ne faut point douter que les Beftes
n'ayent quelque perfection felon leur naturel, & pourtant elle n'eft point telle que celle de l'Homme. Quand l'on auroit
prouué que les Beftes feroient raifonnables, puis qu'on ne
peut nier que l'Homme ne le foit, & d'vne maniere plus excellente que les autres Animaux, on ne luy fçauroit offer la gloire
de fa perfection.

*De la Pru-
dence & de
l'induftrie
des Beftes.*

Ceux qui veulent rabaiſſer les Hommes en exaltant les Beſtes, voyans leurs argumens renuerſez, ſe laiſſent encore ſur-
prendre par la contrarieté de leurs propoſitions ; Ne pouuans
oſter la Raiſon aux Hommes, ils nous veullent perſuader que
l'vſage particulier qu'ils en ont, ne ſert qu'à les rendre plus
malheureux que les autres Animaux, à cauſe de l'aprehenſion
qu'ils reçoiuēt de tout ce qui leur peut arriuer, & pour vne infinité de paſſions dont ils ſont trauaillez, leſquels ſont les fruits
de leur Raiſon & de leur connoiſſance. Cependant ils ne conſiderent pas qu'il faut qu'ils demeurent d'accord que ce qui
peut exempter les Beſtes de tous ces maux, c'eſt qu'elles n'ont
du ſentiment que pour ce qui ſe preſente ſans penſer à l'auenir,
& par conſequent qu'elles ne raiſonnent point, & qu'on ne
leur doit point donner toutes les prerogatiues qu'ils leur attribuent. Que ſi l'on tient que ce leur eſt vn bonheur de n'auoir
aucun ſoin du preſent & du futur, à ce compte là les pierres
deuroient eſtte eſtimées encore plus heureuſes, puis qu'eſtant
inſenſibles elles ſont entierement priuées d'eſpoir & de crainte & de toute autre paſſion. Ces penſées ſont abſurdes & im-
pertinentes ; Nous voyons bien que la Perfection conſiſte à
eſtre ſuſceptible de ces diuers mouuemens : Il a falu que les
Hommes fuſſent ſujets aux paſſions, afin qu'ils pûſſent eſtre
eſmeus pour le Bien autant que pour le mal; Car la gloire qu'ils
ont de rechercher l'vn n'eſclatteroit pas s'ils n'auoient auſſi le
pouuoir de choiſir l'autre ; Les aduerſaires eſtant contraints
d'auoüer que les Beſtes n'ont point la liberté de ce choix, &
qu'elles ne ſont point portées à leurs actions par les conſe-
quences qu'elles tirent des choſes paſſées aux futures, reconnoiſſent enfin qu'il y a vne puiſſance ſuperieure qui les guide,
comme nous l'auons des-ja declaré ; Neantmoins ils veulent
tirer auantage de cecy, nous ſouſtenant encore que la Prudence des Beſtes eſt donc plus certaine que celles des Hommes, enquoy ils ne s'auiſent pas qu'il leur faut oſter par ce
moyen l'honneur qu'ils leur veullent deferer, puis que n'a-
giſſant pas d'elles meſmes elles n'ont point de vertu propre, &
qu'elles ſont ſemblables aux inſtrumens de Muſique, qui peuuent bien eſtre eſtimez pour leur matiere & leur proportion,

mais

mais qui doiuent ceder la gloire de leur harmonie à la main qui les fait sonner.

De plus si l'on en vient là de preferer les Bestes aux Hom- *Que les Hõmes iouiſſent de l'inſtinct.* mes, pour cette impulſion naturelle qu'elles ont vers les choſes qui leur ſont vtiles qui eſt l'impreſſion que le Souuerain à grauée en elles pour leur conduite, ce que nous apellons vn Inſtinct, ou de tel autre nom que l'on voudra, il faut reconnoiſtre que les Hommes ne ſontpas priuez d'vne telle prerogatiue. Auparauant que la Raiſon paroiſſe en eux, ils font auſſi beaucoup de choſes par le ſeul inſtinct; Car eſtant enfans ils ſçauent aller ſans l'auoir apris, ils ſe ſeruent d'vn baſtõ ou de quelque autre choſe pour atteindre à ce qu'ils ne peuuent toucher de leurs mains, & font pluſieurs autres actions où la Nature leur ſert de guide. Durant tout le cours de leur vie, ils ſe laiſſent encore emporter à de certains mouuemens dont ils ne ſont point les Maiſtres, & où il n'eſt pas beſoin de raiſonnement; Ie ne parle point du Sommeil qui nous prend & nous quitte à diuerſes repriſes, ſans que cela depende de noſtre volonté; ny de toute l'harmonie de noſtre Corps, qui ſuit la faculté vegetatiue ou la ſenſitiue; ie ne m'arreſte point non plus à noſtre digeſtiõ & à noſtre nourriture quiſe font ſans que nous y donnions ordre, ny aux obiets qui ſont reçeus par nos ſens lors que nous y peſons le moins; Ie n'ay eſgard principallement qu'aux Sympathies & aux Antipathies que nous auons pour de certaines choſes, auſquelles nous preſtons noſtre conſentement, ou bien nous leur temoignons noſtre auerſion ſans que noſtre Entendement en ait deliberé. Cela fait voir que ce que l'on a attribué aux Beſtes pour leur auantage n'eſt pas deſnié aux Hommes, & qu'eſtant pourueus de cette conduite naturelle en de certaines occaſions outre leur raiſonnement, quand l'on eſtabliroit quelque honneur en cecy, ils n'en pourroient pas eſtre priuez, de ſorte qu'ils conſerueroient touſiours la preference qu'ils doiuent auoir au deſſus des autres animaux.

Auec tout cecy il y en a qui veullent tenir bon pour *Conciliation des opinions ſur le Rai-* le raiſonnement des Beſtes, & qui comme l'on attribue aux Hommes l'inſtinct qui eſtoit eſtimé particulier aux autres

animaux, veullent aussi attribuer à ces autres animaux, la Raison que l'on tenoit particuliere aux Hommes. Plusieurs bons
Autheurs ont esté en dispute sur ce sujet ; Depuis peu encore
Messieurs de la Chambre & Chanet, en ont escrit auec beaucoup de subtilité & de doctrine ; D'autres ont pû en escrire
non seulement par exercice d'esprit, mais auec beaucoup de
chaleur pour chaque party ? Neantmoins il seroit aysé de les
accorder, si de chaque costé l'on cessoit de prendre les choses
à l'extreme, Car en effet on peut conceder d'vne part que les
Bestes outre leur instinct, ont vne certaine lumiere dans leur
fantaisie ou Sens commun, qui est vne estincelle de la Raison,
puis qu'au moins voyant ce qui leur est propre pour le present, elles le suiuent ; Mais dautant que la vraye Raison consiste à tirer des conclusions d'vne chose à vne autre, & former
des argumens parfaits, l'on a droit aussi de soustenir de l'autre
part que les Bestes ne pouuans faire cecy ne raisonnent point,
ou que si elles raisonnent, c'est d'vn Raisonnement fort infe-
ferieur à celuy des Hommes, & qui n'est qu'vne esbauche ou
premier degré de Raison, comme les plus hautes qualitez des
choses du Monde se trouuent souuent aux plus basses par quelque participation pour en composer l'harmonie ; Ainsi ceux
qui tiennent que les Bestes raisonnent doiuent ceder à leur
tour, n'ayans pas sujet de croire qu'vn Raisonnement imparfait soit le veritable Raisonnement. Que s'ils soustiennent
que c'est tousiours Raisonnement, & qu'il n'y a que du plus
ou du moins, en ce cas là l'on ne disputeroit que du Nom, &
l'on sera bien tost d'accord : Toutefois il est bon d'auoir vne
opinion arrestée, & se garentir des doutes que l'improprieté
des Noms peut causer ; & comme il y a tousiours vn party qui
aproche plus prez de la verité que l'autre, on ne sçauroit manquer en se iettant du costé qui a la possession euidente de ce
que l'on recherche, & mesmes au plus souuerain degré, tellement que l'on peut asseurer que les Hômes seuls ont l'vsage de
la Raison puisque la Raison n'est point Raison si elle n'est parfaite. Les aduersaires mesmes y doiuent acquiescer, d'autant
qu'ils ne nient pas que les Hommes n'ayent la vraye Raison.

Si pour raualler dauantage les Hommes, on leur repro-

the que leur Memoire, leur imagination, & tous leurs
Sens, ont moins de force que ceux des Beftes, il faut fe reprefenter qu'en quelque degré que les Beftes les poffedent, elles
ne s'en feruent point fi feurement qu'eux, puis qu'elles ne tirent leurs conclufions que de chofes particulieres & prefentes,
fans faire reflexió fur ce qui eft paffé ou abfent, Et lors que l'on
mefprife les aduátages de noftre Efprit, nous ne poumós adherer
aux plaintes de ceux qui croyent qu'il nous foit dommageable
d'auoir vne parfaite connoiffance de toutes chofes. Si par ce
moyen nous fommes quelquefois fufceptibles de crainte, ne
pouuons nous pas auffi eftre touchez d'Efpoir, qui eft vne
Paffion agreable, & l'vne des fources de la Ioye. Se peut on
imaginer vne plus grande fatisfaction que celle que nous
auons, en rapellant auec ordre en noftre Memoire tout ce que
nous auons fait, & tout ce que nous auons veu & oüy, en le
comparant à ce qui fe paffe, & en tirant vn prefentiment de
l'aduenir. Ces contentemens que donne la Raifon, ne fçauroient nous rendre autres que bien heureux. Pour ce qui eft
des Sciences que les Hommes ont inuentées, s'il y en a de vaines & de menfongeres, les plus fages d'entr'eux ne s'y amufent
pas, & fçauent choifir celles qui font les plus certaines. Que
fi de naiffance ils ont l'inclination portée aux voluptez ils peuuent bien corriger cecy en prenant des habitudes contraires.
De vray il y a des Beftes qui ne font pas fi fujettes à leurs con-
uoitifes, mais elles ne font point pour cela ny plus fobres ny
plus chaftes, d'autant que leurs apetits ne font que fe conformer à leur temperament, fans qu'elles ayent la connoiffance
des chofes licites ou illicites, ny la faculté du choix pour meriter de la loüange de ce qu'elles acceptent, ce qui eft referué
à l'Homme. Outre cecy il fe trouue plufieurs Beftes que leur
brutalité porte à des excez eftranges, iufques mefmes à manger leurs petits ce qui eft fort contraire à la iuftice & à l'innocence dont leurs Partifans les veullent honorer. Elles fe monftrent capables des plus vehementes paffions, comme d'Enuie, de ialoufie, de haine, & fur tout de Courroux; Elles
font fort promptes à fe fafcher contre les Hommes, & contre
leurs femblables qui les ont offencées, & quoy que l'on en ait

dit, il n'y a rien de si commun que de voir s'entrebatre celles de mesme espece. Que si cela ne se fait pas auec tant d'apareil que les combats des Hommes, & s'il arriue peu qu'elles se battent en troupe, comme nous faisons dans nos guerres, c'est qu'elles manquent d'inuention pour cet effet, & c'est ce qui prouue encore qu'elles n'ont pas l'vsage de la Raison.

Sur les peines que les Hommes souffrent en tous âges & toutes professions.

Ie repartiray icy en bref à ce que l'on nous a objecté touchant les peines que les Hommes souffrent en ieunesse pour estre instruits, & celles qu'ils ont dans la poursuite & l'exercice des professions differentes, qui toutes ont leurs malheurs particuliers. Ce sont des choses dont nous demeurons d'accord & que nul ne peut gueres exaggerer plus que i'ay dessein de faire dans la suite de mes Escrits, mais i'espere pourtant monstrer qu'il n'y a rien de tout cela qui nous doiue empescher d'atteindre à la perfection quand nous la prenons pour nostre but.

Les Bestes sont suiettes à plusieurs Miseres & aux troubles de leur Fantaisie.

Pour ce qui est de tant de miseres qu'on objecte à l'Homme en general, & desquelles on tient les Bestes exemptes, comme de Pauureté, de Seruitude, de peine de Corps & d'Esprit, elles sont neantmoins aussi grandes pour plusieurs Bestes, qui ont souuent disette de toutes choses, qui sont reduictes en captiuité par les Hommes & obligées à les seruir, & sont forcées d'endurer plusieurs maux ineuitables. Si pour vne preuue de la felicité Bestialle on dit que les Bestes n'ont point entre elles diuersité de conditions & de rangs, on peut respondre que c'est qu'estant toutes aussi brutales les vnes que les autres, elles n'ont aucune distinction de merite, car ce que l'on publie de celles qui obeïssent à d'autres comme à leurs Capitaines ou à leurs Roys, c'est possible qu'elles les suiuent pource qu'elles vont le plus viste; D'ailleurs on doit croire que ce ne sont pas tousiours les mesmes à qui elles deferent, & que cela ne se fait pas aussi par vn conseil premedité. Quelque chose que l'on en pense, on retombe dans le mesme inconuenient, qu'on pensoit euiter, estant obligé d'auoiier que si les Bestes sont quelquefois menées ou commandées par d'autres de leur espece, elles en peuuent estre ialouses, & comme elles regardent aussi de mauuais œil celles qui ont la meilleure proye, elles en deuiennent enuieuses, & reçoiuent beaucoup d'autres

troubles dans leur Fantaisie. Par ce moyen ceux qui les exal-
tent, sont pris en leurs propres paroles, Car ayant attribué
aux Bestes vn sentiment ttes exquis, ils doiuent conclurre delà qu'elles sont susceptibles de plusieurs esmotions & perturbations d'ame, aussi fortes que sont nos Passions, & qu'encore
qu'elles n'ayent pas vne ambition de pareille nature que celle
des Hommes, elles ne se portent pas de moindre violence à
preceder leurs compagnes en toutes choses, & au lieu de nostre auarice & de nostre conuoitise pour l'or & l'argent, dont
elles n'ont que faire, elles ont vne rapacité incroyable pour
les choses qu'elles croyent propres à les rassasier, & y ioignent encore la gourmandise & la cruauté. Ie ne sçay si l'on
doit asseurer que quelques vnes estant sujettes à quelque mauuaise inclination, elles n'ont que celles là au supreme degré,
car elles ne gardent gueres de mediocrité en ce qu'elles font;
Tant y a que celles qui sont assez stupides pour n'estre point
esmeües tesmoignent leur bassesse, & les autres monstrent leur
desreiglement.

En ce qui est des Hommes, si l'on nous objecte qu'il s'en
trouue quantité qui se laissent emporter à plusieurs vices ensemble, il ne faut pas oublier à remarquer qu'il y en a aussi qui
sont ornez de toute sorte de vertus; Dieu en ayant voulu faire
vn Animal qui fust capable de bien viure par son choix, &
d'obtenir la recompense selon ses actions, l'a assorty de deux
pieces differentes, à sçauoir d'vn corps plus delicat & plus
foible que celuy de beaucoup d'autres Animaux, & d'vne ame
capable de s'esleuer au dessus de la matière, laquelle pourtant
est assujettie aux infirmitez de l'Hoste chez qui elle loge, si par
vne force singuliere elle ne s'en desgage; Or comme toutes
les Ames n'ont pas ce pouuoir, se laissant maistriser par leurs
passions qui ont affinité auec le corps, il est vray que l'on en
treuue plus qui en sont surmontées, qu'il n'y en a qui s'en retirent. On ne doit point celer de tels malheurs, puisqu'il est
besoin que l'on les connoisse, afin d'en estre destourné par
l'horreur que l'on en pourra conceuoir: Mais au reste il ne sert
de rien de reprocher aux Hommes les infirmitez de leur
corps, veu que ce sont des accidens ineuitables à vne substan-

Des vices &
des Vertus
des Hommes.
& de leurs
malheurs.

D iij

ce ſi foible , & que meſmes Dieu les a ordonnez , afin qu'ils ne
miſſent point leur eſperance aux choſes caduques de ce Monde , & qu'ils connûſſent que leur Ame , ne pouuoit long temps
demeurer dans vn logement qui menaſſoit de ruine. On doit
penſer la meſme choſe du dommage qu ils peuuent receuoir de
la Terre & de l'Eau , & de tous les autres corps qui les enuironnent, auſquels ils ne ſe doiuent point attacher d'affection,
eſtant aſſez aduertis de leur corruptibilité & inconſtance :
Toutefois s'ils les font tomber dans quelques perils , ils ne ſont
pas ſi frequens que l'on les voye arriuer à toute heure , & il n'y
a gueres d'Hommes qui ne ſçachent les moyens de s'en garentir , de ſorte que quand ils meurent , ce n'eſt point ſeulement
pour les injures qu'ils en ont receües , mais pour leur foibleſſe
interieure qu'ils ne peuuent reparer. Que ſi dans leur vieilleſſe
ils perdent quelquefois l'vſage des Sens & du Iugement , ce
n'eſt que par cette infirmité naturelle de leur corps , où leur
Ame demeure captiue, iuſques à ce qu'elle ſe ſoit deliurée de
ſes liens; & quant aux douleurs extremes ils ne les ſouffrent pas
tous, & ceux qui les ſouffrent en ont plus d'occaſion de
meriter.

L'on prend lieu icy d'exaggerer la brieueté de leur vie, comme ſi pour auoir vne fin fort prompte, ils en eſtoient plus eſloi-
gnez de la Perfection : mais l'on ſe contredit icy , car ſi
l'on fait leur vie ſi miſerable, pourquoy la ſouhaite-t'on plus
longue ? De plus ne doit on pas conſideter que leur vie n'eſtant
qu'vn paſſage , & leur Mort vne Entrée à vne nouuelle Vie,
l'on a tort de ſe plaindre de ce que l'vne les liure bien toſt à l'autre ? Quiconque en parle d'autre ſorte, ignore ou fait ſemblant
d'ignorer que leur partie la plus excellente, ne va point dans le
Tombeau, & que leur Ame qui eſt ſpirituelle & immortelle
s'exempte des loix du corps : A quoy ſert il à pluſieurs de com-
parer l'Homme aux choſes de moindre durée & meſmes au
neant, ſinon pour faire croire auec impieté , qu'il deuient à
rien apres ſa mort ? Mais c'eſt prendre leurs penſées en la plus
mauuaiſe part ; Croyons qu'ils n'ont entendu figurer que la
brieueté de la vie terreſtre, & l'ancantiſſement de ce qu'elle a
de viſible ; Souſcriuons à ce Sens , & diſons que nous ſouhai-

tons fort que les Hommes ſoient ainſi aduertis des imperfections d'vne partie d'eux meſmes, de peur qu'ils ne s'en or-
gueilliſſent, & que leur meſconnoiſſance ne les perde, & afin
que meſpriſant ce foible corps à qui leur Ame eſt jointe, ils ne
ſe laiſſent point emporter aux inclinations qu'il leur donne
pour les voluptez. A cét effect il eſt à propos qu'ils ſcachent
que tous les plaiſirs ſenſuels tiennent de la foibleſſe de l'organe
par lequel ils ſont reçeus, eſtans de peu de durée & entremeſ-
lez de beaucoup de douleurs ; qui ſont les Auantcourieres des
peines futures que la Iuſtice eternelle reſerue à ceux qui ont
mal veſcû. Que ſi quelques vns ont eſté ſi aueuglez de dire,
que c'eſtoit en cette occaſion que l'vſage de la Raiſon incom-
modoit d'auantage les Hommes, les affligeant non ſeulemét de
l'aprehenſion des peines temporelles pour la punition de leurs
fautes, mais des peines eternelles, ie n'ay point eſtendu au
long vne objection ſi pernicieuſe dedans le rang des autres,
dautant qu'il ne luy faloit pas laiſſer prendre place dans les eſprits ſans y reſpondre en meſme temps. Ie dy donc en ce lieu
que de telles paroles ne procedent que de gens qui voudroient
pecher auec toute licence & ſans crainte d'eſtre punis, & qui
ſeroient fort ayſes de ne penſer iamais à l'aduenir, pource
qu'ils ont intereſt qu'il n'y ayt point d'aduenir. Ils ne ſe repreſentent pas que s'ils eſtoient priuez d'vne ſeconde vie, ils ne
ſeroient point de meilleure condition que les Beſtes, & qu'encore que ce ſoit eux qui taſchent à monſtrer, qu'ils ſont moins
fauoriſez de la Nature que les autres Animaux, ils ont pourtant
vne preſomption qui leur faict croire qu'ils valent quelque
choſe de plus, & ils ſeroient faſchez d'auoir changé de condition auec eux. Mais quoy qu'ils en penſent, leur bonheur ne
deuroit point eſtre troublé par la crainte de l'aduenir, s'e-
ſtimans mal-heureux pour y eſtre expoſez, veu que le Bien
eſtant promis à l'Homme pour recompenſe du Bien, comme le Mal pour le Mal, c'eſt vne Iuſtice exacte où il n'y
a rien à deſirer. En vain l'on ſe plaint de l'aprehenſion des
peines futures ayant le moyen de les euiter ; & ſe pouuant
procurer vne eternité heureuſe auſſi-toſt qu'vne eternité
malheureuſe ; Cela doit conſoler ceux qui craignent le neant,
les aſſeurant de la durée de leur Eſtre, & de celle du Bien

Eftre ; Nous voyons donc que rien n'empefche que l'Homme ne foit eftimé capable de Perfection ; Que de ne fe pas contenter de l'eftat où il a efté mis, c'eft ingratitude ou ignorance, & que d'apeller la Nature maraftre pluftoft que douce Mere, comme font quelques Efprits perdus, c'eft ne pas confiderer que par la Nature, nous ne deuons entendre autre chofe que la toute puiffance de Dieu, qui eftant le Createur de l'Homme, on ne peut fans impieté trouuer à reprendre en fon ouurage ; Qu'en vn mot l'Homme n'eft point fi peu de chofe que l'on a voulu inferer, & que fi l'on luy a objecté tant d'infirmitez corporelles & fpirituelles, aufquelles il eft fujet, il fe doit refiouyr en ce qu'elles ne tirent leur origine que de fon Corps, de la maiftrife duquel il fe peut deliurer, en furmontant les inclinations qu'il luy donne, & que s'il ne penfe qu'à perfectionner fon Ame, qui eft fa principalle partie, il peut acquerir vne tranquillité certaine & inuiolable.

N O V S fouftenons ainfi que les Hommes ne font point nez à la feule Mifere comme l'on a publié, & puifque l'on a tafché de monftrer leurs deffaux & leurs Imperfections, fi en efchange l'on veut faire voir leur excellence & leurs Perfections, ou ce qu'ils ont de qualitez propres pour en obtenir, il fera ayfé de faire ce raport pour adjoufter quelque chofe à ce que nous en auons defia dit en diuers lieux. A commencer par leur Corps nous pouuons dire que c'eft vne merueille que fa compofition fi commode pour toute forte d'actions, en laquelle il n'y a rien qui manque, ou qui foit fuperflu, tant pour l'ornement que pour l'vfage, & qui ne foit capable de prefter obeyffance à l'Efprit. On peut loüer en general la belle Structure de toutes fes parties, qui femblent bien dignes d'vn Hofte Celefte; Auffi void-on que l'Homme feul de tous les Animaux, a la taille droite & efleuée pour regarder le Ciel, qui eft la demeure où il afpire, au lieu que la plufpart des Beftes font courbées vers la Terre pour laquelle elles font nées, & tendent le dos aux Hommes, comme pour eftre chargées, & pour vne marque de feruitude. Quelle foûpleffe & quelle dexterité le Corps des Hommes n'a t'il point encore, pour fe tourner comme il veut, & accomplir toute forte d'ouurages & d'actions?

Qu'elle

Quelle agilité n'ont point quelques vns pour faire des faults prodigieux qui peuuent seruir quelquefois à les tirer de grands perils? S'il y a des Bestes qui nagent naturellement & d'autres qui volent, quant à l'Homme il aprend à nager aussi bien qu'elles par habitude; Il va dessus & dessous l'Eau comme si c'estoit son élement, & quoy que la Nature ne luy ayt point donné d'aisles, l'on tient qu'il a eu l'audace de s'en aproprier, & d'aller par l'air quelque espace de temps, pretendant violer les loix de l'Vniuers qui n'ont point mis son corps au rang de ceux qui peuuent voler. Si l'on loüe la constitution & le mouuement de ses bras & de ses jambes & de tout son corps, ses mains semblent plus admirables encore, pour l'aptitude & l'habileté qu'elles ont à toute sorte d'ouurages, de sorte que c'est l'instrument le plus necessaire des Arts, lequel on peut aussi nommer l'instrument des instrumens, puisque c'est celuy qui fait tous les autres. De plus qu'est-ce que l'Homme n'execute pas, ayant joint à l'adresse de son Corps celle de son Esprit; Il n'y a rien au Monde qu'il ne tourne à son vsage, & auec quoy il ne produise des artifices si extraordinaires, qu'il s'estonne luy mesme de son pouuoir. Il transporte où il veut les qualitez effusiues des Astres, comme la chaleur & la lumiere qu'il renuoye d'vn lieu à l'autre par reflexion, & il se promet encore d'attirer à soy leurs influences les plus secrettes. Il n'y a point de Meteore si nuisible dont il ne scache se defendre, & dont il n'accommode les effets à son profit, ou qu'il ne contrefasse s'il veut, pouuant former de la pluye ou du vent, & autres Corps par le moyen de plusieurs Machines & auec l'aplication des matieres necessaires, iusques à imiter le Tonnerre & les Esclairs par des Bombes & des Canons, & autres feux d'artifice. Il peut aussi contrefaire le mouuement des Astres, comme l'on a veu en la Sphere d'Archimede & en quelques autres, où l'on trouuoit vne imitation de leur cours regulier. Pour les Corps inferieurs qui sont appellez Elemens, en ce qui est du Feu, il ne s'en trouue presque point icy bas que l'Homme ait fait produire, & l'inuention qu'il a euë de le tirer des cailloux ou d'vn bois tres sec, ou de la reflexion du Soleil dans des miroirs, auec l'adresse de s'en seruir

E

en plufieurs de fes neceffitez , font des priuileges qui le diftin-
guent manifeftement des autres animaux , lefquels n'en eurent iamais de pareils. Il a beaucoup de pouuoir fur tous les
autres Corps principaux , puis qu'il purifie l'air en beaucoup
d'endroits , & qu'il fait changer de qualitez & de fituation à
plufieurs parties confiderables de l'Eau & de la Terre. On a
fuiet d'admirer les Machines Hydrauliques qui contraignent
l'eau de fe porter en diuers lieux , & de produire des fons,
ou des mouuemens & d'autres effets extraordinaires. Pour ce
qui eft de tous les Corps parfaictement meflez , l'Homme en
fait telle aplication & tel ouurage qu'il defire. Il contrefait les
mineraux & les metaux , les pierres pretieufes & les perles , &
à toutes ces Subftances il donne telle melioration , tel embel-
liffement & telle forme qu'il veut. Auec vn choix de matiere & vn certain degré de cuiffon il fait le verre , Corps tranf-
parent comme l'air , & que mefme il a entrepris de rendre
malleable & ductible , ce que l'on pretendoit luy deuoir donner vn plus grand prix qu'à l'or ; Il compofe les Efmaux qui
font vn meflange de metaux & de quelques fubftances particulieres ; Il tire de tous les Corps des Sels , des Huyles , des
Eaux & des Efprits , & il defunit prefque les Formes d'auec
la Matiere , faifant voir par tout qu'il peut feparer le pur d'a-
uec l'impur , & le fubtil d'auec le groffier , ou mettre en parfaite vnion les Subftances les plus diuerfes ; Tout cela fe fait
par le moyen du Feu inferieur & materiel lequel il rend fi agif-
fant , qu'il luy donne le pouuoir du Feu fuperieur & celefte,
& dont il difpofe auec tant de facilité qu'il luy fait obtenir l'e-
ftime du premier des Artifans. Venons aux Plantes qui font
attachées à la Terre , lefquelles reçoiuent vtilement la culture
de fes mains ; Non feulement il en conferue plufieurs qui pe-
riroient fans fon fecours, mais auffi il les rend plus fertiles qu'elles n'eftoient de leur nature , & les entremeflant par les Entes
& autres inuentions il en fait naiftre des efpeces d'arbres que
l'on n'auoit point encore veus , fi bien que d'vn cofté ache-
uant ce que la Nature n'a fait que commencer , & d'vn autre
cofté adiouftant à fes ouurages , ou en faifant des imitations,
il fe monftre capable en quelque façon de produire vn nou-

ueau Monde. Il ne fait pas pareſtre moins de pouuoir ſur tous
les animaux, puis qu'il dompte ou apriuoiſe ceux qui ſont propres à ſon ſeruice, de telle ſorte que l'on les loüe en vain d'e-
ſtre forts ou adroits, veu qu'ils ne le ſont que pour ſon profit;
& quant à ceux qui luy ſont nuiſibles, quelques furieux qu'ils
ſoient, il a aſſez de forces & de ruſes pour les attraper & en
depeupler pluſieurs contrées. Il n'y a rien au reſte de la Nature qu'il n'ait reduit à ſon vſage ; Les pierres les plus ſolides
compoſent les murailles de ſes Maiſons; Il ſe ſert des autres à
faire de la chaux & du plaſtre pour leur liaiſon, & de quelques
Terres pour faire de la brique & de la tuille, & le bois des Foreſts eſt employé aux cloiſons & aux planchers. Quant aux
Metaux il fond les plus pretieux pour en former pluſieurs vaiſ-
ſeaux neceſſaires au meſnage, ou pour faire de la monnoye
qui eſt l'entretien du commerce, & l'vn des Metaux les plus
groſſiers qui eſt le Fer, eſt rendu le plus neceſſaire, eſtant employé à la cloſture des Maiſons & des Meubles & à fabriquer
pluſieurs outils des Arts. Quant aux commoditez que l'Homme a trouuées pour couurir ſon corps, quelques Plantes luy
ſeruent à faire du linge; La peau, le poil & la plume des Animaux ſeruent à luy faire des habits; Meſmes le trauail des
Vers eſt employé à ſes eſtoffes, & l'or & l'argent ſont filez
pour y ſeruir d'ornement. Ce n'eſt toutefois rien des ouurages
des Animaux les plus induſtrieux, au prix de l'excellence des
ſiens; car qu'eſt-ce que la Coque des Vers à ſoye & la Toile des
Araignées, au prix du Damaz, du Satin, du Velours & des
Brocatels? Qu'eſt-ce des cellulles des Abeilles, au prix de
tant de magnifiques Palais dont l'Architecture eſt ſi indu-
ſtrieuſe & ſi diuerſe, & qu'eſt-ce du Nid des Alcyons porté
ſur les Ondes de la Mer, auprés des Nauires & des Galeres
aſſorties de tant d'equipage que l'Homme fait paſſer d'vn
Monde à l'autre malgré la tempeſte & les Vents? il faut con-
feſſer auſſi que les Beſtes ne doiuent point receuoir d'honneur
pour leur induſtrie, puis qu'elle leur eſt vne fonction naturelle, au lieu que l'Homme a acquis la ſienne par habitude. Venons à ſa nourriture pour laquelle les fruits, les fueïlles & les
racines de pluſieurs Plantes luy ſeruent, auec la chair de quel-

ques Beſtes qu'il deguiſe en tant de façons qu'il les rend meſ-
connoiſſables, faiſant en ſorte que l'appetit le plus languiſ-
ſant en peut eſtre reſuſcité. De toutes ces choſes & meſmes
de quelques matieres minerales, il ſçait tirer de ſi bons remedes à toutes ſes maladies, & de ſi vtiles preſeruatifs contre
quelques vnes, que ſi les Loix de la Nature ne l'auoient point
fait mortel, il ſemble qu'il ne deuroit iamais mourir; Et quoy
qu'il ſe ſerue ainſi de tout ce qui eſt en l'Vniuers, il ne luy
faut point imputer cela à baſſeſſe & à honte; S'il a tantoſt
beſoin de la chaleur des Aſtres   & tantoſt du rafraichiſſe-
ment de l Eau & de l'Air ou des facultez des autres Corps,
l'vſage qu'il en a n'eſt point vne dependance; Les conſti-
tutions naturelles veullent que tout ce qui eſt au Monde ſe
donne ainſi des ſecours reciproques, & pource qui eſt de
l'Homme, aportant du changement & de la melioration à tout
ce qui tombe ſous ſes mains, & l'accommodant à ſon profit &
à ſa gloire comme l'on void qu'il fait, c'eſt vne marque de la
ſuperiorité que le Souuerain luy a accordée. Il y a des choſes
qu'il ne peut faire reellement comme de Vrais Aſtres & de
vrais Meteores, & meſmes des Plantes & des Animaux qu'il
ne peut produire à ſon gré, mais outre qu'il en imite quelques
vns, ainſi que i'ay des-ja dit, de tous enſemble il fait vne
agreable repreſentation par la Graueure, la Peinture & la
Sculpture, donnant aux pierres & au Metal telle figure qu'il
veut, & par la varieté des couleurs produiſant les aparences
des choſes, ſi bien que ſes Statues & les portraits peuuent paſſer pour ſes Creatures en quelque maniere. Il a meſme le pouuoir d'imiter le mouuement des Animaux les plus agiles, compoſant des Figures qui ſe remuent par reſſorts, & qui marchent ſur vne table comme ſi elles eſtoient animées; Il fabrique des Oyſeaux qu'il fait voler par l'air, comme l'on
recite de la colombe d'Architas, qui peut n'eſtre point fabu-
leuſe, puis que l'on dit la meſme choſe de certaines Mouches
qu'vn Ingenieur faiſoit pour donner du paſſetemps à l'Em-
pereur Charles cinquieſme. On ſçait auſſi que par les Machines Pneumatiques les Animaux contrefaits mugiſſent, ſifflent
ou chantent, & que l'on a veu des Statues qui parloient,

comme l'on dit de celle d'Albert le Grand. Ayant confideré toutes les choses que l'Homme fait, qu'y a-t'il à dire finon qu'il eft le fecond Maiftre de la Nature, & que s'il n'en ordonne abfolument comme celuy qui l'a creé, au moins il en difpofe en partie par fa permiffion, comme eftant fon Lieutenant icy bas. Ces prerogatiues qui font attachées au Corps, ne font rien au prix de celles qui font purement de l'Ame. C'eft en cela que l'on void les auantages manifeftes de l'Homme au deffus des autres animaux; C'eft vne merueille d'examiner combien de diuerfes notions fon Entendement reçoit de toutes chofes, non feulement des prefentes & des abfentes, mais de celles qui doiuent arriuer vn iour, ou qui ne font que dans la poffibilité, & comment il les recueille toutes pour en tirer des confequences & des conclufions; Delà deriuent les effets de fa parole, dont les Tons differens guidez par fon Efprit, expriment toutes les penfées que l'on peut auoir de tout ce qui agit ou qui fubfifte. L'vne de fes plus aimables proprietez eft encore dans le Chant, dont l'harmonie diuerfe excite à toute forte de paffions, & a vn charme dont on ne fe peut defendre. Comme la Parole eft le Truchement de fes penfées; Auffi cette Parole a pour fon Image l'artifice de l'Efcriture, que l'on peut apeller la Meffagere de l'Ame, puis que par elle l'Ame communique dans l'abfence ce que l'autre peut declarer dans la prefence. De mefme que fi elle auoit en elle quelque Diuinité, elle conferue par vne longue fuite de temps, fur vn papier muet & infenfible, les penfées & les difcours que l'on a formez dans vn inftant qui s'eft efcoulé, de forte qu'apres plufieurs centaines d'années, elle peut faire reuiure ce qui fembloit eftre mort ou affoupy. A l'inuention commune de l'Efcriture, l'on ioint celle des Chiffres, pour cacher les chofes à tout autre qu'à ceux à qui l'on les veut defcouurir, furquoy eft interuenu le fecret de déchiffrer ce qui eft de plus obfcur, ce que l'on croiroit ne pouuoir eftre fait fans auoir l'Art de deuiner. Apres cecy l'on peut faire cas de l'inuention de l'Imprimerie, par laquelle deux hommes marquent en vn iour fur le papier ce qu'ils ne ferbient pas en vn an par l'Efcriture ordinaire. Si ce ne font icy purement des ouura-

ges de l'Efprit, au moins ils leur rendent du feruice. Mais ou-
blierons nous ce qui eft de plus important ? N'eft ce pas vne
chofe excellente que l'inuention des Nombres & des Mefures
par lefquels l'on compte les Corps & l'on iuge de leur grandeur
& de leur diftance, ce qui a donné la hardieffe aux plus experts
de compter iufqu'au fable de la Mer, & de dire qu'elle eft la
grandeur & la hauteur de la Lune, du Soleil & des autres Planettes. Par ces nombres & ces mefures non feulement l'Homme n'a-t'il pas inuenté les regles de la Mufique Theorique, mais
encore de l'Harmonie vniuerfelle du Monde ? N'eft-ce point
par là qu'il a trouué le moyen de fe feruir des Globes, des Car-
thes & des Aftrolabes, & de l'Ayguille aymantée pour fçauoir
fous quel degré il fe rencontre dans les efpaces immenfes de la
Mer ? N'y ioindrons nous point les lunettes à longue veuë qui
defcouurent prefque tout ce qui fe fait dans la furface du Ciel?
Les Mathematiques & autres Sciences fpeculatiues aufquelles
l'Homme s'occupe font admirer beaucoup d'autres inuentions qui font la practique de leur Theorie, comme font toutes
celles des Mechaniques, à fçauoir des Horloges, des Moulins
& des Machines de diuerfes fortes, par lefquelles Archimede
efleuoit en l'Air les nauires des ennemis, & fe vantoit de pouuoir remuer la Terre hors de fa place, fi l'on luy donnoit vn
lieu au dehors pour pofer fes inftrumens. Que fi l'on prend
garde aux Sciences qui font purement Coutemplatiues ou Rationelles, l'Homme n'y a t'il pas fait tout ce qui s'y pouuoit imaginer ? Y a-t'il rien qui ne foit foufmis a la Metaphyfique, à la
Phyfique & à la Logique, & dont la Grammaire & la Rhetorique ne puiffent parler pertinemment & eloquemment? L'Homme n'a-t'il pas auffi amené l'ordre du Ciel fur la Terre, lors
qu'il a defcrit les bonnes reigles de la Morale & de la Politique ?
A moins que de s'aueugler foy mefme peut-il méconnoiftre
ces grands auantages qu'il a au deffus des autres Animaux ? Mais
outre le trefor des Sciences dont il eft certain qu'il iouyt, il doit
prendre garde que de plus il a ce bon-heur luy feul d'eftre
touché du defir de la gloire, de faire diftinction de ce qui eft iufte & honnefte, d'auec ce qui eft iniufte & deshonnefte, d'a-
uoir de la haine pour le vice, & de l'Amour pour la Vertu, de

porter fes penfées dans vne vie future autre que celle où il fe
rencontre, & fur tout d'eftre capable de la Foy & de l'Efpe-
rance pour les chofes immortelles & inuifibles. Ce font des
facultez qui tiennent toutes de l'Efprit, & qui font auffi pures & auffi releuées, que fi fon Ame eftoit desja entierement
feparée de la matiere. Quelques Antiens rauis de ces merueilles, oferent apeller l'Homme vn Dieu terreftre, vn animal diuin, ou vn Meffager de la Diuinité, affeurant qu'il e-
ftoit Seigneur des chofes inferieures & familier des fupe-
rieures, & qu'en luy fe faifoit l'alliance & l'Hymenée des chofes corporelles & des fpirituelles.

Si nous ne nous contentons pas de ce qui eft commun à la
Nature des Hommes, recherchons encore quelles prerogatiues font accordées à quelques vns, qui ont des dons fi excellens qu'ils ne fe reffentent point des miferes & des infirmitez
que l'on attribue à leur condition, On en a veu qui auoient le
corps fi fain & fi vigoureux, foit de leur naturel foit par vn bon
regime, qu'ils ne fouffroient iamais aucune incommodité, &
fembloient eftre hors de la Iurifdiction de la Mort. Sans parler des premiers Hommes, que la Saincte Efcriture dit auoir
vefcu iufques à vn grand âge, comme Adam qui vefcut neuf
cent trente ans, & Seth neuf cent douze, elle raporte que
ceux d'apres le Deluge eurent encore vne vie affez longue, &
qu'Abraham paruint iufques à Cent feptante-cinq ans, Ifaac à
cent quatre vingt, Tobie à cent cinquante huict & Moyfe à
fix vingt. Depuis plufieurs Hommes remarquables ont long-
temps vefcu, nonobftant le foin qu'ils ont pris des Eftats, ou le
trauail de leurs eftudes. Numa, Solon, & Platon ont paffé quatre vingts ans; Quelques autres font paruenus iufques à cent
ans; Gorgias Leontin Rhethoricien fameux vefcut cent huit
ans, & pour monftrer que le nombre de fes années n'auoit
rien retranché de la vigueur de fon Efprit, non plus que de
celle de fon Corps, dans fon âge fort auancé il compofoit encore des Oraifons fur le champ & les prononçoit auec l'admiration de tout le Monde, & il auoüa vn peu auparauant que
de mourir, Qu'il n'auoit aucun reproche à faire à la Vieilleffe.
On raporte qu'en de certaines contrées des Indes, les Hom-

Prerogati-
ues de quel-
ques Hom-
mes.

Bacon De
la Vie & de
la Mort.
Philoft. vie
des Sop.
Hept. de
Torque-
made.

mes viuent iufques à plus de huit vingts ans, & que l'on y en
trouue quelques vns de plus de deux cens ans, felon ce que
leurs compagnons & eux en difent; On parle d'vn habitant
de Tarente à qui fur fa centiefme année, il reuint des cheueux
noirs & de nouuelles dents, & fa peau ridée & fleftrie deuint
vermeille & frefche, de forte que c'eftoit veritablement eftre
rajeuny, & qu'il paffa comme vne feconde Vie iufques à l'âge
de cent cinquante ans. Pour la beauté & la bonne mine des
Hommes, il a toufiours efté manifefte que quelques vns les
ont euës en vn tel degré, qu'ils ont attiré le refpect de tous
ceux qui les ont regardez. Il y a auffi de merueilleux exemples dans l'antiquité de la force du Corps, comme de ceux qui
pouuoient porter de groffes Colomnes, & qui pouuoient arrefter vn chariot traifné de quatre cheuaux courans à bride
abbatuë. La dexterité pour toute forte d'ouurages a efté fort
renommée: On a veu des Hommes eftre capables de toute
forte de meftiers & de profeffions, & en exercer plufieurs enfemble ou les vns apres les autres. On en a veu encore poffeder abondamment les Biens de la Fortune auec ceux de la Nature, ce que l'on a crû eftre caufé par leur bonne conduite &
leur merite. L'on fçait combien ont efté heureux felon le
Monde & au moins iufqu'au changement de leurs affaires,
tant de Princes Souuerains & de grands Conquerans, & combien d'autres dans vne condition mediocre & particuliere, ont
eu toutes chofes à fouhait, comme s'ils euffent efté maiftres
des euenemens & du Deftin. Paffons aux facultez de l'Ame
que plufieurs ont poffedées dans le fupreme degré. Quelques
vns ont monftré des effets prodigieux de Memoire, comme
Cyrus qui connoiffoit de vifage & de nom tous les foldats de
fon armée, & le Roy Mythridate qui fçauoit le langage de
vingt & deux peuples qui luy eftoient fujets, aufquels il pouuoit parler fans truchement, & Marc Année Seneque qui a
dit dans fes Controuerfes, qu'ayant ouy reciter deux mille
mots, il les pouuoit redire apres tout d'vne fuite. La force de
l'Imagination a paru dans les ouurages de plufieurs Peintres,
Sculpteurs, Orfevres & Architectes, & fpecialement dans les
Pompes qu'Hyeron a inuentées pour l'efleuation des Eaux, &

dans

dans les diuerſes Machines de pluſieurs Ingenieurs qui ont eu
des effets ſi admirables ; Les beaux eſcrits des Poëtes dependent encore de cette faculté, qui fait treuuer de la deleȼtation
& du profit tout enſemble, dans les vers d'Homere, de Pin-
dare, de Virgile, d'Horace, d'Ouide & d'autres Poëtes que
l'on a crû vſer du langage des Dieux, ou du moins auoir re-
preſenté toutes les puiſſances de la Diuinité ſous leurs fiȼtions.
L'Entendement n'a pas manqué d'y auoir part, mais il s'eſt
fait valoir le plus dans les diſcours & les Eſcrits de tant de Philoſophes, de Theologiens & d'autres Autheurs celebres. Que
doit-on penſer de Platon, d'Ariſtote, de Ciceron, de Saint
Auguſtin, de Saint Thomas, & de tous ces grands Hommes,
qui ont poſſedé toutes les Sciences tant Diuines qu'Humaines,
& nous en ont tracé de ſi beaux enſeignemens dans leurs Liures ? N'auons nous pas eu auſſi nos Sçauans dans les derniers
Siecles comme les deux Pics, les deux Scaligers, Eraſme, Cardan, Fernel, & quelques-vns plus recens d'entre leſquels nous
n'oſerions en nommer vn ſeul ſans les nommer tous, pource
qu'il n'y a pas moins de ſujet de loüer les vns que les autres.
Mais l'on les connoiſt aſſez pour ſçauoir que l'on ne peut atteindre plus auantageuſement qu'ils ont fait à la ſublimité de
l'Eſprit. Ce n'eſt pas tout de parler de ceux qui ont acquis les
Sciences, ſi l'on ne parle de ceux qui ſont paruenus au comble
de la Sageſſe, & qui ont cultiué la vraye Vertu. Parmy les
Payens on a veu des gens ſobres, chaſtes, & temperans en
toutes choſes, patiens à toutes ſortes d'injures & de douleurs
& qui exerçoient la Iuſtice, meſmes enuers leurs ennemis.
Socrate, Phocion, Ariſtide, & Caton, ont eſté des exemplaires de toutes les Vertus moralles, autant que l'on les pouuoit auoir ſans eſtre eſclairé de la vraye Foy. Si nous cherchons les Vertus intelleȼtuelles en leur ſouueraine exiſtence,
ne les trouuons nous pas dans les Peres de l'ancien Teſtament,
& dans ceux du Chriſtianiſme, qui ont eu vn ſçauoir ſi exquis
& vne Sageſſe ſi eſprouuée ? Se peut-on imaginer vne plus
grande Perfeȼtion pour les Hommes que d'auoir les dons celeſtes de Prophetie, & de lire dans l'auenir auſſi facilement
que dans le paſſé, & apres vne entiere purgation de l'Ame,

F

auoir l'illumination & l'vnion auec Dieu ? C'eſt ce qui a eſté
octroyé aux Prophetes, qui ont predit la venuë du Sauueur
du Monde & le progrez de ſon Egliſe, & à tant de Sainéts qui
pour la fermeté de leur foy & le merite de leurs œuures, ont
eſté receus dans le Ciel ; Et ne croyons pas que tous ces Biens
ayent eſté particuliers pour eux ; Ils ſont encore offers à tous.
ceux qui voudront ſuiure le meſme chemin.

Ayant conſideré desPriuileges ſi grãds queDieu a dõnez libe-
ralemẽt auxHõmes,nous ne deuons point douter qu'ils ne ſoiẽt
capables de Perfeétion ? Que dira-t'on contre cela ſinon que
toutes ces graces diuerſes ne ſont pas faites à tous ; Que pource.
qui eſt des Biens du Corps, comme la Santé, la vigueur & la.
longue vie, il y en a fort peu qui en iouïſſent ; & qu'au contraire on en. void pluſieurs qui ſont accablez de douleurs & de
maladies, & qui meurent d'vne mort precipitée : Mais il faut
prendre garde que cela arriue ſouuent par leur faute, & qu'en
ce qui eſt des autres Biens du Corps & de ceux de la Fortune
leur manquement peut auſſi proceder de leur negligence. On
leur reproche encore le grand nombre qui ſe trouue parmy
eux, d'ignorans, de Fous & de Vitieux, & que la plus part
menent vne vie ſi deſreglée qu'ils paroiſſent fort eſloigneȥ de
tous les auantages de l'Ame. Neantmoins il ſe faut repreſenter qu'en quelque eſtat qu'ils ſoient leur perfeétion eſſentielle
ne laiſſe pas de ſubſiſter, rien ne pouuant abolir leurs facultez ſpirituelles, qui leur ont eſté données pour connoiſtre tout
ce qui eſt dans l'Vniuers, en former des raiſonnemens, & en
tirer diuers Vſages, & ſe porter à laVertu ; Toutes leſquelles.
choſes s'ils ne font point, ce n'eſt que faute d'y apliquer leur
intention ; Voila pourquoy comme il eſt en leur choix de les.
faire, l'on parle d'eux de meſme que s'ils eſtoient ce qu'ils.
peuuent eſtre, ſans que le particulier doiue nuire au general.
Il eſt donc certain qu'encore que ceux qui prennent plaiſir à
s'auillir de cette ſorte, ſoient iugez fort imparfaits, veu meſmes que la pluſpart le confeſſent & le publient, il faut pourtant qu'ils ſe reconnoiſſent parfaits malgré qu'ils en ayent, au.
moins en ce qui eſt de leurs proprietez naturelles, & qu'ils
auoüent que leurs deffaux ne prouiennent que de leurs volon-

tez corrómpuës. Que s'il fe treuue quelques hommes qui s'e-
ſtant formé pluſieurs bons deſſeins, n'en voyent aucun qui
ſoit ſuiuy d'execution, & dont toute la vie n'eſt qu'vne ſuite
de malheurs, ou qui pour leur pauureté & leur abaiſſement
ſont le meſpris des autres, il ne faut pas s'imaginer que cela
deriue touſiours de quelque imperfection qui ſoit en eux : Les
perſonnes les plus vertueuſes ne peuuent pas aporter vn changement infaillible aux accidens faſcheux qui ſe rencontrent
dans la vie ; auſſi ne ſe doiuent elles pas beaucoup paſſionner
pour cecy, & eſtre ſaiſies de deſeſpoir ou de ſimple regret pour
de tels ſuccez, puiſqu'elles peuuent eſtre recommandables
d'autre ſorte ; Car ſi elles ne temoignent de la Perfection à ſçauoir acquerir les Biens de fortune & du Monde,
elles en monſtrent à s'en pouuoir paſſer. Tous les Hommes
ſont eſtimez parfaits ou d'vne perfection actuelle ou par la
puiſſance qu'ils ont de l'obtenir, & ſi l'on continue à nous objecter que ſans prendre garde à ce que peuuent eſtre les Hom.
mes, il eſt certain qu'il y en a d'auſſi imparfaits que les Beſtes,
ie ſouſtiendray qu'en recompenſe il y en peut auoir au meſme
temps d'auſſi parfaits que les Anges, & qu'ils pourroient tous
ſe rendre ſemblables à ces eſprits bien-heureux, ſi leurs
inclinations & leurs œuures correſpondoient aux graces Diuines, & faiſoient leur profit d'vn ſi bon ſecours. Quoy! les incredules & les Errans nous repartiront ils auec opiniaſtreté,
que ces perfections ne ſubſiſtent que dans l'imagination? &
que réellement on void des Hommes qui ont des penſées
toutes beſtialles, & que ſans cela toute leur eſpece a beaucoup
de conformité auec les autres Animaux, ayans de meſme leur
corps à nourrir, eſtant forcez de laiſſer aſſoupir leurs Sens par
le ſommeil, & eſtant ſujets aux troubles d'eſprit, aux maladies
du Corps & à la Mort? Tant s'en faut que de tels argumens
ayent quelque force pour raualler les Hommes, qu'au contraire nous pouuons conjecturer, que ſi ayant les prerogatiues de
la Raiſon & de la Foy, ils ne laiſſent pas d'eſtre ſemblables aux
autres Animaux par beaucoup de qualitez corporelles, ce n'eſt
que pour rendre l'Vniuers accomply, s'y trouuant des Subſtances dont l'Ame eſt dependante du corps & meurt auec luy,

comme celles des Beſtes, & d'autres Subſtances toutes Spirituelles & ſans Corps qui ſont les Anges, & d'autres qui eſtant
iointes à des Corps ſont pourtant ſpirituelles, qui ſont les
Ames des Hommes, leſquelles peuuent meſme ſanctifier leurs
Corps par le bon vſage où elles l'employent, & le rendre digne d'eſtre vn iour revny auec elles, pour receuoir la recompenſe de leurs trauaux. Que ſi l'on ne ceſſe iamais de repreſenter les infortunes qui arriuent à pluſieurs Hommes, & les
deffaux de leur Police generalle, où les Vertus ne ſont point
recompenſées, ny les vices punis, & où le contraire ſe void
tous les iours, c'eſt en vain que l'on allegue cecy pour marque
de leurs imperfections, puiſqu'il ne tient qu'à eux qu'ils ne
les corrigent & qu'ils ont le pouuoir de l'executer. Ceux qui
ont reuoqué en doute que les hommes fuſſent capables de quelque Perfection, doiuent eſtre fort ſurpris de ce que ie demeure d'accord de tous les deffaux qu'ils ont alleguez, ſurquoy ils
penſoient auoir excuſé leur laſcheté & leurs mauuaiſes habitudes; Mais ils doiuent remarquer que ceux qui en iugent le
mieux, ne confeſſent point que ces malheurs les puiſſent vaincre ny eſtonner, ny qu'ils nous empeſchent de paruenir à la
Perfection ſoit que nous la ſouhaitions pour le particulier ou
pour le general, & que nous cherchions les diſpoſitions qui
nous y adreſſent. I'ay remonſtré que les deffaux que l'on ſe figuroit en la conſtitution du Corps des Hommes, n'eſtoient pas
tous fort vrays, & que les autres eſtoient ſuportables par le
contrepoids des auantages de l'Ame. Pour les miſeres de la Vie
& les Vices qui les cauſent, ie n'ay garde de les nier eſtant ma-
nifeſtes comme ils ſont, & ſi i'y ay fait icy peu de reſponce,
c'eſt que i'en doy parler dans tout le reſte de mon ouurage,
qui ne ſera preſque employé qu'à chercher des remedes à de
tels maux, afin que triomphant de leur deffaite, ceux qui aſ-
pirent à la Perfection la puiſſent acquerir. La penſée n'en eſt
point preſomptueuſe, puiſque nous entendons que cette Perfection ſoit ſelon les limites de noſtre Nature, & telle qu'elle
nous eſt accordée pour cette Vie, ou que ſi on ne peut obtenir
la Perfection ſouueraine l'on ſe contente de quelques Perfections inferieures & diuerſes, qui ayant toutes du raport en-

ſemble compoſent celle que nous deſirons.

Ayant conclu que les Hómes ſont capables de perfection, ie leur repreſenteray encore cúbien ils ſont obligez de la recher-cher. Ce n'eſt point ſeulemét de la part des Philoſophes & des Sages du Monde que nous en reçeuons les exhortations; C'eſt de la part de Dieu, Vnique & ſupreme, qui luy meſme ou par ſes ſacrez Interpretes, a excité les hommes à chercher la per-fection; Ce n'a pas eſté aſſez d'en faire eſperer le ſuccez: Il y a eu commandement de le pourſuire. Il eſt raporté dans la Geneſe que Dieu commanda à Abraham d'eſtre parfait; Et dans le Deuteronome il eſt auſſi commandé au Peuple Iuif, de ſe monſtrer parfait & ſans tache deuant le Seigneur. Or ſi ce commandement leur a eſté fait, il faut croire qu'ils eſtoient capables de l'accomplir; Car la parole de Dieu ne ſe fait point ouyr en vain. Quand nous parlons de rendre l'Homme par-fait; c'eſt le faire atteindre à la fin pour laquelle il eſt né, qui eſt d'honorer Dieu & ſe conformer à luy & à ſes commande-mens par la Vertu, ce qui fait obtenir la perfection & le Bien ſouuerain. Mercure Triſmegiſte le plus eſclairé de tous les Payens, aſſeure neantmoins, Que le Bien ne ſe peut trouuer parmy les Hommes, & qu'il n'en ont que le Nom & nulle-ment l'effet; Que le Bien n'eſt qu'en Dieu, ou pluſtoſt que Dieu meſme eſt le Bien: Mais pour s'accorder en cecy à la Philoſo-phie Chreſtienne, il faut qu'il entende, Que Dieu eſt telle-ment le Bien, qu'il n'eſt eminemmét qu'en luy, & que c'eſt luy ſeul qui le cómunique à ſes Creatures; Qu'il en fait les Hom-mes participans en quelque ſorte dés cette Vie, mais que ce n'eſt que pour les acheminer à vne autre meilleure, où le Bien & la Perfection leur ſeront donnez amplement & ſuffiſam-ment. Les Sacrez Cahiers de noſtre Religion, ne contien-nent rien encore de plus frequent que les promeſſes du Bien & de la Beatitude, pour eeux qui ayment Dieu, qui le craignent, qui eſperent en luy & qui gardent ſa Loy; Il faut aſpirer à ce Bien ſur de ſi bonnes aſſeurances.

Pource qu'il n'y a rien de plus important aux Hommes; Auſ-ſi s'en treuue t'il quantité entr'eux qui ayans la capacité d'ex-pliquer les diuins Myſteres, preſchent & eſcriuent ſur ce ſujet; la Perfectiõ.

Marginalia:

Dieu à cõ-mandé aux Hommes d'aſpirer à la Perfectiõ, & la leur a promiſe.

Geneſ. 17.
Deut. 18.

Pimandre chap. 6.

Tob.13.18.
Pſal.12.1.
Pſal.33.9.
Pro.29.18.

Outre les li-ures de De-uotion & de Pieté, en en-ſeignent, peut eſcrire de Science & de Mo-ralle pour conduire les Hommes à la Perfectiõ.

Mais comme il eſt mal ayſé de monter au ſommet ſans paſſer
par les degrez , chacun ne peut pas atteindre ſi haut d'abord,
& lors que l'on a la hardieſſe de le vouloir faire , il ſe trouue
aſſez ſouuent que l'on n'eſt pas pourueu de tout ce qui eſt de
beſoin pour l'executer. La Perfection ayant pluſieurs parties,
quoy que les plus elleuées ſoient les plus recommandables , on
doit encore auoir eſgard aux plus baſſes pour leur donner leur
accompliſſement. La vie actiue eſtant le ſecours de la contemplatiue , & ſe trouuant neceſſaire à la conſeruation de la Societé humaine , elle doit auoir ſa part de nos ſoins; On ne ſcauroit
rendre noſtre ouurage de la Perfection de l'Homme aſſez vniuerſel, s'il ne comprend ce qui concerne les Mœurs auſſi bien
que lesSciences; Ce ſera là qu'il fera mention desVertus deRe-
ligion & dePieté ; Car qui dit vnHomme parfaict, dit auſſi vn
Parfait Chreſtien. Il eſt tres à propos de compoſer des Entre-
tiens ou Exercices de deuotion pour ceux qui veullent viure de
l'Eſprit plus que du Corps , & pour retirer meſmes des affe-
ctiós corporelles ceux qui y ſont trop attachez.Ie ſouhaite bien
de traiter de ces choſes aux lieux neceſſaires, afin de rechercher tout ce qui apartient à l'Homme ; Mais ie ne ſcaurois eſtre
obligé d'en rien eſcrire d'vne fort longue eſtenduë , puiſque
nous en auons deſia des Liures en quantité faits par des perſonnes Religieuſes de qui c'eſt le propre employ ; Soit que l'on
les voye les premiers , ou concurremment auec d'autres, on
peut s'arreſter encore à nos diuerſes aplications touchant
la vie ſtudieuſe & la vie morale ou la politique. La Science
& la Prudence nous doiuent guider à la Sageſſe la plus haute;
Les moyens de ſe bien gouuerner dans ſa condition & dans
ſes affaires , ſont autant d'aydes pour rendre vne vie parfaite.

Il eſt vray que quand l'on entreprend de parler de tant de
choſes , il ne ſe peut autrement qu'il n'y en ayt qui ſoient deſia
le ſujet de pluſieurs volumes ; Mais il ne faut pas que cela nous
deſtourne de l'entrepriſe. C'eſt trauailler aſſez vtilement
quand l'on ne feroit que recueillir ce qui eſt eſpars,afin que rien
ne s'en perde , & que tout à coup cela ſoit preſenté à la veüe;
Il faut croire auſſi qu'encore que l'on ayt deſia dit beaucoup

de chofes, l'on n'a pas dit tout ce qui fe pouuoit dire, & que
ceux qui tiennent; Que l'on ne fçauroit rien dire qui n'ayt
defia efté dit, veullent excufer en cela, la foibleffe de leur
Genie. Le Sage a affeuré; Qu'il n'y auoit rien de nouueau
fous le Soleil, mais il l'a entendu pour le general des accidens,
non pas pour leurs diuerfes efpeces & circonftances. De plus
quand tout ce qui eft imaginable, auroit efté dit, cela ne l'a
pas efté auec vne telle diuerfité, que l'on ne le puiffe faire voir
fous vne autre forme. Comme vn Architecte fait vn Edifice
tout nouueau auec les mefmes pierres qui auoient feruy à vn
autre; Auffi auec les mefmes matieres dont plufieurs Autheurs
ont compofé quelques ouurages, rien n'empefche que l'on n'en
puiffe faire vn tout differend : Mais ne nous attendons pas feulement à la difference de la Structure ; Puifque chaque indiui-
du a fes proprietez particulieres, chaque Efprit dans fes productions monftre vn caractere particulier qui ne conuient qu'à
luy. Celuy qui a choifi de parler de la Perfection, ayant tourné
toutes fes penfées à cela, ne doit pas plaindre fon trauail & fa
recherche, pour n'eftre point contraint de fe fatisfaire de chofes communes. Dautant mefmes que la Perfection eft malai-
fée à acquerir, & que beaucoup de chofes luy font neceffaires,
il y a toufiours quelque nouueauté à en propofer. Quoy que
pour le regard de l'Homme, ce Bien s'accompliffe de certaines
parties connûes & terminées, il y en a encore qui font eften-
dues à l'infiny, tellement que l'on en peut bien reprefenter qui
iamais n'auoient efté confiderées. Quelques Philofophes ont
crû que comme apres de longues circulations, tous les Aftres
fe retrouuët en vn mefme lieu; Ainfi toutes les chofes de la Terre qui fuiuent les influences celeftes, retournent en mefme
eftat apres de certaines reuolutions : C'eft pourtant vne erreur
infigne de s'imaginer que ce doiuent eftre toufiours les mefmes
Hommes, les mefmes affaires & les mefmes euenemens, veu
que nos derniers fiecles ont des maximes fort efloignées de
celles d'autrefois, & qu'encore que l'on y ayt les mefmes vices
à combattre, c'eft fous des figures differentes. Il faut donc de
nouuelles inftructions pour nous aprendre à chercher la Per-

fection, & nous deliurer des obstacles qui s'y opofent. Pour
eftre capable de cecy, l'on doit eftudier dans le grand Liure
du Monde ; C'eft là que fe font inftruits les premiers ceux que
l'on a appellé les Pedagogues du genre humain ; Les Enfeignemens qui viennent d'ailleurs ne font qu'erreur & fiction. Que
fi tout ce qui eft bon, fait de la peine à obtenir d'abord , lors
que l'on fuit les chofes naturelles & vrayes, la matiere ayde enfin d'elle mefme à fe faire trouuer , tellement que cheminant
par le droict fentier, l'on ne manque pas de moyens de fe rendre Parfaict.

DES

DES BIENS DE L'HOMME
tant pour le Corps que pour l'Ame, lesquels on estime ses Perfections.

Que les Biens du Corps & ceux de la Fortune ne sont point de vrays Biens;

Qu'il n'y a que ceux de l'Ame qui soient certains & stables.

CHAPITRE II.

M'ESTANT proposé de rechercher quelle est la Perfection de l'Homme & les moyens d'y paruenir, il en faut parler en general, puis-qu'il ne doit rien manquer à ce que l'on veut rendre parfait. L'Homme ayant deux parties differentes qui sont le Corps & l'Ame, elles ont des perfections diuerses chacune, qui tou-tes ensemble peuuent former vne seule Perfection, laquelle suiuant l'opinion de quelques vns, est le souuerain Bien & la souueraine felicité, ou au moins ce qui les fait obtenir, car on ne doute point qu'vn Homme parfait n obtienne tout le Bien qui se peut acquerir, & qu'il ne soit souuerainement heureux. Or comme il y a des Perfections diuerses, il faut croire qu'il y a des Biens diuers, subordonnez les vns aux autres, & que pour leur acquisition ou conseruation, l'Homme doit employer ses perfections differentes, qui le faisant paruenir à vne Per-fection acheuée, le conduisent pareillement à vn Bien accom-ply. Ie ne m'esleue point encore à ces rares qualitez : Ie ne suis

Des Biens ou Perfectiõs du Corps & de l'Ame

G

icy qu'à l'ouuerture des chofes. Ie doy chercher quelles font
les perfections particulieres ou les Biens particuliers, auant
que de penfer à l'vnique Bien & à la perfection generalle. Plufieurs tiennent qu'il faut pouruoir aux biens du Corps autant
qu'à céux de l'Ame, fi l'on veut rendre l'Homme parfait.
L'vniuers, ce dit on, ne feroit pas accomply s'il n'y auoit des
Elemens groffiers tels que la Terre & l'Eau, & des Corps fubtils comme le Ciel & les Aftres. Rien ne paroiftroit haut &
excellent, s'il n'y auoit quelque chofe de plus bas & de moindré
valeur. Employons nous donc à examiner tout ce qui peut conferer à l'homme les auantages qu'il fe propofe, afin qu'il s'en
ferue dans le befoin.

S'il faut parler des Biens du Corps deuät ceux de l'Ame.
Pour proceder par degrez, il femble qu'il faille premierement faire mention de ce qui regarde le Corps, & qu'eftant de
moindre dignité que l'Ame, cela le doiue faire confiderer le
premier, à caufe que l'on a plus de facilité de le mettre en bon
eftat, ioint que la vie qu'il a icy bas, eft parmy toutes les
autres chofes corporelles conformes à fa condition, lefquelles
l'on n'a point de peine à trouuer pour fournir à fes neceffitez;
Neantmoins comme l'Ame eft fa guide principalle, il a toufiours affaire d'elle pour choifir ce qui luy eft vtile, tellement
que fi elle n'eft ornée des meilleures qualitez qu'elle puiffe
auoir, elle ne fçauroit eftre capable de l'adreffer à fon bonheur; voyla pourquoy l'on peut dire qu'il faut pouruoir à la
Perfection de l'Ame auant quel de penfer à celle du Corps,
fpecialement pour les perfonnes qui font en âge de raifon & de
difcernement, & qui fe conduifent elles mefmes, ou qui
comprennent bien les enfeignemens des autres; Car pour
les Enfans qui n'ont pas encore l'vfage de la plus haute faculté
de leur Ame, l'on penfe feulement d'abord à perfectionner
leur Corps, afin de le preparer à feruir d'inftrument aux puiffances de fa fuperieure, & à mefure que l'âge croift, l'on s'employe pour tous les deux efgalement. Cela eft caufe que ie
pourrois commencer icy par le difcours des perfections du
Corps fans tomber en faute, comme pour feruir de fondement
au refte : Mais ie doy prendre garde fi ie ne m'y occuperois
point en vain, d'autant que l'on difpute au Corps fes perfe-

ctions, comme n'eſtant pas vrayes, mais trompeuſes & incertaines. Afin d'en iuger ſeurement, il les faut examiner toutes ſans paſſion, & nous repreſenter quels ſont les Biens des
Hommes, tant pour le Corps que pour l'Ame, puiſque l'on
entend leurs perfections & leur bonheur, par ce que l'on appelle leurs Biens, & que c'eſt par ces Biens là qu'ils ſont rendus parfaits & heureux.

Les Biens du Corps ſont la Santé, la Vigueur, la Beauté &
la Dexterité; Ceux de l'Ame ſont le bon Eſprit, la Science,
la Sageſſe & le Contentement. Les Biens du Corps pourroient encore eſtre mis ſous la diuiſion des Biens de la Nature
& de l'Art, donnant la Santé, la Vigueur, & la Beauté à la Nature, & la Dexterité à l'Art; Toutefois cela n'eſt pas neceſſaire quand l'on veut parler abſolument de ce qui apartient au
Corps. L'on nomme d'autres Biens dont l'on attribue les vns
à la Nature, & les autres à la Fortune, comme ils paroiſſent
en dependre par leur origine; mais en ce qui eſt de leur aplication, ils ſont pour l'Ame & le corps tout enſemble, & quòy
que ce ſoient des Biens externes & ſeparez de la perſonne, ils
s'y attachent ſouuent de telle ſorte, qu'ils ne luy ſont pas moins
conſiderables que les autres, & peuuent eſtre reduits ſous vn
meſme ordre. Ces biens ſont la Nobleſſe du ſang ou autre naiſſance fauorable, les Richeſſes, les Dignitez, la Reputation,
& la quantité d'Amis & de Parens. On ne doute point que
la Nobleſſe de race & toute bonne naiſſance, ne ſoient du
bonheur du Corps, puiſqu'elles en deriuent, & que par meſme moyen ce ne ſoient auſſi des biens de la Nature. Les Richeſſes, les honneurs & les autres biens attribuez à la fortune,
ſont de vray entierement externes; & pourtant ils peuuent
eſtre rangez auec les auantages du Corps à cauſe qu'ils operent
à ſon bien particulier, lors qu'ils luy font obtenir ce qui luy eſt
propre, comme les alimens, les veſtemens, l'habitation, &
toutes les voluptez ſenſuelles, & meſmes les remedes des maladies, qui ſemblent eſtre d'auantage au pouuoir des gens riches & de credit que des pauures.

Ces Biens de Fortune eſtant auſſi acquis par la ſubtilité de
l'Entendement, l'Ame pretend que venans de ſa premiere fa-

culté , ils luy appartiennent par dependance , & que comme ils luy doiuent leur production , elle s'en peut attribuer la ioüyssance pareillement. Pource qu'elle s'employe à acque-rir , ou à conseruer & ameliorer les biens essentiels du Corps & de la Nature , elle range encore tout cela sous son authori-té , & s'en sert continuellement à ses fins. Se voulant mon-strer la superieure , elle ne se donne pas seulement du pou-uoir sur le bien qui luy est propre naturellement , comme la Science ou la Sagesse , mais elle veut tirer profit de tous les autres biens , faisant comme vn Maistre qui dispose de ses Terres & Seigneuries & de tout ce qui y croist , & qui repute à soy tout le trauail de ses esclaues. L'Ame estant dans vn beau Corps , est rauie d'y estre logée comme dans vn superbe Palais que chacun regarde auec admiration ; l'honneur en reflefchit sur elle , parce qu'il est de ses apartenances. Elle se glorifie aussi d'auoir pour seruiteur & pour confident , vn Corps qui vient de sang Illustre , & qui est sain , vigoureux & adroit pour executer toute sorte de bonnes actions. Elle est comblée de plaisir pour les richesses qui l'enuironnent , par le moyen des-quelles elle espere d'auoir toutes les commoditez de la vie. Quant aux Dignitez & à la bonne Estime ou Renommée, c'est souuent sa satisfaction principalle , pource qu'elle se plaist fort aux loüanges & aux soufmissions qu'elle reçoit de chacun. La conuersation auec des Parens ou des Amis , est vn de ses alimens les plus agreables , de sorte qu'encore que ce soient là tous biens externes , & qu'il y en ait qui ne soient destinez spe-cialement que pour la perfection du Corps , on doit croire que l'Ame en augmente la sienne par la ioye qu'elle en recoit , à cause qu'elle se rend plus parfaite estant contente. C'est ce qui fait que quoy que les Richesses , les Dignitez & le nombre d'Amis ne puissent estre nommez entre les Perfections de l'Homme , si est-ce qu'on en peut faire la discution en mesme endroit , comme estant des Biens ou des dependances du Bien, & comme estant des aydes de la Perfection & souuent de ses effets , puisqu'on ne sçauroit nier , que les habiles Hommes n'ayent en leur disposition plus facilement que les autres les biens & les honneurs de la Terre , & qu'ils n'ayent aussi plus

de moyens de se faire aimer & d'acquerir vne reputation fort
estenduë. De mesme ils peuuent mieux que tous autres se conseruer en Santé & en vigueur, & aüoir tous les autres Biens
corporels. Il ne faudra donc point trouuer estrange, si parmy
les enseignemens de la Perfection, ie parle de ces Biens, d'autant mesmes qu'on desire que tout se raporte au sujet principal.

Neantmoins ne nous laissons pas tromper par les tiltres que
l'on donne aux choses sans nous informer qu'elle est leur essence. Si nous examinons à la rigueur, tout ce que l'on nous fait
passer pour des Biens, nous trouuerons que ceux qui sont attachez au Corps & qui dependent de la Nature, & ceux qui
sont distribuez par la Fortune & le hazard, ne sont point de
vrays Biens, quoy que l'on leur donne presque tousiours la
qualité de Biens, & que l'on s'en serue comme de tels quand
l'occasion le veut ; Pour monstrer qu'on ne les doit point tenir
en ce rang, on peut remarquer qu'ils ne sont pas necessaires à
nous rendre heureux, & que leur priuation ne sçauroit empescher que l'on n'arriue à vn bon heur souuerain, tellement
que n'estans pas des Biens, l'on doit croire qu'ils sont beaucoup moins estimables que ce qui conduit à la Perfection accomplie ; mais pource qu'il y a plusieurs Hommes qui sont gagnez par eux, & en ont vne opinion fort auantageuse, sçachons
quels sont leurs pretextes, & par quelles raisons nous les pouuons combattre.

Que les Biens du Corps & de la Nature, & ceux de la Fortune, ne sont point de vrays Biens.

Considerons premierement la Santé que les Hómes iugent si
precieuse ; Il est vray qu'elle rend leur Corps capable de toutes
ses fonctions ; Qu'elle leur fait prendre plaisir à voir & à entendre, & à jouyr de toutes les autres facultez sensitiues, &
qu'au contraire depuis qu'vne maladie les accable, ils sont dans
vne langueur generalle. Les Sens ont à cette heure là leurs
facultez si alterées, que leurs objects naturels les ennuyent,
ou que mesmes ils n'en ont plus la iouyssance ; La veüe est affli-
gée de tout ce qui luy paroist, les oreilles sont estourdies des
plus doux sons ; l'odorat est offensé de toute sorte d'odeurs,
& le Goust ne teruue aucune saueur aux meilleures viandes ;
Toutes les parties où le Toucher reside sentent de la rudesse en
ce qui les aproche, outre les douleurs vniuerselles ou particu-

Que sans la Santé l'on ne peut iouyr des facultez des Sens.

lieres qu'elles fentent au dedans. L'Ame mefme qui eft la
Maiftreffe des Sens & du Corps , fouffre beaucoup pour les
maux qu'ils luy communiquent; Cette demeure luyeft vne
prifon non feulement trifte & obfcure , mais pleine de fuplices
& de gefnes. Si quelques hommes eftabliffent les plus agreables biens du Corps aux Voluptez lafciues, ils en font alors
entierement priuez, pource que l'on n'en fçauroit iouyr quand
tous les autres plaifirs les plus naturels & les plus ordinaires
s'efuanoüiffent. Mais voyons encore fi la perte des vns ou
des autres , nous afflige tant que nous deuions nous imaginer d'eftre dans vn entier malheur par cette priuation; Il y a
des argumens affez fubtils fur ce fujet.

Reprefentons nous que nous n'aimons l'vfage des Sens que
pour ioüyr de leuts objets, & que les chofes pour lefquelles
nous n'auons plus de fentiment ceffent enfin de nous toucher;
L'Aueugle ou celuy qui a feulement la veuë baffe, eft peu curieux de tableaux & de tout autre fpectacle. Celuy qui n'a pas
l'oreille bonne a peu de foin de la mufique; Le defir des odeurs
ne refueille point celuy qui a le cerueau empefché; Le plaifir
de l'attouchement n'attire point vn membre ftupide & Le-
thargique , & en ce qui eft du Gouft, tant s'en faut que celuy
qui a peu d'appetit foit excité à manger en voyant des mets
delitieux , qu'au contraire il les a en horreur , & s'il ne les void
point il les fouhaite moins encore; Bref tous les appetits que
donnent les Sens , font ainfi amoindris par leur peu de vigueur , mefme en prefence de leurs objets , & quoy que la Memoire fe puiffe quelquefois reprefenter leurs premieres dou-
ceurs, les puiffances ceffant d'en eftre efmeuës , enfin par l accouftumance l'on aprendra à s'en paffer. Cela fait donc connoiftre que ce ne font point là des Biens qu'il faille auoir abfolument pour eftre vn Homme heureux ; Car en ce qui eft
des Sens , la perte fortuite de quelques vns ou leur priuation
dés la naiffance , n'empefchent point que la vie d'vn Homme
ne foit conferuée. Ie nommeray en cette occafion la veüe,
l'oüye & l'odorat, & i'y ioindray mefmes le Gouft, lequel eftát
perdu ou entierement peruerty , on ne laiffe pas de fe nourrir
des alimens que la Langue & le Palais ne fauourent prefque

plus. Pource que le Toucher reside en toutes les parties tant interieures qu'exterieures, il pareſt de vray que c'eſt vn Sens qui ne nous peut abandonner qu'auec la Vie, mais au moins on dira que ne ſe trouuant point aux membres perclus, quelques Hommes aprennent à s'en paſſer à moitié, & que ſe conſolant dans leurs deffaux corporels par les auantages de leur Ame, ils font connoiſtre que leur felicité ne depend point des choſes caduques. Quant aux plaiſirs lubriques, comme la iouiſſance n'en eſt point neceſſaire, & que pluſieurs s'en paſſent pour leur âge trop bas ou trop auancé, ou pour leurs infirmitez naturelles, ſans en eſtre beaucoup affligez, il ne faut point croire que ce ſoit vn contentement qui doiue entrer dans la compoſition de noſtre bien, & que ne l'ayant point l'on ſe doiue eſtimer malheureux. D'ailleurs puiſqu'on void qu'vne petite maladie nous peut priuer de la iouiſſance la plus naturelle & la plus legitime de tous nos Sens, cela eſtant on ne ſe doit point imaginer que le Bien parfait ſoit eſtably en ce qui nous peut eſtre ſi facilement oſté. Les voluptez lubriques & charnelles ne ſont pas non plus fort aſſeurées, puiſque meſmes elles font perdre au Corps ce bien ſi agreable de la Santé, ſans lequel elles ne peuuent ſubſiſter : Si la Santé eſt neceſſaire pour produire ce plaiſir, elle s'en trouue à la fin deſtruicte, Car c'eſt vn enfant qui tuë ſa mere. Or comme les voluptez qui paſſent les regles de la Temperance nuiſent à toutes les facultez de l'Ame, n'eſt il pas honteux de les prendre pour des biens ou des effets du bien, puiſque ce ſont de vrais maux ? D'ailleurs tous les biens du Corps nous eſtant communs auec tous les autres animaux de la Terre, y a-t'il ſujet d'en faire cas ? Pour monſtrer que nous auons quelque choſe au deſſus des Beſtes, ne faut il pas que nous ayons des biens plus releuez, qui meſmes ſupléent aux autres lors qu'ils nous manquent, & qui nous eſleuent à des choſes plus deſirables.

Sans auoir eſgard à tout cecy, ceux qui veullent exalter les Biens du Corps & de la Nature repliquent, qu'ils ne font aucun cas des argumens tirez de la priuation de quelques Sens & de leurs plaiſirs, que quelques perſonnes ne regrettent point, pource que chacun n'eſt pas de ce naturel qu'on doit nommer

Replique iouchant la prinatiō des Sens & continuation de ce que l'on allegue des auantages de la Santé.

ftupidité, & que la plufpart des Hommes ne fçauroient oublier les voluptez paffées, ny effacer de leur Efprit celles que
feulement ils fe figurent. Ces Hommes fenfuels nous affeurent encore que tous ces Biens pour lefquels ils parlent font fi
veritablement des Biens qu'il n'y en a point de plus neceffaires,
& que mefme tous les Biens de l'Ame en dependent. En continuant de plaider pour la Santé, ils difent que c'eft le premier
des Biens & le fondement de tous les autres ; Qu'outre les
plaifirs que l'on reçoit de la iouiffance des Sens, c'eft de la
Santé du Corps que depend cette vigueur qui rend les Hommes propres à la vie aftiue, & que la Dexterité ou adreffe, &
l'habileté, n'ont point d'vfage fans elle ; Que le meilleur Artifan priué de Santé ne fçauroit accomplir les ouurages de fon
meftier ; Que fans elle le foldat n'a pas la force de combattre,
& mefme l'Auocat ny le Iuge ne fçauroient eftre fecourables à
ceux qui implorent l'apuy de la Iuftice ; Bref qu'il n'y a point
d'Homme malade de qui l'on doiue attendre des aftions vtiles
à la police & à la focieté, & qui puiffe faire autre chofe que
de fe tenir dans vn lit pour repofer fa foibleffe & obferuer les
ordonnances des Medecins ; Qu'en cét eftat tous les autres
biens luy font retranchez n'eftant point capable d'amaffer ny
de conferuer des richeffes, n'y d'acquerir de l'honneur, ou de
la Renommée & des Amis, & que fa Science & fa Sageffe luy
font mefme alors inutiles, faute d'auoir les moyens de s'en
feruir.

Contre ce qui
eft dit pour
l'vfage des
Sens & pour
la Santé.

On pourroit adioufter foy à ces chofes fur leur fimple propofition ; mais il faut aprendre que cela ne paffe point fans repartie ; Que premierement ceux qui ont l'efprit bien reglé,
ayans perdu l'vfage de quelque Sens, ne font point fi inconfi-
derez que de fe faire mourir d'ennuy & de defefpoir pour ce
fujet, & que d'vn autre cofté il faut demeurer d'accord que
quand ils n'auroient pas l'Ame affez forte de nature pour fup-
porter cét accident, ils y trouuent de la facilité en ce que les
objets n'ont plus tant d'attraift pour eux ; Que pource qui
concerne la perte de la Santé, s'il y a des aftions corporelles
qui foient interdiftes à vn malade, comme de trauailler à
quelque ouurage manuel, d'aller combattre à vne brefche, de

plaider

plaïder vne caufe au Barreau ou d'y prefider comme Iuge, les
actions les plus fpirituelles luy reftent, au moins pour donner
des confeils à ceux qui approchent de luy, & pour reigler fes
affaires propres, de façon que pouuant eftre vtile aux autres
& à foy-mefme, ce font toufiours des Biens affeurez, & l'on
ne fçauroit nier que par là il ne puiffe acquerir ou conferuer
fes richeffes & fes honneurs, & fpecialement fes amis, qui eftant touchez de compaffion de fon infirmité, pourront redou-
bler leurs affiftances. Que l'on fe figure mefine cét homme
en eftat de ne pouuoir agir de l'efprit non plus que du corps,
fi ce n'eft pour penfer à fa maladie, en tout cas l'on ne luy
peut ofter la gloire de la Patience, & de la Conftance, qui
tiennent lieu de toutes les autres Vertus. Que s'il y a d'autres
Biens aufquels il ne foit point propre alors, la volonté qu'il
a euë d'y reüffir, auec le regret d'y auoir manqué, doiuent
eftre autant eftimez que fi la chofe eftoit arriuée, de forte
que le bon-heur que l'on penfe ofter abfolument aux malades ne leur peut eftre refufé, puis que l'on ne fçauroit
trouuer de plus belles occafions que leur maladie, pour donner
des preuues de leur Science & de leur Sageffe. On connoift
par là que la Santé n'eft pas vn bien qui foit abfolument neceffaire à compofer la felicité des hommes, & que ce n'eft pas
vn Bien fi accomply que l'on n'y puiffe rien fouhaitter d'a-
uantage; Si l'on a voulu prouuer que les autres Biens ne font
pas des Biens fans elle, l'on n'a point pourtant monftré que
d'elle feule dependiffent les autres Biens. Vn hôme peut eftre
fain, & auec cela eftre maladroict à toute forte d'ouurages, &
quand mefine il feroit des plus adroits, les diuers rencontres
de fortune peuuent empefcher qu'il ne s'enrichiffe. S'il eft
befoin d'accomplir des actions Heroïques, la vigueur du Corps
ne luy feruira de rien non plus fans celle de l'Ame: Delà il
peut arriuer qu'il ne fera ny honoré ny eftimé, & qu'en ayant
que la Santé pour partage, ce luy fera vn bien defectueux.

    Quant à la Beauté qui a fon fiege principal fur le Vifage, *De la*
quelques-vns pretendent en effet qu'elle eft fuiuie de plufieurs *Beauté.*
autres biens, & qu'elle a tout pouuoir fur les honneurs & fur
l'Amitié, fe faifant refpecter & aymer de tous ceux qui la con-
templent: Mais quelle affeurance prendra-t'on de fa force,

H

veu que fes reigles de fymmetrie font encore dans l'incertitude, & que ce qui eft recherché de quelques hommes eft mefprifé des autres. Les vns eftiment les Vifages longs auec toutes les parties efgallement proportionnées ; les autres eftiment les Vifages ronds, & ne hayffent pas leurs inefgalitez ;
Les premiers y veullent de la modeftie & de la douceur ; Les
feconds y demandent de la fierté, & mefme de la bigearrerie.
Le teint blanc & les cheueux blonds plaifent à plufieurs ;
Quelques-autres ayment mieux les cheueux noirs auec le
teint blanc ou le brun, & la plufpart n'ont autre loy en cela
que leur fantaifie particuliere. De plus quoy qu'il y ayt des
Vifages qui faffent impreffion fur les efprits pour le coloris &
la delicateffe du teint, &, pour la proportion des parties, ioints
à la viuacité des yeux, ce n'eft point là vne Beauté qui foit
aymée des Sages, lefquels treuuent fouuent de la laideur en
des objets que le vulgaire adore, & remarquent de la beauté
en d'autres que plufieurs mefprifent ; Auffi n'eftiment-ils que
cette diuine Beauté maiftreffe de l'efprit & du corps qui eft la
Sageffe, de laquelle celuy qui a efté reputé le plus fage de tous
les Roys, a dit *Qu'elle embellit le Vifage de l'Homme*, & l'on
peut conclure au rebours ; Que le Vice & l'ignorance l'enlai-
diffent. Cela eftant il fe faut garder de donner le premier lieu
à ce que l'on appelle vulgairement Beauté. Tant s'en faut
que ce foit vn bien, que c'eft mefme vn fujeét de mal-heur à
beaucoup de perfonnes, tant d'vn fexe que de l'autre, qui fur
la croyance d'en eftre des mieux partagées, fe laiffent emporter à la Vanité, & delà tombent dans plufieurs defaftres.

La Dexterité fe monftre de vray fort recómandable : Ceux
qui la poffedét font toutes chofes auec grace, & reüffifsét parti-
culieremét dans les ouurages aufquels ils ont le plus d'aplicatió ;
Mais cette faculté eft-elle vn Bien fuffifant pour nous contenter ? Nous auons defia recõnu qu'elle eftoit fort inutille fans
la Santé & la vigueur du Corps, lors qu'elle dépendoit de luy ;
Et fi l'on fe vante de quelque adreffe de l'Efprit, encore l'execution en fera-t'elle retardée par nos maladies. D'ailleurs
toutes les fortes de dexteritez ne fçauroient aporter de remede contre la laideur & la mauuaife mine, & la baffeffe de la
naiffance, fi l'on deplaift à quelqu'vn pour ces deffaux-là, &

dautant que les bonnes qualitez des hommes ne font pas tousjours reconnues, on n'eft pas affeuré que pour eftre adroit,
on acquiere des Honneurs, des Richeffes, & des Amis, veu
qu'au côtraire l'Enuie s'attache toufioursàceux qui ont quelque
merite particulier,& tafche de les ruïner en toutes manieres.

En ce qui eft des aduantages de la Naiffance, l'on tient *Des auan-*
qu'ils donnent beaucoup de facilité à paruenir aux biens de *tages de la*
fortune, & à fe maintenir dans l'Eftime, comme fi vn hom- *Naiffance.*
me eft né de gens adroits à quelque art, ou habituez à quelque vertu Moralle ou Politique, on croid ayfément qu'il leur
reffemblera, & cecy l'ayant fait naiftre dans le credit, il s'y
peut maintenir pendant quelques années; Mais fi l'on remarque auec le temps qu'il foit tout à fait differend de fes ance-
ftres, cela le rendra dautant plus mefprifable. L'auantage
d'eftre né parmy les Richeffes & les Amys, femble eftre plus
affeuré, pour ce que l'on a veritablement le bien dont il s'a-
gift, au lieu que ce qui depend de la reputation des parens
n'eft fondé que fur l'opinion. C'eft de plus vn auantage de
n'auoir pas la peine qu'ont les autres à acquerir ce qui leur eft
neceffaire pour leur fubfiftence, ayant d'amples facultez toutes acquifes; mais nous pouuons perdre nos richeffes, ou elles
nous peuuent perdre. Quant à l'amitié que l'on a portée à
nos Peres, fi l'on la met parmy les auantages de la naiffance,
elle n'eft pas neantmoins vn heritage fort certain. Ce qui
femble le plus ferme eft la Nobleffe de Race, que l'on tient ne
pouuoir eftre perduë de celuy qui en eft honoré, pourueu qu'il
ne s'employe point à des exercices fordides; Et encore ne fe
peut-il faire apres cela qu'il n'ayt toufiours le bon-heur d'eftre
né Noble. Or l'on s'imagine que cette Nobleffe acquiert vne
grande reputation,& que ceux qui la poffedent en font plutoft
admis à toute forte de fonctions honorables; Qu'ils doiuët auffi
y eftre preferez à tous autres, pource qu'en effet ils monftrent
plus d'adreffe & de generofité que ceux qui ne font pas de leur
rang, & que les plus excellentes Vertus femblent eftre nées
auec eux; Mais cela eft fi peu affeuré, que l'on void plufieurs
Hommes de race tres-noble & tres-ancienne, qui n'ont aucune qualité recommandable, au lieu que d'autres qui ont eu vne
naiffance fort baffe poffedent les Vertus en haut degré, & reuf-

fiſſent ſi bien en leurs entrepriſes qu'ils ſurpaſſent ceux qui tirent leur origine des ſources les plus Illuſtres ; C'eſt que ces
Nobles de race ſe fians à la reputation de leurs Ayeux ont cette
vaine preſomption de croire qu'ils meritent tout pour le prix
de la valeur d'autruy, ſans rien contribuer du leur ; & cependant ils n'obtiennent rien, lors que ceux qui ſont obligez d'employer leur propre merite, n'ayans autre choſe pour les faire
valoir, on trouue que s'eſtant rendus fort recommandables, ils
ne demeurent gueres ſans recompenſe. D'ailleurs pour ſçauoir
l'eſtime qu'il faut faire de la Nobleſſe, on doit conſiderer,
Qu'il n'eſt pas ſans conteſtation, ſi ceux là ſont les vrays Nobles qui ſont Nobles par autruy, ou ceux qui tirent leur Nobleſſe d'eux meſmes ; Que ſi la Nobleſſe de race eſt receüe prefque par tout, c'eſt ſous des conditions fort diuerſes, les vns
la faiſans deſcendre de la ſeule vaillance, ou force militaire, les
autres de l'employ aux charges, les autres des grandes richeſſes,
& quelques vns ne croyans pas que l'exercice de la marchan-
diſe y deroge. Comme il y a quantité de differens là deſſus
ſelon les diuerſes couſtumes des Nations, il eſt mal aiſé de rien
eſtablir ſur vn fondement ſi douteux, & l'on ne doit point faire
beaucoup de cas d'vne dignité qui ne tire pas entierement ſes
principes de la Vertu.

Des Ri-
cheſſes. Si l'on donne de grands Eloges à tous les Biens de Fortune,
l'on teſmoigne encore plus l'eſtime que l'on en fait par leur ar-
dente recherche. Les Richeſſes ſont aimées & recherchées de
pluſieurs auec paſſion, non ſeulement pour le plaiſir qu'ils ont
de voir leur amaz ; mais pource qu'elles ſeruent à l'acquiſition
de quelques autres Biens. En effect tout ce qui contente les
Sens eſt acheté par les Richeſſes ; On croid que c'eſt par elles
que l'on conſerue la Santé & la vigueur, & que l'on acquiert
la dexterité. On pretend que les Richeſſes ſeruent d'ornement à la Nobleſſe, de meſme qu'elles reparent la baſſeſſe de
la naiſſance, & l'on ſe perſuade de plus qu'elles donnent de la
Reputation & des Amys. Il ne ſe faut pas figurer neantmoins
qu'elles nous puiſſent aporter vn contentement parfaict, veu
qu'elles ſont obtenuës auec tant de peine, & conſeruées auec
tant d'inquietudes, qu'il ſemble que leur vſage n'ait eſté inuenté que pour tourmenter les Hommes. Ceux qui les poſſe-

dent font ordinairement expofez à l'Enuie & à la hayne, &
mefmes aux trahifons & aux embufches de quantité de gens,
qui veullent s'aproprier en vn moment, ce que les autres ont
acquis en beaucoup d'années. Elles font ainfi caufe à plufieurs
d'vne mort auancée & funefte ; & fi d'autres les perdent fans
mourir, ils croyent pourtant auoir perdu le fouftien de leur
Vie, & ont vn regret plus grand que s'ils auoient toufiours efté
pauures. Si l'on s'imagine que ceux qui ont des Richeffes à
fouhait, font en vn eftat de bonheur auquel il n'y a rien à fouhaiter, c'eft ne pas confiderer que c'eft icy vn Bien fort perilleux, & que ce n'eft qu'vn allechement à toute forte de luxe &
de defordre ; Que quelques vns eftans riches de naiffance, cela
faict que non feulement ils s'abandonnent aux plus grands
vices, mais que s'accouftumans à la faineantife, ils n'ont aucun
foin de fe rendre habiles dans quelque loüable vacation, & de
trauailler puiffamment pour maintenir leur fortune, tellement
que de leur Richeffe vient enfin leur pauureté. Enfin pour
connoiftre que les autres Biens ne font point attachez à celui-
cy, nous n'auons qu'à contempler les Hommes riches dans le
temps qu'ils font furpris de quelque fafcheufe maladie ; Nous
verrons combien ils s'eftiment malheureux au milieu de leurs
Trefors, qui ne leur peuuent de rien feruir à recouurer la Santé ; Car fi i'ay dit cy deuant que les Richeffes y pouuoient
eftre vtiles, cela ne s'entend que pour conferuer la bonne conftitution par vne bonne nourriture, & par toutes les commoditez de la Vie faciles à obtenir à ceux qui ont beaucoup de
richeffes, fans que l'on puiffe efperer qu'elles rendent les Hommes immortels ou impaffibles. Dans la meilleure difpofition
du corps qu'ayent les Riches, & dans vne allegreffe d'Ame
dont ils fe flattent, il leur arriue d'affez grands malheurs felon
la maniere dont leurs Richeffes font acquifes ; Car fi c'eft par
des fourbes & des larcins qu'elles foient venuës en leur poffeffion, ils doiuent s'affeurer d'auoir plus d'ennemys que d'amys,
& qu'ils feront eternellement priuez de gloire & d'eftime qui
font le partage des honneftes gens ; & s'il leur refte quelque
lumiere d'efprit & quelque pointe de courage, ils auront grand
fujet de s'affliger de ne pouuoir iouyr de ces Biens qui font quelquefois accordez aux plus neceffiteux. Il y a encore d'autres

Biens à la priuation defquels , les Richeffes ne fçauroient remedier. Si quelques Hommes Riches , ont eu vne baffe origine (comme ce font ceux qui paruiennent le pluftoft à vne
grande opulence , s'y feruant de toute forte de moyens) ils ont
vn extreme defpit toutes les fois qu'ils penfent au deffaut que
l'on leur peut reprocher en quelque haut degré qu'ils foient
paruenus , ce qui auec les autres inconueniens eft capable de
troubler toute la ioye que leur pourroit donner leur fortune.
Auec cecy l'on doit remarquer la conuoitife infatiable de la
plufpart des gens Riches , qui les tourmente nuict & iour , & qui
fait que plus ils ont de Richeffes , plus ils en veullent auoir , quelques vns eftant fi malheureux que de s'eftimer pauures parmy
l'abondance.

Des Hon-
neurs & des
Dignitez.

Plufieurs fe perfuadent que les Honneurs & les Dignitez
font des Biens tres-confiderables ; Ils difent que ce font les marques & les reconnoiffances du merite ; Que qui les poffede eft
refpecté par tout & fait tout ce qui luy plaift , ne trouuant perfonne qui luy ofe contrarier , & que c'eft vne fatisfaction extreme de voir tant de gens qui dependent de vous & font foufmis
à vos ordres & à vos volontez : Mais combien s'abufe-t'on en
de telles penfées? Les charges & les dignitez ne font point données la plufpart du temps à ceux qui les meritent , mais à ceux
qui ont le plus d'argent & de credit , & ces refpects que l'on fe
fait rendre par la multitude eftant d'ordinaire forcez ne doiuent
caufer aucun vray contentement. Si l'on a le pouuoir de difpo-
fer de beaucoup de chofes , cela eft accompagné de tant de foins
& de tant de trauerfes , que l'on peut croire que ceux qui font
fans charge & fans dignité ou qui n'en ont pas des plus releuées,
font plus tranquilles & plus heureux dans leur baffeffe & leur
impuiffance. Comme les hautes fortunes font caufe d'ailleurs
que plufieurs fe mefconnoiffent , les portant à la prefomption
& à l'infolence , il leur en arriue des malheurs ineuitables , qui
font que les dignitez & les honneurs du monde font fort loin
de pouuoir eftre vn veritable Bien.

De la Re-
putation ou
Renommée.

Que dira-t'on apres de l'Eftime & de la Reputation ou Renommée , que l'on apelle auffi l'Honneur & la Gloire ? C'eft
vn agreable Bien , à ce que l'on affeure , d'eftre eftimé de cha-

cun , & par tout où l'on puiſſe aller, d'y trouuer des gens qui
nous regardent auec admiration , & qu'au lieu que ce que l'on
fait pour les dignitez eſt ſouuent forcé, l'on nous honnore par
des deferences volontaires. Ce ſont là les veritables honneurs
que l'on tient pour la plus noble recompenſe de la Vertu , &
pour monſtrer qu'ils ne ſont pas de ſimples effects de congratu-
lation & de recompenſe , & qu'ils ont vne plus excellente qualité , ils produiſent meſmes de nouuelles Vertus, ou bien ils
font continuer les anciennes qu'ils tiennent liées enſemble par
vne chaiſne circulaire. La Gloire eſt ordinairement donnée
aux Hommes pour les belles actions , & ſi celle qu'ils reçoiuent
pour leurs actions propres les excite à les rendre plus accomplies, ou à les produire en plus grand nombre , ils ſont encore
touchez de la gloire des autres pour taſcher de les ſurpaſſer
s'ils peuuent, ou au moins de les eſgaller. De vray les auantages de l'Eſtime & de la Gloire ſont grands & ſoûhaitables,mais
s'y peut on aſſeurer, veu que dans le Monde, on fait ſouuent
le plus de cas de ceux qui n'ont que de fauſſes Vertus, & ſe rendent renommez pour des actions qui deuroient les rendre meſ-
priſables ? Ceux meſmes qui ſont doüez d'vne veritable Vertu,
doiuent ils eſtablir leur felicité dans la loüange & dans l'eſtime
d'Hommes, qui eſtant des plus inſuffiſans d'entre le vulgaire &
des plus incapables de iuger des choſes, eſtiment ſouuent quelqu'vn ſans ſçauoir pourquoy ils le doiuent eſtimer ? On peut
ſe repreſenter de plus, s'il eſt auantageux pour ceux qui ne doiuent pretendre qu'à l'immortalité , de s'arreſter aux loüanges
& aux aplaudiſſemens des perſonnes mortelles. Qu'eſt-ce auſſi
que cette reputation ? Vne fumée qui ſe leue & ſe diſſipe incontinent. Y a-t'il rien de moins ſtable que ce qui eſt fondé ſur
l'opinion des peuples qui change à toute heure ? C'eſt par ces
raiſons qu'on trouue que l'Eſtime, la Renommée & la Gloire
ne ſont que de faux Biens de qui l on eſt abuſé.

Le grand nombre d'Amis ſemble vn bon ſecours à quelques
vns , à cauſe qu'ils croyent que s'il leur arriue beaucoup d'affaires difficilles , & beaucoup d'accidens extraordinaires , ils
auront aſſez de gens à leur deuotion pour leur preſter du ſecours ; Celuy qui n'aura qu'vn ſeul Amy , mais qu'il iugera

Des Amis
& des Pa-
rens.

tres fidelle , se croira mieux partagé , & dira , Que c'est vn autre soy-mesme , & que par luy il peut augmenter tous les biens
de la vie , ou en soulager tous les maux. Voyla des proprietez
excellentes qui nous doiuent faire exalter l'Amitié : Mais que
dirons nous si pour auoir recherché vne trop grande quantité
d'Amis , nous n'en auons point du tout , n'estant pas possible que tant de personnes se rencontrent d'vne mesme volonté pour nous , & qu à tous nous leur puissions rendre les deuoirs necessaires ? Qui s'asseurera mesme en vn seul Amy,
parmy les tromperies du siecle , & veu l'inconstance qui est
naturelle à tous les Hommes ? On peut dire pareille chose des
Parens & de tous ceux qui nous touchent de sang ou d alliance,
ce ; Outre que leur affection n'a pas des qualitez plus certaines , il se trouue plus d'occasions entr'eux de rompre les liens
de la societé qu'auec les personnes estrangeres , & d'autant plus
fortement qu'ils sont ioints à nous ; la rupture en est plus fascheuse & plus dommageable , pource que c est comme si l'on
nous deschiroit nos propres entrailles. Posons le cas que les
Parens & les Amis soient pour nous dans les meilleurs sentimens d'affection & de bonne volonté ; Il viendra des temps
qu'ils n'auront pas le pouuoir de nous assister , & l'on verra
d'autres rencontres ou ne deuans tirer du secours que de nos
propres forces , si nous nous attendons à eux nous serons en
danger de nous perdre. Ainsi ces Biens qui sont vantez plus
que tous les autres parmy les personnes du Monde , qui sont les
Honneurs , la Reputation & les Amis , ne sont pas plus asseurez
en la qualité de Biens , & comme ils dependent de la Fortune,
ils participent d'auantage à son inconstance , que ceux qui sont
des appartenances de la Nature & sont attachez au corps.
D'ailleurs ils sont sujets aux inconueniens de tous les autres
Biens dont nous auons parlé ; C'est que quand l'on les a sans
leurs associez , l'on ne se peut dire entierement heureux , tellement que d'auoir des Amis & de l'honneur sans la Santé &
les Richesses , ce sont encore des Biens imparfaits , ce qui fait
connoistre leur foiblesse , puis qu'ils ne se peuuent passer les
vns des autres.

Nou

Nous auons veu le peu d'asseurance qu'il y a tant aux Biens du Corps & de la Nature qu'à ceux de la Fortune. Ie sçay qu'on les peut defendre par des paroles artificieuses, mais on les peut aussi critiquer plus que ie n'ay fait par des discours tres veritables. Ie laisse à vn autre endroit les inuectiues contre leurs abus, & d'vn autre costé les descriptions de leur legitime vsage. Il suffit maintenant qu'ayant declaré en bref l'estat qu'on en doit faire, & que c est beaucoup errer de les prendre pour des biens accomplis, i'y adiouste quelques considerations importantes. Peut-on trouuer vn meilleur tesmoignage qu ils ne sont pas ce que disent plusieurs, que de voir que ceux qui sont les mieux pourueus de ces pretendus Biens, y trouuent beaucoup à desirer? Si nous les interrogeons serieusement de ce qu'ils en croyent, nous serons asseurez par leur propre serment qu'il ne leur paroist point que les auantages dont ils iouÿssent soient du prix que leur donnent les autres hommes: Ce ne sont que ceux qui les enuient qui les estiment iusqu à l excez, parce qu'ils ne les ont point esprouuez. On nous remonstrera que quelques-vns les estiment pourtant beaucoup lors qu'ils les possedent: mais nous pouuons dire que les loüanges qu'ils leur donnent ne partent point d'vn courage franc, & que ce n'est que pour se glorifier de leur fortune, d'autant plus qu'ils voyent que les autres se plaignent, comme s'ils estoient les seuls bienheureux. Pource que l'on void mesmes que ceux qui ont perdu des Richesses & d'autres Biens perissables ne cessent de s en plaindre, c'est là que ie les surprens encore contre leur attente, & que ie leur soustien qu'on ne sçauroit trouuer vne meilleure marque pour faire connoistre, qu'ils ne iouÿssoient donc pas de quelques prosperitez aussi grandes & aussi parfaites comme ils se les estoient figurées. Puis qu'apres en auoir iouÿ, ils se disent accablez de douleur en leur absence, & demeurent incapables de plusieurs bonnes actions, l'impuissance de ces Biens est descouuerte. Hé qu'est-ce que des Biens de qui le pouuoir a si peu d'estenduë? Quoy la Memoire ne demeure-t'elle point chargée de leurs dons, & au moins quand ils ne subsistent plus, n'est on point heureux par le souuenir de l'auoir esté? On ne l'est point

Considerations importantes sur les Biens du Corps & de la Nature & sur ceux de la Fortune.

I

en effet fi le bonheur n'eft eftably que dans leur poffeffion :
L'ame ne ceffe d'eftre trauaillée alors de foins , d'inquietudes
& mefmes de defefpoir. De vrais Biens peuuent ils auoir vne
fi eftrange fuite , & apres les auoir vne fois poffedez , deuroit-
on pas eftre toufiours heureux ? Croirons nous auffi que ce
foient de vrais Biens que ceux qui peuuent perir ? Si nous en
voulons trouuer de certains il faut nous adreffer à d'autres , &
ne point eftablir noftre felicité en des chofes qui ne peuuent
nous la donner , & qui venans à manquer nous rendroient les
plus miferables creatures de la Terre , fuiuant noftre opinion
propre. La Santé eft alterée par les fatigues & les foins , ou
par l'intemperance , la vigueur du Corps eft aneantie par les
maladies qui furuiennent , & l'vfage de toutes les voluptez fenfuelles eft terminé par les mefmes indifpofitions ; la Beauté
s'efuanoüit & la dexterité deuiét inutile. Enfin tout cela fe perd
mefme par vn long âge , de forte que qui metroit fon bon-heur
en ces chofes, ny vn hóme malade ne pourroit iamais auoir aucun Bien, & encore moins les vieillards, lefquels fi toft qu'ils fe-
roiét paruenus à vn certain terme de leur vie, cefferoient d'eftre
heureux s'ils l'auoiét efté autrefois. Il n'y a pas vne plus grande
affeuráce aux autres Biens foit de Nature foit de Fortune, fi l'on
ne fe veut attendre qu'a eux. Encore que quelques Hommes qui
les poffedent s'en contentent & s'en glorifient, comme font
ceux qui s'eftiment Nobles de race, ils n'en fçauroient receuoir
toute la fatisfaction qu'ils s'imaginent. A l'efgard de ceux qui
font priuez de tels Biens , il leur femblera toufiours qu'il n'y a
gueres de prudence ny de Iuftice dans cet eftabliffement , &
dans l'opinion que l'on en a conceuë. Ces Biens là ne fe perdent point , à ce que l'on dit, quand on les a de naiffance: mais
puifque plufieurs en peuuent eftre priuez en voyant le iour , à
quel point la Nature nous aura-t'elle reduit ? Y a-t'il des biens
fur la Terre qui foient de vrais biens & qui foient interdits abfolument à quelques Hommes ? Cependant cela arriuera fi
l'on ne fait cas que des auantages qu'on peut tirer d'vne haute
origine ; Ceux qui ne les ont point feront donc plus malheureux que tous les autres, car il y a du remede à efperer en
toutes chofes excepté en celle-cy , d'autant que l'on ne fçau-

roit empefcher que ce qui eft ne foit ; Vn malade peut attendre de la Santé, & vn pauure peut efperer des Richeffes, mais
celuy qui eft né de bas lieu, ne peut faire que cela foit autrement, quelque vertu qu'il ait, & quand mefme il renaiftroit
vne feconde fois d'vn meilleur fang, encore auroit on à luy
reprocher fa premiere naiffance. Qu'il y auroit d'iniuftice au
Monde fi nous eftions aftreints à ne donner credit qu'à vn
bonheur & vn honneur qui ne dependroient point de nous!
On ne peut s'imaginer que la Prouidence diuine ait abandonné les Hommes à de fi eftranges loix ; C'eft vne inuention
purement humaine qui encore qu'elle foit de quelque profit
dans la vie Politique pareft fort contraire aux Vertus perfonnelles, & peut caufer du mal à beaucoup de gens fi on luy laiffe
trop de licence : Ne voyons nous pas auffi que quoy que ces
prerogatiues de la Nobleffe du Sang foient dignement placées en quelques endroits, elles font principalement apuyées
de ceux qui n'ayans autre bien de Corps ou d'Efprit, veullent
faire valoir celuy là au deffus de tous ? Confiderons de mefme, s'il y a quelque raifon de conftituer les Richeffes pour vn
de nos Biens importans, veu que la naiffance en ayant priué
plufieurs, il y en a peu d'entr'eux qui paruiennent iamais à en
acquerir, eftans fort loin de cette voye, d'autant que pour
deuenir riche, il faut des-ja auoir quelque richeffe qui ferue à
en attirer dauantage ; car l'on ne fçauroit entrer dans le grand
commerce fans auoir quelque peu d'auance pour le commencer, & fi vn Homme eft tout à fait gueux, il ne trouuera pas
qui luy prefte ny qui luy donne plus que ce qu'il luy faut pour
apaifer fa faim. A ce compte là on verroit des malheurs dont
il ne feroit pas poffible aux Hommes de fortir, ce qui feroit
contre la croyance que nous auons qu'ils peuuent eftre maiftres de leur bonheur. D'vn autre cofté fi leurs Peres leur ont
laiffé quelques facultez, ou s'ils en ont acquis par leur trauail,
ils en peuuent eftre priuez par le feu ou le naufrage, & par
des voleries particulieres ou des iniuftices publiques. La Nobleffe mefmes n'eft pas eternellement heureufe. Elle eft rui-
née par les mefmes accidens que le bas peuple, tellement que
le bonheur dont elle croyoit furpaffer les conditions inferieu-

res pour l'auantage de son origine, se monstre aussi trompeur
que les autres. Si cette splendeur de race estant iointe aux
Richesses, en a tiré beaucoup d'esclat, elle demeure inconnuë ou tombe en mespris dans la pauureté, qui la décredite
fort & qui la destruit enfin, la contraignant par la necessité de
s'abaisser à des professions viles & ignobles. Si l'on veut soustenir que l'honneur rendu à la Noblesse de race, est fondé
sur de legitimes raisons, ne faut-il pas dire maintenant pour
la defense de sa gloire, que c'est vne grande erreur de s'imaginer qu'elle puisse s'aneantir pour quelque occasion que ce soit?
Cependât il faut auoüer qu'elle est quelquefois tres obscurcie
par les mauuaises fortunes qui luy arriuent, specialement si elle
s'abandonne à des vices qui luy ostent toute sa splendeur ; Cela fait voir qu'il n'y à rien d'asseuré, ny dans la grandeur de
la naissance, ny dans les plus amples facultez, ou les dignitez
les plus eminentes, qui ne pouuant sauuer les Hommes des
diuers hasards de la vie, on ne leur doit point attribuer les titres du vray Bien. Que penserons nous apres de la bonne
Reputation, qui ne sçauroit demeurer en vn ferme estat, veu
que ceux qui nous honorent & nous loüent, sont souuent des
flateurs qui changent de langage lors qu'ils voyent que la bonne fortune nous quitte ? Qu'esperons nous encore des amis,
que l'on ne sçauroit long temps conseruer en ce Monde cy
où tout se gouuerne par interest ? Quand il arriueroit qu'ils
seroient des plus fidelles & des plus affectiònnez, & que nous
aurions des Parens de mesme prix, la mort nous les peut ra-
uir, lors que nous croirons en auoir le plus de besoin : Apres
cela serons nous dans le desespoir? Quoy donc si l'on est desnué
de toutes ces choses, il faut necessairement estre malheureux?
Nous ne deuons point laisser dans nostre Esprit vne si fascheuse
pensée. Comme il ne se trouue point d'Homme qui puisse long
temps iouyr de tous les diuers auantages de la Nature & de la
Fortune, il n'y en auroit iamais aucun qui se pust asseurer de
gouster le vray bonheur : Ceux qui le veullent obtenir doiuent
s'arrester à des choses plus durables, de sorte que cela nous empesche fort de croire que tous ces Biens passagers soient de vrais
Biens ; Ils ne le font point en effect à comparaison des Biens,

ftables & infaillibles ; Si nous les apellons Biens, ce n'eſt que
pour nous accommoder au langage ordinaire ; Toutefois perſonne n'y peut eſtre trompé, puis qu'ils ne ſont point deſignez
ſans leur Attribut de Biens de Nature ou de Fortune, ce qui
monſtre qu'ils ne ſont que des auantages foibles & muables.

Les vrays & aſſeurez Biens doiuent apartenir entierement à
l'Ame, qui eſtant immortelle a auſſi des qualitez qui ne peuuent
perir. Ie luy ay attribué pour ſes Biens, le Bon Eſprit, la Science, la Sageſſe & le Contentement, qui ont d'autres priuileges
que les Biens du Corps, ou de la Fortune ; Car pour en parler
franchement, auec tout ce que l'on dit de ces Biens-là, quels
auantages en peut on eſperer ſans ceux d'vne Ame intelligente
& iudicieuſe, qui s'eſt renduë telle par le bon Eſprit & la Science?
Soyez ſain, vigoureux, beau & adroict, ſi vous n'auez le iugement de vous conduire, vous perdrez bien toſt voſtre ſanté, voſtre Vigueur & voſtre beauté, & pour voſtre adreſſe elle vous
ſera inutile ; Meſmes dans la Santé la plus parfaite ſans les dons
ſpirituels, les autres dons vous ſeruiront de peu, & ne vous ſeront qu'vn vain ornement, lequel ne vous donnera point de credit. En ce qui eſt des Richeſſes, des Honneurs & des Amys,
vous ne les ſçauriez long temps conſeruer, veu leur condition
muable & incertaine, ſi vous ne ſçauez vſer de toutes les precautions & induſtries que le bon Eſprit ſuggere ; Encore faut il que
ce bon Eſprit ſoit eclairé de quelque Science qui luy donne la
connoiſſance de ce qu'il deſire, & qu'il ſoit fortifié par la Sageſſe,
ſans laquelle toute puiſſance deuient foible, & ſi le Contentement n'eſclatte parmy cela, il ne s'y trouuera point de parfaict
Bonheur. Cela fait connoiſtre que les Biens de l'Ame ſont ſupe-
rieurs à tous autres, qu'il n'y en a point qui ſoient ſi exquis & tant
à ſouhaitter, & qu'ils ſont les ſeuls ſtables & certains. On le peut
iuger encore par vne propoſition qui d'abord peut ſembler foible
& vn peu contraire à ce que l'on veut prouuer, mais qui n'en eſt
pas moins ſubtile. C'eſt que la priuation des Biens du Corps &
de la Fortune trouue des conſolations en grand nombre dans
tous nos Liures de Moralle & de Deuotion, & que toutes les
remonſtrances des Predicateurs & des Directeurs de Conſcien-
ce, enſeignent à ſe paſſer des plus charmans de ces Biens, quand

l'on ne les a plus, & conseillent mesmes de les quitter quand l'on les a, estans le plus souuent nuisibles ; Mais en ce qui est de la perte des Biens de l'Ame, que chacun vous exhorte à les conseruer le plus long temps que vous pourrez, & l'on ne donne autre consolation ny remede à leur perte, que de chercher les moyens de les recouurer, n'y ayant rien qui soit capable de supléer à leur deffaut. Les malauisez diront ils que les Biens de l'Ame ont en cela vne plus fascheuse condition que ceux du Corps ? Que i'ay desia imputé cét inconuenient aux auantages du Corps & de la Fortune, que l'affliction que l'on auoit de leur perte, & parce que l'on les auoit pû perdre, c'estoit des marques qu'ils n'estoient pas des Biens ? & que la mesme chose arriuant aux Biens de l'Ame s'ils se font d'auantage regretter, ils sont de moindre prix ? Ils n'ont pas bien consideré les vns & les autres. Si la perte des Biens Veritables, n'est reparée par aucune chose ; en recompense quand on les a absolument acquis, ils sont fixes & asseurez plus que tous autres, & mesmes on peut dire que ne les ayant qu'à demy, on a vn bon gage pour les auoir entierement, & que dans leur entiere priuation ou leur perte, le dessein que l'on a pour eux sert beaucoup à les faire obtenir, au lieu que le plus souuent le desir est inutile pour les Biens communs soit de la Nature soit de la Fortune ; Cela tesmoigne vne puissance particuliere qu'ont les Biens de l'Ame au dessus des autres comme estans spirituels, & qu'au lieu de se plaindre inutilement, quand on ne les a pas en vn estat parfait, ou qu'on ne les a point du tout, il ne faut que s'employer auec ardeur à leur recherche.

Ces qualitez euidentes des vrais Biens, font connoistre que les Biens de l'Ame sont les plus necessaires, & qu'ils sont principalement ceux qui font paruenir à la Perfection. Nous auons nommé le bon Esprit ou bon Entendement pour le premier Bien de l'Ame, comme en effect quelques vns l'estiment tel : Neantmoins peu de Philosophes le mettent en ce rang, le tenans pour l'Ame mesme, & ne voulans prendre pour les Biens de l'Ame que ses habitudes. De quelque façon qu'ils les distinguent, la Bonté de l'Esprit est pourtant vn veritable Bien, que l'on doit considerer comme vn excellent fonds sur lequel on

peut faire croiftre tout ce que l'on voudra. La Science eft auffi
extremement vtile à l'Ame, pour ce que fi l'Ame n'a pas eu vne
bonté des plus exquifes dés fon origine, elle fe peut ameliorer
par diuerfes inftructions, & lorfqu'elle eft paruenuë à la bonté
& à la fubtilité qu'on luy peut defirer, & qu'elle eft fçauante
efgallement, il n'y a rien qu'elle ne connoiffe & dont elle ne iuge, & fur quoy elle ne raifonne; & mefmes il ne fe trouue
point d'actions qu'elle ne fe mefle de reigler ; Mais quelque vtilité que l'on attribue à la Science, il ne faut pas s'imaginer que
toute feule elle nous conduife au vray Bien & à la Perfection:
Tous les Biens de l'Ame ne doiuent pas eftre eftimez efgaux.
L'Entendement le plus fublime eft quelquefois fujet à s'embroüiller & à s'offufquer ; La Science qui eft fon principal ornement, n'eft prife que pour vn amufement vain fans la Sageffe, & fans cette Sageffe le contentement eft fort mal-af-
feuré. De fait en ce qui eft de ceux qui n'ont qu'vne fubtilité
d'Efprit fans folidité, & ne peuuent compofer des deux la bonté veritable, ou qui font fimplement fçauans fans eftre Sages,
ils fe trouuent fi éloignez de la Perfection & de la fouueraine
felicité, qu'il arriue ordinairement que toute leur Doctrine ne
fert qu'à les rendre mal contens & inquiets, & à les precipiter
dans des malheurs qu'ils ne peuuent preuoir. Il faut attendre
autre chofe de la Sageffe ; C'eft vn fi puiffant Bien qu'il fe peut
paffer de tous les autres, & que mefmes la Science ne luy eft
pas neceffaire pour luy donner de l'accompliffement ; J'enten cette Science vague & douteufe dont les Hommes ont
compofé les reigles fuiuant la bigearrerie de leurs imaginations ; Car au refte la Sageffe a befoin d'vne Science bien reiglée qui foit côforme à la Nature & à la Verité, laquelle luy enfeigne fon deuoir ; Il eft vray que cette Science eft auffi ce que
l'on apelle la Sageffe ou qu'elle eft au moins fa compagne. Que
s'il fe trouue vne Sageffe qui foit née auec l'Ame, elle ne va
point fans la Science. Toutes deux font auffi receuës quelque
fois par infpiration diuine, ce qui eft vne grace fpeciale, &
qu'elles foient acquifes par voye ordinaire ou extraordinaire,
elles fe donnent de l'accroiffement l'vne à l'autre par vn fecours
mutuel.

Pour declarer en vn mot ce que c'eſt que la Sageſſe de l'Homme, on dit qu'elle conſiſte à connoiſtre Dieu. De vray qui connoiſt Dieu, il ſe connoiſt ſoy meſme & toute autre choſe. Si l'on dit ſimplement, Que la Sageſſe conſiſte à ſe connoiſtre ſoy meſme, ſelon les Antiens Oracles, la verité ſe peut trouuer encore dans ces paroles, parce que l'Homme ſe connoiſſant void qu'il eſt la creature & la dependance d'vn Createur & Conſeruateur qui eſt Dieu, & par conſequent qu'il le doit adorer & ſeruir, ſe conformer à luy & ſuiure ſa loy, ce qui eſt véritablement auoir la Sageſſe, laquelle pour la bien definir eſt la diſpoſition que doit auoir l'Homme, à bien regler ſes penſées, ſes paroles & ſes actions. Or ſi cela depend principalement de la connoiſſance de Dieu, nous faut il chercher les enſeignemens que l induſtrie humaine a inuentez, & nous embroüiller l eſprit de tant d'arts & de Sciences? La Nature a donné cette notion aux plus barbares; Elle eſt conceuë dans les foreſts & dans les cauernes, auſſi bien que dans les Villes, & s'il nous faut quelque choſe dauantage, nous auons receu les articles de noſtre Foy des plus fidelles Miniſtres de noſtre Maiſtre Souueran, ſans que les Diſciplines communes y ayent autre part que ce qu'il en faut pour publier ces Myſteres & nous les faire comprendre. On void donc que l'on peut eſtre Sage ſans autre Science que celle de Dieu, & que le ſupreme bonheur peut eſtre trouué en s'y auançant par le plus droit ſentier. C'eſt icy vn chemin eſtroit, ou pluſtoſt ce n'eſt qu'vne ligne, & vne trace ſans largeur, où l'on ne ſçauroit ſi peu vaciller que l'on n'aille de trauers. Peu de gens y demeurent fermes, & en peuuent retreuuer les adreſſes quand ils s'en ſont deſtournez. La quantité de connoiſſances y nuit à pluſieurs; C'eſt ce qui les fait arreſter trop ſouuent, ou qui les fait fouruoyer, iettant l'œil ailleurs qu'à leur but. Les perſonnes qui ont vne ſimplicité de cœur & de penſées, ont moins de diſtractions. Toutefois ne nous abuſons point par vne timidité hors de ſaiſon: Si la varieté des objets nous perd quand nous ne les aimons que pour eux meſmes, ils nous ſeruent de beaucoup lors que nous ne les embraſſons que pour en eſtre guidez, & de cette

maniere

maniere nous n'en ſçaurions auoir trop. Si nous pouuõs trouuer
quelques lumieres de Doctrine, ne les tenons point reſſerrées
dansvn lieu caché. Non ſeulemēt ſuiuõs les pour ne nous point
eſgarer, mais monſtrons les aux autres, afin d'eſtre plus grand
nombre dans cette recherche, & que la ſocieté nous fortifie.
N'obſeruons point vn ſilence ſuperſtitieux : Il ne faut point
faire difficulté de donner des preceptes à ceux qui ſont dans
les trauerſes de la vie, puiſqu'ils en ont touſiours tant de beſoin. Les Preceptes de la Religion ſont fort puiſſans ; ils s'e-
ſtendent ſur toutes les neceſſitez de l'Homme ; mais il faut
conſiderer que nous ne ſommes pas entierement ſpirituels, &
que noſtre foibleſſe ne ſçauroit eſtre fortifiée que par des remedes qui luy ſoient proportionnez. Pluſieurs choſes ſont
neceſſaires à la vie terreſtre pour leſquelles pluſieurs Arts ont
eſté inuentez, & meſmes pour ranger les facultez inferieures
dans l'obeiſſance qu'elles doiuent aux Superieures, il faut des
diſciplines particulieres, quo l'Homme eſt obligé d'aprendre,
afin d'eſtre preparé à toute ſorte d'accidens. Il doit auoir la
Prudence ciuille & l'œconomique pour conduire ſes affaires &
celles de ſa famille, & s'adonner auſſi à la Prudence Moralle,
qui ſont toutes parties de la Science. Ces rudimens de l'Eſprit le cultiuent de telle ſorte qu'il eſt rendu capable de receuoir la Sageſſe, & de ſeruir à ſon progrez, pourueu qu'elle
opere de ſa part, & qu'elle l'eſleue aux endroits où il ne pourra
aſpirer auec la Science ſeule.

Afin d'eſtre ſuffiſamment inſtruits touchant la dignité de
la Sageſſe, nous conſidererons le pouuoir qu'elle a ſur tous les
autres Biens, tant du Corps & de la Fortune, que de l'Ame.
Entre ceux qui poſſedent effectiuement les Biens du Corps &
de la Fortune, il s'en trouue qui ont ſi peu de iugement qu'ils
croyent qu'il ne faille point aller plus outre pour auoir le vray
Bien ; Ceux là paſſent leur vie parmy les voluptez & les vanitez qui les meinent à perdition ; Les autres mieux conſeillez eſtant plus amoureux des choſes ſpirituelles que des corporelles, ne veullent iouyr de ces Biens du bas degré, que pour
les faire ſeruir au ſupreme, & par ce moyen ils peuuent eſperer de ſe rendre parfaits : Mais il y a vn petit nombre

K

d'Hommes qui sont plus à remarquer que tous les autres lesquels estant priuez de ces Biens inferieurs, & ayant acquis seulement les superieurs, se mettent au dessus de toutes les autres possessions, comme s'ils les auoient obtenuës entierement par la force de leur Ame. Ils sont riches, beaux & sains spirituellement, c'est à dire qu'ils sont aussi contens que s'ils estoient tels en leur Corps, & en leur condition, ou qu'ils ont vne richesse, vne beauté, & vne santé spirituelles, en quoy l'on void l'vn des plus grands effets de la Sagesse, qui est si puissante qu'elle suplée à tout ce qui māque des autres Biens. On ne peut douter du pouuoir qu'elle s'attribue pour reparer les deffaux de la dexterité, & de la naissance, ou pour les faire valoir quand on les a, & de ce qu'elle doit operer pour la bonne reputation & la conseruation des Amis, ny comment elle peut aussi accroistre la Science ou la confirmer. Or pour toute sorte de Biens en general soit qu'elle les gouuerne seule, ou que la Science luy serue d'aide en cecy, elles produisent ensemble vne autre habitude qui est le contentement, lequel procede de toutes les deux, & peut estre apellé vn troisiesme Bien fondé sur ces deux autres. Par ce mot de contentement, nous n'entendons point vn contentement vulgaire, mais celuy qui est la ioye, la tranquillité & la satisfaction entiere de l'Esprit. La Science auroit peine à le produire sans la Sagesse, mais la Sagesse, par son droit de primauté le peut produire seule comme son fruit: Toutefois ne faisons plus ces distinctions de Science & de Sagesse: Qui a la vraye Science, il a la Sagesse, & qui a la Sagesse, il a la vraye Science; il faut croire aussi que le Contentement ne sçauroit manquer d'en resulter, pource que d'estre Content, c'est estre sçauant & Sage. Ces habitudes estans trois en vne, & chacune d'elles se trouuant en toutes les trois, elles ont vne excellence pleine de mystere; C'est ce qui prouue qu'en elles est le Bien veritable, car se trouuant tellement iointes ensemble que tout ce qu'elles ont leur est commun reciproquement, elles ne dependent d'aucune autre, ce qui est leur priuilege de Souueraineté; Et comme elles sont attachées à l'Ame, il s'ensuit encore qu'elles ne luy peuuent estre ostées, ce

qui n'eſt point accordé à des biens communs. La Science, la
Sageſſe & le Contentement, eſtant de vrays Biens & de
vrayes Perfections, chacun en leur particulier, il ne faut donc
point douter qu'on n'en puiſſe compoſer le Bien & la Perfection de l'Ame, laquelle a d'ailleurs ſa Perfection naturelle
reconnuë ſous le nom de bon Entendement ou de bon Eſprit.
Puiſque l'Ame eſt la principalle partie de l'Homme, on doit
croire que ſes Biens naturels ou d'acquiſition ſont les plus propres à luy donner cette Perfection que nous luy deſirons.
Comme il peut eſtre heureux ſans la ſanté, & les richeſſes, &
ſans tous les autres auantages de la Nature & de la Fortune,
les ſupleant par ſes facultez ſpirituelles, c'eſt les poſſeder par
eminence & en diſpoſer abſolument, tellement que ſoit qu'il
les ait en effet, ou que ſa force interieure luy aprenne à ſe paſſer d'eux ayant la Science & la Sageſſe, il eſt touſiours en ſon
pouuoir de paruenir à vn bien accomply, & au ſommet de la
Perfection qui ne doit pas eſtre eſtablie aux choſes externes &
muables.

Ne croyons point pourtant qu'il faille inferer de cecy que
les Biens inferieurs de la Nature & de la Fortune ſoient entierement à negliger. Faiſons icy vne obſeruation qui nous
tire d'erreur & de ſcrupule, Si l'on croid que lors que la Prouidence eternelle ne veut pas que nous ſoyons appellez au
partage de toutes les manieres de Biens, les premiers & ſupe-
rieurs nous ſuffiſent & tiennent leur lieu, il ne faut pas
neantmoins negliger les inferieurs, ſoit que la naiſſance nous
ait donné les vns ou que nous puiſſions facilement acquerir
les autres par noſtre induſtrie; Ce ſeroit euiter les occaſions
de profiter de leur employ; Ce ſeroit meſpriſer les dons de
Dieu, & teſmoigner de l'ingratitude enuers toute l'Eſpece
humaine. On ſçait que la ſanté, & la vigueur corporelle auec
la dexterité peuuent accomplir beaucoup de bonnes œuures;
Que la Nobleſſe du Sang, les dignitez, & la bonne reputation donnent du credit à ceux qui doiuent inſtruire & gouuerner les autres Hommes; Que les Amis ſeruent à nous inſtruire nous meſmes & à quantité d'autres beſoins; Que les
richeſſes peuuent eſtre employées à la nourriture des pauures,

au baſtiment des Temples & des Hoſpitaux & à d'autres deſ-
pences legitimes. Apres auoir conſideré cela, doit on condamner cette ſorte de Biens, quoy qu'ils ne ſoient pas les principaux? Il eſt vray qu'en ce qui eſt d'eſtre employez à la Perfection generalle ou particuliere de l'Homme, cela ne leur eſt
pas attribué facilement. On croid qu'il n'y a que les Biens
de la Nature qui puiſſent eſtre receus au rang des Perfections; En effet d'eſtre ſain & vigoureux, d'eſtre beau, &
adroit, & meſmes d'eſtre né d'vn illuſtre ſang, ce ſont des
qualitez à qui on ne peut refuſer le titre de Perfections, quoy
qu'elles ſoient des Perfections ſubalternes à celles de l'Ame;
Mais en ce qui eſt des Biens de Fortune qui ſont externes, ils
ne ſont point de ce nombre, tellement qu'on ne dira pas qu'vn
Homme ſoit Parfait, à cauſe qu'il eſt Riche, qu'il a de hautes dignitez, de la Reputation & des Amis; Toutefois on
peut dire que ce ſont des effets de la Perfection, & que ce luy
ſont des inſtrumens pour agir, de meſme que ce ſont les inſtrumens du Bien. Outre cela il eſt certain que c'eſt vn teſmoignage de Perfection de ſçauoir acquerir ou conſeruer les vns
& les autres de ces auantages naturels ou fortuits, & en bien
vſer dans le beſoin, de ſorte que le temps eſt vtilement employé à parler de ce qui ſert à leur acquiſition ou conſeruation. La premiere difficulté qui s'eſt preſentée dans ce diſcours, a eſté touchant l'ordre qu'on leur deuoit donner ſelon
la methode d'inſtruire, ſurquoy il a eſté mis en queſtion s'ils
eſtoient meſmes des Biens, & pource que nonobſtant tout ce
qui ſe peut dire contr'eux, nous auons reconnû qu'ils eſtoient
ou des Biens inferieurs, ou des dependances du Bien ſouuerain, nous n'auons plus à douter ſi nous les deuons receuoir
icy; Mais en ce qui eſt de parler d'eux les premiers, pour la
facilité de l'inſtruction de la ieuneſſe ou des perſonnes d'a-
ge, quoy que cela ſe peuſt faire en quelque occaſion ſans que
l'on y trouuaſt à reprendre, nous auons iugé à propos de ſuiure maintenant la plus ſeure voye. La Science & la Sageſſe
eſtant les maiſtreſſes neceſſaires des autres Biens, qui ne peuuent ſubſiſter ſans leur conduite, on entreprendroit en vain
de leur donner des reigles ſi auparauant on ne s'eſtoit apliqué

à des enseignemens plus hauts ; Nous pouruoirons donc aux
Biens qui sont purement de l'Ame , auant que de penser à
ceux qui dependent de la Nature & de la Fortune ; Ce ne sera pas seulement vn ordre de dignité , mais de necessité & de
progrez. Il est vray que ce qu'on dira de la Science pourra
comprendre tous les autres Biens , veu que par elle on s'instruit de toutes choses; mais ce sera tousiours vn retour aux
Biens de l'Ame , comme à ceux qui sont le plus à estimer.

DE LA SCIENCE, PREMIER BIEN
de l'Ame & de l'Esprit.
De l'ignorance qui luy est opposée , & de ses differen-
tes especes.
Des deffaux de l'Instruction ;
Quels sont les Traitez qui doiuent dependre de celuy-cy.

CHAPITRE III.

PVISQVE la Perfection de l'Homme vient specialement de l'Ame , pour trauailler à rendre
l'Ame parfaite , il faut s'adresser premierement à
ses principalles facultez , & tascher de cultiuer
l'Entendement , qui est capable de receuoir la
Science pour l'vn de ses Biens & Perfections. On luy peut
encore attribuer la Sagesse , ces deux habitudes estant coniointes , ou plustost estant mesme chose , veu que la Sagesse ne
prend sa place dans la Volonté , que lors qu'il est besoin d'agir
ou de desirer: Mais pour mieux distinguer les choses, ie ne veux
bastir mes discours presentement que sur la Science , & n'a-
uoir aussi esgard qu'à l'Entendement. Pour parler de la Scien-

De la Sciē-
ce premier
Bien de
l'Ame.

ce en general, ie diray que quoy qu'on ait nommé le bon Entendement ou le bon Efprit pour le premier bien de l'Ame, on
peut encore attribuer ce titre à la Science, car fi elle ne porte ce Nom en qualité de Bien naturel, c'eft en qualité de Bien
acquis. Il eft vray qu'à ranger tous les Biens dans vn compte
exact, on ne fait paffer la Science que pour le fecond Bien,
d'autant que la Bonté de l'Entendement femble la precede,puif-
qu'il faut que l'Entendement ayt vne Bonté naturelle ou capacité
innée pour acquerir la Science : Neantmoins à caufe que l'Entendement bon ou mauuais eft de la conftitution de l'Ame, il eft
confideré auec elle comme vne de fes facultez qui luy eft attachée infeparablement ; C'eft pourquoy en cherchant les Biens
de l'Ame l'on ne penfe ordinairement qu'à ceux qui font d'acquifition, de forte que l'on nomme la Science pour le premier Bien,
& fi l'on luy difpute cette primauté, l'on peut dire au moins, que
fi elle n'eft point iuftement apellée le premier Bien de l'Ame,
elle peut eftre celuy de l'Entendement, quoy qu'il y ayt à poin-
ctiller en ce que l'Entendement peut auffi auoir la Bonté pour
premier Bien, apres lequel fuiuroit la Science. L'on repliquera
que la Science n'apartient qu'à vn Entendement qui eft defia bon
de luy mefme, & de qui la Bonté fait partie de fon effence, tellement que la Science fera toufiours confiderée comme fon premier Bien. Nous mettons l'Entendement en comparaifon auec
l'eftat du Corps que l'on apelle Santé & Vigueur, fi tout y eft
bien ordonné, ou maladie & foibleffe fi tout y va mal ; Et de
mefme qu'ayant la fanté l'on peut recouurer la force & la dexterité auec toutes les autres facultez corporelles,ou fe les acquerir
entierement comme de nouuelles habitudes ; Auffi ayant vn
bon Entendement, l'on eft capable d'acquerir la Science & toutes les notions qui en dependent. Les premieres inftructions que
l'Entendement reçoit, font à l'efgal de la nourriture & des remedes qui entretiennent la bonne difpofition du Corps,ou qui la
reparent ; C'eft par ces alimens fpirituels que la Science s'infinue
dans l'Ame & rend l'Entendement meilleur & plus fubtil, que ne
l'auoit rendu la naiffance ; Car pour peu qu'il ayt de principes de
Bonté, il tourne à fon profit tout ce que l'on luy enfeigne ; Mais
fi vn bon Efprit peut facilement fe rendre fçauant, la Science

augmentera auſſi la bonté de l'Eſprit ; Comme elle ſert donc à
luy accroiſtre ſes forces, on peut ſouſtenir à bon droiĉt que ſelon
l'ordre de progrez elle eſt ſon premier Bien & ſa premiere Perfeĉtion. A cauſe meſmes que l'Entendement demeure en ſon
naturel iuſques à ce que la Science ayt fait en luy quelque changement, & que c'eſt par elle que l'on trouue les moyens de le
perfeĉtionner, il faut parler d'elle principalement, auſſi bien ce
que l'on dit de l'vn ſe raporte à l'autre, & leurs auantages ſont
communs.

Pour dire en general ce que c'eſt que la Science, c'eſt tout ce
que l'on peut ſçauoir, & ſçauoir c'eſt connoiſtre veritablement
vne choſe auec toutes ſes proprietez, car ſi l'on reçoit vn men-
ſonge, pour vne choſe veritable, il ne s'en fait point vne Science,
d'autant que ce qui forme la Science eſt la Verité. Or ce que
l'on ſçait eſt la nourriture, , l'ornement, & la vraye poſſeſ-
ſion de l'Entendement & de l'Ame. Comme l'Entendement
a ſous ſoy la faculté ſenſitiue, la Memoire & l'Imagination, elles
luy ſeruent à acquerir ce bien precieux, & en ſe perfeĉtionnant
l'vn l'autre par vn frequent vſage de leurs puiſſances, elles le
rendent auſſi plus parfaiĉt. Les Sens connoiſſent mieux les ob-
jeĉts lors que la Memoire leur repreſente ce qu'elle en a deſia
compris, & l'Imagination en forme mieux ſes Idées; Et apres
toutes ces aĉtions reïterées, ſi l'Entendement qui contient en ſoy
l'Eſtime, le Iugement & la Raiſon, iouyt parfaitement de ces
facultez, il eſt certain qu'il doit eſtimer les choſes ce qu'elles valent & bien iuger & raiſonner, diſcernant le vray ou le vray ſemblable d'auec le faux. Par ce moyen il ſe remplit de Doĉtrine &
de ſuffiſance, pour donner des Reigles à toutes les Diſciplines, &
à toutes ſortes d'accidens qui ſuruiennent ; En vn mot il obtient
cette Science qui eſt le premier Bien de ſon Ame & de ſon Eſprit,
& il paruient à l'vne des plus grandes Perfeĉtions de ſa Nature,
qui eſt de connoiſtre la verité de toutes choſes, autant qu'il le
peut faire en cette Vie.

Or pour connoiſtre la Verité & la Science qui la comprend, il
ne faut pas ſe contenter de voir ce qui leur ſert ; On doit auſſi s'informer de ce qui leur nuit, afin d'euiter l'vn pour s'aprocher plus
facilement de l'autre. Si l'Entendement reçoit la Science lors

Ce que c'eſt
que la Sciē-
ce.

L'ignorance
eſt opoſée à
la Science.

qu'il s'ayde à propos des facultez qui luy font foufmifes, le contraire luy arriue quand elles exercent mal leurs fonctions. Lors
que les Sens ne connoiffent les chofes qu'auec confufion, comme ils font les Portes de l'Ame, rien n'y entre en fa plus veritable forme, tellement que la Memoire & l'imagination ne
reprefentent rien qui ne foit faux & abfurde, & l'Entendement
n'y peut affeoir qu'vn iugement confus & vn raifonnement imparfait; Ce qui en refulte s'apelle Ignorance, qui eft vne habitude directement opofée à la Science. Si la Science efclaire
l'Efprit, elle luy donne des beautez incomparables & le guide à fa felicité; l'ignorance au contraire le met en des tenebres perpetuelles, le laiffe difforme & fans ornement, le fait
efgarer & le precipite au mal, ou pour le mieux le fait demeurer fans mouuement & fans action; Car l'on trouue de
deux fortes d'Ignorances, l'vne qui eft prefque immobile &
infenfible, que l'on peut appeller la Mort de l'Ame, & qui eft
de ceux qui ignorent prefque tout ce qu'il faut fçauoir pour leur
Bien; L'autre de ceux qui reçoiuent affez de connoiffances,
mais fauffes & confufes & qui ne feruent qu'à les abufer; C'eft
ce que l'on apelle des Erreurs, parmy lefquelles encore qu'il
y ait quelque meflange de Science, elles offufquent tellement
l'Efprit que l'on peut dire que l'Ignorance s'y rencontre encore, & que c'en font des Suites. Ainfi l'Ignorance & l'Erreur
font les contrarietez & les obftacles qui s'opofent à la Science.

　　Quelques Sophiftes voulans defendre le mauuais party, &
empefcher que l'Ignorance ne foit entierement mefprifée, la
font vn principe du Sçauoir, comme fi vn contraire pouuoit
engendrer l'autre. Ils difent que l'Ignorance eft la caufe de
l'admiration, & que l'admiration eft la caufe de la Philofophie,
tellement qu'à ce qu'ils croyent, pource que l'on eft dans l'I-
gnorance en admirant tout ce que l'on void, l'on eft porté à
philofopher, & par ce moyen l'on eft rendu fçauant: Mais il
ne faut pas leur accorder ce qu'ils pretendent; Ils ne confide-
rent pas que ceux qui font tout à fait ignorans, n'admirent aucune chofe; Que le Soleil ecclipfe, ou que la Mer fe retire,
& que tous les Corps du Monde leur monftrent leurs plus e-
ftranges proprietez, il n'y aura rien dont ils s'eftonnent; C'eft
pourquoy

pourquoy ne demandons point la Science à vne Mere ſi infe-
conde comme eſt l'Ignorance ; ſi ce n'eſt que nous entendions
vne Science modeſte & terminée, comme celle des bons Eſprits, qui declarant touſiours qu'ils ne ſçauent rien, ne ceſſent
de chercher quelque choſe de plus que ce qu'ils ſçauent ; Mais
n'eſtant pas queſtion maintenant de cette Ignorance ſçauante,
ou amie de la Science, parlons de celle qui s'opiniaſtre à demeurer ce qu'elle eſt, & conſiderons toutes ſes eſpeces, afin
d'en conceuoir de la haine.

L'Ignorance eſt renduë odieuſe non ſeulement par ſa diffor- *Il y a diuer-*
mité horrible, mais par le grand nombre d'Hommes Ignorans *ſes ſortes*
que l'on rencontre, deſquels il y a pluſieurs degrez & pluſieurs *d'Ignorans.*
differences. L'on en void qui ſont dans vne telle ſtupidité,
qu'ils ne ſouhaitent la connoiſſance d'aucune choſe, & ne s'informent point s'il y a quelque Science au Monde. Ils menent
vne Vie de Brute & n'ont preſque rien outre la faculté ſenſitiue. Tels ſont les peuples Barbares qui fuyent toute culture &
toute diſcipline, ou qui ne les cherchent pas parce qu'ils ne les
connoiſſent point, & qu'aucun d'eux n'a iamais eu le bonheur de les reçeuoir. Il s'en treuue d'autres qui n'ont gueres
plus de commodité ny de capacité d'aprendre les Sciences,
bien que quelques-vns en ayent de certaines lumieres par la
pratique de quelques Arts induſtrieux ; Eſtant tous des Hommes de baſſe condition qui ſont obligez à quelque trauail du
Corps pour le ſouſtien de leur Vie, ils n'ont pas le loiſir de s'a-
pliquer au trauail de l'Eſprit, & de plus leur humeur groſſiere
les rend mal propres à des penſées ſi ſubtiles. Apres il y a ceux
qui eſtant de haute condition ou de mediocre, & eſtant nez
riches pourroient s'attacher à telle Science qu'ils voudroient,
mais le trop d'aiſe & la débauche les en deſtourne, ou la croyance qu'ils ont que la Science ſoit trop malayſée à acquerir, &
que ce ſoit vne choſe vaine & inutile à leur fortune, tellement
que la meſpriſant exceſſiuement, ils ne ſont point honteux de
ne la pas poſſeder. Pluſieurs d'entr'eux eſtant auſſi occupez à
quelques fonctions de la Vie ciuille, ſe contentent de ſçauoir
ce qui depend de leur vacation & ſont ignorans en tout le reſte. La derniere ſorte d'Ignorans eſt de certains Hommes qui

encore qu'ils fe foient donné beaucoup de peine pour deuenir
Sçauans n'y ont iamais pû paruenir ; & les pires de leur Bande
font ceux qui ne fçachans rien ou fort peu de chofe , croyent
pourtant fçauoir tout , ou fçauoir beaucoup.

L'on excufe l'Ignorance de ceux qui n'ont pû eftre inftruits,
ou qui n'ont pas befoin d'vne Science fi eftenduë , & qui en
fçauent affez s'ils comprennent les reigles de leur deuoir particulier. Quant à ceux qui ont le pouuoir & le temps d'efcouter
toute forte d'Inftructions, il eft fort eftrange que voulans eftre
plus eftimez que les autres, ils n'ayent point auffi l'ambition
de les furpaffer en merite & en fçauoir, & qu'ils manquent mefmes à connoiftre ce qui eft de plus neceffaire dans la Vie. L'i-
gnorance des diuerfes chofes du Monde , & mefmes de celles
qui font indifferentes à plufieurs , a toufiours efté inexcufa-
bles pour ceux qui ayant des fonctions importantes , font obligez à la conduite ou à la conferuation de leur prochain ; Il faut
qu'ils fe rendét fçauans pour les autres autant que pour eux, fpecialement aux chofes qui dependent entierement de leur condition : Ce feroit vne honte fi le Medecin ne fçauoit ce que c'eft
des maladies & de leurs remedes , fi l'Homme de Palais igno-
roit les Loix de la Iuftice, & fi le Theologien n'eftoit pas bien
verfé dans l'intelligence des Sainctes. Efcritures. Il feroit fort
mal-feant encore , que celuy qui exerce quelque charge dans
l'Eftat , ne fuft pas informé de toutes fes dependances : Neantmoins par vn malheur affez commun en quelques fiecles, il ne
s'y trouue que trop de gens qui font d'vne Profeffion qu'ils
n'entendent pas , & cette ignorance eft la plus preiudiciable;
Mais pofons le cas qu'ils fçachent tout ce qui fe monftre vulgairement dans les Efcholes , ie preten qu'ils ne font pas au plus
haut degré de la Science, & que s'ils ne fçauent chacun que
ce qui regarde leur profeffion à l'eftroit , ils fe trouueront
muets en beaucoup de rencontres ; Il y a donc des ignorans
en toutes les conditions & vacations, au moins pour ce qui depend des autres difciplines.

En effet combien void on de gens qui ont vne fonction let-
trée, & qui ne fçauent rien de ce que les plus belles Sciences
enfeignent; Ils font Magiftrats, ils font Docteurs, ou d'autres

Profeſſions qui ont commerce auec les Liures, mais à peine
ont ils veu ceux qui leur font abſolument neceſſaires. Ils n'ont
eu garde de chercher ce cercle des Sciences qui eſt l'objet des
curieux; Ils ne ſe font pas meſmes inſtruits de la Metaphyſique vulgaire ou premiere Philoſophie, que l'on dit eſtre le
fondement de toute Doctrine. Auſſi peu ſe font ils adonnez à
la Phyſique & à la conſideration des choſes naturelles & corporelles. Ils voyent leuer & coucher le Soleil, & ne ſçauent ſi
c'eſt qu'il s'allume & s'eſteint chaque iour, ſi la Terre a des fondemens à l'infiny, & ſi cét Aſtre paſſe au trauers pàr quelque
conduit pour reuenir ſur l'Horiſon. S'il eſt poſſible qu'il ſoit
plus grand que la Terre, paroiſſant ſi petit au prix d'elle; Et
la ſuſpenſion de ce Globe, & ſur tout l'habitation des Antipodes leur font inconceuables. Ils ignorent les merueilleuſes
proprietez des Pierres & des Plantes, la differente complexion des Animaux, & toutes les qualitez tant des Corps compoſez que des ſimples, dont la connoiſſance n'eſt pas ſeulement neceſſaire pour en ſçauoir parler, mais pour s'en ſeruir
en diuerſes occurrences. Diſons meſmes qu'il y en a d'eſprit ſi
lourd qu'ils ne ſçauent pas ſeulement qu'il ſe faſſe quelque recherche de ces choſes, & ioüyſſant des dons de Dieu & de la
Nature ſans les connoiſtre & les admirer, ils meriteroient d'en
eſtre priuez pour leur ſtupidité ou pour leur ingratitude. Comment connoiſtroient ils ce qui eſt hors d'eux, veu qu'ils ne
font pas curieux de ſçauoir quelles font les parties interieures
de leur Corps, quel en eſt l'vſage, & par quel moyen ils ſe
peuuent employer à leur conſeruation. Que s'ils ne penetrent
point dans la connoiſſance des choſes corporelles, encore
moins peuuent ils atteindre aux ſpirituelles; Les facultez de
leur Ame & l'excellence des Eſprits ſeparez de la matiere,
font des ſuiets dont ils n'ont pas ſeulement les notions communes.

S'il y en a de plus ſtudieux & qui ſe veulent orner l'Entendement de richeſſes extraordinaires, pluſieurs ne font ils pas ſi
mal conſeillez que pretendans paſſer pour des gens qui ont vne
Doctrine ſubtile & ſecrette, ils ne s'adonnent qu'à des Sciences fauſſes ou à des curioſitez inutiles, que l'on peut prendre

De ceux qui
s'adonnent
aux Scien-
ces fauſſes
& aux cu-
rioſitez inu-
tiles.

pour des erreurs qui aprochent fort de l'ignorance. On en void
qui font tellement attachez à l'Aftrologie iudiciaire qu'ils ne
feront iamais vn pas hors de léur logis, qu'ils n'ayent dreffé
vne figure d'Eflection ou d'interrogation fur ce qu'ils entreprennent, & fur le bonheur de cette iournée, & ils dreffent
l'Horofcope de tous ceux auec qui ils ont affaire, pour fçauoir
s'ils ne feront point trompez par eux. Les diuerfes predictions
de la Chiromance, de la Geomance, ou de la Roüe nume-
ralle, auec l'explication des Songes & autres manieres de diuination, en occupent d'autres auffi friuollement, & le plus
grand mal eft fi delà ils fe portent aux vanitez & aux impietez
de la Magie. Le trauail que quelques vns employent à tafcher
de faire de l'Or ou de compofer vne medecine à tous maux, ne
femble pas vne chofe fi condemnable, mais elle n'eft pas moins
vaine, & fouuent au lieu de la Richeffe & de la longue vie
qu'elle promet, elle mene à la pauureté & à la mort. Entre les
eftudes les plus curieufes, celles de quelques Mathematiciens &
autres contemplatifs, nous paroiffent non feulement tres inno-
centes, mais encore tres loüables; Neantmoins fi ce qu'ils recherchent ne peut eftre reduit à l'action, l'on peut dire qu'il y
a de la vanité dans leurs aplications, puifque tous ceux qui s'attachent par trop à des Sciences oyfiues, font affez de mal en fe
deftournant d'vne occupation meilleure. Sur tout l'on peut
blafmer ceux qui ont trop de paffion pour quelques Arts de
plaifir, comme pour la danfe & la Mufique, ou pour de fimples curiofitez de Cabinet. Si leur Efprit y eft occupé entierement, il fe rendra ignorant de toute autre chofe, & fi ce n'eft
pas vne ignorance que d'eftimer de telles gentilleffes, au moins
eft ce quelquefois vn fujet pour empefcher que l'on ne deuienne fçauant.

Il eft vray qu'entre ceux qui veullent fçauoir plus que leur
Profeffion, il y en a qui ne recherchent ny les Sciences cachées
ny les curiofitez particulieres, mais qui font eftat feulement
des Difciplines receües, & principalement de celles que l'on
comprend fous le nom de la Philofophie. Ceux là veullent
eftre Logiciens, Phyficiens & Metaphyficiens, mais bien loin
de pouuoir examiner ferieufement les caufes des chofes & leurs

effets, ils ne se trouuent iamais chargez que d'opinions erronées, qui sont des Chymeres forgées dans l'esprit de quelque
Capricieux. On en void aussi plusieurs qui n'aprennent qu'à
disputer sans sçauoir rien resoudre; Ils sçauent la subtilité des
argumens plustost que la verité du fait, & s'ils s'estiment Philosophes Moraux, on remarquera que ce n'est que pour parler de
la Vertu sans la connoistre & sans sçauoir comment il la faut
pratiquer, & que par ce moyen l'ignorance & les Erreurs sont
encore chez eux meslées aux Sciences; Car ce n'est point vne
bõne & saine doctrine ny vne asseurance de la verité, de n'estre
instruict qu'à des iargons de College, & de ne sçauoir que des
choses que l'experience ne confirme point. Quelques autres
s'atachent aux Sciences humaines, & sont Grammairiens, Rhethoriciens, Poëtes ou Historiens, selon que leur inclination se
porte; I'enten qu'ils font profession expresse de ces choses, ou
que seulement ils les aiment; Tant y a qu'estant dressez à ce
que l'on apelle les belles Lettres, qui ont plus d'esclat dans le
Monde que toute autre discipline, ils s'enflēt d'vn orgueil
nompareil, & il se trouue pourtant qu'ils ignorent mesme ce
qu'ils pensent sçauoir le mieux; Que les scrupules qu'ils ont
dans leur langage, l'eneruent entierement; Que nonobstant
leurs seueres obseruations, leurs discours ont de la confusion &
de l'impureté, & que toute leur Eloquence est fausse ou mal
conduite. Que s'ils ont l'esprit plein des plus remarquables
exemples de l'Histoire & des plus belles sentences des Sages, ils
ont peine à les reduire à l'action, & ils s'esgarent souuent quoy
qu'ils semblent ne point manquer de guide. On ne s'estonne
point de voir que ceux qui ne pensent qu'à acquerir les biens
de la Terre, soient ignorans de toutes les autres choses, & fassent moins d'estat des plus belles Sciences que d'vne poignée
d'argent ou de quelque fumée d'honneur: Mais n'est-il pas
estrange qu'il y ait plusieurs de ceux qui courtisent les Lettres,
qui vsent mal de tous les autres biens, & qui tout sçauans qu'ils
se persuadent d'estre, ignorent que la premiere doctrine est de
sçauoir les mœurs Ciuiles & Morales. Non seulement ils ne
considerent pas ce qui conuient à quiconque veut passer pour

honnefte Homme ; Ils n'ont pas foin mefme de ce qui eft propre à tout homme raifonnable. Les biens du Corps & de l'Efprit, qui compofent noftre felicité ou qui y feruent d'aide, ne
font point examinez d'eux dans leur veritable valleur : S'ils
en font defpourueus ils fe comportent tout au rebours qu'ils
deuroient pour les obtenir, & s'ils les poffedent, ils en vfent
tres-mal à propos. Ils ne s'efforcent d'auoir aucune adreffe ou
bienfeance corporelle ou fpirituelle, & ne fçachant point comment il faut conuerfer auec toute forte de gens, ny quelle com-
plaifance il faut auoir pour les vns ou les autres, par la negligence qu'ils tefmoignent à y vouloir reüffir, ils font voir leur
ignorance ou leur Barbarie. Que s'ils recherchent quelques
dignitez ou quelques facultez plus grandes que celles que la
naiffance leur a données, ils le font auec tant d'impetuofité &
d'imprudence, & tant de pourfuites iniuftes, qu'ils en font dif-
famez par tout. Apres cela à quoy diront-ils qu'ils emploient
ce haut fçauoir dont ils fe vantent, fi l'on ne void point qu'il
les rende plus fains ou plus adroits, ny mefmes plus riches ou
plus honorez & eftimez ? Car l'on leur peut reprocher ce deffaut des biens paffagers du Monde, lors qu'ils leur font befoin
par leur propre faute. Les doit-on prendre pour habiles gens
fi l'on void qu'ils ne fçauent pas fe gouuerner eux-mefmes, &
que leur fanté n'eft alterée que par leur intemperance, ainfi
que leurs affaires font perdues où embroüillées par leur pareffe
& leur incapacité ? N'eft-ce point de là que peuuent naiftre les
mefpris que l'on fait d'eux, & toutes les difgraces qu'ils reçoiuent ? Que s'ils manquent de cette Prudence commune, fi
neceffaire à tous les hommes, où cherchent-ils non plus la
Prudence moralle pour fe rendre contens & heureux, & comment pourront-ils paruenir à la Sageffe & à la Perfection, en
obeïffant comme ils font à leurs paffions, & fe laiffant emporter à plufieurs Vices ? Il ne fert de rien de leur reprocher auec
cecy les fentimens peruers qu'ils ont de beaucoup de chofes qui
fe prefentent ; Ie n'en diray plus rien, d'autant qu'il eft à pre-
fuppofer que des actions fi mal reiglées que les leurs, tirent
leur origine d'vn Efprit entierement plein d'erreur.

Ie ne preten defigner icy ny les Siecles, ny les Nations, ny les Perfonnes : Ie fçay que pendant les Siecles paffez, il y a eu des hommes vertueux en beaucoup d'endroits de la Terre, & qu'il y en a encore en ce Siecle-cy. Lors qu'il en fera temps, ie les allegueray côme vn bon exemple à imiter, remarquant d'vn autre cofté ce qui a efté fait de reprehenfible, afin que la honte & l'horreur que l'on en aura faffent euiter de pareilles actions. Pour le prefent il eft feulement queftion de parler en gros des deffaux & des vices, & de fçauoir quels remedes leur font neceffaires. Ils fe gliffent par contagion entre les gens d'eftude, auffi bien qu'entre les gens du Monde, & entre les Petits comme entre les Grands. Ceux qui n'ont point adoucy leur Efprit par la culture des Sciences, negligent le bien qu'ils ne connoiffent pas, & ceux qui n'ont fait que de vaines Eftudes, ont receu des connoiffances qui les ont pluftoft enflez que de les edifier. Quoy qu'ils n'ayent pas chacun tous les maux qui font efpandus parmy eux, ils en ont l'vne ou l'autre partie. Cela fait que le defordre des particuliers paffe au general, tellement qu'on ne void gueres de Gouuernemens publics où il n'y ayt vne horrible confufion, ceux qui gouuernent ne pouuans trouuer le fecret de fe faire obeyr, & leurs fujets troublans inceffamment leur repos faute de fçauoir qu'il confifte en l'obeyffance. Tout y eft perdu par ces trois Peftes du genre humain, l'Ambition, l'Auarice, & la Volupté. Il y a des hommes dans toutes les conditions qui font tout ce qui eft en leur pouuoir, pour affouuir leur conuoitife, où ils mettent leur fouuerain Bien. Quelques-vns ont efté fi temeraires & fi aueuglez que d'entrer dans les dignitez facrées par de mauuais moyens, quoy que mefmes ils n'euffent point la capacité requife, & que leur façon de viure foit fort efloignée de ce qu'elle deuroit eftre ; Les autres fe font glorifiez d'auoir les hautes Magiftratures, fans fe reprefenter qu'ils ne les auoient obtenuës que par argent ou par faueur, & qu'ils s'acquitoient iniquement ou fort legerement de leurs charges. Tous les gens d'efpée n'ont point cette valeur dont ils font leur principale vertu ; Il y en a qui ne monftrent leur force & leur dexterité que dans des Duels entrepris auec peu de fujet, ou dans des guerres contre leur patrie. Plufieurs donnent pour pretexte à leur vain orgueil, la nobleffe & l'antienneté de leur Maifon, & foit qu'elle fe trouue vraye ou inuentée à plaifir, c'eft toufiours pour pareftre par les vertus d'autruy pluftoft que par la leur. Cette prefomption mal fondée leur a fait mal traiter, ou au tout au moins mefprifer ceux qui font au deffous d'eux : Mais il fe trouue encore des gens plus infuportables, qui fans aucun droict vfurpant les premiers rangs fur ceux qui font Nobles, & fur ceux qui ne le font pas, abufent de leur credit pour les oprimer; Bref l'on void toufiours que les plus forts fe iettent fur les plus foibles, & exerçent fur eux vne infinité de voleries, d'extorfions & de cruautez. Que s'ils aboyent apres les Richeffes pour obtenir les honneurs plus facilement, c'eft auffi pour en achepter leurs plaifirs, & auoir plus de commodité d'en jouyr, & pour fe raffafier du luxe des habits, des fuperbes emmeublemens, & des magnifiques feftins, à quoy ils occupent toutes leurs penfées. Les Gens de baffe eftoffe ne font pas moins attachez que les autres aux vanitez & aux voluptez fenfuelles; Ils commettent toute forte d'iniuftices & de tromperies pour les obtenir, & s'il fe trouue que quelqu'vn nuife à leurs deffeins, l'ire les fait armer pour s'en deliurer par des attentats & des homicides. Ce qui fait des querelles entre des particuliers, fait fouuent de grandes guerres entre les Nations, où les peuples patiffent pour des fautes qu'ils n'ont point commifes. Tout cecy met le Monde en tel eftat, qu'on y diftingue peu les Vertueux d'auec les Vitieux, & les Innocens d'auec les coulpables. Les plus imparfaits & les plus mefchans s'y faifans aprehender font les plus auancez, & pour quelques hommes qui font grand' chere, qui ont grand train & de fuperbes Maifons, il y en a plufieurs millions qui patiffent, & qui font ruinez pour les enrichir. Il arriue la plufpart du temps que ce font les Vices qui triomphent par toute la Terre; Que fi quelque Vertu y refte, elle fe tient cachée en elle mefme, ou fi elle ofe fe faire voir, elle eft incontinent attaquée, & reduite à d'eftranges extremitez. Ceux qui ont la volonté de faire du bien aux autres, n'en ont pas la puiffance, parce que l'on les tient à mefpris, & que l'on

tafche

tafche de les reduire en feruitude ; pluftoft que de fe fier à leur
confeil & à leur conduite; Mais fi les Bons & les Iuftes fouffrent
de la peine, les mefchans & les injuftes n'en font pas exempts.
Quoy qu'ils foient les plus Riches & les plus qualifiez, ils n'en
font pas plus heureux ; S'ils ont caufé le malheur des autres,
penfant accroiftre leur bonheur ; ils fe font dangereufement
trompez. Les chagrins & les mefcontentemens ne laiffent pas
de les accompagner fans ceffe, & il leur faut faire mille lafche-
tez pour leur conferuation qui feroient honte aux plus pauures. Regardons encore vn party auffi bien que l'autre ; On
n'eft pas entierement fatisfait des Hommes de baffe fortune ; il
y en a peu qui fuportent auec patience, les diuers accidens de
leur vie, & qui en fçachent tirer du profit. Ils empirent leur
condition pluftoft que de l'amender, & ils rendent quelquefois le change aux Grands par des dommages plus fafcheux que
ceux qu'ils en ont receus. Si l'on s'enquiert d'où ces defordres
procedent, que l'on confidere que la plufpart des hommes ne
fçauent ce que c'eft que Dieu, ny le Monde, ny eux mefmes, &
que les autres font vn mauuais employ de ce qu'ils fçauent ;
Qu'ils ne donnent point aux chofes le vray prix qu'il leur faut
donner ; Qu'ils ne connoiffent point la Nature des Biens &
des maux. Qu'ils ne fçauent point les deuoirs de chaque condition, & que mefprifant ce qui doit eftre eftimé, ou eftimant
ce qui doit eftre mefprifé, ils s'abandonnent aueuglement à
des defirs defreiglez & à des actions iniques. Ne voila-t'il pas
que la caufe de tous ces defaftres eft l'Erreur & l'Ignorance, &
d'où viennent encore leurs peruerfes habitudes, que d'auoir
eu peu d'inftruction, ou d'en auoir eu vne mal dreffée ? Ceux
qui tiennent que l'homme eft fubiect à toute forte d'imperfections, diront qu'il ne faut point chercher d'autres caufes de
fes defordres & de fes fautes, que fes propres infirmitez ; En
effect il faut auoüer qu'il y a quelques deffaux particuliers que
l'on ne peut changer, & que l'on void des hommes que leur
conftitution corporelle ou les maladies qui leur font furuenües,
ont rendu ftupides & infenfez ; Mais ce ne font pas là les
Oeuures regulieres de la Nature ; Ce font fes Monftres &
fes Prodiges. Il eft certain que tous les Hommes font natu-

rellement capables de Science & de connoiſſance ; Pluſieurs
ne ſont ignorans ou abuſez de l'erreur que pour n'auoir pas
receu d'autruy l'inſtruction qui leur eſtoit neceſſaire, ou pource que s'ils l'ont cherchée eux meſmes, ils ſe ſont trompez en
leur choix ; Auſſi des Maiſtres qui errent ne ſont pas vne bonne guide pour leurs Diſciples, & la pluſpart des Liures où l'on
ſe voudroit inſtruire tout ſeul, n'ayans pas le pouuoir d'y ſeruir, l'on peut croire que pluſieurs de ceux qui ont employé
beaucoup de temps à eſcouter ou à lire, ne laiſſent pas d'eſtre
encore dans l'ignorance.

Pour parler de l'inſtruction des Hommes en general & commencer par celle des Eſcholes, il ſe faut repreſenter que l'erreur
qui corrompt l'eſprit des Eſcholiers, eſt ſouuent celle qui s'eſt
prouignée d'vn Maiſtre à l'autre; Autrefois ils ont eſté mal in-
ſtruicts, & apres ils inſtruiſent mal ceux que l'on leur donne en
charge. N'eſtant pas capables de rien inuenter d'eux meſmes,
ils n'ont garde de s'eſcarter des vieilles routines. Ils ſont pourtant beaucoup durer leurs preceptes, afin que l'on ayt plus long
temps affaire d'eux, & au bout du terme il ſe trouue qu'ils ne
vous ont enſeigné que la moindre partie de ce qu'il falloit; Ils
vous ont apris le langage des Grecs & des Romains, mais ſans
vous auoir inſpiré la doctrine & la generoſité de ces Peuples:
Ils vous ont rendu plus babillards qu'Eloquens, & pluſtoſt
Sophiſtes que Philoſophes. De toutes les curioſitez naturelles, vous n'auez entendu d'eux que celles qui ſont inutiles,
& ſi vous ſçauez la Phyſiologie des Pierres, des Plantes &
des Beſtes, vous ignorez celle des Hommes ; Si vous auez
apris auec eux quelques vaines opinions de la compoſition
des choſes, ils ne vous ont rien dit de la Geographie &
de l'Aſtronomie, ny de l'Arithmetique & de la Geometrie, & de toutes les autres parties des Mathematiques, qui
ſont les principes par leſquels les Anciens commençoient
leurs Leçons ; & pour comble du mal, s'ils vous ont entretenus d'Hiſtoires, ç'a eſté ſans ordre & ſans choix, car ils ne les
ont point rangées ſous la Chronologie, ny apliquées pour
exemples des Mœurs, & quant ils vous ont voulu inſtruire ſur
les Mœurs, ils n'ont pas eu l'adreſſe de fortifier leurs preceptes

d'exemples ; Que si la plufpart des Maiftres de nos Efcholes, ne
fe meflent point de reigler les connoiffances fecrettes, & les
principaux fentimens, & encore moins les actions moralles, ciuilles & politiques, ç'a efté aux Maiftres Spirituels & aux Directeurs des Eftats, d'employer leur authorité enuers ceux qui fe
font trouuez fous leur conduite, comme en effet l'on ne doute
point que leurs aduertiffemens & leurs ordonnances ne feruent
à reformer quelques particuliers, mais c'eft en fi petit nombre,
& le public s'en reffent fi peu, que l'on reconnoift aifement qu'il
y a en cela quelque deffaut qui vient de ce que les premieres im-
preffions du Bien n'ont pas efté données affez fortement, & que
ceux qui y deuroient aporter de la correction font fouuent les
vrais Autheurs des defordres ; Que s'il y a quelques Hommes
qui s'adreffent à la bonne Voye, les excez & les iniuftices com-
mis par la multitude des autres, font toufiours capables de per-
petuer le mal, ce qui monftre la peine qu'il y a à remedier aux
Erreurs des Hommes, & à conuertir leur ignorance en vne
Science parfaicte.

On pretend que la lecture peut rendre Sçauant au deffaut de
la viue voix ; Mais l'inftruction n'en eft ny plus certaine, ny plus
vtile. Il faut fe reprefenter mefmes qu'entre ceux qui veullent
perfuader à chacun qu'ils aiment les Liures, il y en a plufieurs auiourd'huy qui n'en ont que par parade, & qui n'en fçauent les
noms, que pour en tenir le compte ; Les Liures font à ceux là vn
meuble inutile, & ne leur feruent qu'à l'ornement d'vn Cabinet,
comme les Vafes antiques & les Pourcelaines ; C'eft pourquoy
quelqu'vn difoit agreablement à vne perfonne de cette humeur ;
Qu'il auoit vn fecret à luy donner pour luy fauuer beaucoup de
defpence, qui eftoit de faire peindre dans fa Galerie des perfpe-
ctiues de Tablettes & de Pulpitres chargez de Liures, qui luy
feruiroient autant en peinture que les ayant en effet, & feroient
prefque vn pareil ornement: Neantmoins quoy que plufieurs ne
lifent aucun de leurs Liures, & ne les voyent que par le dos, il
eft certain qu'ils croyent eftre fçauans, parce qu'ils poffedent les
organes de la Science, & qu'ils les peuuent confulter quand ils
en auront le defir. Quelques autres les connoiffent d'auantage
que par le Tiltre, & fe plaifent à y voir des Traitez de la plus

haute Doctrine, mais ils s'y occupent quelquefois sans auoir
compris les Elemens des Sciences, & s'apuyant sur de mauuais
fondemens, tout ce qu'ils edifient est suiet à ruine. Le pis est,
s'ils iugent mal des Liures qui leur sont les plus propres, & s'ils
ne cherissent que ceux qui leur sont nuisibles ou inutiles. Le mesme danger leur arriue, s'ils n'estiment les Autheurs & leurs opinions qu'à cause de leur antiquité, ne considerant pas que ce n'est
point aux rides que la Beauté consiste ; Qu'en ce qui est des
connoissances humaines, elles se perfectionnent auec le Temps ;
Qu'il s'y fait vn renouuellement qui est vne Vieillesse raieunie,
& que c'est estre fort simple, de ne vouloir pas s'ameliorer auec
le reste de l'Vniuers, & faire son profit de ce qui est present aussi
bien que du passé. Que si c'est vne faute notable d'adjouster foy
entierement à tout ce qui est ancien, ce n'en est pas vne moindre
de n'estimer que ce qui est nouueau. Le nombre de ceux qui
sont touchez de cette maladie estant fort considerable, ils meritent que l'on leur fasse des remonstrances. Ce mal vient de ce
que la pluspart des Hommes se figurent que tout ce qui plaist
soit vtile, & pource que les Liures de leur siecle leur agreent
plus que les Anciens, ils n'en veullent iamais voir d'autres ;
Mais comme entre ces ouurages reçens il y en a d'auantage
pour le diuertissement que pour l'instruction, ils aportent plus
de dommage que de profit, & l'erreur est grande de ceux qui ne
s'addonnent à autre lecture. Cependant l'on donne cours au-

iourd'huy principalement à des Romans qui corrompent l'Esprit de la ieunesse par des discours & des exemples d'vne trop
vehemente passion d'Amour, & qui au reste sont dressez d'ordinaire contre toute sorte de Loix & de Coustumes, & remplis
de tant de fautes de iugement, & de choses si peu faisables selon le cours du Monde, que cela ne peut ressembler qu'à
ces grottesques de Peintre où l'on void des Elephans qui
ont des aisles, & où le corps d'vn Homme est attaché à
vne teste d'Oyson. Quantité de gens prennent plaisir à des Poë-
sies où l'on ne trouue que des contre-pointes sur les mots, sans
aucun raisonnement solide, & mesmes la pluspart s'arrestent à
vne sorte de Poësie la plus basse de toutes, où ceux qui ont dit
les plus grandes sottises, croyent auoir le mieux reussi, & dont le
nom estranger ne signifie que Moquerie & Bagatelle. Quel-

ques personnes plus serieuses n'estiment que des Epistres,
où lettres missiues, dont nous auons des Liures si pleins,
qu'il semble que leurs Autheurs se soient esloignez expres pour
auoir suiet de les escrire, & la bouffonnerie des vnes, & la
fausse eloquence des autres, nous sont si preiudiciables, qu'il
seroit à souhaiter que les Messagers les eussent perduës par les
chemins, ou qu'elles fussent demeurées dans le Cabinet de
ceux à qui elles sont escrittes, plustost que d'en auoir multiplié
les exemplaires par l'impression. Il y en a qui n'estiment que
les Harangues ou autres discours faits à plaisir, dont les paroles enflées sont vn leurre pour les Idiots, & quand ils ont veu
tout cela, ils sont aussi peu satisfaicts, que s'ils auoient esté à
ces Banquets de Sorciers, d'ou l'on se retiroit aussi affamé qu'auparauant, & dont tous les mets n'estoient qu'illusion & tromperie. Ceux qui pensent faire mieux & se monstrer grands Politiques, ne font cas que de quelques Histoires de Roys ou d'autres personnes fameuses, dans lesquelles ils trouuent plus
d'exemples de Vices que de Vertus ; Ils y ioignent la curiosité
des pieces nouuelles dont la mesdisance est ce qui les fait le plus
rechercher, de sorte que pendant nos derniers troubles, on a
veu des gens qui en ont amassé plein des Chambres, & s'il leur
estoit impossible de tout lire, ce qu'ils en lisoient suffisoit encore pour les destourner d'vne meilleure occupation. Quelques autres sont rauis de voir des altercations Theologiques sur
de nouuelles questions, qui ne sont point propres à la simpli-
cité de la Foy, & ne font que troubler la paix des Conscien-
ces. De toutes ces sortes de Liures & d'autres plus meslez, ceux
qui les ayment ont assez dequoy se contenter ; Car l'on en fait
tant sans discontinuer, qu'il s'est trouué vn Curieux qui de
leurs seuls Tiltres, fait vn gros Volume pour chaque année. Ce
qui est en partie cause de cecy, c'est la quantité d'Autheurs &
de Libraires, desquels chacun veut composer & imprimer
quelque chose de sa part, afin de se faire rechercher, de sorte que
le nombre des Liures est comme du sablon de la Mer ; L'humeur de la pluspart des Hommes y contribue, lesquels sont si
inconsiderez que quand ils ont de l'argent à mettre en Liures, ils
en veullent tousiours de nouueaux, comme si ce qu'ils estimeront

mauuais vn an apres pouuoit eftre bon auiourd'huy ; Il faut
donc que pour les fatisfaire , il fe produife des nouueautez en
abondance , & que la Terre ne donne pas plus de fleurs au
Printemps. Il y a long temps que l'on fe plaint de cette im-
portune fertilité ; Afin d'y aporter de la confolation,
croyons que fuiuant ce que le docte Bacon Chancellier
d'Angleterre en a dit , on ne fe doit pas mettre en peine
fi le nombre des mauuais Liures furpaffe celuy des bons,
d'autant qu'il n'en faut qu'vn feul qui foit bon , pour les mettre tous hors de credit , & que c'eft comme la Verge de Moyfe changée en ferpent qui deuora les ferpens des Magiciens
de Pharaon : Mais les charmes de ce fiecle ne font pas fi ayfez
à deftruire, pource que beaucoup d'Hommes prennent plaifir à
en eftre charmez , & nous fommes encore à trouuer vn Sage
& vn Prophete qui les defenchante. Les vains difcours agreent
plus que les autres , à caufe qu'ils ne donnent pas de peine &
qu'ils diuertiffent ; cependant ce n'eft point par ce moyen que
la Science & la Vertu font efpanduës dans le Monde ; Cela fait
pluftoft que l'ignorance & le vice y conferuent leur Empire :
Mais fi ceux qui ont efcouté de mauuais maiftres, ou qui
ont leu de mauuais Liures , n'ont fait aucun profit , la faute
vient autant de ceux qui doiuent receuoir l'inftruction que de
ceux qui la diftribuent , parce qu'ils ont quelquefois enchery
fur le mal , ou negligé le meflange du Bien , & mefmes quoy
que l'on puiffe trouuer de bons Precepteurs & de bons Liures,
il y a des Difciples & des Lecteurs, qui font comme ces Animaux qui changent en venim la nourriture des Plantes les plus
falutaires.

 Ceey eft vne ignorance d'autantplus dangereufe que ceux
qui en font infectez , ne voulans point auoüer leur mal , n'ont
garde de fe refoudre à y receuoir guerifon ; Et comme toutes
les fortes d'ignorance, aportent grand preiudice à l'Homme,
c'eft la fource de toutes fes imperfections & du mauuais eftat
de fes penfées & de fes deffeins. En effet vn ignorant ne fçauroit eftre qu'imprudent & vitieux ; Quelque chofe qu'il dife , il
fe rendra ridicule & odieux à chacun , & la plufpart de fes a-
ctions ne feront que des crimes. Voila des maux qui nous ef-

' De l'ac-
croiffemét
des Scien-
ces, l. 2.

Blafme de
de l'ignoran-
ce & louan-
ge de la
Science.

pouuantent seulement à les ouyr, mais quelque obstination qu'ayent ceux que l'on voudra guerir, l'on les peut bien porter à se seruir des remedes. Dieu ayant creé l'Homme auec l'Entendement & la raison, si par quelque malheur extraordinaire il n'est entierement priué de ces nobles facultez, rien n'empesche qu'il n'entende & ne raisonne, & qu'il ne comprenne la Verité lors qu'elle luy sera monstrée à propos. Il doit auoir de l'auersion pour l'ignorance par la consideration de sa laideur, & il doit estre attiré à la Science par sa beauté. Estre ignorant & estre vne Beste Brute, c'est mesme chose; mais d'estre sçauant, c'est le propre de l'Homme, & si la Science ne se trouue pas en tous les Hommes, elle se doit trouuer au moins en l'Homme parfaict. Vn ancien Philosophe auoit raison de dire, Qu'il ne connoissoit qu'vn seul mal au Monde qui estoit l'ignorance & vn seul Bien qui estoit la Science, Car comme du mal de l'ignorance viennent tous les maux, du Bien de la Science viennent tous les Biens. La Science est cette heureuse & eternelle possession que les Larrons ne vous peuuent oster; que l'on garde apres le pillage d'vne Ville, & apres vn naufrage sur Mer; Ce sont les biens dont Bias estoit reputé plus riche que Crœsus auec les siens; C'est l'instruction des ieunes gens, la guide des Hommes faits, & la consolation des Vieillards. Il n'est rien de meilleur que la Science, puis qu'elle est cause que l'Homme iouyt de sa Nature, qui est de connoistre les choses du Monde & de s'en seruir; Elle purifie son esprit pour ne luy donner que des pensées raisonnables, & ses Discours & ses mœurs en estant guidez, elle luy communique ce bonheur, qu'il aproche plus prez de la Verité & de la Bonté, dont il reçoit quelques rayons, qui sont vne participation de la Diuinité, puisqu'en effet l'on ne se peut rien imaginer de plus excellent en Dieu que la Science, par laquelle il connoist parfaitement ce qui est vray & ce qui est Bon, & qui est vn attribut où tous les autres sont compris. Plus nous auons donc de ces connoissances, plus nous auons de moyen de nous rendre parfaits. Si quelquesvns ont dit, Que l'homme orné de Science, differoit autant de l'ignorant que l'Homme sain du malade, ou l'Homme vif du mort, d'autres luy ont donné la mesme prerogatiue

Strab. de Platon; D. Laert d'A-rstote.

qu'auroit vn Dieu au deſſus d'vn Homme. On pourroit icy
dreſſer vn grand Panegyrique pour la Science, n'eſtoit qu'elle
eſt comme le Soleil qui faiſant voir toutes choſes, eſt auſſi ce
qu'il y a de plus viſible & de plus connu dans l'Vniuers; De
ſorte qu'vn Ancien diſoit, Que c'eſtoit vne choſe ſuperfluë de
loüer cet Aſtre, perſonne ne pouuant douter de ſon excellence. Les qualitez de la Science n'eſtant pas moins connûes,
puiſqu'elle ſert à faire connoiſtre tout ce que l'on peut connoiſtre & ſçauoir au Monde, ie m'exempteray à bon droit d'amplifier d'auantage ſes loüanges, d'autant meſme que m'eſtant
diſpoſé à raporter icy quelques vnes de ſes parties & de leurs effects, c'en ſeront de continuels Eloges. Commençons à declarer par quelles adreſſes l'on peut obtenir ce qui eſt tant eſtimé;
Ce n'eſt pas aſſez d'auoir monſtré les laideurs & les imperfections de l'ignorance, ſi l'on ne fait voir les Beautez & les perfections de la Science, & de plus ſi l'on ne donne le moyen de
l'acquerir. Ie croy bien que dans pluſieurs ſiecles, il s'eſt treuue des gens qui ſe ſont rendus Sçauans par les inſtructions qu'ils
ont euës & ſur tout par le trauail qu'ils y ont pris; Encore maintenant beaucoup d'autres s'inſtruiront auec plus de facilité, par
ce que les obſeruations modernes ſont le progrez des anciennes. Si la Science ne peut eſtre pleinement poſſedée que par
ceux qui ſont dans la ſouueraine Perfection, elle n'eſt pas entierement refuſée aux autres; Quoy qu'ils ne puiſſent atteiu-
dre à ſon ſommet, on ne les doit pas eſtimer ignorans, pourueu que les enſeignemens qu'on leur a donnez ayent eſté bons,
qu'ils les ayent reçeus auec attention, & qu'ils en ayent ſeulemēt profité ſelon la capacité ordinaire des Hommes. Il eſt vray
qu'on ne rencontre pas touſiours des inſtructions ſuffiſantes &
commodes. Quelques perſonnes plus eſclairées que les autres,
s'eſtant meſlées d'enſeigner de viue voix ou par eſcrit, & ayant
connû les Veritez vniuerſelles des Sciences, en ont fait des leçons en general ou en partie; Mais la liaiſon en eſt rompuë &
disjointe en beaucoup d'endroits, & beaucoup de choſes peuuent encore manquer à leur accompliſſement; D ailleurs cōme
tout ce qui eſt au Monde eſt ſujet à changer, cette Inſtruction
ne ſçauroit profiter à perpetuité ſi elle n'eſt quelquefois renouuellée.

uellée, & renduë conforme au temps & aux lieux, ou si l'on
ne luy donne vne forme durable & flexible tout ensemble, de
mesme qu'à ces instrumens de bonne trempe, qui ployent sans
se rompre, & s'accommodent à toutes mains. Cela m'a fait
prendre le dessein de trauailler sur cette matiere, & comme
les Traitez que i'en ay faits, ont esté entrepris premierement
pour m'instruire moy mesme, possible qu'apres ils seront propres à l'instruction des autres, & que l'on trouuera à propos que
ie les aye mis en lumiere, chacun estant receu à donner liberale-
ment ses ouurages au public. Il se peut faire aussi que le Siecle
sera assez fauorable à ceux cy pour leur donner entrée en diuers lieux, & que contenans beaucoup de particularitez de
nouuelle inuention, ce sera vn saufconduit asseuré pour faire
qu'ils soient receus par tout. Or il faut considerer qu'encore
qu'ils soient diuisez en plusieurs Parties & Traictez, ce sont
neantmoins des membres dont l'on peut composer vn mesme
Corps. Ie m'en vay en faire vne brieue deduction, non seulement pour monstrer leur ordre, mais aussi afin que l'on voye
ceux qui sont desia publiez, & que l'on s'attende à ceux qui les
doiuent suiure.

SI l'on veut dóner vne introductió agreable aux connoissan- _Quels liures dependent de celuy cy._
ces vniuerselles du Monde, & à l'instruction ou institution
humaine, il ne seroit pas hors de raison de les commencer par
le liure de la Solitude ou de l'Amour Philosophique, qui sous _De la Soli- tude ou de l'Amour Philosophi- que._
des Fables mysterieuses descrit vne bonne partie de ce qui sera
raporté icy. Les ieunes gens & toutes les personnes du Monde,
ayant besoin d'estre attirées aux Sciences par quelque lecture
douce & aysée, peuuent auoir besoin de ce liure. Soit que l'on
le place à l'entrée ou à la fin de ces sortes d'ouurages, il y pourra occuper son lieu iustement, ou bien on se contentera de le
voir à part.

Quant aux Discours precedens de la Perfection de l'Homme _Des Dis- cours de la Perfection de l'Homme. De la Scien- ce vniuersel- le & de ses auãt-propos._
& de ses Biens, ils ont encore esté donnez pour vn fondement
de l'institution humaine ; On y ioindra si l'on le desire, la Re-
monstrance & les Auant-propos de la Science vniuerselle,
laquelle les peut suiure toute entiere, pour estre comprise
dans ce qui est dit du premier Bien de l'Ame ou de l'Esprit,

Toutefois si on luy veut garder le rang qu'elle a obtenu estant composée la premiere, l'on la laissera dans ses volumes particulier, & auec ses Remarques & autres annexes, estant assez considerable par sa grandeur pour marcher toute seule.

De la certitude & de l'vtilité des Sciences, & de l'abrege de l'ordre de la Science vniuerselle.

Au lieu de ce long ouurage, il y aura icy plusieurs Traictez qui pourroient luy seruir de suite, puisqu'ils concernent vne grande partie de son sujet ? Le premier est de la certitude & de l'Vtilité de plusieurs Sciences, qu'il distinguera de celles qui sont vaines & mensongeres, de peur qu'on ne soit trompé en recherchant les vnes ou les autres. Afin de monstrer apres quelque Idée de leur vray ordre, il y en aura vne description concize, suiuant ce qui en est establi dans la Science vniuerselle ; Cela en ouurira le secret, & en sera comme la Clef, faisant voir à descouuert cet enchaisnement, lequel plusieurs ont manqué de connoistre dans sa plus grande estenduë.

Examen des opinions, des Nouateurs, & des Encyclopædies.

Alors pour sçauoir si la Philosophie ancienne a esté changée auec raison, l'on examinera ce qu'en ont dit les Nouateurs, & les opinions qu'ils y ont substituées, & l'on verra en quoy ils s'accordent auec leurs deuanciers, ou en quoy ils different d'eux. Cela nous fera paruenir aussi à vn Examen des Encyclopædies, ou des liures dans lesquels l'on a eu dessein de parler de toutes les Sciences, & de leur donner vn ordre ; Nous tascherons de iustiffier par ce moyen l'ordre de nostre Science vniuerselle.

De l'Examen des Esprits ; Et des Methodes d'instructió.

Tous ces desseins sont entrepris pour faire aimer les Sciences ; Mais puisque les lasches & les paresseux, & principalement ceux qui sont auancez en âge, prennent pour excuse de leur ignorance que la Science est difficille à acquerir, & qu'elle est placée en vn lieu dont l'abord est penible & fascheux, il leur faut aplanir le chemin de telle sorte qu'ils le trouuent plus court & plus aysé qu'à l'ordinaire. On se peut preparer à cecy par vn Examen des Esprits propres à chaque profession ou Discipline, mais ce qui y doit le plus seruir, ce sont les Methodes d'instruction, dont ie m'efforceray de donner les plus courtes, & celles qui enseignent le plus de choses, tant pour ceux qui veullent estre sçauans à plein fonds & estudier auec patience,

que pour ceux qui n'ont le loifir d'aprendre que les Principes
Vniuerfels.

Or comme il feroit malayfé qu'vn feul Autheur enfeignaft
toutes chofes, & qu'vn petit nombre de Liures continft le particulier auffi bien que le general des Sciences, il ne faut pas
eftre de ceux, qui ialoux de la gloire d'autruy ne veulent pas
qu autres liures que les leurs ayent cours dedans le Monde; Ie
veux indiquer tous ceux qui traitent de chaque fujet, & en
chaque maniere differente, ou au moins les plus confiderables;
Il ne faut pas que l'on manque à connoiftre les fources d'où l'on
peut puifer la Doctrine. Il eft vray que comme l'on parle affez autrepart des Autheurs qui ont traité de chaque Difcipline, il n'eft befoin que de s'entretenir de ceux qui parlent indifferemment de toutes chofes, & principalement de ceux qui
ont efcrit en noftre langue. C'eft ce que i'entreprendray librement pour declarer quel iugement & quel choix l'on en doit
faire, en examinant quelques vns auec affez de feuerité; Et afin
que l'on puiffe mieux iuger de toute forte de Difcours faits de
viue voix ou par efcrit, & que ceux qui en veullent compofer,
s'en rendent capables, je rechercheray la maniere d'y bien
reuffir, & fi ce n'eft fort amplement, ce fera au moins auec
vne clarté affez aparente.

Apres s'eftre entretenu des moyens d'acquerir de la Doctrine
& de l'erudition, il faut encore contenter ceux qui font des
plaintes contre les Sciences, lefquels pour s'exempter de les
rechercher, alleguent qu'elles nuifent au bon eftat de leur vie,
& qu'elles les mettent au hafard d'eftre neceffiteux & infortu-
nez; Il leur faut faire connoiftre que toutes les Sciences ne
font pas oyfiues & inutiles, & qu'il y en a vne entre elles qui enfeigne à faire valoir les biens de la Nature & de la Fortune, &
à obtenir les biens du Corps & ceux de l'Ame, ou à les ameliorer & les conferuer, & mefmes à acquerir des Richeffes, de
l'honneur & du credit. Ce font là des effets de la Prudence
ciuile ou de la Prudence du Siecle, car il eft befoin que cette
forte de Science change fes maximes felon les temps. Si elle n'a
point encore efté enfeignée fi particulierement qu'elle deuroit

eſtre, & ſi pour ce ſujet elle eſt ignorée, il faut taſcher de luy donner la meilleure forme que l'on peut ſouhaiter à vne connoiſſance nouuelle, & qui a peu de modelles à imiter. Ses preceptes doiuent eſtre aprouuez, pourueu qu'ils ne ſoient point tournez à vn mauuais vſage ; Mais afin qu'ils ne manquent point de correction & de guide, nous y ioindrons les reigles de la Prudence Moralle, qui doiuent aprendre aux plus deſreiglez à ſe remettre dans les bornes du deuoir, pour paruenir à la Sageſſe, d'où depend la Perfection & la Felicité.

De la Poli-
tique.
D'autant que le Sage eſt apellé quelquefois au Gouuernement des Eſtats, & que meſmes pour eſtre accomply, il eſt neceſſaire de ſçauoir donner des Loix aux autres Hommes, auſſi bien qu'à ſoy meſme, la doctrine Politique doit ſuiure la Moralle : C'eſt pourquoy il faut donner encore pluſieurs Traitez du Bon & du parfait Gouuernement, qui ne ſoient pas ſeulement de vains diſcours de l'ancienne Police, mais qui contiennent des choſes accommodées à noſtre vſage, leſquelles ſi l'on les obſeruoit, ſeroient aſſez puiſſantes pour aporter quelque remede à nos malheurs & à nos deſordres.

Concluſion
de ce traité
Comme nous voyons que ce qui concerne l'action, s'aprend de meſme que ce qui n'eſt que pour les paroles & pour les penſées, tout cela peut eſtre mis au rang des Sciences ; Il faut pourtant reconnoiſtre qu'il y a des Diſciplines, leſquelles ne concernant que le diſcours & le raiſonnement, doiuent eſtre diſtinguées de ce qui apartient aux actions. La Phyſique & la Metaphyſique ſont de ce nombre, comme eſtant ſpeculatiues & enfermées dans l'Eſprit, tellement que l'on les apelle des Sciences par preference à toutes autres. L'on y joint la Logique, & meſmes la Grammaire & la Rhetorique qui ſont partie des Eſtudes ordinaires. Si elles ne ſont des Sciences, elles ſont de leurs Miniſtres, & agiſſent de l'Eſprit & de la Parole, comme les Sciences ſont d'ordinaire. Ce qui regarde les actions Moralles & Politiques, eſt iuſtement reſerué pour en traicter apres à cauſe que cela depend de la Sageſſe ; Et pource que la Science eſt vn Bien qui conduit aux autres Biens, il eſt fort conuenable de la rechercher la premiere. Ayant parlé en general

des obſtacles qu'elle rencontre qui ſont l'ignorance & l'erreur,
nous les ferons encore remarquer dans pluſieurs Sciences &
Arts, raportant ce que l'on y trouue de verité, & comment
l'on en peut compoſer vne Science vniuerſelle & parfaite. Par
ce moyen l'Homme peut acquerir la Perfection, en ce qui
concerne les Sciences ou connoiſſances.

*Fin du Traité Particulier de la Perfection
de l'Homme.*

LES
METHODES
DES SCIENCES

OV L'ON VOID PLVSIEVRS TRAITEZ
apartenans à la Premiere Partie du Liure de la
Perfection de l'Homme.

DES SCIENCES *vtiles & de celles qui sont inutiles; Les definitions & les principales obseruations de quelques Sciences; Et des Erreurs de leur instruction; Auec la Response à ceux qui les veullent accuser toutes de vanité & d'incertitude.*   **I.**

LA CLEF de la SCIENCE VNIVERSELLE, *Ou premierement, il est parlé de quelques deffaux des Cours de Philosophie, & en suite est le Sommaire de l'ordre gardé dans l'ouurage intitulé,* LA SCIENCE VNIVERSELLE, *Auec vne grande Carte qui le fait voir clairement.*   **I.I.**

LE SOMMAIRE *des Opinions les plus estranges des Nouateurs Modernes en la Philosophie, comme de Telesius, de Patritius, Cardan, Ramus, Campanelle, Descartes & autres; Et en quoy on les peut suiure.*   **III.**

L'EXAMEN *des Encyclopædies, ou Examen des ouurages des Autheurs qui ont voulu enseigner toutes les Sciences*   **IV.**

dans vn seul liure, comme de Martian Capelle, George Valla, Raymond-Lulle, Gregoire Thoulouzain, Robert Flud, Alstedius, & autres, pour conferer leur ordre auec celuy de la Science Vniuerselle, & monstrer en quel lieu se trouue le vray & naturel rang des Sciences particulieres & des Arts, & leur correspondance diuerse selon le progrez qui s'en fait dans l'Esprit de l'Homme.

V. DV VRAY EXAMEN DES ESPRITS, Ou des Moyens d'aprendre les Sciences fondez sur la Nature par l'Examen de la complexion des Hommes.

VI. DE LA GRANDE ET PARFAITE METHODE pour aprendre les Sciences & les Arts dans les Colleges ou Academies; Comment les leçons y doiuent estre autrement reglées qu'à l'ordinaire, pour y estre instruict de plus de choses, & plus facilement & en moins de temps.

VII. DE LA METHODE ROYALLE, Autre Methode plus facile & plus abregée que la premiere, & neantmoins aussi instructiue pour enseigner les Princes & les Grands Seigneurs, ou les personnes qui estant desia auancées en âge, ou occupées à de grands emplois, ne sçauroient s'asuiettir aux Methodes ordinaires.

LES

LES
METHODES
DES SCIENCES

DES SCIENCES VTILES ET DE celles qui sont inutiles; Les définitions & les princi-palles Observations de quelques vnes; Et des Erreurs de leur instruction; Auec la Responce à ceux qui les veullent accuser toutes de vanité & d'incertitude.

PREMIER TRAICTE'

LA SCIENCE estant prise pour la pre-miere Perfection de l'Ame, ie ne pense pas que l'on puisse mieux representer son Image que par vne description de toutes les Scien-ces particulieres qui composent ce que l'on apelle la Science en géneral ; mais comme i'ay desia fait vn ouurage de cette Nature d'assez ample estenduë, il se faut contenter icy d'vn moindre, & qui serue pourtant à l'accomplissement de mon projet. Ie veux dresser vn Traité, qui donne vne ouuerture commode aux plus belles connoissances des Hommes, qui

Auant-pro-p s sur ce Traiĉté, & sur quelques autres de sa suite.

O

donne les definitions de quelques vnes & leurs Obferuations
principales, qui rende de l'honneur à toutes celles à qui il en
apartient, & en priue d'autres qui en ont efté pourueües iniu-
ftement. Il monftrera combien leur arrangement & leur diuifion vulgaires, different d'auec la fuite & la connexion que
la Nature & la Raifon leur prefcriuent ; Il defcouurira par tout
des veritez importantes qui les concernent, & fera fuiuy de
quelques Chapitres ou petits Traitez qui enfeigneront des
Methodes pour aprendre ces excellentes Difciplines plus facilement que l'on n'a accouftumé. I'ay crû que beaucoup de
gens pourroient eftre fatisfaits de cecy, d'autant que ceux qui
ont veu les inftructions que i'ay données par cy deuant & qui
en ont compris les raifonnemens & l'ordre, ne feront pas faf-
chez de voir reduit en peu d'efpace ce qui eft plus au long ailleurs, afin que cela leur en rafraifchiffe la memoire, & en outre d'y trouuer des obferuations qui leur aprennent l'employ &
l'vtilité de ce qu'ils fçauent defia, ou leur donnent les moyens
de le fçauoir encore mieux & de l'enfeigner aux autres. Que
fi quelques vns ayant leu mes ouurages precedans fans y faire
beaucoup de reflexion, n'en ont pas compris le deffein, ils
verront icy aifement ce qu'ils ne pouuoient defcouurir, pour
eftre plus excitez à fe retirer des tenebres de l'ignorance & de
l'erreur. Ayant entrepris de donner des Methodes des Sciences, il faut rechercher fi elles ont toutes les conditions du vray
Bien, car il fert grandement à la maniere de les aprendre, d'e-
ftre affeuré qu'elles foient honeftes & vtiles, & de fçauoir leur
plus courte voye. N'y ayant rien premierement qui donne
tant de facilité à les aprendre que de les aymer, & rien qui ferue tant à les faire aymer, que de faire connoiftre leur excellence, ce doit eftre vne de mes aplications : Mais d'vn autre
cofté ie ne manqueray pas de remarquer qu'il fe treuue autant
de mal en quelques vnes que de bien aux autres, craignant que
l'on ne perde du temps à s'y employer. I'efpere que l'on aura
quelque efgard à ce que ie diray quoy que i'aye deux diuerfes
fortes d'aduerfaires à combattre, les vns qui doutent gencralle-
ment de tout, & qui croyent qu'il n'y a ny verité ny vtilité
dans aucune Science, & les autres qui tiennent pour infailli-

bles toutes celles qu'ils ont aprifes. Il faut leur faire voir que
veritablement il y a des Sciences certaines & vtiles, & qui
n'ont rien qu'il faille condamner, eſtant loüables en toutes
leurs parties, & remonſtrer auſſi aux autres qu'entre les Sciences qui ſont les plus vtiles au principal, il s'en rencontre qui au
reſte ont beaucoup de ſuperfluitez, & que tant pour les plus
excellentes que pour les mediocres, l'on peche quelquefois dãs
la Methode auec laquelle on les enſeigne ; Qu'il y en a meſme
qui ſont entierement pleines d'erreur, & d'autres dont l'objet
eſtant vain, elles errent aſſez, en ce qu'elles occupent vainement
l'eſprit. Il ne faudra point s'eſtonner ſi ie parle d'elles d'abord
ſelon l'ordre que vulgairement l'on leur peut donner, puiſque
c'eſt pour m'eſleuer apres à vn autre où l'on verra la liaiſon
generalle, & parfaite que toutes les ſortes de Sciences & de
Diſciplines peuuent auoir entr'elles, ce qui eſt le Chef-d'œu-
vre des Methodes. Ie ne veux point entremeſler ce qui ſe peut
dire en particulier de chaque Science, auec ce qu'il faut expo-
ſer de leur ordre, parce qu'il a beſoin d eſtre ſimple en ce lieu
cy afin d'eſtre mieux conceu ; Tant y a que d'vn coſté ayant
raporté les Sentimens que l'on doit auoir de quelques parties des Sciences, & donnant apres vne brieue Deſcription de
leur ſuite & enchaiſnement, ce ſera comme vn Abregé & vn
deſchiffrement du grand Traité de la Science Vniuerſelle, &
vne Clef de ſon Treſor. Pource que l'on verra apres vn abregé
des opiniõs de quelques Philoſophes celebres & vn Examen de
l'ordre de quelques Encyclopædies, auec des reflexions ſur ce
ſujet & deux differentes Methodes par leſquelles les Sciences
& les Arts peuuent eſtre apris plus ayſement & en moins de
temps qu'à l'ordinaire, ce qui ſera ſuiuy d'vn Examen des Autheurs Modernes, & de quelques Traitez de la maniere de
bien parler & de bien eſcrire, cecy peut eſtre nommé à bon
droit, Les Methodes des Sciences, car ce ſeront par tout des
Methodes pour l'ordre & pour l'inſtruction.

Nous laiſſons l'aplication particuliere du Nom de Science à Du Nom de
cience,
ce qui eſt connu par ſa propre Cauſe, à ce qui eſt certain & non
point caſuel, & à ce qui ne conſiſte qu'en Reigles de choſes
contemplatiues, non point de celles qui s'apliquant à l'action

font pluftoft nommées des Arts que des Sciences : Les Philofophes vfent diuerfement de ces Noms, mais pour ce lieu cy,
ie veux prendre quelquefois le mot de Science plus large-
ment qu'ils n'ont accouftumé de faire.

*De la diui-
fion des
Sciences.*

On mettra feulement en queftion comment l'on en doit
faire icy le denombrement. Nous pourrions fuiure l'ordre vulgaire, qui eft de diuifer toutes les Difciplines en Theoretiques
ou Pratiques, contemplatiues ou actiues, & les actiues en actiues ou Factiues. Les Theoretiques ou Contemplatiues font la
Metaphyfique & la Theologie, La Phyfique & les Mathematiques ; Les pratiques ou actiues font la Morale, l'œconomique
& la Politique ; Les Factiues ou operatrices, font les Arts dont
il procede quelque effet ou ouurage, comme font la Peinture
& l'Architecture. Apres les Difciplines contemplatiues que
nous auons nommées qui font les Contemplatiues reélles, on
en nomme de Rationelles qui font la Grammaire, la Logique,
& la Rethorique ; D'autres les mettent au rang des Difciplines
actiues ou factiues, mais Sermoçinalles ou concernans le Difcours. Nous aprouuons ces diuifions felon les endroits où elles
font employées, mais parce que les Sciences n'y font diftinguées que felon leurs dignitez, les plus efleuées y eftant nommées les premieres, de tels ordres ne font pas propres pour l'inftruction, de forte que ie ne les fuiuray que lors que i'en auray
vne liberté entiere.

*Comment les
Arts font
mis au rang
les Sciences.*

Puifque nous apellons Science la connoiffance de quelque
chofe, bien que la Pratique s'appelle vn Art, on peut mettre
au nombre des Sciences tous les Principes & enfeignemens des
Arts & des autres Difciplines qui font veritablement des Sciences ou des parties de quelque Science, Ie commenceray par la
confideration de la Grammaire, à l'imitation des Maiftres qui
enfeignent d'abord â lire & à efcrire auec l'vfage des langues,
pource que ce font les outils de la Science. Il femble neantmoins que l'on peut bien aprendre beaucoup de chofes fans lecture & fans efcriture, & auec le feul langage de fa patrie, puifque auparauant que d'auoir inuenté les caracteres, & auoir e-
ftably les reigles des paroles, il a falu que l'on ait acquis la connoiffance de toutes les diuerfitez du Monde, ou de la plufpart :

Mais demeurons conformes en cét endroit aux coustumes receües, & parlons des Sciences dans l'ordre vulgaire.

De la Grā-
maire.

LA GRAMMAIRE est vne Discipline qui enseigne à parler & à escrire correctement, c'est à dire à prononcer des paroles qui expriment naïuement nos pensées, & à les coucher de mesme par escrit auec vne obseruation exacte, pour ce qui est de l'intelligence, à quoy on adiouste encore l'ordre & là forme des caracteres. Les paroles sont composées de diuers sons de voix, que dans l'Escriture on apelle lettres; les lettres sont diuisées en voyelles & en consones. De ces voix ou Lettres, se forment les syllabes, & des syllabes les mots. La premiere partie de la Grammaire nous aprend les diuerses proprietez de ces mots, la seconde comment il les faut placer, & comment l'on se doit seruir de ceux qui ont difference de terminaison ou autres changemens, selon les cas, les Temps, & les Personnes. Ceux qui pretendent monstrer que toutes les Sciences & tous les Arts n'ont rien d'asseuré, nous obiecteront en ce lieu, qu'à l'esgard de la Grammaire, on n'en doit point faire cas comme de quelque Science solide & vtile; Que toutes ses Loix & tous ses preceptes n'ont rien de certain; Que l'inuention des mots est de la fantaisie des Nations, & qu'vn mot signifie icy vne chose & vne autre ailleurs; Que leurs changemens sont tellement bigearres qu'il y a des Noms & des Verbes en quelques langues, qui ne changent point du tout de terminaison dans leurs declinaisons ou Conjugaisons, & qui reçoiuent des articles & des pronoms pour se faire distinguer selon les Cas & les Temps; Qu'il y a d'autres langues où l'on void des Verbes qui ont leurs changemens en tous les Temps; les autres ne les ont qu'en quelques vns, & ont au reste tant d'irregularitez, & si peu raisonnables, mesmes dans les langues les plus polies & les plus vsitées, qu'on n'a pas pû faire qu'il ne s'y trouuast beaucoup de Barbarie; Que tant s'en faut aussi qu'on doiue establir quelque Science touchant le langage, qu'au contraire les plus grands Docteurs n'en sont pas les Maistres, & qu'il en faut croire le peuple pardeuers qui l'vsage reside; Qu'en ce qui est de l'vtilité de la Grammaire, elle n'est pas si connuë, que le dommage qu'on en reçoit par les desguise-

mens des mots , dont plufieurs font fouuent trompez. Tout ce
que l'on fçauroit dire contre la Grâmaire fe raporte à cecy, &
ce que i'ay à refpondre pour fa defenfe eft fort facile à trouuer.
Il faut fçauoir premierement que fi quelques langages ont des
Loix patticulieres elles fe raportent toutes à vne fouueraine
Loy du Langage, laquelle ordonne que les autres Loix ne
foient point vagues & inconftantes, mais qu'elles ayent des
reigles affeurées fuiuant l'vfage de chaque païs, fi ce n'eft chez
les Barbares, & encore ont ils quelque vfage pour leurs incertitudes. Cela fait voir que nonobftant la varieté des langues,
il y a vn Art de Grammaire qui fubfifte, duquel on peut former
vne Grammaire vniuerfelle aplicable aux particulieres. Quelque bigearrerie ou inftabilité qu'on trouue auffi dans les langages differens, on reconnoift affez l'vtilité qu'il y a de fçauoir
les vns ou les autres, lors qu'on fait des voyages, foit par diuertiffement foit par neceffité, & que par leur moyen on euite
plufieurs perils, fpecialement pendant la guerre, puifque l'on
peut paffer au trauers des ennemis fans eftre reconnu feignant
d'eftre de leur natiõ. Il eft arriué en quelques lieux, que les vain-
queurs voulans faire main baffe fur tous ceux d'vne certaïne
contrêe, & efpargner les autres, ont reconnû ceux qui fe vouloient defguifer, leur faifant proferer quelque mot que l'vfage
ordinaire de leur païs leur rendoit de difficille prononciation,
dequoy nous auons plufieurs exemples dans l'Hiftoire & ailleurs. En toutes autres occafions, il y a quelque vtilité à fçauoir les langues eftrangeres, principalement celles des peuples
auec lefquels on a quelque chofe à defmefler, ou qui nous font
conioints d'affinité & de commerce, & mefmes il eft bon de
s'accouftumer à leur prononciation la plus naiue. Ceux qui
ont quelque pouuoir ou quelque employ dans vn autre pays
que le leur, font forcez plus que tous les autres d'en aprendre
la langue le plus parfaitement qu'ils peuuent, non feulement
pour la facilité de leurs conferences, mais pour en eftre d'a-
uantage aymez des naturels habitans; Car à faute de cecy on a
veu quelquefois des hommes d'Eftat, tres habiles au refte, donner matiere de rifée, iufques aux moindres du peuple. Or s'il
y a fouuent neceffité d'aprendre le langage d'vne contrée dont

l'on n'eſt pas originaire, combien y a-t'il d'obligation d'auantage à ſçauoir parfaitement celuy du lieu d'où l'on eſt né, ou de
quelque autre dont l'on eſt voiſin, dans lequel on parle mieux?
Si ceux qui parlent en public dans les grandes Villes ſoit Aduocats ſoit Predicateurs, ſont de quelque autre endroit, afin
d'empeſcher qu'on ne diminuë leur eſtime les reconnoiſſant
pour Prouinciaux, ils doiuent auoir eſgard à ſe corriger des
mauuais mots de leur païs & de ſes accens, & s'habituer au langage & à la prononciation, qui ont credit dans la Cour des
Roys, & dans la Ville capitale du Royaume, parce que c'eſt
là que l'on croid qu'eſt le meilleur langage, & celuy qui doit
eſtre propre à toute la nation. Il n'y a point de gens d'honneur & de qualité, qui ne ſoient encore obligez de ſe conformer à cecy, pour ne point pareſtre ruſtiques & ignorans; &
cela eſtant reconnû pour vray de tout le Monde, on ne ſçauroit nier que les Loix de la Grammaire, ou Art de parler correctement, ne ſoient neceſſaires à chacun; & qu'il ne ſoit tres
vtile de ſçauoir ſa langue maternelle le mieux qu'il eſt poſſible, & d'aprendre au moins les Rudimens de quelques langues
eſtrangeres, pour iuger mieux de la bonne maniere de parler
par la cóference d'vne langue à l'autre. Il ne faut point dire pour
deſcrediter cét Art de Grammaire, que c'eſt le ſimple peuple
qui eſt le Maiſtre abſolu des Langues; Ce ſont touſiours ceux
qui ſont en reputation de bien parler, ou qui ont quelque credit dans la Cour ou dans les grandes Villes, qui inuentent des
Mots, & le vulgaire les ſuit; Au reſte c'eſt fort mal raiſonner,
comme ont fait quelques ennemis des Sciences & des Arts, de
reprocher que quelques gens ont eſté trompez par des æquiuo-
ques & des alluſions, ou par des particules mal regléees de la
Grammaire, & meſmes par vne mauuaiſe ponctuation, & de
vouloir inferer de là que la Grammaire ſoit quelque Art trompeur & qu'il n'en faille tenir compte; car c'eſt ce qui nous doit
obliger dauantage à ſçauoir parfaitement les langues pour euiter toute ſorte de ſurpriſes, ſoit dans les Traictez importans
ſoit dans les conferences ordinaires. Cela eſt cauſe auſſi qu'il
ne ſe trouue point de Langue où les obſeruations de la Grammaire ne ſoient abſolument requiſes, ſi l'on veut que les Paro-

les refpondent aux penfées , & qu'il n'y arriue ny tromperie,
ny doute, toute forte d'ambiguitez & d'obfcuritez en eftant re-
tranchées, ou fuffifamment desbroüillées & efclaircies. Nous
aprenons affez à parler d'entendre parler les autres, mais nous
ne pouuons fçauoir fi nous parlons bien ou mal, fans auoir apris
l'Art du langage. Cela eft encore plus neceffaire aux langues
mortes ou eftrangeres, que l'on n'aprend ordinairement que
par liure, qu'aux Langues viuantes dont l'on fe fert aux païs
où l'on fe rencontre, lefquelles s'aprennent par l'vfage ; Mais
de plus pour ne point manquer dans cét vfage , encore fe faut
il regler par la Grammaire. Il nous faut conclurre pour l'vtilité
de cét Art , qui non feulement eft le lien de tout le Commerce des Hommes , mais eft le Truchement des Sciences , & le
principal outil de la Raifon , puifque fans luy l'on ne pourroit
pas former les correfpondances de la Societé , ny expliquer les
fecrets des diuerfes Profeffions & difciplines, ny produire au
dehors les reflexions & les confequences que l'Entendement
tire de toutes chofes. Cette belle connoiffance doit eftre donnée à l'Homme la premiere comme luy eftant vtile & neceffaire par tout, Il faut confiderer que ce que nous difons pour
le langage, s'entend auffi pour ce que l'on couche par efcrit, car
qui fçait bien l'vn , peut bien fçauoir l'autre , & mefmes celuy
qui ignore l'Art d'efcrire , peut dicter fes penfées à quelqu'vn,
ou fans qu'il le fçache on peut mettre par écrit ce qu'il dit. Enfin
à l'efgard du fens, la Parole & l'Efcriture font mefme chofe.

De l'Efcri-
ture. Pource qui eft de l'Art de former les caracteres , c'eft auffi
ce qu'on apelle l'Efcriture , qui n'eft pas vne Officiere de peu
de confequence , ny vne fimple Seruante dela Grammaire;
Elle luy eft beaucoup en recommendation. L'Efcriture a efté inuentée pour le fecours du langage, lors qu'il ne fe peut faire entendre à caufe de l'efloignement , ce qui rend fon vfage de tres
grand profit. Il eft certain qu'il ne fe peut guere imaginer de
chofe plus merueilleufe que cette inuention : Ceux qui ne l'a-
uoient point encore connûë , en ayans veu l'effet , en ont efté
furpris d'abord. Les Sauuages des Indes voyans que les Euro-
peans fe faifoient fçauoir leurs intentions , nonobftant leur abfence , par vn morceau de papier qui parloit fans langue & fans

bruit

bruit, crûrent que dans les Miſſiues qu'ils portoient, il y auoit
quelque Demon enfermé, & que les diuers traits de plume e-
ſtoient autant de figures Magiques. L'vtilité de cét Art eſtant
mieux eſprouué des Hommes, plus ils ont de ſçauoir & de po-
liteſſe, on n'a garde de le condamner; En ce qui eſt de ſon
vſage, pourueu que les Caracteres ſoient tracez auec toutes
les proportions requiſes, & qu'ils ſoient ayſez à connoiſtre ou
à diſtinguer les vns des autres, & agreables à voir, on les tien-
dra en cét eſtat pour les Miniſtres fidelles & les vtiles ſecours
de l'Eſprit & de l'Art de la Grammaire.

Il faut remarquer encore qu'il y a pluſieurs diſputes touchant
l'Ortographe, qui ordonne par ſes reigles, de quelles lettres il
ſe faut ſeruir pour chaque ſon de voix, & pour repreſenter les
ſyllabes & les mots. Quelques Autheurs veullent que l'on eſ-
criue comme l'on prononce, les autres que l'on ait eſgard ſeulement à l'origine des Mots, & que l'on ne trouble point l'ancien vſage de les eſcrire. Ramus a inuenté vne nouuelle maniere d'ortographe Françoiſe, mais il faut auoüer que luy &
d'autres qui ont pretendu ſuiure la prononciation, ſe ſont
trompez diuerſement ſelon qu'ils auoient vn accēt Prouincial,
ou d'habitude particuliere, & qu'ayant auſſi adiouſté ou retranché des lettres dans l'Alphabeth, & changé la forme des
autres, cela fait paroiſtre l'Eſcriture barbare & fantaſque, de ſorte que l'on ſeroit long-temps à s'y accouſtumer, joinct que
quand l'on le voudroit faire, l'on ne ſçauroit laquelle choiſir
de leurs methodes d'eſcrire, pour le fondement peu aſſeuré qui
ſe trouue tant aux vnes qu'aux autres. Celle de Ramus eſt ſi
extrordinaire que s'en eſtant voulu ſeruir dans ſa Grammaire
Françoiſe, il a eſté contraint d'eſcrire la meſme choſe à coſté
ſelon l'ancienne ortographe, comme ſi c'eſtoit l'explication
d'vne langue eſtrangere; auſſi auroit on eu peine à lire ſon liure ſans cela. Laurent Ioubert, & Antoine de la-Val, Autheurs aſſez celebres, ont affecté vne ortographe particuliere
dans leurs ouurages. Ils n'ont pourtant rien innoué au nombre, ny en la figure des lettres: Ramus n'a point eſté ſuiuy
d'eux en cela; Ils ont ſeulement changé de lettres pour mieux
repreſenter la prononciation. Premierement ils ont obſerué

De l'Or-
tographe.

Err. pop &
Traicté du
Riz de L.
Ioubert;
Deſſeins
d'Ant. de
la-Val.

que par tout où l'E, se prononce comme l'A, ils y mettent vn A,
comme au mot, *Antandre*. Ioubert a le plus changé : Il escrit
jantil; accion, parfet, amer, au lieu de *gentil, action, parfait,*
& aymer, & il met difference entre l'V, consonne & l'u, vo-
yelle, voulant que celuy qui est consonne, soit escrit autrement que l'autre. Plusieurs de ses obseruations semblent s'accorder à la Raison, mais il y en a d'autres vn peu irregulieres ;
& si l'on pretend qu'il faudroit aprendre toutes ces manieres
d'escrire, pour bien sçauoir l'ortographe, ie diray qu'il y en a
qui ne sont que des erreurs, que chacun a publiées suiuant son
caprice, tellement que pour donner de bonnes reigles à l'ortographe Françoise, il ne faudroit pas s'arrester à l'opinion de
l'vn ou de l'autre de ces Autheurs particuliers, sans en ordonner auparauant dans quelque celebre assemblée d'Hommes
Doctes & experimentez. En attendant rien n'empesche que
l'on n'escriue à la mode ancienne, & que la connoissance de ce
qui s'est tousiours obserué, ne soit tenuë pour necessaire, puisque cela a cours ainsi dans le Monde. Si l'on auoit entierement resolu d'y aporter quelque changement, il faudroit que
cela se fist presque par vne voye insensible, autrement cela e-
stonneroit les Copistes & les Imprimeurs, qu'il faudroit ren-
uoyer à l'Eschole. Ie soustien mesme qu'il n'y auroit pas grand
mal quand les choses demeureroient comme elles sont. Ie sçay
que l'on allegue en faueur des estrangers, & de tous ceux qui
aprennent à lire & à escrire, qu'il seroit vtile que l'ortographe
Françoise fust reiglée suiuant la prononciation, afin que les vns
en lisant connûssent comment il faudroit prononcer, & les autres qui sçauroient desia prononcer, en aprissent pluftost à lire
& à escrire, mais le deffaut qui se trouue en l'escriture Françoise, n'est il pas dans celles de toutes les autres nations ? Les
Grecs & les Romains prononcoient ils leurs mots de mesme
qu'ils sont escrits, & cela s'obserue t'il non plus chez les Allemands, les Italiens & les Espagnols ? L'on ne sçait pas qu'il est
impossible de donner vne reigle certaine à cecy : I en declare-
ray la vraye cause. Lors qu'on a inuenté l'Escriture, on luy a
fait imiter la prononciation le plus qu'il a esté possible, mais
cette prononciation estant changée de temps en temps, l'Es-

criture qui eſt plus fixe, n'a pas laiſſé de demeurer en ſon premier eſtat. Cela ſe connoiſt en ce qu'il y a des Prouinces de
France, comme la Picardie, où l'on prononce encore pluſieurs mots de la ſorte qu'ils ſont eſcrits, à cauſe que le changement ne s'y eſt pas fait de meſme que dans la Ville Capitale
du Royaume, où toute ſorte de Nations abordent, & où le
caprice des Courtiſans cauſe pluſieurs diuerſitez au langage.
Cela fait iuger que quand on corrigeroit noſtre ortographe
ſelon la prononciation d'aujourd'huy, on pouurroit deſirer
qu'elle fuſt encore changée dans quelque temps, de ſorte qu'il
vaut mieux la laiſſer telle qu'elle eſt, ſi ce n'eſt que l'on y aporte des adouciſſemens ſuportables & ayſez, oſtant ou chan-
geant quelques lettres notoirement ſuperfluës ou peu conuenables, & laiſſant le reſte dans l'vſage ancien, pour ne point faire vne Eſcriture qui eſpouuente d'abord ceux qui n'en auront
pas l'inſtruction, leſquels la pourroient prendre pour quelque
Chiffre ſecret. Quant aux Chiffres que l'on fait exprez, l'vſage
en eſt fort vtile en pluſieurs occaſiós où l'on veut cacher ſes pen
ſées. Il ſuffit que celuy qui en a la correſpondance, ſçache les
moyens de les expliquer, ce qui eſt l'Art du deſchiffrement.

De la Rhe-
torique.

COMME la Grammaire enſeigne à parler purement &
correctement, la Rethorique enſeigne à parler auec ornement & perſuaſion. On y aprend ce que c'eſt que les Figures de la diction, & celles des Sentences; Combien il y a de
genres de Diſcours & quelles ſont leurs parties. Cét Art ſert
à donner des loüanges à la vertu, & du blaſme aux vices, à
perſuader ce qui eſt honeſte, vtile & agreable, & à condamner les coulpables ou à defendre les innocens. Nous connoiſſons aſſez le profit & la gloire que les Hommes en retirent:
C'eſt vn charme pour apaiſer les eſprits les plus farouches; Ce
ſont des chaiſnes pour les arreſter, & ce ſont quelquefois des eſ-
clairs & des foudres pour les embrazer, ou au moins pour les
eſtonner. Celuy qui a de telles forces en ſa diſpoſition peut eſtre
Roy des volontez, & ſe faire obeyr ſans autres armes que ſa
parole. Vne faculté ſi conſiderable & ſi triomphante, doit
eſtre fort recherchée, & cét Art qui la donne peut eſtre eſtimé
en toutes ſes parties. Il eſt vray que la Rethorique a quelques

figures qui ne font pas toutes fi receuables que les autres , & qui
ont trop de rudeffe ou de hardieffe , & ne doiuent eftre employées qu'au befoin ; Celles là mefmes qui ont le plus de beauté & d'agréement fe rendent quelquefois ennuyeufes pour eftre
trop frequentes , & placées mal à propos , tellement qu'elles
peuuent eftre vn vice dans vn Difcours & le rendre defagrea-
ble ; ainfi qu'vn Tableau ne fçauroit plaire , s'il n'y a qu'vne
ou deux fortes de couleurs , & feroit defectueux , fi l'vne y
eftoit employée pour l'autre , comme fi le rouge eftoit mis aux
yeux & le bleu ou le verd à la bouche. Tous les ouurages foufmis à la Rhetorique tels que les Epiftres , les Harangues & les
Hiftoires ou Narrations , tant en profe qu'en vers , peuuent
auoir auffi leurs deffaux , comme leurs beautez , puifque chaque Corps a fes proportions & fes dimenfions , qui eftant
violeés fe changent en autant de difformitez : Mais les reigles
de l'Art ont pourueu à cela vniuerfellement ; C'eft à chaque
Langue à s'y conformer , & plus particulierement encore, c'eft
à ceux qui manient diuers fujets à s'y accommoder auec foin ,
n'y mettant point d'ornemens oratoires fans choix , & dont la
mauuaife aplication change les qualitez.

De la Lo-
gique.

LA LOGIQVE a tant de raport auec la Rhetorique,
qu'vn Philofophe a dit , Que la Rhetorique eftoit à com-
parer à la main ouuerte , & la Logique à la main fermée , pour
monftrer qu'elles eftoient prefque mefme chofe , & qu'elles
eftoient occupées à de pareils emplois qui font à difcourir & à
perfuader ; Mais que fi l' vne le faifoit auec vne puiffance e-
ftenduë , l'autre le faifoit auec des forces plus vnies. Si l'on ne
demeure d'accord que ce foit vn mefme Art traicté diuerfement , au moins faut il auoüer que tous les deux ont enfemble
vne grande correfpondance ; Car la Rhetorique ne fçauroit
rien perfuader fans fe feruir d'Argumens , & c'eft la Logique
qui luy en donne la forme , eftant employée entierement à
chercher toutes les bonnes manieres de raifonner ; Que fi la
Logique veut auffi aporter quelque ordre & quelque ornement
aux chofes qu'elle inuente , il faut quelle tire fon fecours de la
Rhetorique ; Toutefois pource que les figures du Difcours , &
les mouuemens de l'Eloquence ont accouftumé de defguifer

la verité , & que tout l'Art de Rhetorique, n'a esté dressé que
pour plaire & pour persuader par quelque moyen que ce soit ; &
qu'au contraire la Logique ne se seruant que de paroles simples
qu'il luy suffit de ranger dans l'ordre des preuues , ne butte qu'à
esclaircir les choses , & à trouuer les manieres d'argumentation
les plus conuainquätes & les plus conformes à la Raison, il semble qu'en cela elle ait vn priuilege tout particulier. Elle s'esleue beaucoup encore au dessus de la Rhetorique en ce qu'elle
se peut souuent passer d'elle, & n'auoir que la Grammaire pour
interprete & pour compagne ; au lieu que la Rhetorique ne
sçauroit se mostrer puissante sans l'appuy de la Logique. On ne
sçauroit rien trouuer à reprendre dans vne Doctrine si necessaire que celle cy , car encore que nous naissions auec la faculté
de raisonner ; si est ce que nous ne le faisons que par l'habitude
que nous en acquerons à mesure que nos connoissances s'augmentent, & nous ne sommes iamais fort certains de la verité de nostre Raisonnement, si nous ne sçauons quel il doit estre
pour estre vray ; Ainsi que celuy qui chante à l'auenture sans
aucune regle de Musique , ne peut sçauoir quand il fait de
faux tons. S'il se trouue de la superfluité , dans les enseignemens de la Logique , c'est la faute de ceux qui l'ont establie à
leur mode, lesquels n'y ont pas distingué ce qui apartient à la
Physique ou à la Metaphysique , d'auec ce qui est de la Dialectique simple ou Logique ; ou bien c'est que des Esprits oysifs y
ayant trauaillé , ils y ont inseré beaucoup de fausses subtilitez
qui ont esté leur vain amusement. Il faut reconnoistre de sur-
plus que leur ordre de Categories peut estre plus regulier qu'ils
ne le font, & qu'en ce qui est de la forme des Argumens, ils
y meslent tant de choses inutiles que c'est abuser de la patience
des Hommes. Ainsi les Sciences ou Arts qui concernent le
Raisonnement & le Discours , ne seruent quelquefois qu'à faire que les Hommes discourent auec peu de raison ; Ces disciplines n'ont pourtant autre malheur que celuy que leur aporte
la mauuaise methode de les enseigner ; Au reste elles sont bonnes en elles mesmes, ayant esté inuentées pour vn vsage necessaire , & leur credit estant aussi ancien que la Nature des choses, & que la Raison & la Verité, puisque la Logique artificielle

n'eſt que l'Image de la naturelle ; Auſſi doit elle eſtre aprouuée
de chacun, lors que l'on luy donne des reigles iuſtes qui ſuffiſent en toutes occaſions, & que l'on ſe deliure de ces longs cir-
cuits inuentez pour faire valoir d'auantage l'Art, mais qui ſont
pluſtoſt capables de le deſcrier.

*De la Phy-
ſique.* EN CE QVI eſt de toutes les Sciences qui concernent
la connoiſſance des choſes & de leurs proprietez, c'eſt en
elles principalement que l'on peut trouuer des Erreurs, chacun
n'ayant pas l'Eſprit aſſez bon pour en deſcouurir la verité,
dautant meſmes que pluſieurs Philoſophes ont fait des propoſitions diuerſes, par la ſeule vanité d'eſtre eſtimez Autheurs
d'vne nouuelle opinion. Il faut donc auoir beaucoup de ſoin
d'examiner la Phyſique, qui eſt la Science des choſes naturelles, & ſpeciallement des choſes corporelles & ſenſibles ; Car
l'on la broüille de tant de Queſtions de choſes incorporelles &
ſurnaturelles, que l'on a peine à diſtinguer ce que l'on y trouue,
& l'on n'y aprend rien moins que ce que l'on deſire ſçauoir.
Il y a quantité d'Autheurs qui ſous le titre de Phyſique, ne debitent que cinq ou ſix Chapitres des Cauſes & des Principes,
qu'ils traitent en Logiciens & en Metaphyſiciens, ſans nous
rien dire des vrayes qualitez des choſes corporelles, qui doiuent eſtre leur principal ſujet. C'eſt en cela que la doctrine eſt
defectueuſe ; D'autres la voulant rendre complette, ne ſemblent eſtre paſſez plus auant que pour en augmenter les fautes,
& s'ils traitent des Elemens, des Meteores, & de quelques autres Corps, ils en publient des Qualitez imaginaires, & des
Cauſes de leur action & de leur changement, tout autres que
celles que l'on leut doit attribuer. A dire vray il eſt tres-hon-
teux que des Hommes que l'on eſtime doctes, ignorent ce
qu'il faut ſçauoir de ces choſes, eſtant aſſez bien inſtruits en
d'autres matieres, & que meſmes des Autheurs fameux tombent en des erreuts capables de les rendre ridicules aux moindres Eſcholiers qui auroient tant ſoit peu gouſté de la vraye
Science. Qu'eſt ce de ceux qui croyent abſolument que les
Cieux ſont enchaſſez les vns dedans les autres comme des Cercles, & que les Aſtres ne pourroient ſe ſouſtenir ſans les Orbes qui les portent ; Que pour le certain il y a quatre Elemens,

sans qu’ils puissent estre ny plus ny moins , à cause de l’harmonie de ce nombre , & de leurs qualitez pretenduës , par le moyen desquelles ils se transforment les vns aux autres ; Que l’E-
lement du Feu est placé au dessous du Ciel , de la Lune , où
il fait vn Cercle dont il enuironne l’air , & que le Soleil n’a
aucune chaleur ? N’est ce pas vne pitié d’entendre qu’ils pro-
posent ces choses & beaucoup d’autres semblables , comme
vrayes & asseurées , & qu’ils les tirent en comparaison , dans
leurs discours ? Cependant ce sont des erreurs qui n’ont aucun
fondement qu’vne opiniastreté que l’ancienneté autorise , &
qui ne se sont mises en credit que par la paresse des Hommes ,
lesquels se sont contentez des choses inuentées , pour n’auoir
point la peine de faire vne plus longue recherche. Il faut monstrer icy quelque chose de l’abus qui trompe tant de personnes ,
& par vne partie l’on iugera de tout le reste.

Sçachons premierement que l’on s’est abusé en la diuision
des Cieux , qui ne leur a esté donnée par les premiers obser-
uateurs , que pour remarquer les diuers lieux des Planettes.
C’est vne estrange erreur de croire que les Cieux soient distin-
guez & diuisez comme des planchers differens , & qu’il y ait
des Globes particuliers apellez Concentriques , Eccentriques ,
Orbes deferents , & Epicycles , où les Planettes soiét enfermées
comme dans des Estuys ; Car s’ils sont ainsi tracez sur le papier ou aux Cercles des Spheres , ce n’est que pour monstrer
quel est le cours de ces Astres. Il faut croire qu’ils se peuuent
aussi bien soustenir dans le Ciel ou l’Ether , comme la Terre
se soustient en son lieu. Ce Corps subtil dans lequel ils sont po-
sez , estant par tout vniforme & esgal , il ne sçauroit mesmes
auoir de bornes réelles. Si dans le denombrement & la description des Elemens l’on a mis le Feu au dessus des trois autres ,
c’a esté pour le designer leur superieur , comme il l’est veritablement ; Mais ce n’est pas luy faire assez d’honneur de ne le
placer qu’au dessous de la Lune , puisqu’il y a des Corps chauds
& lumineux qui semblent estre de feu , lesquels paroissent encore plus haut , & que mesme la Lune & quelques autres Planettes qui n’ont point de lumiere en elles sont prises pour des
Corps terrestres , tellement que le Feu que l’on place au dessous

n'eſt pas là encore en ſon vray lieu. Outre qu'il doit eſtre plus
eſleué, il y a meſmes peu d'aparence de croire qu'il ſoit dans vn
Cercle continu au deſſus de l'air, qui embraſſe toute la maſſe
inferieure, pource que ſi cela eſtoit il deuroit eſchauffer la
Terre de tous coſtez & continuellement, & neantmoins on
ne s'aperçoit pas que la chaleur vienne icy auec eſgalité, & que
ce Cercle ſublunaire ait quelque effet, ny qu'il puiſſe eſtre vtile en quelque ſorte, ce qui fait connoiſtre qu'il ne ſubſiſte point
puiſque la Nature n'a rien fait en vain ; Auſſi n'eſt-ce qu'vne
choſe imaginaire, & l'erreur des Idiots peut venir de ce que les
Elemens ayant eſté peints de rang pour les diſtinguer, ils ont
crû que le ſiege principal de l'Element du Feu eſtoit au lieu ou
ils le voyoient, & d'autant qu'ils ne ſçauoient auſſi où le mieux
placer. Il n'y a point de doute qu'au deſſus de la Region de
l'air où ſe forment les Meteores humides, il y peut auoir vn
Corps auſſi ſubtil & auſſi chaud que le Feu, mais il ne ſçauroit
touſiours demeurer en cercle autour des autres Elemens, comme le Feu pretendu ; L'eſtabliſſement de ſa hauteur & de ſa
meſure, ne ſe trouue qu'auec fauſſeté dans la doctrine commune ; Il y a en cecy vn ſecret des plus curieux & des plus ſubtils de tous ceux qui concernent la Science des choſes corporelles. Sçachons que ſi ce Cercle continu de Feu ou d'Air ar-
dent ſubſiſte, ce n'eſt point generallement autour de la Terre,
ny touſiours en vn meſme lieu, mais qu'il accompagne le Soleil & change de place auec luy ; C'eſt la penſée la plus raiſonnable qu'on en puiſſe auoir, lors que l'on conſidere que toute
la chaleur que nous auons vient de ce grand Aſtre.

Des Erreurs
touchant le
nombre des
Elemens.

Quant au nombre des Elemens, il ne ſe trouue point tel qu'on
le dit ; car il n'y a que l'Eau & la Terre qui ſeruent à la compoſition des Mixtes, ce qui eſt prouué en ce que par leur diſſolu-
tion & ſeparation, on ne void que ces deux Subſtances, & que
ce qui en ſort par euaporation n'eſt point de l'air, mais vne Eau
rarefiée ; Et pour la chaleur naturelle qui y reſide, quoy qu'il
faille auoüer que c'eſt vn Feu, il n'eſt pourtant pas là comme
Element qui ſerue à compoſer les Corps ; Il n'en augmente
point la maſſe par ſa preſence, & à quelque choſe qu'il ſerue, il a
vne qualité plus releuée que celle d'Element ; C'eſt d'eſtre le

Corps

Corps qui agit fur les autres, & qui leur donne du mouuement
& de la force. Si vous demandez, où eft donc fon vray lieu &
fa fource, quelqu'vn vous refpondra hardiment que c'eft dans le
Soleil, lequel felon la croyance de plufieurs, eft le premier A-
gent de la Nature, & qui veritablement eft pourueu de lumiere
& de chaleur, ne pouuant exciter ny l'vne ny l'autre, en fe frot-
tant feulement contre les diuerfes voutes des Cieux ou contre
l'air inferieur, comme tiennent les Philofophes vulgaires; Quand
il le feroit, encore faudroit il qu'il y euft vn principe de chaleur
en luy, pour faire naiftre cette chaleur quelque part, pour la
communiquer à d'autres Corps, & l'augmenter par refraction
ou reflexion, ce qui feroit toufiours contraire à ce qui en a efté
propofé. En ce qui eft de l'Air que nous n'admettons point au
nombre des Elemens, dont les mixtes font compofez, la raifon
en eft qu'il ne fert que de champ aux autres Corps pour leurs diuerfes fituations, & que ce que nous refpirons icy bas n'eft point
vn vray Air, mais quelques portions de l'Eau changées en vapeur, auffi bien que celles qui peuuent fortir de nos Corps & de
ceux des Plantes.

On ne fçauroit faire auffi que la Terre fe change en Eau, ny *Des Erreurs*
l'Eau en Terre, comme ces Philofophes veullent : On ne fait *touchant la*
que tirer de chacune ce qu'elles ont de meflé. L'Eau eftant for- *tranfmuta-*
tie de la Terre en forme d'vne vapeur qui n'eft qu'vne liqueur *tion des Ele-*
eftenduë, la Terre qui refte ne peut iamais eftre liquefiée. Pour *mens.*
ce qui eft de l'Eau, le Froid l'ayant durcie en Glace, ce n'eft
point Terre, veu que le Chaud la faict fondre; Et fi l'on allegue
que c'eft auec de l'Eau que le Criftal fe fait, lequel eft fi folide
qu'il ne fe diffoud pas comme la glace commune, il faut repartir que ce n'eft pas auec de l'Eau fimple qu'il eft fait, mais auec
vne Eau terreftre, & compacte, laquelle fi l'on ne connoift, l'on
ignore les plus grands fecrets de la generation des chofes. Au
refte on ne fçauroit prouuer que la tranfmutation des Elemens,
fe doiue faire par le moyen des qualitez qui leur font attribuées,
de l'vne defquelles on dit qu'ils fymbolifent chacun auec celuy
qui leur eft voifin : Ce font des harmonies inuentées à plaifir,
veu que mefmes ces qualitez ne font pas certaines, l'air n'eftant

Q

point chaud de sa nature comme on le fait ; & tous les corps e-
ſtant froids d'eux meſmes excepté le Feu.

Les Meteores ont leurs erreurs touchant leurs productions. On dit qu'il y a des exhalaiſons chaudes & ſeches dont
ces corps ſe forment, auſſi bien que des vapeurs froides & humides : Mais la Vapeur n'eſt point ſans chaleur, au moins dans
ſon commencement, comme l'exhalaiſon ne pourroit ſubſiſter
ſans quelque humidité. C'eſt vne abſurdité fort grande de ſouſtenir que le vent ne s'engendre que d'exhalaiſons chaudes &
ſeches, veu que l'Eau qui eſt le principe d'humidité, eſtant attenuée peut produire cette effuſion ; & quant aux feux eſleuez
que l'on dit n'eſtre compoſez que de chaleur & de ſechereſſe,
ils ne pourroient s'allumer ſans vne humidité vnctueuſe. Il n'y
a point de partie de la Phyſique qui ne ſoit ainſi remplie d'ab-
ſurditez, & ſi ceux qui diſcourent de ces choſes, & qui les a-
prouuent, diſent qu'ils en ſont auſſi ſatisfaits que s'ils en ſçauoient d'autres, & qu'il ſuffit qu'ils ayent dequoy borner leur
curioſité en cette matiere, & dequoy en parler ſelon les diſcours
qui s'en font, c'eſt là vne reſponce de perſonnes qui prennent
plaiſir à ſe laiſſer tromper & qui croyent que chacun fera le
ſemblable: Mais ne faut il pas auoüer, qu'il y a tout vne autre ſa-
tisfactió de s'entretenir de choſes que l'on ſçait abſolumét eſtre
vrayes par des experiences réelles, ou par des aparences ſenſibles, que de ſe repaiſtre de tant de Chymeres, veu meſmes que
ceux qui s'y arreſtent doiuent craindre qu'il ne ſe trouue quelqu'vn qui leur contrediſe, & qui rende leur ignorance hon-
teuſe en ce qu'ils ne ſeront point preparez à leur reſpondre,
ſpecialement s'ils ont voulu paſſer pour Sçauans ? On dira que
chacun n'eſt pas obligé de faire le Docteur & le Philoſophe, &
que l'on ſe peut contenter de ce que l'on ſçait ſans en diſputer ;
mais quand l'on s'empeſcheroit de tomber dans les Queſtions
Philoſophiques, il y a pluſieurs diſcours qui en dependent dont
l'on ne ſçauroit ſe paſſer, & pour la bonne reputation d'vn
Homme, il vaut touſiours mieux qu'on reconnoiſſe qu'il eſt
habile à deſcouurir la verité de toutes choſes, que s'il faiſoit voir qu'il aime à ſe remplir l'Eſprit d'opinions fantaſtiques.

Ceux qui compofent encore aujourd'huy des Cours des Phi- *Des fautes*
lofophie, ne font point pardonnables d'y propofer ces chofes *fur les cho-*
abfolument, comme fi elles eftoient fans contestation. Ce font *fes naturel-*
les premieres caufes du mal ; & ce qui le confirme, c'eft de s'at- *les tirées en*
tacher aux mefmes opinions dans des difcours particuliers faits *ou compa-*
de viue voix ou par efcrit. Confiderons quelle vtilité on peut *raifon.*
retirer d'vne telle doctrine. Qu'elle force auront ces propofitions pour perfuader quelque chofe, fi l'on les allegue en fimi-
litude ou en comparaifon, pour des matieres Morales & Politiques, & mefmes pour des chofes fpirituelles tres difficiles à
conçeuoir ? Que doit on dire quand on void vn liure celebre
qui tire de là toutes fes preuues, pour monftrer qu'il y a vn
Dieu qui a creé le Monde, & qui le conferue, & pour quelques
autres propofitions de la Theologie naturelle ? Quoy qu'il s'y
puiffe trouuer au refte des manieres d'argumentation affez puiffantes, il faut reconnoiftre que celles-là font tresfoibles, lefquelles ne font fondées que fur des opinions de Phyfique qui
font reuoquées en doute. L'Autheur a raifon de dire que le
Monde periroit à caufe de fes parties contraires, s'il n'eftoit
maintenu par vne puiffance fupreme ; Mais l'on peut obiecter
que cette contrarieté n'eft pas telle qu'il la propofe : Car de repeter en plufieurs endroits, que le Feu elementaire qui eft au
deffous du Ciel de la Lune, pourroit confommer l'Air qui luy
eft fi proche, fans la defenfe qui luy en eft faite par leur commun Maiftre, & que tous les Elemens & plufieurs Corps qui
en dependent, fe deftruiroient l'vn l'autre fans cette Loy,
c'eft vouloir prouuer vne verité par vne Fable, ou par vne Chimere de Philofophe ; puifque ce Feu elementaire ne peut pas
eftre au lieu ou l'on le place, & c'eft ne pas confiderer que les
Elemens ont efté eftablis dés leur creatió auec des liens d'accord
& d'harmonie, & qu'encore qu'il y en ait qui ayent des qualitez differentes, comme l'Eau qui eft humide & la Terre qui
eft feiche, cela ne fert qu'à les rendre meilleures amies, pource
que l'vne communique à l'autre ce qui luy manque, & qu'elles en demeurent iointes prefque infeparablement. Que fi le
Feu eft capable de deftruire les autres Corps, auffi ne doit il
point paffer pour l'vn des Elemens, leur eftant fuperieur, & de

plus il n'eſt point placé en vn lieu où il les puiſſe ruiner tous. Il
eſt certain que d'attribuer ainſi diuerſes puiſſances imaginaires
à toutes les Subſtances de l'Vniuers, pour prouuer l'exiſtence
de Dieu & ſa Prouidence, c'eſt faire tort à la dignité du ſujet.
L'on dira que l'on ne laiſſe pas de prouuer ce que l'on deſire en
allegant ces choſes comme le vulgaire les croid, mais il ſemble
que ſi l'on ſe ſeruoit de comparaiſons plus aſſeurées, ce ſeroit
donner plus de poids à ſon ouurage. C'eſt vn ſemblable deffaut
de parler des cheutes, des retrogradations, & des Ecclipſes des
Aſtres, par leſquelles pluſieurs pretendent monſtrer, qu'encore que ces Corps ſoient fort nobles, ils ſouffrenr de la dimi-
nutiõ en leur pouuoir & que cela teſmoigne leur foibleſſe naturelle; Tous ces diuers accidens ne ſont que pour nous, qui
receuons des obſtacles par leſquels nous ſommes empeſchez de
voir leur lumiere, quoy qu'elle demeure touſiours ſemblable;
Cela n'eſt auſſi qu'à l'eſgard des lieux d'où nous les conſiderons, qui les ſont eſtre plus hauts ou plus bas, à gauche ou à
droit & ombragez entierement ou en partie; C'eſt comme les
Poëtes diſent que le Soleil s'eſteint dans ſon Occident, bien
que cette defaillance ſoit imaginaire, & que lors qu'il eſt pour
nous à l'Occident il ſoit à l'Orient pour les autres. Si l'inter-
poſition de la Lune ou de la Terre, nous empeſchent de voir
ce grand Aſtre, il ne laiſſe pas d'eſtre ce qu'il a accouſtumé:
Il n'y a que la Lune & les autres Corps opaques qui perdent
leur clarté par quelque opoſition, d'autant qu'ils ne l'ont que
par emprunt; En ce qui eſt des Corps qui ſont lumineux d'eux
meſmes, puiſqu'ils le demeurent touſiours, ſi on void qu'vne
ſimple nuée nous peut oſter la veüe du Soleil, c'eſt mal parler
en cette occaſion de dire, que la force de cét Aſtre ſoit ancan-
tie. Lors que nos Paſſions & nos erreurs ſe mettent au deuant
de noſtre Eſprit, pour nous empeſcher de connoiſtre les effets
de la puiſſance Diuine, cette puiſſance ſupreme eſt elle pourtant affoiblie, & laiſſe t'elle de s'eſtendre par tout? Conſiderons la mauuaiſe conſequence qu'il y auroit à tirer par l'aplication d'vne choſe fauſſe en ſimilitude.

De ceux   Il y a d'autres erreurs où l'on s'embaraſſe qui ſont tout au
qui attri- rebours de celles qui diminuent le prix des Subſtances, & qui

leur attribuët plus de perfection qu'elles n'en ont en effet. Beaucoup de gens tiennent tous les Astres pour incorruptibles, &
delà ils concluent qu'ils ne peuuent auoir de fin, si ce n'est par
la puissance de leur supreme Gouuerneur, & que tous les Globes qu'ils voyent esleuez, sont d'vne autre excellence que la
Terre sujecte à toute corruption :   Mais comment descouurent
ils ce qui se passe en ces lieux là ? Les changemens qui s'y font
en de petites parties, s'y peuuent ils voir, non plus qu'ils ver-
roient ceux qui se font sur la Terre, s'ils la regardoient seulement du lieu où est la Lune ? Il ne faut donc point soustenir
ces choses, en les proposant seules ou les comparant à d'autres.
Vn Autheur de ce siecle qu'on a voulu faire passer pour fort
eloquent, s'est abusé ainsi lors qu'il a dit, Que la Vertu de
quelqu'vn estoit si pure qu'on n'y pouuoit trouuer non plus de
taches que dans le Soleil ; C'estoit monstrer qu'il ne sçauoit
pas qu'à l'ayde des instrumens Optiques, on trouue des Macules en grand nombre dans cét Astre, de sorte que les compa-
raisons que l'on tire de son entiere pureté, tesmoignent que
l'on n'est pas bien instruit de sa nature. Plusieurs autres choses
fausses sont alleguées, comme du Fleuue Alphée que l'on dit
passer dans la Mer pour aller chercher la Fontaine Arethuse en
Sicile, & de plusieurs proprietez d'Eaux & de Terres, de Pierres pretieuses & de Plantes, qui sont si incroyables que cela
semble apartenir à la Magie. On conte merueilles du Phenix,
de la Remore & de la Salemandre, & de plusieurs autres animaux, en quoy l'on croid estre bien cautionné, quand l'on a
dit que cela est tiré de Pline ou d'Albert le Grand ; mais si ces
gens là ont pris plaisir à raporter indifferemment tout ce qu'ils
entendoient dire à diuerses personnes, est il seur de s'en seruir?
C'est vouloir prouuer vne chose peu connuë par vne autre qui
l'est encore moins. Le Pere Mersene Minime qui souhaitoit,
que chacun sçeust autant de curiositez de la Nature comme
luy, n'a point trouué à propos que le Bien-heureux François
de Sales Euesque de Geneve, ait pris pour comparaison dans
ses Oeuures Deuotes, Que le Diamant mis entre le fer &
l'Aymant empesche son operation, & que l'ail l'en priue aussi
lors que l'on l'en a frotté. Il a dit que l'vn & l'autre, estoient

entierement contraires à l'experience, & qu'il estoit fort estrã-
ge quel'on alleguast ces choses comme vrayes, veu qu il estoit
si facile de les esprouuer, auant que d'auoir la hardiesse de les
dire. En effet il ne semble point à propos de se seruir de la comparaison de plusieurs proprietez merueilleuses, mesmes en des
suiets importans sans estre asseuré de la verité de ce que l'on
dit. Si nous auons quantité de liures de Theologie Morale, &
de deuotion, qui en sont remplis, ils n'en sont pas meilleurs
pour cela. Dés que l'on aura descouuert du mensonge dans
quelque allegatiõ, elle ne sera plus propre à rien affirmer, & l'on
ne fera plus tant d'estat des conclusions que l'on en tire. Nous
sçauons que celuy qui se sert de cecy, ne le fait que sur la foy
de quelque premier Autheur, mais il ne le nomme pas tousiours
& quand il le nommeroit, il ne seroit pas plus excusable pour
auoir failly auec luy. On peut adiouster qu'on entend compa-
rer la chose dont l'on parle à cette autre, pourueu que ce qui
s'en dit soit veritable, & que cela se fait souuent en des suiets
de peu de consequence; Mais il faut considerer que cela ne
laisse pas de nous preoccuper l'esprit de quantité de fausses opinions dont l'on a peine à se deliurer. Que si l'on dit encore
que l'on compare bien plusieurs choses à d'autres manifeste-
ment fabuleuses, comme aux actions des Dieux du Paganisme
& à toutes les Metamorphoses, il y a à repliquer, que l'on sçait
assez que toutes ces choses sont fausses sans que l'on y puisse
estre trompé; & qu'au reste aussi faut il auoüer que cela n'a
point tant de force qu'auroit la comparaison d'vne chose veritable. D'ailleurs qu'est-il besoin de chercher des mensonges
pour fortifier nos discours, veu que nous auons tant de veritez?
Il n'y a aucune chose au Monde qui n'ait des proprietez certaines, où il y a autant à remarquer & à admirer qu'à ce que
l'on inuente, & si le tout n'est connû, ce qui le peut estre suffit
pour tirer des similitudes, & des conclusions en toute sorte de
rencontres. Cela nous monstre qu'il est tres necessaire de sçauoir ce qu'il y a de certain dans la connoissance des choses naturelles, non seulement pour acquerir la reputation d'homme
qui en parle de bon Sens, mais pour en tenir des discours qui

ayent effect & perſuaſion, ſoit que l'on le faſſe comme Philoſophe où comme Orateur.

Venons maintenant à vne autre maniere de faute; Il y en a *De ceux qui*
beaucoup qui errent par la crainte qu'ils ont d'errer : Ceux qui *doutent de*
n'ont de connoiſſance que ce qu'il leur en faut, pour les faire *la verité*
douter generallement de toutes choſes, ne ceſſent de deſtour- *des connoiſ-*
ner chacun de la recherche des Sciences, d'autant peut-eſtre *ſances de la*
qu'en ce qui eſt d'eux, ils y ont fait peu de fruit. Sur tout ils *Phyſique.*
publient que les obſeruations de la Phyſique ſont vaines ; Que
iuſques icy les Philoſophes n'ont pû s'accorder des Principes ;
Que Thales ſouſtenoit que l'Eau auoit donné commencement
à toutes choſes, Anaximene diſoit que c'eſtoit l'Air, & Hera-
clite que c'eſtoit le Feu ; Que Pythagore attribuoit cét honneur au nombre, & Epicure à ſes Atomes ; Que Platon auoit
pour ſes Principes, Dieu, les Idées & la Matiere, Ariſtote auoit
choiſi la Matiere, la Forme & la Priuation, & d'autres l'ayans
corrigé, eſtabliſſoient la Matiere, la Forme & l'Eſprit. Que ſi
quelques vns declaroient qu'il n'y auoit qu'vn Monde, les autres ſouſtenoient qu'il y en auoit vne infinité, ou qu'ils eſtoient
preſque innombrables ; Qu'ils eſtoient d'eternelle durée, ou
qu'ils s'engendroient de la corruption les vns des autres; Quant
à la production & aux qualitez des Meteores, des Mineraux,
des Plantes & des Animaux, qu'il y a tant d'opinions differentes ſur ce ſujet, que ne ſçachant laquelle choiſir, on prend bien
ſouuent la pire, & que meſmes il n'y en a aucune qui abſolument puiſſe paſſer pour bonne. Toutes ces obiections qui pourroient eſtonner les moins reſolus, ne doiuent point faire d'impreſſion ſur noſtre Eſprit, quand nous conſiderons que les
Sentimens des premiers Philoſophes meritent d'eſtre reçeus
auec veneration, d'autant que ces gens là eſtoient les inuen-
teurs de ce qu'ils propoſoient, & que la Philoſophie n'a pû e-
ſtre en ſa perfection dés le moment qu'elle a pris naiſſance;Que
d'ailleurs ce qui nous ſemble eſtrange à l'abord, eſt enfin re-
comnû pour myſterieux l'ayant bien examiné, & l'on trouue
que la verité s'y trouue cachée ; Car il eſt certain que ceux qui
prennent l'Eau ou l'Air pour Principes, veullent denoter par là
leur facile tranſmutation de l'vn en l'autre, au moins pour ce

qui eſt de l'Air commun; Et celuy qui ne fait cas que du Feu,
veut enſeigner le pouuoir que ce Corps a ſur les autres Corps.
Pour ce qui a eſté dit du nombre, cela ſignifie que tout a eſté
fait auec nombre, poids & meſure. On ne ſçauroit nier auſſi
que tout ne ſoit compoſé de parties indiuiſibles, que l'on apelle des Atomes, & quant à ce qui eſt dit des Idées, de la Matiere & de la Forme, ou autres Principes, on leur donne des
explications que chacun fait valoir à ſes fins; Que ſi on ne s'en
contente pas auiourd'huy, nous ne manquons pas de gens
qui ont philoſophé auec plus de ſubtilité, & qui ont eſtably
les choſes d'autre ſorte. Pour ce qui eſt des difficultez qui ſe
rencontrent touchant la production des Corps mixtes parfaits
ou imparfaits & toute leur nature, en nous reiglant ſur l'experience & ſur les raiſons les plus vray-ſemblables, nous con-
noiſtrons que la Science qui en traite n'eſt point vaine, & que
les incertitudes que l'on en publie, ne ſont que pour ceux qui
ne s'en veullent point deliurer. Que ſi on allegue apres cecy
les tromperies des Sens, c'eſt ignorer qu'il n'y a que les ſtupi-
des qui en ſoient gagnez, & que l'on ne doit former vn iugement abſolu d'aucune choſe, ſans en auoir fait diuerſes eſpreuues, qui ſoient conferées aux maximes vniuerſelles, dont
il n'y a point d'homme raiſonnable qui puiſſe douter. Par exemple on eſt aſſeuré; Que le Tout eſt plus grand que l'vne de ſes
parties; Que ſi de ce qui eſt eſgal on oſte quelque choſe d'eſgal,
le reſte demeurera eſgal; Qu'il eſt impoſſible qu'vne choſe ſoit
& ne ſoit pas en meſme temps; Que les contraires ne ſe peuuent trouuer enſemble en vn meſme ſuiet; Que qui a le plus,
peut auoir le moins; Que ce qui conuient au Genre peut conuenir aux Eſpeces, & que les Effets ont du raport à leurs Cauſes. Il faut ſe ſeruir de ces Axiomes ou d'autres ſemblables ſelon les ſujets, & on trouuera de la certitude aux endroits où
ils ſeront apliquez iuſtement.

Il ne faut
pas touſ-
jours adhe-
rer aux opi-
nions des
Nouateurs.   Or quoy que i'aye donné à entendre que pour faire du progrez dans la connoiſſance des choſes naturelles, il ſe faille deliurer de beaucoup d'erreurs anciennes, ie ne preten pas qu'il
faille adherer aux opinions de ces Nouateurs, qui pour eſtre les
Chefs d'vne nouuuelle Secte, prennent à taſche de contrepoin-

ter

ter tout ce qui a efté efté dit deuāt eux, & qui veulent que nous reçeuiōs leurs vifions & leurs fonges pour des veritez. Il ne faut point fouftenir des opinions comme rares & excellentes, feulemēt parce qu'elles font nouuelles & differentesdes autres. Si les anciennes font legitimes, on les doit côfirmer & iuger des nouuelles fans intereft, les conferant au Sens commun & à la Raifon. Si l'on s'attache d'abord à la connoiffance des Corps principaux, comme la Terre & les Aftres, on n'eft pas obligé de croire que la quantité en foit plus grande qu'elle ne pareft, & qu'elle foit prefque innombrable, comme quelques-vns l'ont efcrit; Que tout l'Vniuers foit remply de diuers Syftemes affortis de leurs Aftres, & que les Eftoilles lumineufes foient autant de Soleils, qui ne paroiffent fi petits qu'à caufe de leur efloignement, & que pour les Corps qui font reflefchir la lumiere, ainfi que la Lune & Venus, lefquels monftrent par là qu'ils font folides & efpais, ce font des Terres qui peuuent auoir des habitans de plufieurs efpeces. Il eft vray que c'eft vne penfée fort agreable, & qui a efté iugée fort plaufible de quelques Sçauans de dire que ces Terres & la noftre, font comme des Ifles dans l'Ether, & que la noftre eftant fufpenduë comme les autres, peut bien eftre mobile de mefme, & faire fon cours autour du Soleil pour en eftre efclairée, pluftoft que d'eftre immobile & d'attendre qu'il la vienne efclairer. Pour apuyer cecy on allegue les aparances des Aftres qui s'y accordent, & en outre la reigle de la Nature, qui fait toufiours les chofes par la voye la plus facile & la plus courte; Il femble neantmoins que ce foit renuerfer les fondemens du Monde, d'ofter la Terre de fon centte: Les bons Efprits fçauent bien ce qu'ils en doiuent penfer; mais quoy que l'on en determine, puifqu'il y a des raifons tres fortes pour chaque party, c'eft fe monftrer incapable de les conçeuoir toutes, de ne fçauoir que les vnes ou les autres. Il y a quantité d'autres effets dans la Nature, dont l'on raporte des caufes fi diuerfes, que fi on ne peut trouuer la vraye, c'eft beaucoup faire de les refuter prefque toutes, ou de reconnoiftre s'il y en a quelqu'vne de vray-femblable. Par exemple les anciens Philofophes ayans attribué la caufe du flux & reflux de la Mer, à l'obeyffance qu'elle rend à la Lune,

quelques Modernes ont dit qu'elle fuiuoit vne autre Loy, &
que le Soleil eftoit pluftoft la caufe de fon mouuement ; Les
autres ont dit que cela fe faifoit par la chaleur des feux foufterrains, les autres que c'eftoit vn fouffle qui procedoit de quelques abyfmes, & fe pouffoit & fe retiroit en maniere de refpi-
ration, ainfi que l'haleine des Animaux, & que c'eftoit vne
certaine faculté qui auoit efté donnée aux eaux dans leur grand
amas, afin qu'eftant agitées par reprifes, & rejettant vers les
bords tout ce qu'elles auoient d'eftranger, elles fuffent moins
fujettes à corruption. On raporte encore diuerfes raifons de la
falure de la Mer, dont il y en a qui font à rejetter, les autres font
plus receuables ; mais d'autant que toute la certitude qu'on y
pourroit defirer ne s'y trouue pas, le doute en apporte plus
d'honneur que de honte. Il y a d'autres fujets où l'on eft d'a-
uantage affeuré, à caufe que l'on y eft fortifié par toute forte de
raifons, comme en ce qui eft des Aftres, il eft eftrange de ne
leur pas attribuer de la chaleur auffi bien que de la lumiere, &
de dire que leurs rayons n'efchauffent que par attrition & par
reflexion, & qu'eux mefmes ils ne poffedent pas ce qu'ils donnent aux autres Corps. Nous efprouuons icy bas que tout ce
qui eft lumineux eft chaud, pourquoy ne croira-t'on pas le mefme des Corps celeftes, qui font pourueus de la plus efclattan-
te lumiere, & qui font auffi fentir leur chaleur ? En ce qui eft
des Elemens, quoy que les Peripateticiens en difent, il n'y a
point à douter non plus fur l'impoffibilité de leur tranfmutation, puifqu'on ne void point que le Feu deuienne Terre & la
Terre deuienne Eau, ou que l'Eau foit changée en Terre. La
croyance ne doit point vaciler en des chofes dont l'experience
eft fi facile. Pour les chofes qui ne peuuent tomber en nos
mains, on en iugera par la comparaifon à quelques autres femblables que nous auons efprouuées, & quand mefme l'on y fuf-
pendroit fon iugement, on ne laifferoit pas d'auoir de la fatisfaction dans la varieté de la connoiffance. Au refte les diuerfes proprietez des Metaux, des Plantes & des Animaux, font
manifeftes à tous les Hommes, & ce feroit affez de cela pour
faire trouuer de la certitude dans la Phyfique. Son excellence
eft bien reconnüe des perfonnes iudicieufes, qui fçauent que

cette Science est le fondement de l'Agriculture, de la Cosmographie, de l'Astronomie, de la Chymie, & de la Medecine,
& de quantité d'autres Arts necessaires à la vie humaine : voila
pourquoy nous iugeons que l'estude en doit estre vtile si elle est
reduite aux bonnes methodes. Toutefois chacun ne iuge pas
d'elle suiuant ce qu'elle merite. I'ay veu des Peres malauisez
qui retiroient leurs Enfans du College dès qu'ils auoient fait
leur Logique & leur Moralle, s'imaginant qu'ils n'auoient pas
besoin d'aprendre la Physique, pource, disoient ils, qu'ils n'en
vouloient pas faire des Astrologues ny des Medecins, mais des
Aduocats ou des Iuges. Cette ignorance estoit grossiere; Ils ne
consideroient pas que quând on se subtilise l'Esprit dâs quelque
cônoissance, on se le forme à toutes les autres, outre qu'il se peut
trouuer quelques matieres de procez touchant les choses naturelles, desquelles il est bon que les gens de Palais soient instruits
suffisamment. D'ailleurs s'ils prononçent quelque Plaidoyer
ou quelque Harangue où il tombe en sujet de parler de ces choses, il y auroit du deshonneur pour eux s'ils n'en parloient autrement que des aprentifs. Que l'on s'aplique à telle autre Profession que l'on voudra, la Physique seratousiours tres vtile.
Plusieurs questions de Moralle, & mesmes de Theologie, sont
esclaircies par son moyen, & quoy qu'elle traite des choses
corporelles qui semblent estre grossieres, elles sont accompagnées de Sympathies, d'effusions secrettes, d'influences, de
Formes substantielles, & de qualitez si admirables qu'il y a
dequoy profiter dans leur contemplation. Aussi la Physique
est la partie des Sciences dans laquelle principalement les diuerses Sectes se sont formées, & plusieurs Anciens l'ont tenuë
pour la vraye Philosophie. Il faut commencer par elle à s'ac-
coustumer de remarquer la verité de tout ce qui subsiste en l'v-
niuers. Si l'on reçoit legerement de fausses opinions touchant
les choses corporelles, on en receura de mesme touchant les
spirituelles. Bref l'importance de la Physique ne se fait pas
connoistre seulement en ce qu'elle sert de fondement à tous les
Arts qui s'exercent autour du Corps, mais en ce qu'elle est
tres-vtile à donner des reigles à nostre iugement.

R ij

COMME la Physique nous guide aux connoissances vniuerselles, elle nous sert aussi d'eschellon pour monter à la
Metaphysique, qui traite des choses spirituelles & surnaturelles, ou au moins comme disent quelques-vns, des Choses qui
vont apres les Naturelles, & on pourroit dire, qui les accompagnent, car dans la Metaphysique on considere ce qui apartient aux Substances spirituelles aussi bien qu'aux Corporelles,
ce qui fait que les Choses dont l'on parle dans cette Science,
sont apellées Surnaturelles. On met en leur rang toutes les pensées que l'on a des diuerses manieres d'Estre, à sçauoir de l'Essence, de l'Existence, de l'Vnité, de la Verité, & de la Bonté,
ce que l'on apelle les Transcendans. Ces connoissances peuuent seruir à la distinction des choses, si elles sont bien reiglées, mais quelques-vns y ont meslé des Questions si abstra-
ctes, & touchant des choses qui subsistent si peu, qu'il y a beaucoup de temps à perdre de s'embarasser de telles subtilitez. De
là viennent ces termes de, *Quidditez*, *d'Entitez*, *d'Ecceitez*, *de*
Velleitez, *de Personalitez*, *& d'Homeitez*, sur lesquels on peut

dire ce que Diogene dit à Platon, lors qu'il vsoit des Termes
de, *Tableite*, & de, *Tasseite*, pour exprimer l'Idée d'vne Table & d'vne Tasse; Qu'il voyoit bien la Table & la Tasse, non
pas la Tableité & la Tasseité. Il est vray que Platon luy repartit, que c'estoit qu'il auoit des yeux pour voir l'vn & non
pas pour voir l'autre, le voulant taxer de n'auoir pas la veüe de
l'Esprit assez subtile, pour comprendre sa Doctrine. Toutefois il ne faut pas abuser de cés Termes abstractifs & de leur signification; Ceux qui s'y sont le plus attachez, & qui les ont
augmentez en quantité, sont ces Philosophes des Siecles po-
sterieurs, qui s'arrestans d'auantage aux Mots & aux Noms
qu'aux Choses, en ont emporté le Nom de Nominaux, & qui
outre cela ne se sont entretenus que de la consideration des
Ampliations, des Restrictions, des Supositions, des Exclu-
sions, & autres Figures imaginaires qui sont les Monstres du
Raisonnement. Ces longues recherches qui espouuantent les
Esprits & qui ont si peu d'vtilité, deuroient estre banies de cette Science. Y voyant aussi principallement la distinction du
vray & du faux, il semble qu'on en pourroit traiter fort com-

modement dans la Logique , ou si l'on vouloit que la Metaphysique en parlast , il faudroit qu'elle acheuast de descou-
urir tout ce qui est rangé sous les Categories , puisqu'elle a
commencé de les entamer , & quant à la vraye Logique ou
Dialectique , elle se deuroit contenter de nous exposer l'Art
de discourir par raison , & de nous monstrer les diuerses-for-
mes des Argumens. Il n'est pas deffendu de repeter les choses
selon la necessité ; mais il faut prendre garde qu'elles sont souuent broüillées dans ces deux Disciplines , & qu'il leur faudroit assigner des bornes pour euiter la confusion. Apres auoir
parlé dans la Metaphysique de ce qui est , & de ce qui existe ,
de ce qui est vn , de ce qui est vray & de ce qui est Bon , si on
n'en parle point autrement que comme de choses vniuerselles,
qui sont nos manieres de conçeuoir , ce qui depend d'vne Logique mentale , se faut il reseruer à chercher en ce lieu l'Estre
de Dieu & ses attributs & la Nature des Anges ? On y peut
parler de Dieu comme d'vn Estre qui comprend tous les autres , mais pour les Anges qui ne sont que ses creatures , il n'y a
pas sujet d'en parler non plus que des Ames des Hommes. La
consideration des Choses Transcendentes semble estre propre
dans vne Partie de la Science qui donne des fondemens à la
Raison , & en ce qui est de Dieu & des Anges & de tous les
Estres spirituels , pour rechercher leurs attributs & leurs proprietez ; il en faut establir des Sciences particulieres , sinon en
ce que l'on peut ranger simplement leurs Noms & leurs Titres,
au Traité des Categories dans le Chapitre de la Substance. Voyla des sujets preparez pour la Logique & pour la Theologie ;
Que deuiendra donc apres la Metaphysique si tout ce que l'on
luy attribuoit , est partagé à d'autres Disciplines ? Sera-t'elle
entierement suprimée ? Ie sçay beaucoup de gens qui s'eston-
neroient si l'on retranchoit quelques parties des Sciences; Mais
l'ordre & le nombre qu'elles ont , sont ils absolument necessaires ? Ce n'est point cela qui les fera conseruer. On peut abolir
tout ce que l'ancienne Metaphysique nous a donné d'inutile ;
ou en mettre vne autre en sa place , dans laquelle on trouuera
simplement les Notions vniuerselles & toutes les conditions de
l'Estre ; ou qui sera la Gardienne de tous les Principes des

Sciences, ce qui pour lors luy obtiendra à bon droict le nom de
Premiere Philofophie, & de Science generalle que l'on luy a
defia donné ; mais elle laiffera pourtant à la Logique & à la
Theologie, ce qui leur apartient.

De la Me
decine.AVANT que de paffer à la Theologie, nous auons d'autres Sciences inferieures à nommer qui concernent le
bien de la vie humaine. La Premiere eft la Medecine qui n'a
pû auoir fa place qu'en ce lieu. Parce que la Metaphyfique fuit
ordinairement la Phyfique & mefmes la Logique, ie ne l'en
ay point deftachée : Toutefois la Medecine pouuoit marcher
immediatement apres la Phyfique dont elle eft entierement
dependante ; Mais il fuffira de la mettre icy, comme apres les
Sciences defquelles il n'eft point mal à propos de la faire preceder, afin que le Medecin ou quelque autre Eftudiant que ce
foit, eftant monté par les Chofes naturelles aux furnaturelles,
ait connoiffance de tous les Eftres, & qu'il fçache auffi la definition & la diftinction des chofes pour en raifonner & en difputer, auec liberté de retourner apres à fa Profeffion particuliere. Or la Medecine Theorique eft eftimée vne Science,
& en tant que l'on la met en pratique on l'appelle vn Art;
C'eft l'Art de remedier aux maladies du Corps humain &
felon quelques-vns, c'eft l'Art de fe feruir des remedes dans
l'occafion ; Car les remedes des maladies font affez connûs : Il ne gift que de fçauoir le temps qu'il les faut apliquer
pour en tirer vn bon effet. Afin de donner vne plus ample definition de la Medecine & publier toutes fes vtilitez,
il faut dire encore, Que c'eft vne Science qui enfeigne aux
Hommes, à conferuer la Santé de leur Corps, & à la reparer
quand elle eft perduë, & à trouuer les moyens de prolonger
leur vie. Comme il n'eft rien d'ordinaire qui leur foit plus a-
greable, que d'eftre fains & vigoureux, & de viure long-temps,
la Profeffion de Medecine qui leur promet de l'ayde à cecy, ne
manque pas d'eftre careffée & aprouuée : Neantmoins on a
crû que l'on pouuoit beaucoup diminuer fa reputation, en difant que plufieurs qui ne fuiuent point fes Loix, font plus fains
que ceux qui les obferuent ponctuellement, & ont vne vie plus
agreable, & que ce bon-heur leur vient de la conftance qu'ils
ont à mefprifer cét art ; Mais ne peut on pas dire que s'ils n'v-

fent point de fes remedes , c'eft qu'ils n'en ont pas befoin , & que leur fanté vient de leur forte complexion , qui fait qu'ils fe paffent facilement de Medecins & de Medecines. On nous reprefentera qu'il y a des païs entiers ou il n'y eut iamais de Medecin , & que les habitans ne laiffent pas d'auoir vne vie affez ayfée & d'affez longue eftenduë. Il faut refpondre que leur climat eft peut eftre fort temperé , & leur maniere de viure fort fobre , & qu'ils s'exercent beaucoup au trauail pour diffiper leurs mauuaifes humeurs , & puis l'on ne doit pas affeurer qu'ils fe paffent entierement du fecours de la Medecine , encore qu'ils n'ayent pas de Medecins de Profeffion , puifque chacun y eft Medecin pour foy & pour fon Amy , & qu'ils fçauent des remedes que le hafard ou leur raifonnement leur ont apris , & dont l'experience a confirmé la valeur. Que fi en de certains endroits il y a de pauures ruftiques qui ne cherchent aucun remede à leurs maux , il y en a auffi quantité qui en meurent fans affiftance , & le fujet pourquoy l'on ne void pas tant de perfonnes infirmes parmy eux qu'ailleurs , c'eft que prefque toutes leurs maladies font mortelles. Toutefois les ennemis de la Medecine pouffent plus auant leurs attaques ; Ils difent que dans les villes les mieux policeés & où fe treuuent les plus fçauans Medecins , les malades ne reçoiuent d'eux que fort peu de foulagement ; Que s'ils en gueriffent quelques-vns , ce n'eft que ceux qui n'ont pas des maladies dangereufes , mais de celles qui fe pouuoient guerir toutes feules , & que pour les autres on ne void point qu'il y faffent des miracles , & qu'ils les chaffent des corps dont elles fe font emparées ; Que leur Science eft auffi toute coniecturale , & que traictant les malades fur vne fauffe opinion qu'ils ont de leur conftitution & de leur mal , ils leur ordonnent fouuent des remedes qui ne leur font point propres & les reduifent en pire eftat qu'ils n'euffent efté s'ils ne fe fuffent point mis entre leurs mains. Nous deuons repartir à cecy que les Medecins ne font pas obligez à l'impoffible , & à reparer entierement la Nature corrompuë , ou à rendre les Hômes immortels , mais qu'au refte on ne fçauroit nier qu'ils n'aportêt de la guerifon & de l'allegement à beaucoup de maux , qui fans eux auroient vne facheufe fuite ; Que s'il y en a entr'eux qui

n'ayét ny fçauoir ny experience, ceux qui en font bien pourueus
ne laiffent pas de conferuer leur gloire, & ne font pas refponfa-
bles du fait d'autruy. Encore moins eft il iufte d'attribuer les
fautes des vns ou des autres à l'Art, puifque l'Art ne laiffe pas
d'auoir des reigles certaines encore que l'on manque de les obferuer. Ce n'eft que contre les Empyriques & les Charlatans
qu'il faut dreffer fes plaintes, lefquels promettent de guerir
des maladies qu'ils ne connoiffent pas, & qui encore qu'ils les
connoiffent, & qu'ils fçachent leur diuerfité, fe feruent d'vn
mefme remede pour toutes. Autant que la fauffe Medecine
eft defcriée, autant la vraye doit eftre en eftime, & s'il y a de
la controuerfe entre les Medecins pour la qualité des remedes
& le temps de les adminiftrer, leurs confultations eftant faites meurement & iudicieufement, il en peut refulter des aduis tres-falutaires.

De la Mo-
rale.

AYANT recherché les parties de la Science ou de l'Art,
occupées à la fanté du Corps, il eft raifonnable de penfer à cette Science qui pouruoit à la Santé de l'Ame : C'eft la
Morale qui eft mife d'ordinaire auec la Logique, la Phyfique
& la Metaphyfique, mais il l'en a falu feparer pour faire place à
la Medecine. De la façon que cette Science Moralle fe traiéte
dans les Efcholes, elle eft fouuent remplie de queftions & de
doutes qui ont peu de fondement, & qui font entierement inutiles. Au lieu d'y trouuer les preceptes de bien viure & les reigles de la vie ciuille, ou de la vie particuliere, l'on n'y infere
que des obferuations fcholaftiques qui ne font d'aucun vfage.
Cela n'empefche pas que l'on ne connoiffe la certitude & l'v-
tilité de cette Science, qui eft comme vne Reyne mal veftuë
& peu fuiuie, mais qui eft pourtant connûë à la majefté de
fon vifage par fes plus fidelles fujets ; Toutefois il faut auoüer
que fon Empire eft peu eftendu, pource que la dignité de fes
loix n'eft pas affez clairement expliquée ; Et comme les preceptes de la Vertu font fes principaux enfeignemens, & qu'il y
a des gens qui les expofent auec de mauuaifes raifons & de fort
foibles paroles, il s'en void d'autres qui en tirent auantage, &
prennent la hardieffe de parler pour le vice auec des argumens
pleins de tromperie & de deguifement. Ceux-cy pretendent

qu'il

qu'il n'y peut auoir de Vraye Science des Mœurs, & que si l'on
en publie vne on n'y sçauroit trouuer aucune asseurance, à
cause de la varieté du temperament des Nations, & de leurs
diuerses coustumes & habitudes, qui font, que ce qui est estimé
iuste en vn lieu, est iniuste en vn autre, & par consequent que
cela n'a point de reigle certaine. Mais ne nous arrestons pas à
la croyance des peuples barbares ou infidelles, qui ont des coustumes desraisonnables & impies ; Cherchons la souueraine
Verité & la droicte Raison qui ne changent iamais, selon lesquelles nous pouuons bien dresser les reigles de la Science
Morale.

QVANT à la Science Oeconomique & à la Politique *De l'Oeco-*
qui suiuent la Moralle, quoy que ce soient deux Sciences *mique & de*
fort vtiles, il n'y en a point de si peu enseignées. Parce que la *la Politi-*
Science Oeconomique ne traite que du mesnage, ou de la ma- *que.*
niere qu'on doit viure dans vne famille, il semble à plusieurs
que le Discours en soit trop bas pour en faire vne des Disciplines des Escholes, ioinct qu'ils croyent que cela s'aprend assez
par la practique ; mais cette Science n'est point abjecte, puisqu'elle concerne la principalle conduite des Particuliers, & la
facilité de l'aprendre n'est point si grande, que les Preceptes
n'y soient necessaires, & il seroit à souhaiter que ce qui s'en
trouue separé selon les sujets fust reuny en quelque lieu.
La Politique est la Science de gouuerner les Villes & les Estats
publics, de laquelle on ne void gueres non plus que les Regens
fassent vne partie de leur Cours de Philosophie, pour ce qu'ils
craignent de passer leurs limites, & de dire des choses qui soient
hors la portée des Esprits des Escholiers, ou qui soient sujettes
à reprehension ; Il ne faut pas pourtant negliger cette Doctrine ; Ceux qui en veullent estre instruits, en trouueront
des preceptes par escrit, ausquels ils pourront ioindre les exemples de l'Histoire & la pratique du Monde.

LA IVRISPRVDENCE qui depend de la Politi- *De la Iu-*
que, & est vne de ses parties, est bien plus cultiuée que *risprudēce.*
cette Science qui est sa Reyne & sa Maistresse. C'est qu'elle
promet vn auancement plus prompt & plus certain, pource
qu'elle est vne des Professions lucratiues de la vie ciuille, &

qu'elle sert mesmes d'vne entrée necessaire à plusieurs Dignitez. La Definition de la Iurisprudence est prise fort au large,
lors que l'on dit, Que c'est la Science des Choses diuines &
humaines; Il vaut mieux dire pour se faire entendre, Que c'est
la Science de ce qui est iuste ou iniuste, ou la Science qui aprend
à faire toutes choses selon les reigles de Iustice, & garder le
Droict à chacun. Elle est apellée Prudence de Droict, parce
que la Science fait naistre cette Prudence de faire tout iustement. Il n'y a rien à reprendre au dessein qu'elle s'est proposé;
Quelques-vns trouuent mauuais seulement que l'on employe
beaucoup de temps à estudier le droict des Romains, où l'on
rencontre plusieurs choses qui ne sont plus en vsage. Ils croyent
que ce seroit assez d'estudier les Loix & les Coustumes de sa
Nation, mais outre qu'il y a quelques contrées où l'on se sert encore de ce Droict ancien, il est estimé vn parfait modelle de la
Iustice ciuille, sur lequel on se peut regler en beaucoup d'occurrences. On remonstre, qu'il y a des Loix qui se contrarient, &
qu'il s'en trouue aussi des gloses diuerses, mais toutes ces varietez
ne nous peuuent plus nuire, puisque cela ne sert qu'à nous res-
ueiller l'Esprit, & que nous auons nostre Droict particulier lequel nous fait iuger des autres.

AYANT parlé de la Politique & de la Iurisprudence qui ont
suiuy la Moralle, pour monter plus haut il faut s'adresser à
la Theologie, dont la Profession est estimée la plus excellente
de toutes. Auant que de venir à la Theologie sacrée, il faut tirer
quelques lumieres de celle qu'on apelle Naturelle. Sa premiere
partie est la Psychologie ou Doctrine de l'Ame, non en tant
que l'Ame est vegetatiue & sensitiue, & qu'elle donne vie au
Corps; Car cecy a pû faire partie de la Physique où l'on a recherché les facultez des Sens internes & externes, & quelle est
la puissance impulsiue des appetits des Animaux; On considere
icy l'Ame humaine comme raisonnable, & spirituelle, ce qui peut
apartenir aux plus hautes considerations de la Psychologie;
mais cela est encore affecté particulierement à la Pneumatologie
ou Science des Esprits, qui traite de cette Ame comme spirituelle & immortelle, & capable d'estre separée de son Corps, estant
vn ouurage diuin & surnaturel qui ne depend point de la matie-

tiere. Cette Science est tres-vtile aux Hommes, pource qu'elle
leur aprend ce qu'ils sont, & qu'elle leur acquiert la connoif-
sance de Dieu autant qu'ils la peuuent auoir en cette vie. On
trouue pourtant des Hommes qui sont si peu soigneux de rechercher ce que c'est que l'Ame qui est leur principale partie,
& qui reçoiuent si mal ce que l'on en dit, qu'il faut declarer à
leur honte qu'ils doutent qu'elle soit spirituelle, & qu'elle ait vne
autre puissance & vne autre durée que le Corps. Ce sont ceux là
qui le figurent en eux autant & plus d'imperfections qu'aux Bestes, & qui par consequent n'ont garde de s'imaginer qu'ils soient
capables de reçeuoir des graces surnaturelles. Pource que leur
croyáce est tres-preiudiciable, il est bon de la refuter icy en bref,
suiuant ce que les Philosophes & les Theologiens en disent,
afin qu'aucun ne pense destruire les fondemens de tout le Bien
où nous deuons aspirer.

Nous auons desia fait connoistre dans le traicté de la perfection de l'Homme, quels auantages il a au dessus des autres
Animaux, qui n'ont que la faculté motrice & la sensitiue. Certainement ces Animaux iouyssent des Sens exterieurs aussi bien
que l'Homme, mais encore que quelques vns ayent en eux des
organes fort puissans, ils n'en tirent point vne vtilité entiere,
pource que leur Sens commun iuge des choses ainsi qu'elles luy
aparoissent sans les pouuoir verifier les vnes par les autres pour
les connoistre parfaitement. Au lieu de cela nostre Entendement se monstrant d'vne nature spirituelle, se sert du ministere
des Sens, ausquels il peut commander, sans s'y assujettir; Il reçoit les especes des objets, les vnit & les diuise; Il forme dessus
des notions singulieres & des notions vniuerselles; Il distingue
les choses diuerses; Il reconnoist les semblables; Il compare les
effets auec leurs causes, les effets auec les effets, les causes auec
les causes; Il en tire des conclusions & en dresse des demonstrations pour paruenir à vne parfaite Science. Si l'Entendement de
l'Homme à ces prerogatiues, sa Volonté a celle de la liberté,
pour se donner toutes sortes d'affections, & se porter aux actions
qui seront de son choix; Au contraire les autres Animaux
n'ayant que des connoissances limitées, ne s'arrestent qu'à des
actions ou leur Nature les lie: Toutefois quelque excellence

*De la spiri-
tualité &
immortalité
de l'Ame.*

que nous puiſſions attribuer aux Hommes , & à l'Ame qui agit
en eux ; ceux qui ont reſolu de ſe rendre ennemys de leur propre
gloire , taſchent de rabaiſſer cette dignité par toute ſorte d'objeſtions; En ayant formé pluſieurs touchant la comparaiſon auec
les Beſtes , dont nous auons monſtré la foibleſſe , ils y adjouſtent
des argumens contre la ſpiritualité de l'Ame. Ils diſent que pendant les reſueries des febricitans & la freneſie des inſenſez , il eſt
fort eſtrange qu'vne Ame qu'on croid eſtre d'vne condition ſi
releuée , ſoit ainſi priuée de ſes principales facultez , & que pendant les eſuanouyſſemens ou le ſommeil profond , comme elle
n'a plus la faculté du Raiſonnement , & qu'elle iouyt fort peu de
celle du Sentiment , c'eſt vn teſmoignage qu'elle depend du
Corps , & qu'elle peut perir par ſes alterations : Mais les Gens
Sages ne ſe laiſſent point perſuader par leurs Diſcours temeraires ; Ils ſçauent que l'Ame humaine eſtant empeſchée d'agir par
l'alteration de ſes organes , le pouuoir luy en demeure neantmoins , de meſme que celuy qui ſonne de la Trompette à touſiours la voix & l'artifice pour en bien joüer , encore que la
Trompette ſoit caſſée & rende vn mauuais ſon. Pour vne preuue indubitable que la principale faculté de l'Ame ne s'altere
point , bien qu'elle ſoit cachée quelque temps pendant la freneſie ou le ſommeil , nous pouuons dire d'auantage que quand l'vn
ou l'autre nous a quitté abſolument , elle ne manque point de
pareſtre , & que ſi elle auoit eſté alterée comme quelques vns
pretendent , il ſeroit dificile apres de la reparer , & il ſembleroit
que ce fuſt vne nouuelle produſtion. De cette independance , on
tire des concluſions de ſa ſpiritualité que l'on prouue encore ,
parce qu'elle ne comprend pas ſeulement les choſes corporelles
particulieres & finies , mais les Spirituelles , Vniuerſelles & infinies , ce qu'elle fait au moins à ſa maniere , & de ce qu'elle fait
des reflexions ſur elle meſme , ce que les Organes corporels ne
font point , les yeux ne ſe pouuans voir , ny les oreilles s'entendre ; Et qu'au lieu que toutes les facultez ſenſiiues ſe laſſent &
ſe deteriorent par l'exercice , l'Entendemét premiere faculté
de l'Ame ne ſe laſſe jamais de mediter & de iuger , le Temps
le rendant touſiours plus parfait. Quelle excellente prerogatiue
l'Ame a-t'elle encore de connoiſtre ce que c'eſt que la Verité &

la Bonté, & d'auoir des Sentimens de Dieu, qui de plus luy a
inspiré la Foy & la Iustice ! Qui seroit ce en effect qui auroit
donné aux Hommes ces mouuemens de bien viure, & de croire que les Bons seront recompensez & les Meschans punis dans
vne autre vie, sinon vn Dieu qui estant iuste & Tout-puis-
sant, leur en veut faire voir les effects ? Comme ils ont tous ce
desir d'immortalité, pourquoy seroit-il trompeur, veu que les
apetits naturels ne se trouuent iamais vains, & si leur Ame a
toutes les excellences souhaitables, comme de pouuoir contempler les choses immaterielles & Diuines, ce qui est le Bien
estre ou la Perfection de l'Estre, ne peut-elle auoir la durée de
l'Estre qui n'est pas de si grand prix, & qui semble estre accordée à des Substances grossieres, comme les Cailloux & les
Metaux ? Qui a le plus ne peut-il pas auoir le moins ? Enfin
comme il nous semble que nous pouuons faire durer nostre
pensée tant que nous voulons, il n'est pas malaisé de nous persuader que nous ne verrons iamais la fin de la substance où elle
reside ; Nous croyons plustost qu'apres la ruine du Corps, elle
demeurera libre, & ioüyra de son priuilege, ainsi qu'vn oy-
seau ou autre Animal qui auroit esté enfermé dans quelque
machine qu'il faisoit mouuoir, lequel s'enuole ou s'enfuit dés
qu'elle est rompuë, & apres cette descharge va auec bien plus
de legereté. I'auoüe que si cette comparaison a du raport dans
quelques actions, elle n'en a pas dans toutes. L'Animal qui
sort de sa prison, a encore tous ses membres pour se mouuoir
& agir diuersement, mais l'Ame estant seule n'a point d'yeux
pour voir, ny d'oreilles pour ouyr, ny de pieds pour s'auancer.
Croirons nous donc qu'apres sa separation d'auec le Corps, ses
facultez soient reduictes à n'estre plus qu'vne pure pensée ? Ne
doutons point que comme elle possede alors tout le bien qu'elle
peut auoir en cét estat où elle a plus de liberté d'agir, elle n'a-
gisse aussi de toute sa puissance, & specialement qu'elle n'ayt
beaucoup de connoissance de ce qui est hors d'elle. Nous nous
figurons bien que cela doit estre, quoy que nous ne sçachions
pas de quelle sorte cela se peut faire, pource que nous auons
des puissances en nous qui nous sont inconnuës, iusqu'à ce qu'il
soit temps qu'elles se monstrent. L'Enfant qui est encore au

ventre de la Mere , & celuy qui eſt venu au Monde priué de
tous les Sens ou au moins de la pluſpart , ne peuuent ſçauoir ce
que c'eſt de voir ou d'ouyr , & par quel moyen cela ſe fait iuſques à ce que les obſtacles qui leur nuiſent ſoient oſtez.
Nous ſommes enfermez d'vne pareille cloſture & ſuiets à de
ſemblables priuations : L'enclos du Monde nous eſt vne ſeconde matrice , & il y a auſſi quelques facultez cachées dont
nous ne ioüiſſons pas ; Nous ne ſommes pourtant arreſtez que
par des liens naturels , leſquels eſtant rompus , nous aurons des
connoiſſances plus parfaites qu'auparauant , & nous deuons
d'autant plus nous aſſeurer d'vn tel Bien que nous en auons
deſia l'eſperance & l'imagination , comme vne felicité auancée , & des arres de celle que nous deuons vn iour reçeuoir. Ce
ſont les raiſons les plus vrayſemblables & les plus plauſibles qui
nous puiſſent eſtre fournies ſur ce ſujet de la part de la Nature.

Pour nous faire croire plus facilement cette ſubſiſtance de noſtre Ame toute ſeule , on nous donne encore l'exemple des Eſprits ſeparez de toute matiere , que l'on comprend ſous le nom
d'Anges & de Demons. C'eſt là vne autre partie de la Pneumatologie , ou Science des Eſprits , qui quoy qu'elle traite des
choſes entierement inuiſibles & immaterielles , doit trouuer noſtre croyance preparée à la receuoir , puiſque non ſeulement elle nous eſt certifiée par les reuelations que des hommes bien viuans en ont euës , mais elle ſe fait encore aprouuer
par les lumieres naturelles que nous auons en nous. Toutefois
ceux qui ne croyent que ce qu'ils voyent des yeux du corps ,
n'admettent point cét Eſtre des Eſprits ; Ils attribuent à des
Choſes naturelles tous les accidens eſtranges que l'on en raconte , ou bien ils les tiennent pour des fables ; Mais quand
leurs effets ne ſeroient pas fort frequens icy bas , ne ſçauroit on
ſe perſuader qu'il y ait de telles ſubſtances dans l'Vniuers pour
ſon accompliſſement , & que comme il y a des Corps ſans Ame ,
il y a auſſi des Ames ou des Eſprits ſans Corps ? Les incredules
alleguent qu'il n'y peut rien auoir au Monde qui n'ait quelque
Corps , ou au moins quelque matiere ; Nous ne voulons pas
repartir que les Anges & les Demons ſont d'vn Corps ſi ſubtil

qu'à cause de cela, l'on les dit estre sans Corps, quoy que ce
soit l'opinion de quelques Docteurs tres considerables & fort
suiuis en autre chose. Nous ne proposerons pas non plus que
de soustenir que ces Substances soient immaterielles ce soit
comme les reduire à rien ; pource que quelques-vns disent qu'il
n'y a que Dieu proprement qui soit immateriel ; On sçait que
par ce qui est materiel, on entend le contraire de ce qui est spirituel , & par consequent que les Substances qu'on croid spirituelles , ne doiuent point estre tenuës pour materielles : Mais
telle que soit la Substance des Anges, quel sujet a-t'on de la
nier ? Pensons attentiuement à cecy, & en faisons recherche
par des voyes naturelles & aysées & que chacun semble
conçeuoir de soy mesme. Quoy, y a-t'il des Hommes si stupides que de se persuader qu'il n'y ait aucune chose au dessus
d'eux ? Comment cela se pourroit-il faire, veu que dans cette Vie presente ils souffrent tant d'incommoditez, que necessairement ils ne deuroient pas souffrir s'ils estoient les premieres Substances de l'Vniuers ? Ils seroient donc capables de s'i-
maginer qu'il y a vne Felicité souueraine & vne Science infaillible de toutes choses ; & ils croiroient qu'elles ne se trouue-
roient nulle part ? Ils sçauent que les Plantes sont superieures
à tout ce qui n'a que l'Estre , & que les Bestes ont le sentiment
au dessus des Plantes qui n'ont que la faculté de vegeter, & que
pour eux qui sont encore d'vn estage plus haut, ils ont des prerogatiues qui ne sont point accordées aux Bestes , & cela estant
ne se peuuent ils pas figurer, qu'il y ayt quelque chose de plus
releué qu'eux ? Il n'y a point de presomption & d'aueuglement
assez grands pour faire méconnoistre aux Hommes leurs deffaux & leurs infirmitez. Ils voyent bien qu'il leur manque
beaucoup de choses parmy les dons excellens que Dieu a faits à
leur Nature. Encore que leur Entendement ait des facultez
exquises ils ne se peuuent pas souuenir à perpetuité de ce qu'ils
grauent en leur Memoire ; Ils ne peuuent pas conçeuoir en vn
moment ce qui leur est representé, & ils ne sont pas capables
de connoistre parfaitement les choses spirituelles. Tout cela
est au dessus d'eux tant que leur Ame est retenuë par les empes-
chemens du Corps. Cela leur doit faire iuger qu'ils ne sont

donc pas le plus haut degré des Subſtances ; mais que s'en doiuent eſtre d'autres , qui ne ſont point ſujettes aux infirmitez corporelles , qui ne ſouffrent aucune douleur , qui ne ſont point peſantes & groſſieres, & qui ſe tranſportent en vn moment où elles veullent , & ont beaucoup de connoiſſances leſquelles ne ſont pas receuës de l'Eſprit humain dans cette Vie, ſi ce n'eſt par vne grace ſpecialle. Ils ſe repreſenteront facilement qu'il y en doit auoir de télles, ou bien l'eſtat de vie le plus excellent ne ſubſiſteroit point au Monde, ce qu'on ne peut ſe figurer , veu que le Monde ſeroit defectueux , & que meſmes puiſque les Hommes ſont aſſez parfaits pour auoir l'imagination de ces choſes, la realité s'en doit trouuer quelque part, & qu'ils pourront vn iour participer à ces Biens dont ils ont deſia conçeu l'jdée, qui ſont ceux des Anges & des Eſprits Bien-heureux.

Qu'il y a
vn Dieu
vnique, in-
finy, Tout
bon & Tout-
puiſſant.

　　Ces argumens eſtant ſuffiſans pour nous faire connoiſtre qu'il y a des Subſtances plus releuées que celles qui ſont attachées à la matiere corporelle, on conjecture auſſi qu'elles ont diuers degrez de dignité & de Perfection, & qu'en l'eſtat où les Hommes ſe trouuent & le reſte de l'Vniuers, ils doiuent eſtre ſous leur côduite; Mais il ne ſe peut pas faire qu'ils dependēt eſgallement de tous ces Eſtres ſpirituels & immateriels: On ne ſe ſçauroit figurer qu'ils ſoient tous abſolus , parce que le pouuoir de l'vn deſtruiroit celuy de l'autre. C'eſt ce qui nous fait connoiſtre, qu'il n'y en peut auoir qu'vn qui ſoit le ſupreme, & celuy là c'eſt Dieu, qui eſt le Maiſtre du Monde, & qui eſt vnique, infiny, tout bon & tout puiſſant. Il ſe rencontre tant de choſes de nature diuerſe & contraire, qu'il faut qu'il y ait vne puiſſance ſuperieure qui les accorde pour en entretenir l'harmonie. Cét ordre ne s'eſt point eſtably ſans vn autre ordre ſuperieur, pource que les Subſtances qui n'ont point de ſentiment, comme les matieres Elementaires & tous les Corps Principaux, ſoit les Aſtres fixes ſoit les Planettes , ne ſçauroient auoir trouué le lieu propre à leur ſituation ou à leur cours ſans y eſtre guidez : Le haſard ne fait rien de ſi bien ordonné ; Il faut qu'vne intelligence tres parfaite ait preſidé à cet arrengement ; Et pource que tous les Corps deriuez, comme Plantes & Animaux,

maux, & la Terre qui les fouftient, font fujets à vne mutation
continuelle, on declare mefmes que s'il n'y auoit vn Eftre eternel & neceffaire au deffus d'eux, ils feroient incontinent en
defordre, & tout ce que nous voyons au Monde ne feroit que
des fimulachres vains, qu'on ne deuroit pas eftimer d'auantage
qu'vn Neant. Tous ces Corps qui n'ont que l'Eftre & qui conferuent fi bien leurs proprietez, ces autres qui ont la vegetation
& tant de diuerfes qualitez toufiours femblables, & ceux qui
ont vne Ame fenfitiue conduite par vn inftinct, doiuent eftre
foufmis à vne puiffance vniuerfelle, qui reigle & qui conduife
leurs actions, comme vn excellent Artifan fait ioüer en mefme temps plufieurs machines par l'adreffe de fon Efprit, & par
le premier branfle que fa main leur a donné, qui eft la caufe de
leur mouuement; Les Hommes doiuent croire qu'ils dependent auffi d'vne fouueraine Prouidence qui void tout, qui fçait
tout & qui ordonne de tout; C'eft ce que nous apellons Dieu,
duquel nous affeurons qu'il eft, fans pouuoir dire autrement ce
qu'il eft, finon qu'il n'eft rien de ce qui fe peut comprendre par
les Sens & par l'Entendement; C'eft celuy qui eft par tout,
& qui eft neantmoins au deffus de tout, qui encloft tous les
Temps en foy, & qui eft au deffus du Temps; Et pource qu'il
n'y a aucune aparence d'attribuer l'eternité à tant de chofes qui
fouffrent de notables changemens en leurs parties & en leur
total, & que ce feroit les eftimer autant que Dieu, de dire qu'elles foient coeternelles auec luy, on vient à connoiftre encore
qu'elles ont efté faites en vn certain temps; Or qu'elles fe
foient faites elles mefmes, cela n'eft point croyable parce que
leurs forces font bornées, & qu'elles doiuent auoir efté faites
par vne puiffance qui foit au deffus d'elles, & qui foit infinie :
Il faut donc croire que c'eft Dieu qui les a creées par fa toute-
puiffance quand il luy a pleu, & qui les conferue par fon extreme Bonté. Voyla les fondemens de la Pieté trouuez par la
force de l'Entendement humain, pour monftrer combien cette Science naturelle nous importe. Ceux qui en veullent traitter en particulier ont beaucoup de matiere d'amplification. Enfin il faut arrefter que la connoiffance des chofes Spirituelles eft
accordée à noftre Raifon, & que s'il s'y rencontre quelque fu-

T

jet de douter , c'eſt afin que la Foy acheue le reſte.

DE LA RAISON qui eſt vn don naturel , & de la Foy qui eſt vn don ſurnaturel , il ſe fait deux Sciences eſgalement occupées ou pluſtoſt deux Parties d'vne Science ſuperieure leſquelles ont vn meſme objet , qui eſt la connoiſſance des choſes ſpirituelles & diuines. L'vne eſt la Theologie Naturelle que nous venons de conſiderer , de laquelle on a beſoin enuers ceux qui ne ſçauroient eſtre gagnez d'abord que par les choſes ſenſibles , ou par les conjectures que l'on en tire; L'autre peut eſtre nommée la Theologie ſpirituelle & ſacrée , n'eſtant compriſe que par la voye de l'Eſprit , & par la vertu de la Foy qui eſt la croyance des choſes inuiſibles. Il faut donc entendre l'vne pour la croire, & il faut d'abord croire l'autre pour l'entendre. La premiere ne porte le Nom de Theologie que pource qu'elle eſt comme l'entrée à ſa ſuperieure & qu'elle en facilite les aproches; Sans cela il ſuffiroit de la ranger dans le Supreme degré de la Philoſophie humaine. Auſſi celle qui demande tant de ſouſmiſſion d'Eſprit eſt nommée Theologie abſolument , pour monſtrer qu'elle eſt la ſeule vraye Theologie , qui traite des plus curieuſes matieres. Quelques Docteurs ont voulu l'enſeigner de meſme que l'autre par des raiſons humaines & communes , pour la rendre plus intelligible , mais l'effect n'a pas touſiours reſpondu à leur zele. La Theologie mondaine peut prouuer l'exiſtence de Dieu & celle des Anges & des Ames ſeparées de leur Corps , par des raiſons tirées d'elle meſme & conuenables à ſa force; Mais elle n'a gueres de pouuoir à nous deſcouurir de plus hauts Myſteres , comme d'vn ſeul Dieu en trois Perſonnes , qui ſont le Pere Createur & conſeruateur de toutes choſes , le Fils qu'il a engendré de tout temps egal à luy , & qui eſt ſon Verbe, c'eſt à dire ſa Penſée & ſa Parole, & le Saint Eſprit qui procede du Pere & du Fils, qui leur eſt egal & eſt vne meſme Subſtance; Que le Fils a eſté Incarné au ventre d'vne Vierge par l'operation du Saint Eſprit , & a eſté fait Homme pour racheter les Hommes de la ſeruitude du peché ; Qu'il a ſouffert la mort pour eux en Croix ; Que trois iours apres il eſt reſſuſcité & monté aux Cieux à la dextre de Dieu ſon Pere ; Que

son Corps & son Sang, son Ame, & sa Diuinité, sont réellement au saint Sacrement de l'Eucharistie ; Et qu'il faut manger sa chair & boire son Sang pour auoir la vie Eternelle;Qu'vn
iour tous les Morts ressusciteront, & comparoistront deuant
luy au iugement vniuersel, pour estre iugez selon leurs meri-
tes, & qu'il enuoyera les vns aux tourmens d'Enfer, & place-
ra les autres dans la gloire de son Paradis. Il faut que la Science humaine se taise en ces choses qu'elle ne sçauroit exprimer
ny comprendre sans le secours d'vne Science diuine. Ces hauts
Mysteres estans des Articles de nostre Foy, ils semblent ne
deuoir estre enseignez que par les Liures que le Sainct Esprit a
dictez ; Neantmoins à cause que la foiblesse des Hommes
leur empesche d'entendre les choses sans explication, cette
Doctrine sublime qui compose la vraye Theologie est diuisée
en Theologie positiue & en Theologie scholastique. La premiere enseigne les choses comme elles sont affirmatiuement,
& comme elles sont escrites par les Euangelistes & par les Peres
de l'Eglise ; La seconde les soustient auec toute la force des Argumens que l'Art a pû inuenter. L'vne & l'autre doiuent traitter premierement de Dieu & de ses Attributs, de la Creation
du Monde, & de celle de l'Homme, de la cheute de Lucifer
& de ses Anges ; Du peché de l'Homme ; De l'Incarnation du
Verbe ; De la mort & de la Resurrection de cét Homme-Dieu,
Des Sacremens qu'il a instituez, & de la Foy, de l'Esperance,
& de la Charité, & autres Vertus necessaires pour paruenir à
la Beatitude. Puisqu'en ces choses il s'agist de nostre salut, &
de nous procurer vne eternité heureuse, si nous ne la voulons
auoir malheureuse, il n'y a point de Science si necessaire, de
sorte que ceux qui ne sont pas capables de la receuoir, doiuent
au moins obeyr aux remonstrances de ceux qui la possedent.

NOVS sommes montez au plus haut des Sciences Theo- *Des Ma-*
retiques & Contemplatiues ; Il faut retourner à d'autres *themati-*
qui se reiglent par la Contemplation, lesquelles nous re- *ques.*
stent encore à considerer. Ce sont les Mathematiques, que
l'on reserue auec d'autres disciplines comme vne autre Partie
des Sciences, moins excellente que la premiere pour son objet & pour sa fin ; Dans la premiere, la consideration des Sub-

ftances fpirituelles eft comprife, & dans cette feconde, il y a
feulement de certaines notions de l'Entendement, qui concernent la Quantité des Chofes difiointe ou continue, lefquelles
ont produit l'Arithmetique & la Geometrie, à quoy l'on ioint
les Idées de plufieurs Arts, qui quant à eux font eftimez corporels, pource qu'ils trauaillent autour des Corps, & par le
moyen des Corps & des qualitez corporelles. Toutefois les
Mathematiques que l'on leur donne pour premier fondement,
& pour leurs Directrices, n'en perdent point leur eftime, d'autant qu'en cela elles font tres vtiles à la vie humaine, & que de
plus elles feruent en beaucoup d'occafions à fortifier noftre raifonnement; Auffi les a-t'on toufiours iugées fi neceffaires que
l'on les a apellées l'Alphabeth des Sciences. Ce nom de Mathematiques fignifie Aprentiffage, & en effect, c'eft aprendre
beaucoup de chofes que de s'employer à de telles difciplines, qui ont vne grande certitude de demonftration. On
les diuife en Theoretiques & en Pratiques; Et en pures ou
impures, faifant diftinction de celles qui font feparées de toutes
matieres, & de celles qui trauaillent à quelques matieres. Les
Theoretiques & pures, font l'Arithmetique & la Geometrie,
qui peuuent conferuer ce titre, quand on confidere leurs reigles fans aucune aplication, mais d'ordinaire elles feruent à
compter ou à mefurer plufieurs chofes.

De l'Ari-
thmetique.

L'ARITHMETIQVE qui eft la Science des Nombres
eftant renduë pratique, fert à compter les Corps & leurs
parties, faifant remarquer en quoy ils font feparez les vns des
autres, & ce qu'ils ont de diuifé en eux mefmes. Toutes chofes
feroient confufes fans cette Science qui engendre l'ordre & la
diftinction: Auec le nombre des chofes, elle en fait comprendre le pouuoir & l'efficace. Par elle l'on fçait non feulement le
nombre des chofes vifibles, mais des inuifibles, & de celles qui
font hors de nos mains; On compte le fable de la Mer, les
Atomes de la Terre, & iufqu'aux moindres poincts du Firmament, & de combien les Corps qui tombent augmentent leur
viteffe dans leur cheute; & cela fe fait auec de fi petites marques,
& des reigles fi fimples, que l'on a dequoy s'eftonner qu'elles
puiffent comprendre tant de diuers fujets. Cela ne fert pas feule-

ment à l'Astronomie ou à la Geographie, pour compter les Astres & les diuers lieux de la terre, & les diuerses proportions des mouuemens, & du Temps; Cela sert encore dans le maniment de toutes les affaires des Hommes, de sorte qu'il n'est guere besoin de leur recommander vne doctrine si vtile. Il est vray que plusieurs n'en aprennent que les premieres reigles qui sont l'Addition, la Soustraction, la Partition & la Multiplication, lesquelles se font auec la Plume & par les Chiffres; Il y en a mesmes qui ne sçauent compter qu'auec les Iettons, parce que cela suffit à leur commerce. Les plus curieux passent à des obseruations plus difficiles, voulant sçauoir l'Algebre qui donne la responce de toutes Questions sur les nombres; Ils aprennent aussi la proportion des nombres les vns auec les autres & leur harmonie, esperant de trouuer par ce moyen la raison de toutes les choses de l'Vniuers auec plusieurs secrets que le vulgaire ne connoist pas.

LA GEOMETRIE porte vn nom qui ne signifie que l'art de mesurer la Terre, quoy qu'elle serue aussi à mesurer le Ciel; Cela vient de ce que ceux qui l'ont inuentée, l'apliquerent premierement à la mesure de leurs champs; Depuis on l'a employée à mesurer tout le Monde. Quand l'on sçait exactement ses reigles, l'on peut dire quelle est l'estenduë de plusieurs lieux par la mesure de nos pieds, ou de la thoise & de la perche; Nous mesurons aussi la hauteur des Tours, & des Clochers, la hauteur des montagnes & des nuées, & mesmes celle des Cieux & des Astres, nous seruant d'instrumens particuliers inuentez par les Maistres de cét Art, & nous reiglant sur l'obseruation des ombres & des Parallaxes ou Diuersitez d'Aspect. Il est vray que pour les premieres instructions de la Geometrie, on considere les figures & les lignes, comme choses qui n'ont estre que dans l'Esprit ou sur le papier, mais ces contemplations deuiennent enfin plus actiues & s'apliquent à toutes sortes de matieres. La Cosmographie & la Geographie, & plusieurs autres disciplines en dependent, auec l'vsage des Quadrans & des Astrolabes, & de tous les instrumens qui seruent à mesurer. Ce mesme Art estant ioint à vne autre partie des Mathematiques, qu'on apelle les Mechaniques, ils font valoir ensemble plu-

De la Geometrie.

T iij

sieurs accidens des Corps comme la Figure & le Nombre, auec
la Pesanteur & le Mouuement, ce qui sert beaucoup à la fabrique des outils pour les Arts manuels, & à dresser diuerses machines qui esleuent les fardeaux, ou qui operent en diuers ouurages necessaires à la vie humaine. On n'a garde de condamner la Geometrie ny toutes les parties des Mathematiques,
quand on s'en sert vtilement, ny mesmes quand elles ne font
que produire des spectacles de curiosité, comme de faire mouuoir des Statues & de leur faire rendre quelque son. Ces gentillesses qui monstrent l'Esprit de l'Homme peuuent mener
à des choses de plus grande importance. Ce qu'on pourroit rejetter de cette estude, ce sont de certaines demonstrations touchant la Quadrature du Cercle & autres propositions où quelques-vns croyent auoir bien reussi, & ceux qui leur veullent
monstrer leurs fautes en font quelquefois de plus lourdes. Dans
leurs recherches les plus exactes, plusieurs les nomment des
speculations oysiues; Neantmoints les Sçauans tiennent que
cela donne ouuerture à beaucoup de remarques tres curieuses.

 L A M V S I Q V E est vne partie des Mathematiques laquelle on peut apeller Science ou connoissance des Accords bien proportionnez, & de l'Harmonie des voix & des
Instrumens; Elle doit estre iointe à la Science des Nombres &
à celle des Mesures, & ceux qui ne la tiennent que pour vn
Art de plaisir & de diuertissement se mesprennent fort; Car
quoy qu'elle ait beaucoup d'esgard aux Sons qui resultent de la
disposition & accord des Choses, leur conuenance rationelle
ne l'occupe pas moins. Ie fay bien connoistre que ce que ie
propose est pource qui concerne la Musique Theorique, par laquelle plusieurs ont creu que l'on pouuoit rendre raison de l'ordre des Planettes & des Elemens, & de tout le reste de l'Vniuers. On a dit mesme que le bon Temperament & la Santé
des Animaux & la Tranquillité de l'Esprit, dependoient d'vne
Musique ou Harmonie parfaite, & que les maladies & les Passions ne procedoient que d'vn desreiglement & d'vn discord
des humeurs du Corps & des affections de l'Ame: Mais ce sont
des obseruations qui representent seulement le raport des Cho-

ſes les vnes aux autres, & qui monſtrent que l’accord & l’vnion
de quelques Subſtances que l’on conſidere, & de leurs effets
& proprietez, ſont la figure de l’vnion de toutes les autres Subſtances ; & que comme il faut de certaines proportions de Tons
& de Chants pour compoſer vne bonne Muſique d’Inſtrumens
ou de Voix, auſſi faut il de certaines qualitez & facultez ſoit
dans les Corps ſoit dans les Eſprits, pour former vn bon accord & vne vraye Harmonie. Ie croy que l’on deſcouure en
cecy tout le ſecret de cette Muſique ſpeculatiue, dont quelques
vns ont fait tant de cas, & qui n’eſt propre neantmoins
qu’à donner matiere de diſcourir, & eſt remplie de beaucoup
d’imaginations inutiles. C’eſt là deſſus que l’on ſe fonde pour
raporter toutes les diuerſitez de la Muſique, à diuerſes choſes
du Monde. On compare les quatre Parties de la Muſique aux
quatre Elemens, & aux quatre Saiſons de l’année ; Lors qu’il
n’y a eu que ſept Cordes aux lyres ou aux Luths, on a dit que cela repreſentoit les ſept Planettes, & quãd on y en a mis neuf ou
dix, on a adiouſté à la comparaiſon, le Firmament, le premier
Mobile & le Ciel Empyrée. La diuerſité des Tons a eu le meſme raport, ce qui fait voir que l’on accommode toutes ces choſes comme l’on veut, & qu’il ne faut pas eſtablir grande aſſeurance en cette Doctrine. En ce qui eſt de cette partie de la Muſique, qui n’a eſgard qu’aux diuers ſons des Inſtrumens ou de la
Voix, elle a pluſieurs reigles pour en former les plus beaux
Airs ou Chants, & trouuer les moyens de les chanter agreablement. Il eſt certain que la Muſique eſt vne inuention excellente, pour adoucir les chagrins de la Vie, & que l’on com-
poſe des Airs de tant de diuerſes manieres, que l’on les peut reigler ſelon les inclinations des Hommes, pour leur complaire à
ce qu’ils deſirent, ou bien pour moderer leurs Paſſions, & qu’il
y a des Chants qui excitent à l’amour & aux Voluptez, d’autres qui inſpirent la Modeſtie ; Quelques-vns qui plaiſent aux
perſonnes gayes, d’autres qui agréent aux Melancholiques, les
laiſſant dans l’humeur ſombre où ils les ont priſes : Mais quoy
qu’on en puiſſe dire, tous ces effets là ſont dans la mediocrité,
& non point dans l’excez cõme quelques Anciens l’ont publié,
voulans que certains Chants euſſent meſmes le pouuoir de ti-

rer du vice les Hommes les plus perdus, & ne fuſſent pas moins puiſſans que quelque bonne leçon de Philoſophie : Le pouuoir qu'ils ont ſur quelques Eſprits, n'eſt que ſelon qu'ils les trouuent preparez ; D'ailleurs au contraire de ce que l'on attend, il y a quelquefois des Airs triſtes dont vn Homme gay fera toute ſa joye, & des Airs gays qu'vn Homme triſte conuertira en ſujet de triſteſſe, ce qui eſt bien loin d'attriſter d'auantage l'vn & de reſiouyr l'autre exceſſiuement. Suiuant cette maxime, le Voluptueux ne ſera pas facilement deſtourné de ſes ſenſualitez par la ſeule Muſique, & s'il l'eſt, il en faut trouuer vne meilleure raiſon ; C'eſt que le chant eſt poſſible accompagné de quelques paroles de remonſtrances, qui ont du pouuoir ſur l'eſprit de celuy qui les entend. On peut s'imaginer que ce fut par ce moyen là, que Pythagore fit arreſter de ieunes gens qui vouloient enfoncer la porte d'vne honneſte Femme pour aſſouuir leur lubricité, lors qu'il fit ceſſer leur furie ayant ſeulement fait chanter vn Air ; D'autres racontent que c'eſtoit vn ieune homme qui donnoit vne ſerenade à ſa Maiſtreſſe ſur le ton Phrygien, lequel eſtant mol & voluptueux entretenoit ſa paſſion, & que Pythagore ayant fait changer de notte au Muſicien, & luy ayant fait joüer vn air de la meſure des Spondées qui eſt graue & modeſte, il tempera l'eſprit de l'Amoureux & le rendit ſage en vn moment. Mais ſi l'on veut attribuer ces effets à la melodie du chant & des Inſtrumens de Muſique, il faut croire que pour les rendre de plus grande efficace, la ſignification des diuers tons de la voix y eſtoit jointe, & que cette voix proferoit des paroles puiſſantes & perſuaſiues. N'eſt-ce pas auſſi que l'arriuée de Pythagore donna du reſpect à ce ieune Amant ; Et ſi l'on raporte qu'Empedocle voulant apaiſer le courroux d'vn furieux qui tenoit l'eſpée nuë au poing pour tuër ſon hoſte, ne fit rien que chanter deuant luy vn Vers d'Homere, cela ne monſtre-t'il point le pouuoir des paroles, & l'autorité de celuy qui les dit, pluſtoſt que celuy du chant ? Ceux qui alleguent cecy ne font pas ces reflexions: Ils ſe ſeruent tous à la bonne foy de ces exemples comme d'vn lieu commun à la louange de la Muſique qu'il n'eſt plus beſoin d'examiner, & cependant il s'y trouue à dire beaucoup de choſes

ſes

ſes qu'ils n'ont pas conſiderées. Pour confirmer cette puiſſance qu'ils attribuent au ſon des Inſtrumens, ils repreſentent encore qu'il n'y a gueres de ieunes gens & d'Hommes d'éprit gay
qui ne ſoient excitez à danſer, lors qu'ils entendent joüer vne
ſarabande, ou qui ne temoignent l'agitation de leur ame par
quelque geſte du Corps, ou par quelque mouuement d'yeux,
& qu'Alexandre ne manquoit pas non plus à prendre les armes,
& à ſe mettre en poſture de cōbat ſitoſt que Timothée ſonnoit
ſur ſa lyre vn air guerrier. On peut reſpondre à cecy que ceux
que la Sarabande excite à danſer, ou à quelque mouuement
d'yeux ou de l'Eſprit, ſont gens portez à la danſe & à la ioye, &
qu'Alexandre eſtoit auſſi incité au combat par vn ſon militaire,
d'autāt qu'il n'en aimoit point d'autre, & qu'il auoit accouſtumé
d'aller attaquer ſes ennemis lors qu'il en entēdoit vn ſemblable;
Mais que de tels ſons n'ayās aucun pouuoir ſur ceux qui ne ſont
point portez à ces choſes, & ne pouuans forcer leur inclination,
c'eſt où māque le miracle pretendu de la Muſique. Neantmoins
ſes effets ſont aſſez grands pour en tenir compte. De vray elle
ne peut pas changer vne inclination en vne autre, mais pour peu
d'attachement que l'on ait à quelqu'vne, elle vous y pouſſe
entierement, de ſorte qu'elle vous excite aux paſſions volu-
ptueuſes ou furieuſes, quand l'on en eſt fort ſuſceptible, & ſi
l'on a commencé d'eſtre touché de Deuotion, elle l'accroiſt
d'auantage & en embraze le Zele; C'eſt pourquoy non ſeulement l'on ſe ſert de la Muſique aux Nopces, aux Balets, aux
Comedies & autres rejoüiſſances mondaines, mais aux prieres que l'on fait à Dieu dans les Temples. Les meſmes voix
& les meſmes Inſtrumens de Muſique, s'y peuuent faire ouyr,
mais ils changent de ton ſelon la reuerence du lieu. Il y a auſſi
des Inſtrumens particuliers pour chaque occaſion comme les
violons pour les Danſes, & les orgues pour accompagner le
ſeruice diuin, & comme les vns ou les autres touchent diuerſement l'imagination, cela confirme la puiſſance de la Muſique. On allegue encore pour elle que le ſon de la Harpe de
Dauid, chaſſoit le Demon qui tourmentoit Saül, & que ſi
Dieu interuenoit en cecy, il monſtroit l'eſtime que l'on deuoit
faire de cét Art, ſe ſeruant de l'organe d'vn Muſicien. Ceux

V

qui n'ont rien à dire contre la Mufique en general, attaque-
ront celle du Siecle & nous objecteront que les Chants d'aujourd'huy ne font plus fi methodiques que ceux d'autrefois ;
Qu'ils ne font plus accommodez de telle forte aux paroles &
aux mouuemens que l'on veut exciter qu'ils ayent vn effect
affeuré ; Que l'on ne fait plus d'airs graues, & fçauans, mais
que plufieurs de ceux qui font deftinez pour la loüange des
Roys, ou pour celle de Dieu, n'ont guere plus de majefté que
des chanfonnettes & des Vaudeuilles ; Que d'auantage il faut
obferuer qu'entre ceux qui fe meflent de chanter, il y en a qui
n'ont aucun foin de bien prononcer les mots qui font l'Ame de
la Mufique ; Qu'aucontraire ils les entrecoupent dans leur go-
fier, ou entre leurs dents & leurs levres, de telle façon qu'au
lieu de les loüer de bien chanter, plufieurs affeurent qu'ils n'ont
rien à dire d'eux, finon qu'ils heurlent agreablement. Cét abus
vient de quelques Chantres qui n'ayans pas la voix affez nette
& affez belle pour paroiftre dans fa fimplicité, la deguifent en
diuerfes manieres, tellement qu'ils confondent les paroles &
donnent feulement quelque plaifir aux oreilles, fans aucun
fruict pour l'Efprit. Quelques-vns vfent de paffages, de rou-
lemens, de feintes, de demy foupirs, & d'autres ornemens de
la voix, qui de vray ont quelque chofe d'agreable en eüx, mais
il eft mal feant de s'en feruir par tout, & il faut fçauoir diftinguer les endroits où cela peut auoir le plus de grace. Il y doit
auoir vn Art qui enfeigne à placer cecy felon les occafions, &
à rendre le chant plus lent, ou le precipiter felon que le Sens
des paroles le defire ; C'eft ce qui eft à fouhaiter pour rendre
la Mufique accomplie ; mais il ne faut point douter que cela
ne foit fçeu aujourd'huy de beaucoup de gens, & que par ce
moyen on ne puiffe faire des Airs auffi beaux qu'autrefois &
les chanter auffi bien. Quelques Hommes ont cette fantaifie,
qu'ils croyent que tout ce qui fe fait à prefent, ne vaut pas ce
qui fe faifoit par le paffé ; Que l'on ne chante plus fi bien, Que
l'on ne peint plus fi bien & chofes femblables: C'eft fouuent
vn vice de leur âge & vne marque de l'erreur où les met le cha-
grin de leur vieilleffe ; Ils font comme ceux qui nauigent, lefquels fe perfuadent que les riuages s'enfuyent, & ne voyent

pas que ce font eux qui les quittent; Ainfi eftant defia âgez,
ils penfent que toutes chofes vont de mal en pis, & ne s'aper-
çoiuent pas qu'ils defchéent eux mefmes, fans qu'il y ait aucun
detriment aux autres chofes. Cela n'eft dit que pour certaines
Difciplines ou induftries qui conferuent toufiours leur vigueur;
car on ne fçauroit nier qu'il n'y en ait d'autres qui effectiuement peuuent diminuer chaque iour de prix & d'excellence.

IE repren icy le Difcours de quelques autres Arts qui dependent des Mathematiques. Ce font ceux qui donnent la connoiffance de tout ce qui eft en l'Vniuers. Premierement la Cofmographie ayant vn nom qui fignifie la Defcription du Monde,
elle peut parler en effect de tout ce que le Monde contient;
Neantmoins l'on la reftraint d'ordinaire à la confideration du
globe terreftre à l'efgard du Ciel, pour fçauoir fa diuifion par la
ligne æquinoctiale, la diuerfité de la temperature par les Zones,
& la diftinction des Climats; comment les iours & les nuits
croiffent diuerfement en plufieurs lieux, & à quelle Prouince le
Pole eft plus efleué fur la Terre. Il y a plufieurs Sciences ou Arts
qui accompagnent la Cofmographie, & qui fupleent à ce que l'on
luy a fait laiffer. Premierement il y a la Geographie qui eft vne
Science à part, laquelle defcript l'eftenduë de la Terre & des
Mers, la fituation des fleuues & des montagnes, des Promon-
toires, des deftroits, des Ifles, des Ports, & des Villes les plus remarquables. La Topographie eft vne partie de la Geographie
qui ne defcript qu'vne Prouince feparée, & remarque plus particulierement le deftail des lieux, nommant iufques aux moindres
Villages & Edifices. Il y a auffi l'Hydrographie qui eft vne
Defcription particuliere des Eaux & particulierement de la Mer;
Il y a l'Anemographie, qui eft la Defcription des Vents, où l'on
void leur nombre & leurs noms, & de quel cofté ils fouffl. nt.
Il y a vn Art Nautique pour fçauoir nauiger en toutes Mers, & fe
feruir vtilement de l'Aiguille aymantée, & plufieurs ont tafché
de trouuer le vray fecret des Longitudes, pour eftre mieux guidez dans les efpaces immenfes, tant de la Mer que de la Terre.
Toutes ces Sciences dependent manifeftement de la Geometrie
& de l'Arithmetique, qui font leurs Directrices, ne pouuant
eftre enfeignées, fans que l'on fçache ce que c'eft de Points, de

De la Cof-
mographie.

Lignes, de Cercles, d'Angles & autres Figures, & sans que
l'on sçache aussi le nombre des degrez & autres espaces par le
moyen de l'Arithmetique. On aprend ces Sciences par des Cartes qui quoy qu'elles soient plattes, representent artistement ce
qui doit estre esleué; Pour vne plus facile connoissance l'on a
l'vsage du Globe celeste & du terrestre, & l'on s'instruit dans la
Sphere artificielle qui fait voir le Cours du Soleil, & fait comprendre les varietez qu'il cause sur la Terre. L'on monte par là
à l'Astronomie, qui nous aprend la Theorie des Planettes, quel est leurs lieu, & quels sont leur diuers mouuemens.
On en compose aussi vne Science qu'on appelle l'Vranographie, ou la Description du Ciel; Quelques autres particulieres
en dependent, comme la Selenographie ou Description de la
Lune, laquelle descrit toutes les faces de cét Astre, auec ses
diuerses marques de noirceurs & de blancheurs, selon qu'elles
paroissent pendant les vingt-huict iournées de son Cours, dequoy on a fait depuis peu des Cartes tres exactes, en quelques
vnes desquelles les Esprits se sont esgayez, s'y estant figuré,
des plattes campagnes & des montagnes fort hautes, de grandes riuieres, de spatieuses Mers & diuerses isles; A toutes lesquelles parties on a donné des Noms de quelques Hommes Illustres du Siecle, comme s'ils en deuoient estre les Seigneurs,
ce qui s'est fait aussi pour distinguer ces macules; Mais on n'a
que le contentement de sçauoir que cét Astre paroist de cette
sorte, car on ne peut dire ce que c'est, & si c'est veritablement
vne Terre & des Eaux que ce qu'on y void, ou si tout cela n'est
que des especes de nuages; Il faudroit estre bien hardy pour oser
en rien determiner, & ceux à qui il semble qu'on ait distribué
la Seigneurie ou le gouuernement de quelques Prouinces en ce
païs-là, n'ont gueres de pouuoir de les aller conquerir. On
peut de mesme faire vne Heliographie, ou Descriptió du Soleil,
tant pour obseruer son Cours ordinaire, que celuy des Macules ou petits Astres que l'on a remarquez autour de luy. Ainsi
les autres Astres peuuent auoir leur Science laquelle sera bor-
née à ce qui se void d'eux-

*De l'Opti-
que.* CECY nous fait penser à la Science de l'Optique sans laquelle on ne remarqueroit pas tant de choses des Astres,

& qui est neceſſaire pour faire connoiſtre les effets de la lumiere & des ombres ; C'eſt par elle que l'on iuge des taches de la
Lune, de l'Ecclipſe des Aſtres, de la Galaxie ou voye de laict,
de la queuë des Comettes, & de tous les Meteores. Elle a
d'autres curioſitez touchant des choſes que nous faiſons de
nos mains, comme les lunettes & les miroirs qui ont diuerſes
puiſſances : Il y a les lunettes communes dont l'on fortifie la
veuë, qui reparent les deffaux des veuës foibles & courtes, en
raſſemblant les rayons Viſuels ou en groſſiſſant les objets ; Il y
a les lunettes à longue veuë, qui portent fort loin ayant des verres placez à certaine diſtance, dont l'vn qui eſt conuexe groſſit
les eſpeces des choſes que l'on regarde, & l'autre qui eſt con-
caue les inſinuë dans l'œil auec diſtinction. Pour les miroirs
ils repreſentent les Images des choſes exterieures, à cauſe que
la fueille d'eſtaim dont le derriere eſt couuert, les empeſche de
paſſer outre comme aux corps Diaphanes. Cela ſe fait aux miroirs plains & à tous les autres. Il y en a qui apetiſſent les objets, ou les augmentent, ou les multiplient, & font pareſtre
quantité de diuerſitez dont la raiſon ſe tire de leur figure & de
leur poſition. Ceux qui ſont faits en colomne que l'on apelle
des Cylindres, repreſentent au naïf des portraits dont tous les
traits ont eſté diuiſez ſur le papier, de telle façon que ſans cela l'on n'y pourroit rien reconnoiſtre. Les reigles en dependent d'vn Art qu'on apelle, la Perſpectiue, car ayant fait ſemblables traits ſur quelque muraille ou ſur quelque carte où l'on
ne void rien d'abord que des parties mônſtrueuſes, les regardant apres d'vn certain lieu, tout cela ſe reunit pour former vn
corps parfait.

LA MESME Science de Perſpectiue enſeigne auſſi à *De la Pein-*
faire des Portraits auec des couleurs & des ombres, ſur vn *ture.*
lieu plat où elles ſembleront releuées. L'art de Peinture depend de cecy ; C'eſt vne inuention par laquelle l'on repreſente tout ce qui ſubſiſte dans l'Vniuers. La Sculpture ne repreſente que la figure des choſes, & meſmes des choſes groſſieres & maſſiues, au lieu que la Peinture repreſente l'Air & les
vapeurs, les couleurs les plus diuerſes, & le feu & la lumiere,
qui font voir toutes les autres choſes, mais ce n'eſt qu'auec vne

couleur aparente & vn esclat feint, qui ne peut donner de la
clarté & a besoin d'en receuoir d'ailleurs pour estre veu; Neantmoins ce que la Peinture fait est assez exquis pour estre estimé.
Quelques Autheurs disent merueilles des Peintures anciennes,
comme en effect il y en a eu d'excellentes : Il ne faut pas croire
pourtant tout ce qu'on nous en raconte. Si des oyseaux vin-
drent becqueter les raisins du Tableau de Zeuxis, c'est qu'ils
volerent en ce lieu par hazard. Les Bestes ne sont point attirées si facilement par vne simple aparence, & par la seulle couleur. Ce que l'on dit de la vache de Miron pour qui les Taureaux auoient de l'Amour, sont des inuentions de la men-
teuse Grece, & des sujets d'Epigramme pour les Poëtes. Les
derniers siecles ont produit d'aussi beaux chefs-d'œuure de
Peinture & de Sculpture que les anciens, mais il ne s y faut
point imaginer vne puissance extraordinaire, non plus qu'en
ce que nous auons dit de la Musique. On sçait où vont les forces des artifices humains, & en cét estat l'Art de Peinture &
de Portraiture sont tousiours recommandables. L'artifice des
graueurs depend des proportions de la Peinture, & pour ce
qui est de la Taille douce, elle est fort vtile en ce que par
son moyen on garde plusieurs beaux desseins en peu d'espace.
L'art d'escrire depend encore de celuy de peindre, & de mesme l'Art de l'Imprimerie. L'vtilité de ces Arts est reconnuë de
chacun; On fait seulement quelques Paradoxes touchant l'Escriture, disant qu'elle nuit à la Memoire, pource que se fiant
sur ce que l'on garde escrit, on ne se soucie point de l'aprendre
par cœur, ce qui met beaucoup de curiositez au hazard d'estre
perdues, si les Escrits qui les contiénent estoient bruslez ou dis-
sipez; On remonstre d'ailleurs qu'on en est moins habile en
plusieurs occasions ne sçachant rien que par liure; Mais d'autant qu'il est impossible de retenir toutes choses, il faut bien
auoir recours à quelques Notes ou Caracteres qui estant tracez
quelque part seruent à en faire souuenir. Quant à l'Imprimerie la controuerse en est plus grande & plus puissamment sou-
stenuë; La multitude effrenée des mauuais liures imprimez,
fait que l'on condamne l'Art qui sert à les multiplier : mais comme il sert aussi à multiplier les bons liures, c'est ce qui y peut
fournir de deffence.

ENTRE les Disciplines redeuables aux Mathematiques, nous auons l'Architecture. L'Arithmetique & la Geometrie, ne seruent dans la Geographie qu'à mesurer la Terre ou le Ciel, qui sont les edifices que la Nature a bastis dans le Monde d'vne Architecture qui luy est particuliere. Les Hommes en ont voulu construire d'autres par leur artifice, selon leurs diuerses necessitez, à quoy les mesmes Arts leur seruent. De cecy s'est fait nostre Architecture, qui estant l'Art de bastir des Maisons doit contenir beaucoup de connoissances qui en dependent. Il faut sçauoir quelle est la matiere qui peut se trouuer plus facilement en de certaines contrées, comment il la faut employer, comment les bastimens peuuent estre durables, & quelles commoditez on peut pratiquer dans les logemens. On y recherche les ornemens pour le plaisir de la veuë & pour la magnificence. D'autant que l'on s'est seruy diuersement de toutes ces choses selon les Nations & selon les Temps, c'est cette diuersité qu'il faut que nous sçachions, soit pour iuger des bastimens qui ont esté faits par d'autres, soit pour nous reigler en ceux que nous voulons faire. L'Art de fortifier les places est vne autre sorte d'Architecture. Comme le dessein de la premiere est de nous defendre des iniures du Temps, & de celle des Bestes, & des larcins, & violences de quelques meschans Hommes, il y en a vne seconde pour la force extraordinaire, & pour les entreprises de guerre. On en aprend les reigles pour rendre les Villes & les citadelles de bonne defence, & pour sçauoir comment il les faut assaillir. On peut ioindre à cecy, l'inuention de toutes les machines de guerre, tant anciennes que modernes, & tout ce qui concerne l'Artillerie; Mais l'vtilité de ces Arts est amoindrie pour chacun des Peuples, quand il se trouue que leurs Voisins & leurs Ennemis, y sont aussi sçauans qu'eux.

NOVS auons nommé les principaux Arts qui dependent des Mathematiques, dont les preceptes sont tres certains & tres vtiles, & sont confirmez par vne experience iournaliere. Il y en a d'autres diuers qui peuuent emprunter le mesme secours, au moins en ce qui est des outils & des Machines de leurs Artisans. Ceux-cy trauaillent sur les matieres elemenraires. Il se fait beaucoup d'ouurages auec le Feu, l'Eau, & la Terre; Il est certain que la Terre nous sert fort diuersement à cause de la varieté de ses qualitez : Elle a les pierres dont l'on bastit des maisons, la chaux & le plastre dont l'on se sert à les ioindre ensemble; Puis elle a les Bitumes, les sels, les souffres, les mineraux, & les metaux qui sont propres à beaucoup de differends vsages. Les sels & autres sucs seruent à plusieurs compositions tant medecinalles qu'autres, La pluspart des metaux seruent à la fabrique des instrumens de diuers mestiers, ou pour affermir quelques parties de nos edifices, & faire leurs clostures. Delà viennent les Arts de Serrurier & autres Forgerons. L'or & l'argent estans principalement reseruez à faire de la monnoye pour la facilité du commerce, on a inuenté vn Art de Monnoyeur, & pour ce que ces deux metaux seruent encore à fabriquer plusieurs vaisseaux & autres pieces de mesnage, il s'en est fait l'Art des Orfeures. Tous ces Artisans reüssissent bien quand ils veullent à ce qu'ils entreprennent; Les preceptes de leur Art sont certains, & n'ont rien que l'on doiue condamner, si ce n'est qu'ils en abusent exprez au dommage du public. Nous pouuons passer icy à d'autres qui concernent les secours que l'on donne aux œuures de la Nature. Ie vien à la culture des Plantes, dont l'on ne sçauroit douter que l'aplication ne soit agreable & vtile. Les beaux & bons fruits que les Plantes nous donnent, sont la recompense des soins & du trauail que l'on prend pour elles. Il y a des herbes qui nous seruent d'aliment, & d'autres qui sont propres à la cure des maladies. Il y a des Plantes qui n'ont que des fleurs dont la beauté est de peu de durée, & dont la substance n'est d'aucun profit, lesquelles ont au moins des odeurs, ou des couleurs & des figures agreables, capables de recréer les esprits, pour quelque temps. Le soin que l'on a de plusieurs animaux domestiques fait vne partie necessaire de nostre œconomie, puisqu'ils seruent à plusieurs necessitez des familles. Tout cecy fait que l'on estime l'Art des Laboureurs, des Iardiniers, des Bergers, & autres seruans au mesnage des champs. De plus comme plusieurs Bestes farouches se pourroient multiplier en telle quantité qu'elles mangeroient tous les fruits de la Terre,

& exer-

& exerceroient leur fureur contre les animaux domeſtiques &
de ſeruice, & meſmes contre les Hommes, l'on a inuenté l'Art
de la chaſſe, qui ſert pour noſtre recreation, & auſſi pour
nous fournir de nourriture. Auec l'Art de Venerie pour la
chaſſe du Sanglier & du Cerf, & autres Beſtes, on a trouué encore l'Art de Fauconnerie pour la chaſſe des oyſeaux,
& l'Art de la Peſche pour prendre des Poiſſons; Enfin de toutes les choſes qui ſont propres à la nourriture, il s'eſt fait pluſieurs Arts tres Vtiles: Il y a l'Art des Meuſniers, des Bou-
langers & des Paſtiſſiers, qui ſe ſeruent de ce que l'Agriculture a fait croiſtre. En ſuitte eſt l'Art des Confizeurs pour
les Fruits, & celuy des Cuiſiniers, leſquels ne ſe ſeruent pas
ſeulement des herbages & de pluſieurs fruits de la Terre, mais
de la chair des Animaux tant domeſtiques que ſauuages, qu'ils
apreſtent en diuerſes façons. Immediatement apres les Arts
qui ſeruent à la nourriture des Corps, on peut ranger ceux qui
ſeruent à le tenir nettement & proprement, comme l'Art des
Barbiers & des Eſtuuiſtes, puis pour remedier à ſes Infirmitez,
les Arts de la Chirurgie & de l'Apothiquairerie, Miniſtres de
la Medecine. Pource qui apartient aux veſtemens, il y a les
Arts des Tiſſerands, des Drapiers, des Ouuriers en ſoye,
des Tailleurs & des Brodeurs, & pour les Emmeublemens les
Arts des Menuiſiers, des Tapiſſiers & quelques autres. Apres
on peut paſſer aux Sciences ou Arts concernans la vie ciuille,
comme ſont ceux des Marchands, des Financiers, des gens de
Iudicature, & de toutes les fonctions de quelque Miniſtere, ſoit
pour obeyr ſimplement à d'autres, ou pour prendre les ordres
de quelqu'vn, & en donner auſſi à des Inferieurs. On y ioindra la Science des Ceremonies pour les Aſſemblées Politiques, & de tout ce qui eſt neceſſaire dans les deportemens des
Grands Seigneurs, & au deſſus on mettra la Science des deuoirs Eccleſiaſtiques. Ces Sciences & ces Arts eſtant reconnüs
pour tres iuſtes & tres vtiles, ſont dans l'aprobation de chacun. Il n'y a que l'Art Militaire & ſes dependances, que pluſieurs condamnent, comme eſtant cauſe de beaucoup de maux:
Mais ſi tous les Peuples vnanimement ne le veullent pas abandonner, il n'eſt pas ſeur de le negliger; Car quoy que l'on ne

X

defire point faire de mal aux autres, il faut garder qu'ils ne nous
en faffent. Outre les Arts de neceffité, il y en a de curiofité
comme ceux des perfonnes qui dreffent des Cabinets de diuerfes pieces, ce qui eft vn diuertiffement honefte, & mefme in-
ftrudif; mais fi l'on met l'Art de connoiftre les Medailles, & celuy des Blafons, au nombre des fimples Curiofitez, quelques-
vns s'en offenceront, les tenant pour des Sciences ou connoiffances vtiles & neceffaires, enquoy ils peuuent auoir raifon.

De l'Al-
chymie.

IL NOVS refte de parler de quelques Arts qui font plus
de curiofité que de profit, mais qui feroient pourtant fort
vtiles s'ils accompliffoient ce qu'ils promettent. Le plus
faftueux de tous, eft cét Art qui veut entreprendre de changer les Metaux imparfaits ou autres matieres, en Argent
& en Or. Ces deux Metaux auec lefquels l'on achete toutes les delices & les raretez du Monde, font tellement pri-
fez que l'on croid bien heureux ceux qui en ont en abondance;
C'eft pourquoy l'on a recherché diligemment fi l'on les pourroit produire par artifice fuiuant les fecrets de l'Alchymie, &
plufieurs fe font vantez d'y pouuoir paruenir, tant pour acquerir de la reputation que pour gagner quelque chofe dans
les auances qu'ils vouloient que l'on leur fift auparauant que de
trauailler. Leur tromperie eftoit en cela affez ayfée à connoiftre, puifqu'il y auoit peu d'aparence que ceux qui auoient la
puiffance de faire tant d'or qu'ils en pourroient fouhaitter, en
vouluffent demander aux autres, & l'on ne deuoit point s'affeurer qu'ils euffent fuffifamment efprouué ce fecret, s'il n'a-
uoit pas encore feruy à les enrichir. Lors qu'ils ont fait leur
effay deuant les perfonnes qu'ils vouloient dupper, ils ont
eu des creufets doubles, ou des baguettes de fer qu'ils a-
uoient remplies d'or; & ils le laiffoient gliffer dans leur matiere
en la remuant, afin que lors qu'elle feroit entierement exhalée,
il ne reftaft que ce metal, comme s'ils en euffent fait vne veritable Metamorphofe, ou bien ils auoient defia meflé leur poudre parmy le plomb & le vif argent fur lefquels ils vouloient
trauailler. Non feulement il eft bon de fçauoir ces fourbes pour
s'en garder, mais l'on peut encore aprendre les moyens par
lefquels ces Docteurs font efperer qu'ils paruiendront à leur

grand Oeuure, qui sont en corrigeant dans les moindres Metaux ce qu'ils ont de defectueux, & les esleuant à la sublimité des plus pretieux & des plus Fins. Il faut voir aussi les raisons que l'on donne pour l'impossibilité de ce dessein. L'on dit qu'il ne se faut pas imaginer que tous les Metaux se puissent changer en or par diuers degrez, & qu'ils ne soient tous que de l'or imparfait; Qu'il faudroit donc pour cecy qu'il n'y eust qu'vne sorte de metal qui nous paroistroit sous diuerses formes selon ses differétes cuissons; Qu'au contraire chaque metal a sa nature speciale, & que l'vne ne sçauroit estre changée en l'autre, non plus que l'on ne sçauroit changer de la craye en marbre, ny vn Chesne en vn figuier, ou vn cheual en vn Homme. Mais si l'on reconnoist que les Metaux ne puissent estre ainsi amenez à vne perfection supreme, par diuerses transmutations, on asseure qu'on ne laisse pas d'auoir le secret de faire de l'or par vn autre moyen, qui est de trauailler sur les matieres dont il est composé, & d'accomplir par Art ce que la Nature a accoustumé de faire toute seule. Ce sont d'autres propositions friuolles; car encore que l'on tienne que le Souffre, le Sel & le Mercure soient les Principes des Metaux, on trauaille beaucoup à chercher l'espece de ces matieres qui ne doiuent pas estre les communes. Apres cela qui nous dira quelle en sera la dose & le meslange, comment seront les vaisseaux qui les receuront, & principalement quel sera le feu qui agira dessus, pour auoir le mesme effet que la chaleur interne de la Terre, ou que celle du Soleil? Pense-t'on faire en peu de temps & auec vne chaleur precipitée, ce qui couste des siecles à la Nature? On se sert d'vne ardeur de feu qui n'est que moderée, pour estre moindre & ce feu sera de charbon; On se sert aussi de feu de lampe, de cendre eschauffée, où de la chaleur d'vn bain, & mesme de celle d'vn fumier. C'est tout ce que peut faire l'industrie des Hommes, & de quelque sorte que cela soit, cela est bien different des operations naturelles: Aussi ne voyons nous point de gens qui reussissent à ce mestier. Apres que plusieurs y ont despencé leur bien & celuy d'autruy, il se trouue qu'ils n'ont apris autre chose qu'à faire des Eaux & des fards, & qu'ils n'ont autre recópense de leurs longs trauaux, que le desespoir &

la mocquerie generalle du Monde. S'ils promettent l'or potable & quelque autre medecine, pretendant de guerir les infirmitez des Corps humains, aussi bien que celles des metaux,
on reconnoist premierement, qu'ils ne sçauroient reduire l'or
en l'estat qu'ils desirent, & que les Cures qu'ils publient,
sont aussi fort mensongeres; C'est pourquoy l'on doit estre
auerty de ne point perdre de temps à vne profession si nuisible,
& de ne pas adiouster foy trop legerement à ceux qui en font
profession. Quant à la Chymie vulgaire de qui le Nom retranché monstre qu'elle n'est que comme vn Diminutif de l'autre, elle est pourtant de plus grand seruice, & a dauantage de
certitude. Elle ne s'occupe ordinairement qu'à faire diuers Ex-
traits de tous les Corps tant mineraux que vegetaux, & par
ce moyen elle se trouue propre à tant de curiositez, que l'on la
doit receuoir au nombre des Arts legitimes. Outre qu'elle est
employée vtilement à diuers remedes de la Medecine, elle fait
voir la Nature à descouuert, & donne beaucoup d'esclaircissement aux Questions de la Physique.

Des Diui-
nations.

JE vien à des Sciences ou Arts que la Theorie peut faire
passer pour Sciences, mais dont la pratique est vn Art; Ce
sont pourtant des Arts contemplatifs & non point manuels,
lesquels n'ont rien de corporel qu'en ce qu'ils agissent autour
du corps. Ils peuuent suiure icy la Chymie, pource que ce
sont de ces curiositez dont les esprits credules & inquiets se
laissent surprendre, & qui contiennent beaucoup d'erreurs
dont il se faut garder. Ie veux parler des Diuinations de toutes les sortes, tant pour connoistre le Naturel des Hommes,
que pour sçauoir les choses les plus cachées, & predire l'auenir.

De la Phy-
sionomie &
de la Chi-
romance.

On y employe quelques remarques assez vtiles quand on se sert
de la vraye Physionomie, qui est vn indice de l'interieur marqué par l'exterieur, & qui se fait voir non seulement aux animaux, mais aux plantes & autres Corps, ce que l'on apelle les
Signatures des Choses : Mais principalement cela donne quelque certitude pour ce qui est de l'Homme, d'autant que l'on a
obserué que ceux qui ont les mesmes traits de visage, sont ordinairement de pareille humeur, dequoy l'on trouue assez bien la
cause, dans la recherche du Temperament, qui selon sa diuer-

sité fait changer la proportion & la couleur de tous les membres du Corps. La Chiromance ou Diuination par les mains peut aussi auoir quelque chose de certain, si elle s'arreste à des lignes & places dont l'on puisse obseruer la difference selon la Nature & selon qu'elles respondent au Cœur, au Foye, à la Ratte & aux autres parties principalles: car pour celles que l'on attribue à Saturne, à Iupiter & aux autres Planettes, c'est vne inuention sans fondement.

L'Astrologie iudiciaire doit encore auoir moins d'asseurance, dependant entierement des Astres, qui sont si esloignez de nous, & que nous auons si peu de pouuoir de connoistre; Neantmoins elle gagne le dessus contre la plufpart des autres Diuinations, par l'abondance de ses reigles & par vne specieuse aparence. Nous luy objecterons la difficulté qu'il y a d'obseruer le vray cours des Astres qui change continuellement; Que les significations que l'on donne aux Planettes & aux Signes, ne sont establies que suiuant les Fables des Poëtes Autheurs de mensonges; Que les douze Maisons de l'Horoscope, pouuoient estre en plus grand ou moindre nombre, & commencer ailleurs qu'elles ne font, & auoir aussi d'autres Pronostiques que ceux que l'on leur attribue, lesquels ne sont apuyez sur aucune raison naturelle: Mais outre que nous n'accordons pas aux Corps superieurs, ces facultez que l'on en publie, nous soustenons que quand ils auroient tout le credit que l'on leur donne, il ne seroit pas possible de dire quelle seroit la fortune d'vn Enfant, à cause que le moment de la naissance est difficille à trouuer, & que l'on met en doute, s'il ne faut point plustost auoir recours au moment de la Conception. D'ailleurs nous deuons considerer que la nourriture & les instructions peuuent changer l'humeur & la volonté des Hommes, & que quand le Temperament les porteroit à quelques Vices, cela ne determineroit pas de quelle sorte cela se feroit, & quels accidens en pourroient arriuer, pource que cela depend des choses contingentes & fortuites. Cela monstre assez la vanité des iugemens des Astrologues; De plus il se faut representer que l'on les soustient temerairement, sur cette croyance qu'ont plusieurs, que les Astres n'ont esté créez & placez au lieu où ils

De l'Astro-
logie iudi-
ciaire.

X iij

font, que pour monſtrer aux Hommes ce qui leur doit auenir,
& qu’ils ne ſeruiroient de rien au Ciel ſans cela : Si pluſieurs
Eſtoilles fixes ſont auſſi grandes que le Soleil, auroit il eſté beſoin qu’elles euſſent vne telle eſtenduë, pour cét ouurage ſeul?
Ne ſuffiroit il pas qu’elles fuſſent plus petites, & qu’elles fuſſent plus abaiſſées pour ſe faire voir ? Quant à ces Globes qui
n’ont point de clarté en eux, ainſi que la Lune, & qui ſemblent eſtre des Corps terreſtres, ne peuuent ils pas auoir d’autres vſages ? L’aueuglement eſt grand de ceux qui entreprennent de donner des reigles à ces choſes. Il eſt vray que quand
les Aſtres ſeroient faits pour d’autres deſſeins que nous ne
connoiſſons pas, il ne faut pas laiſſer de croire que leurs apro-
chemens ou leurs reculemens, & leurs diuers aſpects, ont du
pouuoir ſur les Meteores, & meſmes ſur toutes les Choſes corporelles, de ſorte qu’en obſeruant leur Cours, on peut iuger
de leurs effets ſur les Subſtances inferieures ; Mais en ce qui eſt
de l’Homme tant de choſes concourent à la varieté de ſa compoſition, qu’il eſt malayſé de ſçauoir de quelle complexion il
ſera, par la ſeule conſideration de l’heure de ſa naiſſance ;
Tant s’en faut que l’on puiſſe predire quelle fortune luy arriuera, & quelles en ſeront les circonſtances diuerſes. Des perſonnes tres ſçauantes diſent auſſi, qu’il y auroit plus d’aparence
de croire que l’humidité d’vn lac ou d’vne riuiere, ou la chaleur d’vn feu prochain, opereroient ſur la complexion d’vn Enfant qui vient au Monde, que des Eſtoilles qui en ſont extreme-
mét eſloignées & dont les influences ſont fort imaginaires, tous
les Aſtres n’eſtant que des Corps qui ont des qualitez ſenſibles
& connuës comme les autres Corps ; Car s’ils en ont d’inſenſibles & d’inconnuës, elles n’ont donc pas beaucoup d’action :
Mais les Hommes ont penſé que tout ce qui venoit du Ciel
eſtoit remply d’efficace ; C’eſt pourquoy ils ont voulu que
leurs Predictions euſſent tout ce grand apareil : Neantmoins
il faut conclure enfin que quelque pouuoir que l’on attribue aux
Aſtres, puiſqu’ils ſont du nombre des choſes corporelles, les
choſes ſpirituelles ne ſont point de leur Empire, & quand le
Corps de l’Homme leur ſeroit ſujet, l’Ame ſe retireroit touſiours de cét abaiſſement.

On prise encore beaucoup la diuination par les Songes, à De la Di- cause qu'elle se fait par des choses qui sont en nous mesmes ; De uination vray les Songes peuuent donner vn indice du Temperament par les son- où vn Homme se trouue, non pas qu'ils soient vn presage de ges. plusieurs accidens particuliers. Si ce ne sont point les humeurs qui les causent, ce ne sont que des ressouuenirs, & des suites de ce qui s'est passé le iour precedent, ou des Imaginations con- fuses, qui nous viennent dans l'Esprit, ainsi que nous en pou- uons mesme auoir quand nous resuons sans estre endormis.

Or si nous ne contredisons point à ce qu'il y a de certain De plusieurs dans les Predictions naturelles, nous condamnons toutes celles Diuinatiõs. qui sont artificielles & trõpeuses, & qui tiennent de la Magie, comme la Geomance, l'Hydromance, la Roüe de Pythagore & les autres especes de Diuinations, pour la defence desquelles on ne sçauroit trouuer aucune raison ; Car ou ce ne sont que des sottises & des jeux pareils à celuy du Dodocedron & du passe-temps ou Fortune des Dez, qui ont leurs liures exprez remplis de Predictions, desquelles on se sert par diuertissement, & sans se figurer qu'il y ait quelque verité en cela ; Ou s'il y a quelques Diuinations qui ayent tousiours vn effect certain, on tient que cela se fait par l'assistance des mauuais Esprits, auec lesquels nous ne deuons point auoir de commerce, si nous vou- lons estre bien auec Dieu, puisque nous ne pouuons pas apar- tenir en mesme temps à des Maistres si differens.

IL n'y a aucune sorte de Magie qui doiue estre aprouuée. Si De la Ma- l'õ apelle Magie ce qui se fait par des voyes naturelles, en apli- gie natu- quant les choses actiues aux passiues, c'est donner vn nom vain relle, de la à des choses vn peu cachées, pour en exalter le secret. Souuent Magie noi- la vraye Magie passe aussi sous ce nom : Tous les Vendeurs re & de la d'Anneaux ou de Figures Astrologiques, & mesmes d'vnguent blanche. des Armes ou de Poudre de Sympathie, se disent Magiciens naturels, mais la pluspart ne sont que trompeurs & charlatans, & ne sçauroient faire tout ce qu'ils promettent de leurs drogues & de leurs Bijoux, ou s'ils le font, ils sont vrais Magiciens & Sorciers. On croid que toutes ces choses ne sçauroient auoir sans cela le pouuoir que l'on leur attribuë. La Magie noire, ou demoniaque, & la Sorcellerie, estant condamnées de toutes les

Nations, il ne faut pas de longs discours pour monstrer combien elles doiuent estre en horreur, Et quant a la Magie blanche que l'on veut rendre differente de la noire, c'est vne resuerie pleine d'impieté, puis qu'on pretend qu'elle se fait de mesme par des ceremonies superstitieuses.

De la Ca-
balle.
Il y a vne Science de Caballe, qui sur les nombres attribuez aux lettres des Noms, s'imagine de trouuer de grands Secrets, & par ce moyen d'auoir la puissance d'accomplir de rares choses, & mesmes de faire des miracles. Cette Doctrine est pleine d'imposture, si elle establit tant de puissance aux paroles qui ne sont que le Signe des Choses; Il la faut distinguer de cette Caballe qui ne pense qu'à la bonne interpretation des Sainctes Escritures, & à la recherche des Sciences Contemplatiues.

Des Baste-
leurs.
Apres cecy entre les Arts inutiles, ie ne puis plus nommer que celuy de certains hommes qui veullent encore contrefaire les Sorciers ou Magiciens, & sont fort ayses de passer pour tels, & ne sont neantmoins que des Basteleurs. Les vns font disparoistre vne chose par des subtilitez de mains; Les autres font agir ce qui semble deuoir estre immobile par certains artifices inconnus, desquels on se moque quand on les sçait. Il y en a aussi qui font espreuue en leur personne de ce qu'ils sçauent; ils font des sauts perilleux & dansent sur vne corde esleuée, ou s'y pendent en mille façons. Tout ce que font les vns ou les autres temoigne la subtilité de l'Homme, sa dexterité & la souplesse de son Corps, mais c'est pour vne chose qui ne sert de rien, & pour vne vaine ostentation.

De l'instru-
ction.
IL N Y A gueres d'Arts vtiles dont ie n'aye fait mention de mesme que des Sciëces, pource que fussent ils vils & mechaniques, leur vtilité ne laisse pas de s'en faire aprouuer, & ie n'enten pas qu'ils soient pratiquez par autres que par ceux à qui ils conuiennent; Ie ne les nomme que pour la subordination qu'ils ont à quelque Science ou à quelque Art releué. Quant aux Sciences & aux Arts inutiles, bien que l'on en laisse quelques vns en arriere, la perte n'en est pas grande. Or ayant declaré quelles Sciences sont à estimer, ie ne leur ay pas donné toutes les loüanges qu'elles peuuent meriter, parce qu'elles se rendent assez recommandables d'elles mesmes. On peut seulement
trou-

trouuer à redire, à ce que quelques vnes sont remplies de superfluitez, & que les bonnes choses y sont placées auec confusion,&
enseignées d'vne mauuaise methode. Il semble que par ce
moyen au lieu d'estre salutaires, elles sont renduës nuisibles,
ainsi que les meilleurs medicamens estant mal aprestez & admi-
nistrez hors de temps & d'occasion, sont prejudiciables à la
Santé du Corps. Ie parle de cecy comme par recapitulation, &
selon que cela se peut offrir. Ie diray donc que specialement
selon les Methodes communes, la Grammaire a des preceptes
trop longs & trop embrouillez, & des reigles si mal aysées à
comprendre & à retenir, que les Enfans à qui l'on les monstre,
en ont l'Esprit gesné, & y perdent beaucoup de temps ; Et que
les Hommes faicts à qui l'Enuie ou la commodité d'aprendre ont
esté tardiues, en sont aussi tost desgoustez, ou mesmes en sont
destournez, seulement par ce qu'ils en ont ouy dire. Aussi trou-
ue-t'on la mesme chose à l'esgard de l'Estude de la Rhetorique,
de la Logique, & autres parties du Cours ordinaire de Philosophie, où il y a tant de choses inutiles, que n'estoit que plusieurs
les aprennent comme par force lors qu'ils sont enfermez dans
les Colleges estant enfans, il s'en trouueroit peu qui s'y ar-
restassent, & qui peu de temps apres ayant le parfait vsage de la
Raison vouluffent chosir vne application si ennuyeuse. Il y a
plusieurs de ces Escholes où l'on employe neuf ou dix années à
aprendre beaucoup de choses qui ne sont pas fort necessaires, &
qui ne seruent de rien à la conduite des Mœurs, ny à la vie ciuille
& politique. Si on vous entretient là de Fables de l'Antiquité,
c'est de celles qui sont les plus ineptes ; On ne vous descouure
point les plus mysterieuses, & la vraye Histoire ne vous est
point donnée autrement qu'en confusion. La Rhetorique
mesme que l'on entreprend d'y d'enseigner par plusieurs années
d'Humanitez, n'y a point ses plus necessaires ornemens : On ne
l'occupe qu'à des Declamations scholastiques, sans la dresser
premierement pour les Conuersations & les Conferences, puis
pour les Sermons, les Plaidoyers, les Harangues Politiques,
les Propositions,& les Remonstrances suiuant l'vsage moderne.
Ce qui est encore plus mal, il y a des Maistres en ville, ou qui
seruent de Precepteurs dans les Maisons, lesquels n'estant point

sujets aux Loix des Vniuersitez, & se gouuernant à leur mode,
pensent donner de bonnes Instructions à leurs Disciples, de les
esleuer tout d'vn coup aux plus hautes Sciences, & leur enseignent la Philosophie sans qu'ils sçachent ny Rhetorique ny
Grammaire. Il semble à ces Maistres que ces choses ne se doiuent aprendre que dans les petites Escholes, & peut estre sont
ils si simples qu'ils croyent que l'on s'en puisse passer, comme
si leurs Disciples pouuoient estre bons Logiciens & Metaphysi-
ciens, sans auoir les principes des bonnes lettres, tellement que
l'on void des gens qui parlent de Categories, de Sillogismes, &
d'Enthymemes, lesquels demeureroient muets si l'on leur demandoit la vraye signification de ces mots, & si l'on les interro-
geoit si ce sont là des Noms ou des Verbes, ou si l'on leur faisoit
faire la construction ou le demembrement d'vne Peryode,
ou que l'on s'enquist s'ils sçauent bien quel est le Regime de
tous les Mots qu'ils employent. Nous ne voyons gueres de
personnes qui ayant eu de tels Pædagogues en soient plus propres à bien parler & à bien escrire, ny qui sçachent mesmes les
choses que sur tout on s'est efforcé de leur aprendre. Outre que
ces Disciplines sont pleines d'erreurs, plusieurs sont priuées de
leurs principales parties. Quelques Maistres voyent assez la
difficulté qu'il y a de bien traiter de la Physique, attendu la
diuersité des Opinions qui ont cours auiourd'huy touchant les
choses naturelles, desquelles ils sont peu instruits ; Ils taschent
de gagner la fin de l'année sans la monstrer, ou s'ils sont contraints d'en traiter quelque peu, ils ne parlent que des Causes &
des Principes, qui sont Matiere de Logique, & par ce moyen
ils rendent leur Cours defectueux. Il ne faut point dire qu'il
n'y a rien à regretter de n'auoir pas la Physique, comme l'on la
donne vulgairement ; Car c'est tousiours vn des Caracteres
Philosophiques qu'il faut sçauoir, mais il est vray qu'il sert encore de peu, s'il n'est accompagné des autres, afin de confron-
ter les opinions des Aristoteliciens à celles de Nouateurs. Quelques-vns de ces Maistres qui negligent la Physique, disent
qu'ils ne font cas principalement que de la Moralle, parce que
c'est la Science qui aprend aux Hommes à bien viure ; Ils ne
voyent pas que l'Ethique ou Moralle qu'ils donnent, n'est pas la

Science qui enseigne particulierement les bonnes Mœurs, &
que c'eft vne Moralle Collegialle & Difputatiue, laquelle
n'enfeigne que l'origine des Paffions, & la diftinction des vices & des vertus, fans donner les moyens de fuir les vns & de
fuiure les autres. Ie fouftien qu'en cét Eftat, l'Ethique n'eft
rien qu'vne partie de la Phyfique ou Philofophie naturelle, qui
peut traiter de l'Ame & de fes affections & inclinations, ce
que ces Docteurs auroient grand' peine à s'imaginer, eftant
imbus de leurs vieilles Maximes. On leur accordera bien que
leurs Inftructions ont quelque chofe de bon en particulier, mais
il ne les faut pas faire paffer pour vne Moralle parfaite. Toutes
les autres Sciences ou Connoiffances peuuent auoir leurs deffaux d'inftruction, foit par la negligence des Maiftres, foit par
celle des Autheurs qui en ont efcrit. Il y a auffi des Difciplines
qui ne font entierement qu'Erreur ou fuperfluité, comme
quelques dernieres que i'ay mifes en rang ; Toutesfois cela ne
ftoit point eftre caufe, que l'on vomiffe fon fiel contre toutes
les Sciences en general, puifqu'il y en a de fort vtiles, & dont
la certitude feroit affez euidente fi elle eftoit diligemment recherchée.

APRES auoir veu ce qu'il y a d'vtile & d'affeuré dans
plufieurs Sciences, il ne faut point abandonner leur e-
ftude & leur trauail, pour ce que difent ceux qui condamnent
temerairement toute forte de Sciences & d'Arts, foit pour def-
charger leur mauuaife humeur, foit pour faire pareftre leur Efprit dans vn Difcours Satyrique, fait contre l'opinion commu-
nune. Il faut leur refpondre icy en particulier, & leur faire
voir que toutes les Sciences ne font pas remplies de vanité &
d'incertitude comme ils le publient. Quelques-vns veullent
autorifer l'ignorance en remonftrant qu'elle a efté pratiquée
par vne perfonne de marque. Socrate, difent-ils, qui a efté
eftimé fi fage affeuroit, *Qu'il ne fçauoit qu'vne chofe qui eftoit
qu'il ne fçauoit rien*; Et pour monftrer qu'il ne fçauoit rien en
effet, il n'a iamais rien mis par efcrit ; Car ne fçachant rien
que pouuoit il efcrire ? Ie refpondray qu'il fe contredifoit luy
mefme dans fa confeffion d'ignorance, & que de fçauoir qu'il
ne fçauoit rien, c'eftoit vne Science affez confiderable, s'il la

poſſedoit parfaictement , pource qu'il connoiſſoit par là quelle
eſtoit l'impuiſſance de l'Homme, & quelles bornes auoient eſté
miſes à ſa recherche ; Qu'au reſte quand il auöoit ne rien ſçauoir , c'eſtoit pour faire entendre , que ce que les Hommes pouuoient aprendre des choſes du Monde , n'eſtoit rien à comparaiſon de la verité ſouueraine & vniuerſelle. En ce qui eſt de
n'auoir rien mis par eſcrit , c'eſt poſſible qu'il n'y eſtoit pas propre , quelque grande eſtime que l'on faſſe de luy , pource qu'encore qu'il euſt ce Don de pouuoir faire d'excellens raiſonnemens ſur tout ce qui ſe preſentoit , il n'auoit pas la facilité de les
rediger de ſuite , & l'on pretend meſmes que l'Eloquence de
Platon luy a preſté beaucoup de choſes , & qu'il a fait de longues amplifications ſur ſes plus ſimples ſentimens. On dit pour-

tant que Socrate declaroit que s'il n'écriuoit riē , c'eſtoit qu'il ne
pouuoit eſcrire aucune choſe qui ne valuſt moins que le Papier
qu'il y employroit ; Mais cette humilité où il gardoit touſiours
vn meſme ſtile , ne peut enfin temoigner que la reconnoiſſan-
ce qu'il faiſoit de la foibleſſe de ſon Sçauoir , lequel n'eſt point
ſurpaſſé par celuy des autres Hommes , puiſque de ſon temps il
a eſté eſtimé le plus ſage de tous. Nous auons à dire neantmoins que s'il a eſté ſi Sage, ce n'a pû eſtre ſans beaucoup de
Science , Car ſi la Sageſſe conſiſte à ſe connoiſtre ſoy meſme ,
Se connoiſtre ſoy meſme, c'eſt ſçauoir ce que l'on eſt, & de ſçauoir cela , c'eſt auoir acquis vue Science tres-grande. Croyons
donc qu'il y a vne Science dont les Hommes ſont capables , &
ne ſoyons point rebutez de ſa pourſuitte par les Diſcours de
quelques Philoſophes Sceptiques ou Pyrrhorniens , qui veullent douter de toutes choſes , & taſchent de nous perſuader ,
qu'on ne peut rien ſçauoir de vray au Monde : Ils ſeroient tres
faſchez eux meſmes , que l'on creuſt qu'ils ne ſçeuſſent rien,&
que ce qu'ils diſent ne fuſt pas quelque eſpece de Science. Cette
Science qu'ils profeſſent n'eſt pourtāt que la Sciēce abuſiue, qui
par vne maligne enuie voudroit cacher la vraye , & la vraye eſt
celle qui luit malgré tous les nuages dont l'on l'a veut offuſquer.
Telle qu'elle eſt dans l'Entendement des Hommes , elle n'eſt
pas ſi lumineuſe comme dans l'Idée Souueraine. Toutefois
c'en eſt vne participation. Les Sophiſmes que l'on employe

pour la deſtruire ne la ſçauroient vaincre ; Cependant ils paroiſſent tres artificieux, comme ils le ſont en effeĉt, & pource
que les Gens qui s’en ſeruent, voyent qu’il y a des Sciences qui
ne ſont apuyées que ſur la verité des autres, & qu’il ne faut
qu’abatre leurs fondemens pour les ruiner, ils attaquent d’abord
les Mathematiques, leſquelles eſtant eſtimées les plus certaines des Sciences, ils croyent que ſi on les auoit fait trouuer fauſſes, on n’auroit plus de creance pour aucune.

Ils ſouſtiennent affirmatiuement, Que voulant que le Nom- *Attaque des Scepti-ques.*
bre ſoit compoſé de pluſieurs Vnitez, & l’vnité n’eſtant point
vn Nombre, cela fait qu’il n’y a point du tout de Nombre, ou
que le Nombre ne ſe peut nombrer ; Que ſi cét, *Vn*, que l’on
joint à vn autre, *Vn*, pour faire deux, eſt tout pareil à luy, c’eſt
donc meſme choſe, & l’on n’en ſçauroit faire de multiplication ; Que par ce moyen, quand vous en adiouſteriez pluſieurs de cette ſorte, vous ne feriez touſiours qu’Vn, de meſme que de pluſieurs Sons ſemblables, il ne ſe fait qu’vne Vniſ-
ſon, & non point des Sons differens ; Que ſi, *l’Vn*, eſt different de l’autre, *Vn*, comme cela eſt neceſſaire pour faire deux,
ce n’eſt donc pas meſme choſe, & on ne doit pas dire, Que
c’eſt vn & vn qui font deux, mais qu’vn certain, *Vn*, eſt adjouſté à quelque choſe qui eſt differend pour faire ce Nombre ;
Que d’vn autre coſté on peùt croire, que ſi deux vnitez ſont
differentes l’vne de l’autre, le nombre de Deux, n’en ſçauroit
eſtre eſclos, à cauſe que pluſieurs diſent qu’il ne doit eſtre compoſé que de deux choſes ſemblables. De plus que *l’Vn*, n’eſtant
point nombre, il ne ſe peut faire vn nombre de tant d’vnitez
que ce ſoit, & que ſi l’on nous donne, Quatre, ou, Trois, pour
Nombre, en oſtant de l’vn, *Trois*, & de l’autre, *Deux*, il ne
reſtera aucun Nombre, ny meſmes aucune choſe, pource que
l’vnité n’eſt point Nombre, & que ce qui ne fait point Nombre n’eſt rien ; Que ſi par vne opinion arreſtée, on aſſeure touſiours que l’vnité ſoit Nombre, il y a encore moyen de monſtrer que les penſées que l’on en a ſont abuſiues, & ne ſeruent
qu’a embaraſſer l’Eſprit, parce que ſi l’Vnité eſt Nombre, c’eſt
donc vne Quantité, & toute Quantité eſt diuiſible, de ſorte
que c’eſt en vain que nous adiouſtons tant d’vnitez les vnes

fur les autres pour faire les plus hauts Nombres, puifqu'il ne faut que diuifer l'vne de ces vnitez, en tant de parties que l'on voudra, & l'on aura la Quantité que l'on defire; Qu'ainfi au lieu d'adioufter Neuf à vn, pour pour faire Dix, il ne faut que diuifer cet, *Vn*, iufques à ce que ce Nombre s'y trouue, & que l'on aura *Neuf*, de refte, comme pour vne bonne Efpargne, & qu'enfin tous les Nombres n'eftant que chofes imaginaires, ce que l'on en a eftably n'eft que pour vn vfage iournalier des Hommes, lequel peut eftre changé, fans qu'il fe trouue en tout cecy aucune fubfiftence. Voyla des fubtilitez capables d'eftonner tous ceux qui ne font pas accouftumez à voir les principales veritez reuoquées en doute. Entre plufieurs Argumens qui viennent de l'Efchole de Pyrrho, j'ay choify ceux cy, à caufe que quelques anciens Autheurs, ont creu monftrer par eux la plus grande viuacité de leur Efprit. Quelques nouueaux Efcriuains s'en font feruis encore, accommodant cela au fujet de leurs liures, foit qu'ils y adjouftaffent foy, ou qu'ils le fiffent feulement pour prendre plaifir à contredire en quelque rencontre; Mais vn entre autres des plus remarquables, ayant monftré fon fçauoir, & fon iugement, en plufieurs liures de Theologie & d'autres fujets, a bien fait connoiftre que ce qu'il en a dit, n'a efté que pour expofer au iour ce que les Anciens Philofophes auoient de plus fort, & faire voir apres que cela eftoit tres foible, au prix des raifonnemens du Chriftianifme. D'autres en ont entrepris la refutation expreffe pour de certains endroits. Quant à ce que i'en ay allegué icy, i'y refpondray de mon inuention & felon mon fentiment.

Ie diray donc, Que c'eft en vain qu'on penfe prouuer, qu'il n'y ayt point de Nombre, fe fondant fur ce que l'on dit, Que le nombre n'eft compofé que d'vnitez, & que l'vnité n'eft point Nombre; C'eft ne pas entendre la force des Mots; Car c'eft ce qui eft vn Nombre, que d'y auoir plufieurs vnitez enfemble, quoy que l'vnité ne foit pas Nombre. Ainfi vne troupe & vn accouplement, fe difent de plufieurs chofes mifes enfemble, quoy que chaque chofe toute feule, ne foit ny troupe ny accouplement; Que fi l'on dit qu'à caufe que deux vnitez fe reffemblent, elles ne peuuent compofer le Nombre de

deux, il faut confiderer qu'il y a grande difference entre fe ref-
fembler & eftre mefme chofe. L'on n'opere rien par la comparaifon de deux cordes tendues fur mefme ton : Car c'eft
qu'en effet l'air egallement battu n'a qu'vne feule agitation,
mais elle procede pourtant de deux cordes diftinétes à leur efgard ; Et comme ces deux Cordes font vne vniffon, ainfi les
deux vnitez font vn cerrain Nombre. En ce qui eft de dire que
les vnitez font differentes l'vne de l'autre, pour faire le nombre de Deux, autrement qu'il ne pourroit eftre produit, on
en determinera ce que l'on voudra : Il eft certain qu'elles peuuent eftre deux d'vne façon ou d'autre, car la forme de l'vnité qu'elles ont chacune, les faifant femblables en cela, ce
n'eft pas à dire pourtant qu'elles foient jointes pour ne faire
qu'vne vnité ; Rien n'empefche auffi qu'elles ne foient Deux
eftant differentes en quelque chofe, comme en grandeur, en
groffeur & en autre qualité, puifque la forme d'vnité leur demeure, qui eft ce qui les diftingue : Vne groffe Pierre & vne
petite font auffi bien Deux, que fi elles eftoient d'efgalle proportion. Au refte quoy l'vnité ne foit point appellée Nombre,
puifque plufieurs vnitez fe peuuent nombrer, il s'enfuit que chaque vnité fert à compofer le Nombre, & qu'elles font quelque
chofe. Il n'eft point à propos que nos aduerfaires fouftiennent,
que l'vnité ne foit rien, parce qu'en foy, elle n'eft pas multi-
pliée comme ce qui eft Nombre. Si nous fouftenons d'ailleurs,
qu'elle eft quelque chofe, il ne s'enfuit pas qu'elle foit vne
Quantité diuifible, laquelle on n'ayt qu'à partir en diuerfes portions, pour faire tel nombre que l'on voudra. C'eft fe contredire foy mefme de nous objeéter cecy, & c'eft reconnoiftre qu'il y a donc diuers Nombres & diuerfes Quantitez,
& pourtant cela ne fait pas que l'on puiffe diuifer l'vnité depuis qu'elle a cette Forme. Ce n'eft pas comme d'vne Goutte d'eau que l'on conçoit fous l'vnité, laquelle fi l'on diuifoit,
on en feroit veritablement plus grand nombre de gouttes ; Encore faudroit il confiderer qu'elles ne feroient pas fi groffes que
la premiere, & que toutes enfemble ne feroient que fa quantité
en groffeur. Qui dit vnité, nomme vne chofe indiuifible, &
cela n'empefche point que le Nombre ne foit compofé d'vni-

tez. Enfin il ne faut pas croire que le Nombre ne ſoit qu’vne façon de parler des choſes, ſelon que nous les conçeuons, eſtablie ſeulement pour la neceſſité du commerce; car cela s’accommode auſſi à la verité, & c’eſt contredire la Raiſon & le
Iugement, de ne vouloir pas que les choſes multipliées, compoſent vn certain nombre. Ceux qui ſouſtiennent le contraire
ont tant de peine à faire valoir leurs faux Argnmens, qu’ils ne
ſçauroient s’empeſcher d’y vſer de Termes qui les conuain-
quent, & d’admettre le Nombre en le voulant abolir; Quand
ils diſent qu’il ne ſe peut faire vn Nombre de tant d’vnitez que
ce ſoit, ne monſtrent ils pas deſia, que c’eſt vn nombre, que
cét amas d’vnitez, puiſque propoſant qu’on mette tant d’vnitez
enſemble, c’eſt teſmoigner qu’il n’y en aura pas là pour vne ſeule, & comme il leur arriue quelquefois d’vſer du mot de pluſieurs vnitez, n’eſtce pas s’entrecouper beaucoup, & ſe deffai-
re de leurs propres armes? Ayant en vain combattu l’Arith-
tique, ce n’eſt qu’auec de pareilles propoſitions qu’ils attaquent
encore la Geometrie, nous voulant perſuader qu il n’y a ny figures ny lignes, & que la meſure des choſes eſt impoſſible. Ils
aſſeurent que la ligne n’eſtant compoſée que de Points, auſquels ils ne donnent aucune Quantité, il n’y peut auoir de ligne plus lógue l’vne que l’autre, & que ſi l’on attribue au Poinct
vne Quantité, elle doit eſtre diuiſible, & par conſequent elle
peut ſuffire à telle meſure que l’on voudra. C’eſt le meſme argument qu’ils ont allegué contre les Nombres; On le peut refuter en remonſtrant que la Quantité de Points augmentent la
ligne, encore que chaque Poinct ne puiſſe pas eſtre diuiſé en
ſoy, eſtant la moindre des Quantitez.

C’eſt aſſez d’auoir donné quelque exemple pour ſe deliurer
de la chiquanerie des Sophiſtes. Que s’ils ne ſçauroient empeſcher, que nous ne trouuions de la certitude dans les Mathematiques, qui ne concernent que les Idées des choſes, nous
en trouuerons autant dans toutes les manieres qu’on en peut
parler, ce qui nous confirmera le merite de la Grammaire, de
la Rhetorique, & principalement de la Logique. C’eſt pourquoy les Sciences qui traitent des choſes meſmes, doiuent e-
ſtre encore plus aſſeurées, puiſqu’elles ont à repreſenter la verité

rité de tout ce qui subsiste. I'ay desia monstré qu'il y pouuoit
auoir de l'asseurance dans la Physique, & aucun ne doit estre
si hardy que de condamner la Theologie. Quant aut Arts qui
seruent aux necessitez humaines, ils ont leur vtilité manifeste,
& pour ceux qui sont faux ou superflus, comme l'Astrologie
iudiciaire, la Geomance & autres Diuinations, auec les impietez de la Magie, nous ne manquons point de les rejetter.
S'il y a eu des gens si inconsiderez, que de mettre au rang des
veritables Sciences des Professions si vaines, afin de les cen-
surer toutes conjointement, ils se sont lourdement trompez.
Ils deuoient condamner seulement les Sciences fausses, & ce
leur a esté vn crime d'oser attaquer les veritables. Dedans l'antiquité. Sextus Empyricus voulant faire valoir la Secte des
Pyrrhoniens & Sceptiques, a dit tout ce qu'il pouuoit s'imaginer contre toute sorte de Disciplines, mais ce sont plustost
des Tromperies de Discours pour monstrer les subtilitez de la
Logique, que des Argumens demonstratifs & conuainquans.
Henry Corneille Agrippa est venu dans les derniers Siecles,
lequel apres auoir fait vn liure de la Philosophie occulte, qui ne
contient que les vanitez de la Magie, se deuoit borner à en
faire vne retractation, non pas vouloir auec cela abolir toute
autre connoissance. Ayant fait vn Traicté de l'incertitude,
& Vanité des Sciences & des Arts, il s'y est comporté auec
tant d'indiscretion, qu'il a condamné indifferemment les
Sciences profitables & necessaires, auec les fausses & les nuisibles ou inutiles. Vne telle insolence deuroit estre encore aujourd'huy punissable enuers le liure, ou enuers la memoire de
l'Autheur, dont les opinions pourroient estre condamnées
solemnellement. C'est estre fort ennemy des bonnes choses,
& de tous les Biens des Hommes, de chercher à reprendre
en des choses si vtiles comme sont la pluspart des Sciences &
des Arts. L'aueuglement n'en est pas moindre, de ne les condamner que parce que quelques-vns en ont abusé. En parlant
des Sciences ou connoissances les plus eminentes, on peut
bien faire mention de quelques-vnes des plus abaissées qui
en dependent, pourueu qu'elles soient honnestes & legitimes:
Mais il est estrange que cét Agrippa voulant monstrer que tou-

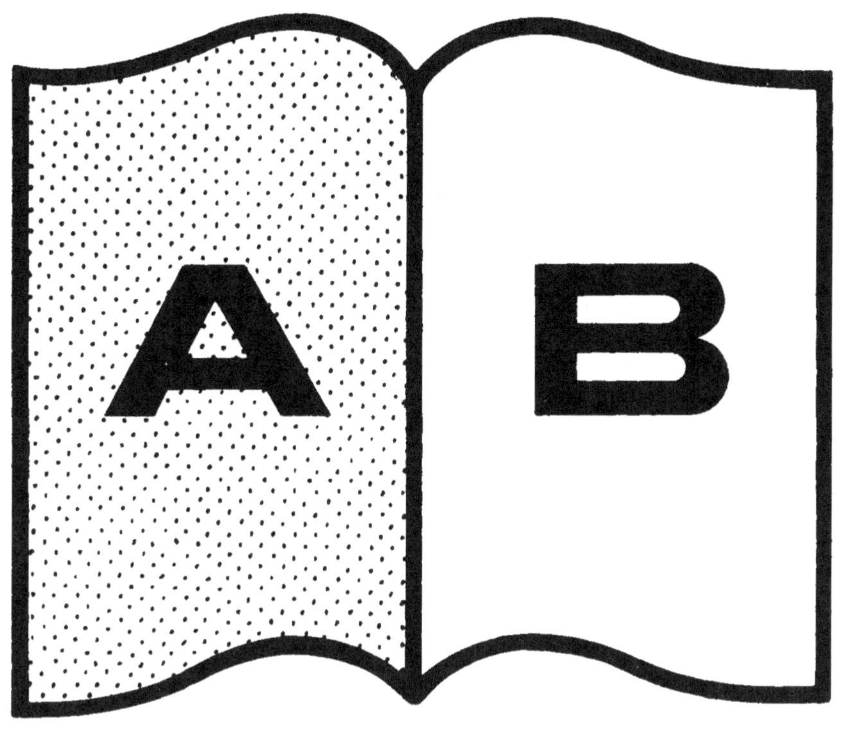

Contraste insuffisant

NF Z 43-120-14

tes les Sciences ; & toutes les Difciplines ou induftries font
vaines, comme celles des Courratiers & Negotiateurs de toute
forte de commerce, celles des Femmes d'Amour, & celles du
Maquerellage, & que dans les Chapitres precedens, il parle
de la Religion, des Temples, des Feftes, des Prelats, & des
Sectes Monaftiques ; Non feulement il a eu tort de mettre au
nombre des Sciences ou des Arts, les mauuaifes Pratiques des
Hommes, mais il y a de l'Impieté d'auoir ioint cela auec des
chofes facrées que l'on doit reuerer. Quoy que cét Autheur
fuft fçauant & d'efprit fubtil, il a beaucoup manqué d'ordre
dans ce liure ; D'ailleurs s'il a eu raifon de parler contre toutes les fortes de Magie, contre la Caballe, contre l'Art de
Lulle, & mefmes contre plufieurs parties de Philofophie, encore en faloit il excepter quelqu'vne, & fur tout il faloit efpargner les Sciences diuines, comme la Theologie dont il a tenu
peu de compte. Il pouuoit auffi s'exempter d'exaggerer beaucoup de chofes comme il a fait, & luy mefme s'en eftant voulu
excufer dans vn Traicté exprez, il n'en a point trouué d'autre moyen que de dire que fon Liure eftoit vne Decla-
mation, où ces façons de parler eftoient permifes & où mefmes l'on pouuoit dire beaucoup de chofes feintes & contraires
aux chofes connües, feulement pour exercer les Efprits. Si l'on
veut cela fera eftimé vn Paradoxe, de mefme que le Difcours
à la loüange de la Follie, fait par Erafme, où il pretend faire
paffer les plus habiles Hommes pour Sots & pour Fous. Ie fçay
que parce qu'entre plufieurs chofes fauffes, il fe trouue là des
veritez agreables efcrittes d'vn ftile elegant, quantité de gens
y donnent de l'aprobation ; Mais que tels ouurages foient pris
pour des Declamations ou des Paradoxes, ils ne laiffent pas
d'eftre fcandaleux, s'ils parlent trop licentieufement des chofes fainctes. Cela ne fçauroit empefcher non plus, qu'on ne remonftre à ceux qui veullent parler generallement contre toutes les Sciences & tous les Arts, qu'ils font fort iniuftes de ne
pas confiderer que quand il arriue quelque defordre ou quelque mal de certaines Difciplines aprouuées, c'eft qu'on n'vfe
pas d'elles de la maniere qu'on deuroit. S'il y a des Gens qui
par vn mot æquiuoque trompent leurs amys & leurs affociez,

faut-il pour cela condamner la Grammaire ? Si en outre l'on
trompe les perſonnes ſimples par de faux Argumens de Logique & par les couleurs de la Rethorique, faut-il rejetter ces
Arts, veu qu'on a beſoin pluſtoſt de les aprendre ſoigneuſe-
ment, pour ſçauoir diſtinguer le vray du faux, & opoſer la force
à la force ; quant ce ne ſeroit que contre ceux là meſmes, qui
nous veüllent perſuader le contraire, comme Empyricus &
Agrippa, & qui ont deſſein de nous tromper les premiers
par les Fallaces de leurs Diſcours. C'eſt encore à tort que pluſieurs parlent contre des Arts tres-eſtimables, comme les tenant ſuperflus & capables de fomenter le luxe, & les autres vices ; On leur peut contredire en cela ; Pourquoy ne defendra-
t'on pas la Peinture & la Sculpture qui ſeruent à repreſenter les
viſages, la Taille, & le maintien des grands Hommes, par les
Portraits & les Statuës, & à nous repreſenter auſſi leurs a-
ctions, par pluſieurs figures ou Tableaux Hiſtoriques, afin
que nous ſoyons excitez à bien viure en ſuiuant leurs exemples,
qui par le ſecours de ces deux Arts nous ſont touſiours preſens?
Auec cecy les Peintres & les Sculpteurs ne nous font voir
que des objets innocens, comme des Beautez fauſſes ou Imaginaires, des Animaux de toutes les ſortes, & des Plantes ou
autres Corps de l'Vniuers, qui nous deſcouurent les merueilles
de la Nature & de l'artifice ; Ils ne ſont pas obligez à nous
donner des Portraits ou des Statuës impudiques. De meſme
la Muſique peut n'auoir que des Airs graues ou ſerieux &
Deuots, pluſtoſt que des Airs laſcifs. Quelquefois auſſi ce
que l'on impute de laſciueté à quelques-vns, n'eſt qu'vne certaine gayeté & promptitude qui peut ſeulement eſmouuoir à
la ioye, ſans auoir rien d'impudique, pourueu que la Poëſie
qui leur ſert d'Ame, ne leur donne point des paroles trop libres. Quant à la Poëſie meſme, ſi elle fait vne profeſſion ou-
uert de nous debiter des Fables, ſelon les preceptes des bons
Maiſtres, ne doit ce pas eſtre des fictions ſignificatiues, & autrefois eſtre Poëte, & eſtre Philoſophe ou Theologien, n'e-
ſtoit-ce pas meſme choſe ? Pour les autres Arts par leſquels on
tient que le luxe s'accroiſt, ce ſont des Arts mechaniques que
les Gens de haute condition ne s'amuſent gueres à aprendre ;

mais puisqu'ils se seruent de leurs ouurages faits par d'autres
mains, c'est tousiours les aprouuer. Quelques Reformateurs
voudroient qu'on les abolist entierement, mais pourquoy le
feroit on, s'ils n'ont rien de mal, que dans leur mauuais vsage,
qui peut estre conuerty en vn vsage fort bon & fort legitime?
L'Architecture, la Menuiserie, les Tapisseries & l'Orfevrie,
seruent à donner plus de Majesté aux Palais des Princes & à
orner les Temples de Dieu; Les belles estoffes & toutes les
autres manufactures, seruent à se tenir proprement & honne-
stement, ou à fournir à quelques commoditez, ou necessitez
humaines. Pource qu'il n'est pas besoin que chacun se mesle
de labourer la Terre (ce qui est le seul Art necessaire à la vie,
pour prendre les choses à la rigueur) il est bon que quantité
d'autres Arts subsistent, afin que la multitude des Hommes soit
occupée & soit retirée de l'oysiueté, source de tout vice.

Des curio-
sitez de Ca-
binet; Des
Medailles
& des
Blasons.

Il nous reste de parler de la cognoissance, de quantité de Curiositez ou Raretez, telles que des Coquilles & des Coraux,
& des Pierreries, ou des Fleurs & des Insectes, dont l'on fait
auiourd'huy vne estude particuliere. On doit loüer vne aplication qui concerne les Choses naturelles, dont les merueilles
nous peuuent attirer à l'Amour du Createur. On joint à cecy la
recherche des Medailles & des Monnoyes antiques, qui
sont d'ordinaire vn autre ornement des Cabinets; Cela pa-
rest fort loüable, d'autant qu'on croid que cette Connoissance
fait vne partie de celle de l'Histoire, laquelle en reçoit de l'em-
bellissement & de l'esclaircissement; De vray il y a des Reuers
de Medailles où l'on trouue des manieres de Deuises qui representent au naïf les affaires de leur Temps, & qui nous peuuent
quelquefois tirer hors de doute sur plusieurs poincts de grande
importance. La recherche des Blasons & Armoiries, est vne
autre Curiosité de quelques Personnes, qui en font autant de
cas que de celle des Medailles. Il est certain que les Armes ou
Armoiries donnent aussi beaucoup de lumiere à l'Histoire, iustif-
fiant l'origine des anciennes Races & Genealogies. Il semble
qu'on ne sçauroit blasmer des aplications si vtiles & si diuertissan-
tes: Toutefois les plus seueres Censeurs declarent que la Connoissance des Blasons ou Armoiries, ne doit point estre mise au

nombre des Sciences, ny mesmes au rang des Arts necessaires,
parce que tout ce qui en a esté estably, n'est que selon la fantaisie
des Hommes, & sans aucun fondement; Passe pour cecy; mais
ils asseurent encore, que cela ne sert qu'à augmenter l'orgueil
de quelques Gens qui pour venir de certaines Races reconnuës
par leur ancienneté, s'imaginent qu'ils doiuent mettre tous les
autres à leurs pieds, de sorte que quelqu'vn à dit assez à propos;
Que la Doctrine des Blasons estoit fille de l'Ambition, de mesme
que celle des Monnoyes & des Medailles, estoit fille de l'Auarice; Mais l'on pourroit soustenir que l'Ambition, à aussi donné
cours aux Medailles pour faire parestre la grandeur des Princes
& autres Hommes puissans. De plus on remonstre que l'vtilité
qu'on reçoit de ces pieces antiques n'est pas tousiours telle qu'on
la publie, d'autant qu'outre que plusieurs Medailles fausses sont
debitées pour les vrayes, on trouue que dans les plus certaines,
il y a des Figures qui sont la pluspart des Enygmes tres-obscurs,
lesquels on explique tout au rebours de ce qu'ils signifient, & que
les Caracteres qui y sont grauez y estant effacez à demy, on les
deuine pluftost que de les connoistre en effect. Quant aux Armoiries on raporte encore que l'vsurpation qui en est faite par
plusieurs auec leur changement de nom, trompent souuent les
plus experts; Mais quelque chose qu'on en dise, il ne faut pas
croire pourtant qu'on doiue rejetter ces connoissances, veu
qu'elles sont tres-profitables quand on s'en sert auec iugement.
Toutes les Medailles ne sont pas fausses, ny si obscures pour leur
signification ou si effacées, qu'on n'y puisse rien comprendre;
Toutes les personnes qui se disent de race Noble & ancienne,
n'abusent pas aussi de leurs armes & de leurs Titres : Il y en a
plusieurs à qui ils seruent d'vne exhortation puissante pour leur
faire suyure la trace de leurs Ayeux, tellement que l'on a de
l'obligation à ceux qui font vne exacte recherche de ces illustres
marques. On nous representera que l'application de ces choses, est quelquefois excessiue, & que ce n'est qu'vne vaine curiosité qui les fait rechercher & conseruer par quelques Hommes. Mais il est bon qu'il y en ayt qui fassent vne particuliere
profession de cecy, afin que l'on ayt recours à eux dans la necessité. Pource qui est des autres curiositez, il n'est point mal à

propos que chacun s'aplique diuersement selon le caractere de
son Esprit. Enfin reiglons nous sur cecy pour toute sorte de
Connoissances, qu'en ce qui est de celles qui sont bonnes absolument, elles sont tousiours bonnes, & pour celles qui sont
vniuersellement mauuaises, l'estude n'en peut iamais estre bonne, si l'on ne la fait auec distinction du mal qui s'y trouue pour
le detester ; Quant à l'aplication de celles qui sont indifferentes,
qu'on n'y sçauroit pecher que par l'excez, qui augmente aussi
le mal des autres. Encore pour les rechercher beaucoup, ont
elles quelquefois leur excuse. Nous voyons par ce moyen, que
tant s'en faut qu'on doiue blasiner l'estude de toute sorte de
Sciences & d'Arts, il n'y en a point à qui l'on ne puisse s'adonner pourueu qu'on ne recherche les Disciplines inutiles, qu'a-
fin de sçauoir le sujet que l'on a de se deliurer de leurs erreurs,
& estre d'auantage excité à la poursuite des Choses vtiles ; On
y adioustera encore cette condition, qu'on ne s'adonne point
tant à aucune, qu'elle empesche d'aprendre les autres, lors
que mesmes elles sont necessaires.

Des ordres
particuliers
des Scien-
ces & de
l'Ordre ge-
neral.

Pour moy suiuant mes premieres propositions, ie diray que
dans l'Estude des Sciences les plus certaines & les plus vtiles, il
se faut garder aussi de s'amuser par trop à ce qui est de superflu
dans chacune, & fuyr leurs mauuaises Methodes. Ie les ay
desia condamnées en plusieurs lieux, ce que les moins clair-
voyans auront pû aperçeuoir, mais le desordre que l'ő a remarqué, n'est que pour le particulier ; Maintenant que les principalles Sciences ont esté desduites, il faut s'informer de l'ordre
qu'elles doiuent tenir estant rangées ensemble, & voir si l'on
leur en a donné vn quelque part qui soit commode & reçeua-
ble. Mais il faut auoüer qu'encore que plusieurs Sçauans &
curieux, tant de ceux qui escriuent que de ceux qui enseignent,
ayent cherché de l'ordre dans chaque Science particuliere, il
y en a peu qui s'en figurent pour leur amas entier, & qui taschent d'y trouuer quelque correspondance & liaison. Comme
ils ne se representent pas que sans cette connoissance, on ne
doit point pretendre à la Perfection de la Doctrine, ils placent
seulement les Sciences & les Arts diuersement les vns deuant
les autres, selon le dessein qu'ils ont, ou bien selon la diuision

des Difciplines Contemplatiues & des Actiues, & fuiuant la dignité qu'ils leur attribuent. C'eft ce que i'ay voulu imiter dans ce prefent Traicté, afin de laiffer ces chofes en leur eftat ordinaire, lors qu'il ne s'agiffoit que de leur vtilité particuliere, & pour faire connoiftre apres la difference qu'il y a de l'ordre commun auec celuy qui doit eftre dans l'excellence de la Methode & de l'vnion; Car il faut auoüer que felon cét ordre que i'ay fuiuy en quelque forte, il femble que l'on ne faffe que marcher à taftons & eftre en doute du but où l'on fe doit rendre, au lieu que par le vray ordre, on met toutes chofes dans leur fituation propre & naturelle, & dans l'eftat le plus pur où elles peuuent eftre, pour eftre purgées des erreurs que l'on y a introduictes. A cét effect il ne fe peut rien rechercher de plus vtile, que de s'imaginer vne fuite & vne liaifon de toutes les connoiffances, qui foient trouuées auec facilité & fans contrainte & foient produites ainfi dans l'Efprit de tout Homme raifonnable & iudicieux; pour peu d'attention qu'il y vueille donner, & qui s'eftende fur toutes les chofes qui peuuent venir à fa connoiffance, formant vne Science vniuerfelle de l'enchaifnement des Sciences & des Arts.

LA CLEF
DE LA SCIENCE
VNIVERSELLE.

Qui monstre premierement quelques deffaux des Cours
de Philosophie, & mesmes des Encyclopædies;
En suite est le Sommaire de l'Ordre gardé dans l'ouurage
intitulé, LA SCIENCE VNIVER-
SELLE,
Accompagné de quelques Reflexions, qui font voir cét
ordre tres clairement.

SECOND TRAICTE

Qu'il y a
vne Scien-
ce Vniuer-
selle.

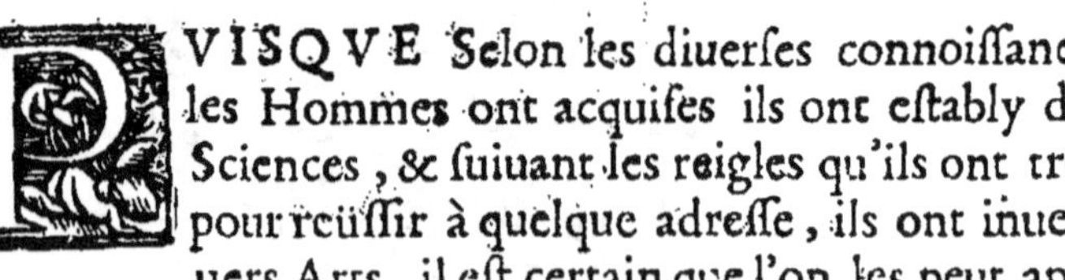

PVISQVE Selon les diuerses connoissances que les Hommes ont acquises ils ont estably diuerses Sciences, & suiuant les reigles qu'ils ont trouuées pour reüssir à quelque adresse, ils ont inuenté diuers Arts, il est certain que l'on les peut aprendre separément les vns des autres selon la necessité : Neantmoins d'autant que l'on parle tousiours de la Science en general, aussi bien que de la Sagesse, cela fait connoistre que toutes ces diuersitez se doiuent raporter à l'vnité, & qu'il y a vne certaine
con-

connexion entre elles dont il se forme vne Science, que l'on
peut estimer vnique dans laquelle toutes les autres sont contenuës. Sçachons que comme toutes les choses particulieres doiuent estre sousmises aux choses generalles & vniuerselles, ainsi
que les Especes aux Genres; Aussi toutes les Veritez se raportent à vne supreme Verité, & les Sciences differentes à vne
Science supreme. Pour estre parfaitement Sçauant, il faut
donc estre instruict en cette Discipline supericure, car celuy
qui ne sçayt que quelques Sciences inferieures n'est pas fort habile, & quand il les sçauroit toutes de la façon que plusieurs les
aprennent sans chercher leur correspódance, l'on pourroit dire
qu'en beaucoup d'occasiós il ne parestroit encore qu'vn demy-
sçauant. A cause queles Sciences ont beaucoup de commerce
& d'affinité ensemble, elles ne peuuent estre entierement connûes que par le moyen d'vne Doctrine qui les comprenne toutes, & qui soit la Science des Sciences; C'est là que l'on peut
voir ce qu'elles ont de commun, & ce qu'elles ont de diuisé.
Si cette Science est mise en l'estat qu'elle doit estre, elle aportera vne grande clarté à toutes les autres, & c'est celle qu'on
peut nommer vniuerselle. Que si l'on a fort peu pensé iusques
icy à cette Doctrine necessaire, c'est que la plúspart des Hommes se font deffiez de leurs forces ne croyans pas pouuoir comprendre tant de choses à la fois : Neantmoins cela ne leur est
pas si malaysé qu'ils s'estoient figuré ; Car de la maniere que
l'on leur veut proposer, on n'entend pas que cette Science contienne iusques aux moindres particularitez des autres Sciences,
mais seulement qu'elle nous donne leurs Principes & leurs veritez les plus importantes, auec la correction des erreurs de
quelques vnes, & la meilleure liaison qu'elles puissent toutes
auoir. C'est bien assez pour luy faire obtenir le Nom, & la dignité que l'on luy attribue.

Quelques Anciens se font aperceus de son Existence, & ont
entrepris de traicter de diuerses connoissances de l'Homme, desquelles ils ont cóposé diuers Systemes, mais les Dogmes que les
Philosophes en ont dressez pour leurs Sectes, ont laissé beaucoup de Sciences en arriere, & ont arrengé les autres d'vn ordre plus capricieux que raisonnable, & qui ne s'est fait que pour

De quel-
ques def-
faux des
Cours de
Philoso-
phie.

les rendre differens de leurs Emulateurs. Si l'on s'adresse au
Philosophe que l'on estime le plus aujourd'huy qui est Aristote,
ie ne pense pas que l'on recoiue de luy toute la satisfaction que
l'on demande sur ce sujet, car quoy qu'il ait escrit doctemens de
plusieurs Disciplines, quelle liaison y voyons nous pour en faire
le raport à vne seule Science? Prenons pour excuse que nous
n'auons pas tous les Liures qu'il a composez & qu'entre ceux
que l'on a publiez sous son Nom, il y en a mesme de diuers Autheurs ; Quoy qu'il en soit, nous ne trouuons point dans son
ouurage l'ordre que nous desirons ; Encore moins le rencon-
trons nous dans les Liures de Platon son Maistre, qui n'a fait que
des Dialogues, & qui a traicté la Philosophie en maniere de
Conuersation ; D'ailleurs quoy que Platon & Aristote, ayent
parlé de beaucoup de Sciences tres-curieuses, il y en a plusieurs
dont ils n'ont dit mot, pour ce qu'ils ne s'y estoient pas apliquez,
& qu'elles n'estoient pas en vogue de leur temps. N'est-il pas
permis de supléer à ce que ces deux grandes lumieres de leurs
Siecles, & des Siecles suiuans, n'ont pas descouuert? Leur esclat n'a pas pû penetrer par tout ; On rencontre mesmes beaucoup d'obscuritez dans leurs ouurages que leurs Commentateurs
se sont efforcez d'esclaircir ; Si l'on y trauailloit encore auec
eux, peut-estre arriueroit il que par de subtiles reflexions & conjectures, on y trouueroit l'ordre que l'on cherche, mais auec
cét ordre general on demande quelques Instructions particulieres, qui n'ont pas esté au rang des curiositez anciennes. On
doit croire que pour rendre la Doctrine complette, il luy faut
donner vn espace libre & estendu, & parler de toutes les Disciplines qui se peuuent imaginer, les reduisant à quelque arrangement naturel & aisé, ce qui ne se peut mieux faire qu'en monstrát
quelles Sciences sont subalternes les vnes aux autres, & cóment
elles dependent toutes d'vn seul Chef, ce que l'on n'a point encore essayé d'accomplir, ou l'on l'a fait d'vne maniere peu conuenable & imparfaite. Ceux qui dans ces derniers temps ont
voulu mettre la Philosophie par escrit, ou qui ont fait profession
de l'enseigner dans les Escholes, ont ils crû fournir à vne instruction generalle, par leur Cours ordinaire composé de quatre Parties, qui sont la Logique, la Physique, la Methaphysique

& l'Ethique, veu qu'il y a beáucoup d'autres choſes à aprendre? Il n'y a eu meſme aucun d'entr'eux qui ſe ſoit auiſé de donner de la liaiſon à ces Membres diuers, & de l'ignorance de leur rang procede l'ineſgalité de leurs ſituations, les vns plaçant l'Ethique ou Morale apres la Logique, & les autres y mettant la Metaphyſique ou la Phyſique, & les enſeignant ainſi diuerſement. Ie croy que c'eſt que la pluſpart tiennent cecy pour indifferent, & ne penſent aucunement à rendre raiſon de leur ordre. Nous voyons le beſoin qu'ils ont de ſçauoir quel eſt le vray raport des Sciences les vnes aux autres, & d'eſtre guidez par la lumiere d'vne Science vniuerſelle. Il eſt vray que la plus part faiſans cas principalement de leur Metaphyſique, laquelle ils nomment la Reyne des Sciences, ou Premiere Philoſophie, & Science vniuerſelle ou generalle, ils ont penſé que par elle ils pouuoient ſatisfaire à tout, & donner des reigles aux connoiſſances & aux Diſciplines de l'Homme : Mais ſi la Metaphyſique eſt propre à la contemplation des idées des choſes ſpirituelles & inuiſibles, ce n'eſt pas aſſez de ce qu'elle contemple auſſi les idées des Choſes Corporelles & ſenſibles; Il faut voir les choſes meſmes quand l'on les peut voir, auec leurs proprietez & leurs effects, ce qui ne ſe peut faire que dans d'autres Parties de la Philoſophie vu'gaire, ou dans vne Philoſophie generalle. Quelques Autheurs tant Latins que François, ayans donné précizement à leurs ouurages le meſme Titre de Science generalle ou vniuerſelle, ou autre ſemblable, ont aſſez temoigné qu'ils ne le faiſoient qu'à cauſe que cela contenoit les principes des Diſciplines ordinaires, & que cela eſtoit general pour tout ce qu'ils auoient entrepris d'enſeigner; Mais ils pouuoient auoüer encore que pour accomplir des ouurages veritablement generaux & vniuerſels, il faloit paſſer les bornes de l'Eſchole. Car en effect qu'eſt-ce de chercher l'Eſſence ou l'exiſtence des choſes tant ſpirituelles que corporelles, & meſmes toutes leurs proprietez, ſi l'on ne cherche auſſi leur aplication? Or c'eſt ce qui ne ſe fait point dans les Cours ordinaires de Philoſophie, où la Phyſique ne contient que les conſiderations des Mouuemens ou changemens naturels des Corps, & la Morale ne traite que de la Nature des Paſſions & des affections de l'Homme, tellement

A a ij

qu'il reſte à s'informer des Meliorations qui peuuent eſtre a-
portées aux choſes Corporelles & meſmes aux Spirituelles , ce
que l'on ne ſçauroit aprendre que par les Arts, & par vne
Science pratique. La conſideration des Mechaniques , & de
toutes les autres parties des Mathematiques, manquent à ces
ouurages que l'on veut faire paſſer pour des Inſtructions generalles ; Il faudroit que l'on y viſt auſſi le Sommaire ou tout au
moins le rang & les premieres dignitez de pluſieurs Sciences
& Arts, comme de la connoiſſance des Pierres, des Metaux
& des Plantes , & ce qui concerne la pratique de l'Agriculture,
de la Chymie & de la Medecine , auec la Science ciuille ,
l'Oeconomique , la Politique, & quantité d'autres dont le ſeul
Nom ne s'y trouue pas ſeulement. Vn vray Cours de Philoſophie ne ſçauroit eſtre accomply ſans auoir preſcrit l'ordre à
toutes ces Diſciplines ; S'il en eſt deſpourueu , c'eſt vn Arbre
à qui l'on a coûpé ſes principales branches. La Philoſophie parfaite doit eſtre meſme choſe que la Science vniuerſelle ; Elle
nous doit aprendre le rang & la liaiſon de toutes les Sciences,
& de tous les Arts , & ſi elle ne deſcript amplement que les particularitez de quelques-vnes des principalles Diſciplines , encore ne ſe deuroit-elle pas contenter de nommer les autres ,
ſans donner quelque adreſſe pour les acquerir.

A dire la verité nous n'auons pas manqué de diuers Traictez où l'on a voulu donner des inſtructions abſolument generalles. Il y a eu des Autheurs qui nous ont fait preſent de Recueils grands & petits & arrangez de manieres differentes ,
leſquels ils ont pretendu faire paſſer pour des Encyclopædies ,
ou Cercles & enchaiſnemens de Sciences tres-reguliers ; Mais
la pluſpart ſont de peu de valeur , d'autant que les vns ſont dans
vn mauuais ordre , & les autres manquent de beaucoup de parties neceſſaires. Martian Capelle dans ſon liure des Nopces
de la Philoſophie , a fait vn Traicté des ſept Arts liberaux ,
vieille routine par laquelle on a penſé comprendre les profeſſions principalles ; Ramus en a auſſi fait des Tables, qui ne
comprennent pas toutes les Diſciplines ; Il a eſté imité par
d'autres qui ont paſſé plus outre , mais cela n'a encore guere de
liaiſon. Il a ſemblé plus raiſonnable de ſuyure quelques Philo-

*De quel-
ques def-
faux des
Encyclopæ-
dies.*

sophes Anciens , & de diuiser la Science ou Philosophie, en Theorique ou Pratique, comprenant sous la Theorique, la Physique, les Mathematiques & la Metaphysique, & sous la Pratique la Morale, l'œconomique & la Politique, auec tous les Arts tant manuels qu'autres. Le plus grand nombre des Cours Philosophiques & des Encyclopædies s'accorde à cela, s'y trouuant seulement de la difference pour quelques parties, comme pour la Grammaire, la Logique & la Rhetorique, que les vns rangent sous la Theorique rationelle, & les autres sous la Pratique Sermocinalle. Tel est l'ordre de la Margueritte ou Perle Philosophique, de l'Encyclopædie d'Alstedius, & de quelques autres ouurages que i'examineray bien-tost plus amplement. Quelque loüange qu'on puisse donner à ces Encyclopædies, il faut reconnoistre qu'elles ne sont pas au plus parfait estat qu'on les puisse voir : On n'a pas pris garde que ce ne sont que des diuisions simples, & qu'encore qu'elles seruent à establir quelque rang entre les Sciences & les Arts, soit selon leur aplication, soit selon leur dignité, ce n'est pas ce qu'il y a de plus important. Le plus grand secret est de trouuer leur liaison naturelle & leur progrez dans l'esprit de l'homme, ce que l'on n'a point fait par le passé ; Il n'en faut point demander de plus forte preuue que celle-cy ; *Que n'ayant cherché qu'à diui-ser les Sciences, on n'a gueres pensé à les conjoindre.* C'est pourtant le vray moyen de les connoistre & de sçauoir à quoy elles sont propres.

En plaçant toutes les Sciences aux endroits où elles con- *Prerogati-* uiennent, on en peut composer cette Science Vniuerselle, qui *ues de la* est la vraye Encyclopædie, laquelle doit auoir vn ordre tout *Sciences* naturel qui ne peut estre autrement, & qui se doit trouuer *Vniuerselle.* dans l'Esprit de tout homme raisonnable, de telle sorte que ceux qui ne l'ont pas inuenté, au moins l'aprouueront. C'est vne chose diuine que l'Ordre ; C'est ce qui fait la beauté du Monde, & ce qui doit faire aussi la beauté de la Science Vniuerselle, qui est le portraict de la Machine de l'Vniuers. Quelques esprits vainement curieux se liurent à des soins & à des trauaux infinis pour chercher le Mouuement perpetuel, & la Quadrature du Cercle, ou pour ce qu'ils apellent la Pierre

Philofophale, mais quand ils auroient trouué ce qu’ils cherchent, cela ne feroit point fi vtile que cette Science vniuerfelle, qui eft le vray enchaifnement des Sciences & des
Arts, & l’vnique moyen d’obtenir d’eux ce que l’on voudra,
pourueu qu’on ait la force de s’y appliquer. C’eft ce qui donne
de la clarté & de la facilité à l’inftruction generale des hommes
tant pour leurs connoiffances, que pour leurs mœurs; & ce qui
leur fait rencontrer vn chemin affeuré pour la perfection. Si
quelqu’vn en a donné quelques preceptes qu’il ait tafché de
puifer dans les plus pures fources de la Nature, il ne femble pas
qu’on y puiffe contredire generallement, fans s’opofer à cette
Mere commune, & violer fes plus Anciennes loix; Mais qu’eft-
ce de tous les ouurages que les Hommes font icy bas ? Ne doiuent ils pas auoir des defaux qui tiennent de leur infirmité ? Il
en peut eftre refté quantité à celuy dont nous parlons, veu que
mefme les chofes ne fçauroient eftre renduës parfaites au mefme temps qu’elles font inuentées. Toutefois on pourra fe figurer que la grandeur de fon fujet luy doit acquerir quelque
eftime, & que ce n’eft pas peu d’auoir trouué ce que chacun
n’aperceuoit pas, & d’auoir reiglé ce qui eftoit vague & confus. Rien n’empefche auffi qu’on n’y adjoufte ce qui y manque, & qu’on y corrige ce qui y peut mal conuenir. Comme cela
eft pour le bien de tous, chacun y peut aporter fa piece, ou au
moins ceux qui en font les plus capables, & ce qui en a efté fait
en ce Siecle pourra eftre amendé par le fuyuant. Dez à prefent mefme fi ce qu’on y trouue a du raport à ce que les Hommes s’imaginent de plus vray femblable, chacun d’eux peut
croire qu’il y a part. Ils doiuent cherir cecy comme vne portion
de leur apannage. En effect à prendre la Science vniuerfelle
au meilleur poinct qu’on fe la puiffe imaginer, foit qu’vn feul
Homme la trouue, ou que plufieurs y trauaillent, c’eft vn des
plus confiderables effets de noftre Raifon, puifque c’eft le fondement de ce que les Hommes doiuent penfer de tout ce qui
fubfifte. Vne telle doctrine eft fi neceffaire, que l’on peut fouftenir que c’eft par elle feule qu’il fe fait inftruire, ou que ceux
qui ont defia pris des inftructions ailleurs les ont receuës inutilement, s’ils n’aprennent à les apliquer à cette reigle abfoluë,

& à corriger par elle ce qu'ils ont de defectueux ; Elle n'est
pas seulement pour l'ordre general , mais pour le particulier ,
car l'vn enseigne à regler l'autre , & les pensées que l'on a sur
chaque particularité sont aussi de sa dependance. On a d'assez
bonnes marques pour cónoistre quand cette Science vniuerselle
est vraye & legitime , puisqu'il n'y a qu'à voir , quand elle est
conforme à la Nature dans sa liaison entiere , & quand tout Esprit iudicieux la doit ranger de la sorte qu'on la trouue. Lors
qu'elle est en cét estat , elle a cét auantage que toutes ses parties seront conceuës en tous lieux de mesme façon. Si les Hommes n'ont point par tout vn mesme langage , leurs Termes se
reglent pourtant par vne Grammaire qui a du raport à la nostre en quelque chose : Il faut que quelques-vns de leurs Mots,
soient des Noms & les autres des Verbes ; Qu'ils se seruent de
diuerses terminaisons ou d'articles qui les representent ; Qu'ils
ayent tous de pareilles figures de Rhetorique au langage sans
qu'il y ayt autre difference , sinon qu'il y a des peuples qui en
mettent en vsage quelques vnes plus souuent que les autres ;
Que pour les Argumens de leur Logique , ils doiuent estre tous
semblables quand ils raisonnent bien , & qu'il en va ainsi de ce
qui concerne toutes les Sciences & tous les Arts. Noüs voyons
par ce moyen que les Grecs & les Romains n'ont rien sceu autrefois , que les François , les Allemans & les Espagnols ne sça-
chēt aujourd'huy , & que les Chinois & les Tartares ne puissent
sçauoir encore. Il est vray qu'ils apellent tout par d'autres Nós,
& qu'ils peuuent auoir des definitions & des diuisions à leur mode, mais ces déguisemens & ces diuersitez , n'empeschent pas
que leur Philosophie ne soit aussi la nostre ; & qu'on ne puisse
concilier toutes nos opinions pour les reduire à la Science vniuerselle. C'est ce qui prouue son excellence & sa subsistence
admirable. Quelqu'vn souhaiteroit possible qu'outre qu'elle
donne des Definitions particulieres elle donnast encore des
Maximes fondamentales & des Principes generaux qui fussent
pour toutes les Sciences , de sorte qu'on n'en ignorast aucune
lors que l'on les sçauroit , ce qui seroit vne vraye Science vniuerselle , encore plus excellente que celle que nous proposons.

Ce deſſein eſt haut & preſque Diuin ; Ie ne ſçay ſi l'humanité
y peut atteindre, & ſi c'eſt choſe poſſible à qui que ce ſoit. Si
quelques-vns ſe vantent d'y auoir reuſſy, on remarquera
qu'ils ont ſeulement trouué quelques Axiomes communs aux
Sciences, & quelques Tranſcendans de la Premiere Philoſophie, mais on entend que cecy pûſt inſtruire de toutes les
Sciences abſolument. Que l'on s'attende ou non à ce ſecret,
on ſe doit contenter maintenant d'vn Ordre naturel des Sciences & des Arts, auquel on peut ioindre pluſieurs Principes neceſſaires, auec les ſentimens les plus curieux qu'on ſe puiſſe figurer ſur les ſujets importans. Cela doit former vne Science
vniuerſelle aſſez complette pour la capacité ordinaire de
l'Homme. Qui ſeroit aſſeuré de la poſſeder ſeulement en cet
eſtat, ſeroit aſſez heureux. L'ouurage qui en a eſté fait il y
a quelques années, eſt à peu prez ſelon ce deſſein, mais outre
qu'il ne peut pas contenir toutes choſes, encore qu'il parle de
tout en termes generaux, ſi l'on ne prend la peine de le conſiderer en ſon eſtenduë, ie crain fort qu'on ne le tienne pour
quelque autre choſe que ce qu'il eſt ; C'eſt pourquoy ie m'en
vay faire icy vne deſduction Sommaire de ſon Ordre. Ce ſera
pour donner vn Auant-gouſt des plus amples Traitez à ceux
qui n'en ont iamais eu la connoiſſance, & pour faire mieux
remarquer aux autres ce qu'ils en ont veu par cy-deuant. C'eſt
icy proprement vne Clef de la Science vniuerſelle, mais elle
ſe monſtrera encore plus acheuée & plus vtile, y ioignant quelques autres Diſcours d'vn ſemblable ſujet. Voicy le Sommaire dont nous auons beſoin.

POVR trouuer ayſement la Science vniuerſelle, & faire
que chacun la puiſſe compoſer de ſoy-meſme, ou ſuiure ponctuellement la Deſcription qui en eſt tracée, il n'y a qu'à voir
ſon progrez naturel dans l'Eſprit de l'Homme, duquel on forme ſon enchaiſnement & ſon ordre. Il faut donc ſe repreſenter, que puiſqu'on veut auoir vne Science vniuerſelle, elle
doit comprendre tout ce qui ſe peut ſçauoir au Monde, autant
qu'il eſt poſſible à l'Homme ; Que tout ce qui ſe peut ſçauoir,
conſiſte en deux Chefs generaux ; De ce que ſont Toutes
Choſes & de ce qui s'en peut faire ; Que de ſçauoir en premier
                                                          lieu

lieu ce que font toutes les Chofes, c'eft fçauoir leur Eftre &
leurs Proprietez; Qu'on ne dit point que la feconde partie de
la Science, foit de fçauoir ce que les Chofes font, parce que
cela depend de leurs proprietez & qualitez; Mais de fçauoir
ce qui s'en peut faire, C'eft à dire, Comment les Hommes peuuent vfer de toutes chofes, & quels changemens ils y peuuent donner, ou bien ce qu'ils font par leur moyen : Car s il y
a des Chofes fur lefquelles on ne puiffe auoir aucune puiffance,
il fe faut contenter d'vfer feulement de leurs effets ; Tant y a
que la Science des Chofes fe trouue diuifée en ces deux parties, De l'Eftre & des Proprietez des Chofes, ou de leur vfage ; & fous ces deux titres, quoy qu'ils femblent tres-fimples
d'abord, on peut comprendre toutes les Sciences & tous les
Arts, pour en former la Science abfoluë que nous fouhaitons.

Apres nous confidererons qu'il y a des Chofes que nous connoiffons incontinent, parce qu'elles fe prefentent à nos Sens,
& qu'elles font groffieres & Corporelles, & d'autres que nous
ne connoiffons que par la penfée qui font les Spirituelles.

Diuifion des Chofes.

Pour connoiftre les Chofes Corporelles, il ne faut que nous
mettre à defcouuert entre toutes les Chofes du Monde; Nous
verrons qu'il y a de grands Corps & de petits ; Que les grands
font les Principaux, & les Petits qui leur font attachez, lefquels paroiffent engendrez d'eux, doiuent eftre nommez pour
leur vray Nom, des Corps Deriuez. On void vn grand Corps
maffif qui eft la Terre, vn autre coulant qui eft l'Eau, vn autre
plus fubril & plus Diaphane, qui eft noftre Air inferieur, & au
deffus l'Ether ou le Ciel, & les Aftres ; Voila cinq fortes de
Corps principaux qu'aucun Homme ne fçauroit nier. Nous
fçauons donc leur Eftre, & pource qui eft de leurs proprietez,
nous les connoiftrons affez facilement ; Car autant que nous
auons de Sens autant y a t'il de fortes d'objets qui fe prefentent
à eux. Ce qui eft vifible eft le premier confideré, parce que
la veüe fe porte dans vne eftenduë fort vafte ou plutoft reçoit auec facilité les efpeces des objects externes dont tout
l'Air eft remply. On void la Quantité des Corps, on compte
combien il a d'Aftres lumineux, ou d'autres Corps differens;
On void leur fituation, & par occafion l'on s'informe s'il y a

De l'Eftre & des Pro- prietez des Corps prin- cipaux.

du Vuide entre quelques Corps , & s'il se peut trouuer dans la Nature ; On iuge aussi par conjecture ou par quelque aparence , quelle peut-estre la figure des Corps les plus esleuez. En considerant la couleur on recherche ce que c'est que la Lumiere qui fait voir toutes les couleurs , & semble leur donner leur origine ; On s'enquiert de l'existence des Tenebres , puis on void quels sont les Astres lumineux d'eux mesmes, ou ceux qui empruntent leur clarté d'autruy, & quels sont les Corps opaques ; On obse ... des taches du Soleil, & de la Lune, & ce qu'on apelle la Galaxie ou la voye de laict. Quand on vient à parler du Mouuement , on recherche quel est le Cours de tous les Astres, & si c'est le Soleil ou la Terre qui se meuuent, & s'adressant plus bas on demande quelle peut-estre la Cause du flux & du reflux de la Mer. Comme le Son est produit par le Mouuement, on en fait mention apres , mais si les Corps Principaux rendēt quelque son en leur total, il ne nous est pas cōnû; Quoy qu'il y ayt eu des Philosophes qui se soient imaginé vne Musique celeste, elle est plus spirituelle que corporelle & sensible. Ce qui se meut naturellement , ne peut pas faire grand bruit; Il ne s'en fait que par la collision des parties de ces premiers Corps , à cause qu'elle est violente. Au Traicté de l'Odeur & de la Saueur , on recherche les odeurs & les saueurs des Corps, mais on ne peut parler en cecy que de ce qui concerne les Corps inferieurs , pource qu'on ne peut sentir ny sauourer les Corps esleuez. La Terre en ses diuerses parties a vne si grande varieté pour de telles qualitez, qu'elles ne peuuent presque estre distinguées ; Celles de l'Eau sont moins differentes : l'Eau a de la douceur dans les fontaines , dans les fleuues & dans les Lacs ; Dans son plus grand amas qui est la Mer, elle a de la Saleure , dont la cause ayant trauaillé l'Esprit de plusieurs Philosophes, il faut voir ce qui en a pû estre dit de plus vray semblable. Comme on a donné à tous les Sens leurs objets excepté à l'Attouchement , il faut examiner les Qualitez qui sont de son apartenance, à sçauoir la dureté ou la Mollesse , la Seicheresse & l'Humidité , la Pesanteur ou la legereté , la Chaleur ou la froideur. On s'enquiert si les Astres sont chauds ou froids, Secs ou humides , ainsi que des Corps plus abaissez , Car si nous ne pouuons nous efleuer iufqu'au Ciel pour les toucher, ce font eux qui nous touchent par leurs rayons. On efprouue la dureté de la Terre & la Molleffe de l'Eau comme auffi leur poids; L'air mefme eft pefé par quelque inuention particuliere. Ayant connu les Qualitez des Corps principaux, pour venir à leurs Principes & à leurs Caufes, il femble que leur Principe le plus prochain foit leur Matiere; Or nous reconnoiffons qu'ils ne font compofez que de la matiere humide & de la feiche, à fçauoir d'Eau & de Terre; Que l'Air n'entre point dans leur compofition, ne feruant que de Champ aux autres Corps, & la vapeur qui fort des Corps efchauffez, n'eftant qu'vne Eau attenuée capable de fe changer encor en Eau; Quant au Feu on fçait qu'il n'augmente point le meflange des Corps, mais qu'il agit fur eux, & par confequent qu'il n'y a que deux Corps qu'on puiffe veritablement apeller Elemens, qui fontl'Eau & la Terre, mais qu'auec cela on peut compofer quelque Harmonie qui aproche de l'ancienne, pour s'accommoder à l'opinion de ceux qui veullent toufiours que le Feu, l'Air, l'Eau & la Terre, foient nommez enfemble, Car on les nommera comme Corps principaux qui conftituent le Monde, s'ils ne font nommez comme Elemens. Les Formes peuuent eftre prifes pour vne autre Principe des Corps; En ce qui eft des Caufes, on confiderera qu'il y en a de Premieres & de Subalternes, De neceffaires & d'accidentelles, & l'on viendra à la vraye Caufe efficiente, ou fupreme Caufe qui eft Dieu, ou la Nature au deffous de luy laquelle eft vne puiffance actiue qu'il a donnée à plufieurs chofes de l'Vniuers. Pour ne point s'efleuer trop toft aux chofes fpirituelles en traitant des corporelles, on demeurera icy dans les bornes de la Nature,

Comme nous auons troũué qu'il y auoit deux fortes de Corps, les Corps Principaux & les Deriuez, ayant confideré les premiers qui font les plus grands, nous trouuons qu'ils donnent l'origine aux autres, & fur tout le Soleil qui eft le Souuerain Agent de la Nature, & la premiere Caufe de fes productions. On recherche particulierement en ce lieu fes proprietez, qui font d'efclairer & d'efchauffer; comme ayant en foy le vray Feu du Monde, plus abfolument au moins à noftre efgard, que

Du Souuerain Agent & des Corps deriuez, Meteores & autres.

tous les autres Aſtres ; Il faut ſçauoir comment ſa lumiere eſt
portée iuſqu'icy bas , & ſi la chaleur qu'il communique aux autres Corps ne vient pas de luy effectiuement , puis en conſi-
derant les Corps deriuez qu'il fait produire , on void qu'ils ſont
Superieurs , ou inferieurs. Les Superieurs ou Eſleuez , ſont de
trois ſortes , les Aquatiques ou Humides , les terreſtres & humides , & les terreſtres & vnctueux ou huileux. Ceux dont la
production eſt la plus facile , ſont ces Corps eſleuez qu'on appelle Meteores ; On les apelle auſſi des Corps imparfaitement
meſlez , mais en ce qui eſt de ceux qui ſont entierement humides , ils n'ont gueres autre meſlange que celuy de l'Eau dont
ils procedent ; Ceux-cy que nous apellons Corps humides Eſleuez , ſont des vapeurs eſleuées de la Terre leſquelles ſi elles
ne montent gueres haut , ne ſont que des Brouillards ; Si elles
vont iuſques en la moyenne region de l'Air , elles y compoſent
les Nuées , qui paroiſſent ſous diuerſes formes , les vnes eſtant
claires , les autres obſcures , & quelques-vnes formant quelquefois l'Iris ou l'Arc en Ciel. Quand cela vient à s'eſpaiſſir , & à
ſe rendre plus lourd , il s'en fait vne cheute , tellement que ces
Corps les plus eſleuez retombent ſous diuerſes formes , comme de pluyes & de nege; S'ils ſont ſurpris par le grand froid,ils,
ſe durciſſent en greſſe & en glace ; Que s'ils ſont fort attenuez
par la chaleur , il s'en fait l'air commun & inferieur , & ſi pendant leur attenuation , ils ſont contraints de ſortir de quelque
lieu fort reſſerré , il s'en fait du vent , lequel eſtant enfermé
dans les grottes ſouſterraines , cauſe le Tremblement de Terre.
Les Corps terreſtres & humides Eſleuez , ſont quelques exhalaiſons que nous ne pouuons pas voir en leur eſleuation , n'eſtant pas d'vne ſi grande eſtenduë que les Vapeurs ordinaires ,
& qui ſe trouuant d'auantage meſlées retombent apres leur eſ-
paiſſiſſement , ſous la forme de Roſée ou de Manne , & quelquefois de Pierres & de legumes. On croid auſſi que les Grenoüilles qu'on trouue parmy le limon de la Terre apres de grā-
des pluyes , ont eſté formées de ces exhalaiſons iointes aux
vapeurs. Les Corps deriuez , terreſtres , & huyleux eſleuez ,
ſont des Exhalaiſons ou vapeurs huyleuſes dont ſe forment les
Ardens ou Feux follets , le Tonnerre , les Poutres de feu & autres figures ignées , auec les Comettes , au cas qu'elles ne ſoient

point de simples aparences, comme on tient qu'elles sont affez souuent. Les Corps deriuez, terreftres & huyleux, inferieurs
& non point esleuez, mais pluftoft attachez à d'autres Corps,
sont les feux qui se font icy bas dans nos foyers par noftre soin,
ou ceux qui s'allument par hasard en quelque lieu sur la Terre,
puis les Feux soufterrains & le Feu central. Les Corps deriuez,
terreftres, inferieurs & Mobiles, ou coulans, sont les Sels, les
souffres, les Bitumes, & les autres Sucs, dont la plufpart sont
condensez & rendus fecs par la chaleur, & se fondent dans
l'humidité, & il y en a d'autres au contraire que le froid fait
refferrer & que la chaleur fait fondre. Pour les Corps deriuez inferieurs qui sont terreftres, & humides, auec plufieurs differences, & qui sont tenus pour parfaictement meflez, les vns sont fixes & les autres Mobiles. Entre les Fixes il y
en a qui en effet ne bougent de la place où ils ont esté produits,
& sont certaines Terres qui ont vn particulier meflange, comme la Terre Sigillée & le Bol Armemien ; Ce sont auffi les
Pierres groffieres & les Cailloux, & fpecialement les Pierres
precieuses & les Metaux.

Les Plantes qui sont attachées à la Terre sont fixes pour ce
regard, mais s'esleuant d'elles mesmes hors de Terre, s'y en- *Des Corps*
fonçant auec leurs racines, & se groffiffant par leur vegetation, *vegetatifs.*
ce leur est vn mouuement, de forte qu'elles sont moitié fixes
& moitié Mobiles. Elles sont diftinguées en Arbres, en Ar-
briffeaux & en Herbes.

Les vrays Corps Mobiles parfaits, sont les fenfitifs, entre *Des Corps*
lefquels on confidere premierement les moins parfaits, que *fenfitifs.*
l'on apelle quelquefois imparfaits à l'efgard des autres ; Ce sont
les Infectes & les Animaux qui naiffent de putrefaction. Les
Animaux parfaits sont terreftres, aquatiques, ou Aeriens : Il
y a les animaux qui rampent sur la Terre comme les Serpens,
ceux qui marchent, qui sont les Beftes à quatre pieds, les oyfeaux qui ayant deux pieds marchent sur la Terre, & volent
auffi par l'air se fouftenant de leurs aifles, & les Poiffons qui
nagent dans l'Eau. Or en parlant des Corps de tous ces Animaux, on en doit confiderer les diuerfes proprietez & qualitez
auec leurs Principes & leurs Caufes, de mefme qu'on a fait cel-

les des Corps Principaux. L'Homme comme Animal eſt conſideré en ce lieu à l'eſgard de ſon corps, & pource qui eſt de ſa faculté ſenſitiue qui conſiſte aux Cinq Sens corporels ſouſmis au Sens commun, ce qui en eſt dit là peut encore eſtre appliqué aux autres Animaux.

Pour le Sens commun de l'Homme eſtant vne faculté de ſon Ame qui eſt raiſonnable, & qui eſt eſtimée Spirituelle & immortelle, elle eſt fort diſtinguée des Ames des Beſtes. Les facultez principales de l'Ame ſont l'Entendemēt, l'imaginatió, la Memoire & la Volóté. On cōmence icy d'auoir la cónoiſſance de ce qui peut eſtre ſeparé de la matiere. C'eſt en cét endroit que ſe trouue la conſideration des choſes Spirituelles, que l'on dit eſtre les Ames humaines & les Anges diuiſez en Bons & en mauuais ; On s'eſleue auſſi à Dieu qui eſt au deſſus de tous les Eſtres corporels & ſpirituels, & qui eſt l'Eſtre vnique & Tout-puiſſant, & le principe vniuerſel & abſolu de toutes les choſes, dont nous auons cherché l'origine ; Qui les a creées & qui les conſerue, & qui ayant vne Science infinie poſſede en ſoy les idées de ce qui a eſté, de ce qui eſt, & de ce qui ſera, & de tout ce qui peut-eſtre ou ne pas eſtre.

Des choſes ſpirituelles.

De l'Vſage des Choſes.

La Science vniuerſelle ayant deux parties qui ſont de l'Eſtre des Choſes, & de leur vſage, la ſeconde ſuyt la premiere. On a dit qu'elle traicte de ce qui ſe fait des Choſes, & pour en faire la deduction, il faut garder le meſme ordre qui leur a deſia eſté donné en parlant de leur Eſtre, parce qu'y eſtant accouſtumé on ne le doit plus changer, veu que meſme il eſt treſconforme à la Nature. On recherche donc ce qui ſe peut faire des Corps Principaux, mais comme on n'a point de pouuoir ſur le Ciel & ſur les Aſtres, il ſe faut contenter de receuoir leur lumiere & leur chaleur, & de l'augmenter par reflexion ou de taſcher de l'imiter. Pour l'Air, l'Eau, & la Terre, eſtant des Corps parmy leſquels nous nous trouuons, nous auons plus de pouuoir ſur eux, de ſorte que non ſeulement nous tirons d'eux ce qui nous eſt vtile en l'eſtat qu'ils ſont, mais nous leur donnons diuers changements. Nous purifions l'Air & l'Eau, nous contraignons l'Eau de ſe rendre en des lieux où elle n'iroit pas d'elle meſme ; Nous renuerſons la Terre à noſtre plaiſir, &

felon que nous voulons nous la rendons feconde ou fertile. Nous
nous empefchons d'eftre offencez des Meteores humides, comme de la Pluye & de la Neige, & nous tirons du profit des terreftres comme de la Rofée & de la Manne. Ie diray le mefme des
Bitumes & autres Sucs qui font tous à noftre vfage. Les Pierres
& les cailloux nous feruent à nos baftimens, & les Metaux à diuers feruices. Nous faifons plufieurs chofes des Plantes que nous
auons encore le pouuoir d'ameliorer & de perfectionner; On
enfeigne auffi comment l'on perfectionne les Animaux pour
leur naiffance, leur nourriture, leur croiffance, & la prolongation de leur Vie; Comment l'on fe fert des influences & des
Sympathies au cas qu'elles fubfiftent; Puis venant à l'Ame on
traicte de la perfection & melioration du Sens commun, de l'imagination, de la Memoire, & de l'Entendement, & de la Perfection de la Volonté. Comme apres l'Ame humaine, il y a les
Anges à confiderer, & Dieu par deffus tout, n'ayant icy que de
la foufmiffion, on talchera feulement d'imiter ces parfaites Subftances, fur lefquelles on n'a aucun pouuoir, & on receura les
graces & les infpirations qui en viendront.

Ayant confideré en gros tout ce qui concerne l'Eftre & l'v-
fage des Chofes tant corporelles que fpirituelles, on y peut
trouuer les fondemens de toutes les Sciences particulieres & de
tous les Arts; mais pource qu'ils ne font pas declarez d'abord
entierement, & par des termes precis, il en faut encore faire icy
l'aplication: En eftabliffant le nombre des Corps tant celeftes
que terreftres, & mefmes des Subftances Spirituelles, on a befoin de l'art de compter, & celuy de mefurer eft requis pour iuger de la grandeur des Corps, de leur hauteur, de leur diftance
les vns des autres, & de leur figure: tellement qu'il fe faut feruir en de telles occafions de l'Arithmetique & de la Geometrie; La neceffité que l'on en a alors, en deuroit faire inuenter
les Principes, quand l'on ne les auroit point d'ailleurs; C'eft icy
l'origine des Mathematiques. Le diuers afpect de ces Corps
felon leur fituation, auec leur Couleur & leur Lumiere nous font
auffi aprendre les Reigles de l'Optique & de la Perfpectiue, & tout
cela enfemble auec encore le Mouuement, nous fait voir ce que
c'eft que la Cofmographie, l'Vranofcopie, l'Aftronomie, la Geo-

Aplication des Sciences particulieres & des Arts à l'Ordre de la Science Vniuerfelle, Et particulierement de ce qui concerne l'Eftre.

graphie, l'Hydrographie, & la Topographie. En particulier le Mouuement des Aftres, de qui l'on dit que le Temps eft la Mefure, eft caufe qu'on a cherché plufieurs inuentions pour en eftre la marque, & mefmes pour mefurer l'vn & l'autre, comme les Quadrans, les Clepfydres, les Horloges de Sable, les Monftres ou Horloges à refforts. La confideration des Sons nous donne la Mufique, & par la connoiffance des qualitez connuës de l'attouchement, on peut faire vne Science des Odeurs & des Saueurs & autres qualitez. On peut auffi faire vne Science des Principes & des Caufes, comme on en fait vn en beau coup d'endroits qui paffe toute feule pour Phyfique ou Science des Chofes naturelles. La confideration des Meteores nous donne la Meteorologie, & venant aux Corps inferieurs tels que les Pierres, les Metaux, les Plantes & les Animaux, leur connoiffance compofe plufieurs Sciences, lefquelles ont chacune leur Nom particulier. Pour la Science de l'Ame, on l'appelle la Pfychologie, celle des Efprits eft la Pneumatologie, & celle qui parle de Dieu eft la Theologie ; On peut auffi comprendre toutes les connoiffances des Chofes corporelles, de leurs proprietez & de leurs Principes fous la Phyfique, & les connoiffances des Chofes Spirituelles fous la Metaphyfique. Lors qu'on traittera de l'Ame fous le tiltre general de la Phyfique, ou fous celuy de la Pfychologie, parlant des affections de l'Ame & de fes Perturbations, dont fe forment les habitudes de la Vertu & du Vice, ce fera vne Morale Theorique.

En ce qui eft de la feconde partie de la Science vniuerfelle qui eft de l'vfage des Chofes, & de leur Melioration & perfection, ou imitation, il y a quelques Sciences qui y font affectées, mais fpecialement cela s'aplique aux Arts, & mefmes aux Arts manuels qui laiffent quelque chofe de leur ouurage apres eux. Pour augmenter les effets des rayons du Soleil, & les tranfporter où l'on veut, on a inuenté l'Art de faire de ces Miroirs qu'on appelle Ardens, & pour receuoir le mefme effect & en profiter, on a fabriqué diuers Vaiffeaux & compofé diuerfes matieres. Pour faire des feux d'Artifice qui imitent le feu des Aftres auec leur lumiere & leur chaleur, au moins fous quelque apparence, nous auons la Pyrotechnie ; La Pneumatique eft l'Art qui concerne

Des Scien-
ces & Arts
concernans
l'Vfage des
Chofes.

cerne l'Air, & qui apprend à le puriffier, ou à s'en feruir pour
faire jouët quelques inftrumens de Mufique & autres. Nous
auons l'Hydraulique ou l'art des Eaux pour efleuer les eaux au
deffus de leur fource & faire des Pompes & des Iets d'eau de diuerfes façons. Pour ce qui concerne en general le mouuement
de tout ce qu'il y a de terreftre & de lourd, on nous enfeigne les
Mechaniques, qui donnent les inuentions de toute forte de Machines. La puiffance qu'on a fur les Meteores aboutit à fe defendre des iniures de ceux qui font nuifibles & fafcheux; C'eft
ce qui a fait chercher aux Hommes des inuentions de fe couurir d'habits pour fe garentir de la pluye & du vent, & de baftir
des cabãnes ou des maifons pour eftre mieux à l'abry. Quãt aux
Meteores exquis, côme la Rofée & la Manne, on a trouué quelque Art de s'en feruir. Il en eft de mefme de tous les Sucs tant
liquides que condenfez, que l'on foufmet à l'Art de Chymie lequel agit auffi fur les Mineraux & les Metaux, pour leur diffolu-
tiõ & la feparatiõ de leurs impuretez, & mefmes pour la recherche de la Pierre Philofophalle ou de l'or potable, dans laquelle
aplication cette partie de Science eft nommée Alchymie, ou
Chryfopée. On trouue apres l'Agriculture & tout ce qui depéd
du iardinage & du labourage pour le foin des Plantes, auec l'Art
de Bergerie, & de toute autre conduite de Beftail pour le mefnage des Champs; l'Art de Venerie & de Fauconnerie, pour ce
qui eft de la chaffe des Animaux de la Terre & de l'Air, & l'Art
de la Pefche pour prendre les Poiffons, Il y a auffi vn Art de dõ-
pter les Cheuaux & vn autre de fe feruir de plufieurs Animaux
& d'apriuoifer les plus farouches, afin de faire connoiftre le
pouuoir que l'homme a fur eux. En fuite on peut confiderer
quantité d'autres Arts neceffaires pour la commodité ou la neceffité des Hommes, comme ceux qui luy feruent à aprefter les
alimens, à luy faire des eftoffes pour fe veftir, à luy baftir des
Maifons, à fortifier des Citadelles & à fe defendre par les armes contre les ennemys. Ayant penfé à la nourriture des
Hommes, on doit faire fuyure immediatement la Science ou
Art de Medecine, qui prefcrit des regimes de viure aux Sains
& aux malades. La Pharmacie & la Chirurgie l'accompa-
gneront pour remedier aux infirmitez du Corps humain; puis

pour l'vſage des influences & des ſympathies , on doit rechercher ſi les Taliſmans ou figures Conſtellées , & les Anneaux Aſtrologiques , l'vnguent des Armes & la poudre de Sympathie , ont quelque vertu ſuiuant les ſecrets attribuez à la Magie naturelle.

Sciences ou Arts concernans l'vſage des choſes ſpirituelles.

    Ayant conſideré tout ce qui ſe peut faire des Choſes Corporelles , on examine l'vſage , la Melioration & la Perfection , ou l'imitation des Choſes Spirituelles. Premierement on void ce qui ſe peut executer à l'auantage du Sens commun, de l'Imagination , de la Memoire & de l'Entendement ; On apliquera en ce lieu ſi l'on veut toutes les manieres de refuter les opinions des Sceptiques, auec toutes les Methodes pour les Sciences, & tous les moyens de s'inſtruire facilement pour ameliorer les facultez de l'Ame , comme pourroient eſtre les ſecrets qui fortifient la Memoire & autres ; Mais ſur tout l'Art de Raiſonner y a ſa place, tellement que l'on met icy la Logique, mais ce n'eſt qu'vne Logique mentale pour raiſonner à part ſoy , car nous n'auons point encore fait mention de la maniere de produire ſes penſées au dehors. Pource que la perfection de l'Entendement & celle de la volonté , dependent d'vne habitude qu'on apelle la Prudence , ou Preuoyance , afin d'examiner tout ce qui nous la fait acquerir , on prend ſujet de rechercher ſi l'on y peut paruenir par les predictions de la varieté des Temps, ou par les Diuinations faites par l'inſpection des ſignatures des Choſes , & par la Phyſionomie , la Metopoſcopie , la Chiromance , la Pædomance , l'Aſtrologie iudiciaire & la Geomance ; Mais ayant connû le peu d'aſſeurance qu'il y a en pluſieurs de ces Arts , on ſe doit arreſter aux reigles de la vraye prudence qui iuge de l'auenir par vne exacte & ſolide conſideration du preſent & du paſſé. L'Entendement eſtant enſeigné par ce moyen , & la volonté guidée, l'Ame dompte ſes Paſſions, & exerce les Vertus. La Morale practique a donc là ſa place, auec l'œconomique & la Politique ; Et afin qu'il ne manque rien à la recherche des prerogatiues de la Volonté , on s'enquiert conſecutiuement, ſi c'eſt par le ſecours de l'imagination que la volonté de l'Homme a quelque pouuoir ſur les volontez des autres , auſſi bien que ſur elle meſme, pour changer les affe-

&ctions, & les attirer à ce qu'elle fouhaitte fans aucune operation furnaturelle. Pource que nous ne croyons pas qu'elle y puiſ- ſe reüſſir par la ſeule penſée , nous luy accordons les paroles perſuaſiues, ou les mouuemens d'yeux & les geſtes que l'on tient quand l'on deſire quelque choſe, & que l'on a deſſein de l'imprimer dans l'Eſprit des autres ; Et ne treuuant donc pas qu'vne Ame opere par la ſeule volonté & par ſa ſeule imagi- nation , on recherche ſi elle a plus de pouuoir par les paroles in- connûes & par les ſuperſtitions , ſurquoy on ſe peut informer ce que c'eſt que la Caballe & la Theurgie ou Magie blanche, deſquelles on paſſe à la Magie. Ces Arts eſtant contraires à l'honneur que l'on doit à Dieu , il ne faut parler d'eux que pour les auoir en abomination & en horreur , & reconnoiſtre que le ſeul moyen d'eſleuer l'Ame à ſon plus grand pouuoir , c'eſt de la munir de Pieté & la porter à la vraye religion. C'eſt en cet endroict que l'on doit placer vne autre partie de la Theologie qui concerne le deuoir de l'Homme enuers Dieu. Il ne reſte apres pour atteindre à l'entiere perfection de l'Ame, que de conſiderer les idées generalles de toutes choſes , dont les amples connoiſſances feront trouuer par reflexion vne ima- ge de tout ce qu'on peut ſçauoir & de tout ce qu'on peut faire, ce qui comprend toutes les Sciences particulieres & la Theorie de tous les Arts , auec la Science vniuerſelle , & pour vne de ſes dependances , ainſi que nous auons veu ce qui giſt en con- templation , & qui demeure dans l'Entendement, nous ver- rons ſes principales facultez au dehors , qui conſiſtent à expri- mer les penſées de l'Ame , ce qui eſt la premiere action qu'elle faſſe pour manifeſter ce qu'elle contemple , & ce qui eſt l'Ima- ge ſenſible de ſa contemplation. C'eſt ce qui donne origine aux Sciences qu'on apelle Sermocinalles ou Sciences du Diſ- cours. On conſidere donc en ce lieu les langages differens, les Grammaires particulieres & la Grammaire vniuerſelle, & la Logique parlante, ou Art de parler raiſonnablement , à la dif- ference de la Logique Mentale , qui n'eſt que pour le raiſon- nement interieur. On vient à la Rhetorique qui eſt l'Art de perſuader auec ornement & de dreſſer des Diſcours de plu- ſieurs eſpeces ; La Memoire artificielle y eſt conioincte ; Et en

suite comme l'on trouue que la parole n'eſt que pour les perſonnes preſentes, on cherche par quels autres moyens les Hommes ſe peuuent communiquer leurs penſées l'vn à l'autre, ou
repreſenter tout ce qui eſt arriué au paſſé, par des ſignes ma-
teriels, ce qui a fait inuenter l'Art de la Peinture & de la Sculpture, l'Art de l'Eſcriture, & des Chiffres ſecrets, & l'Art de
deſchiffrer. Pour donner ſecours à tout cecy, on a trouué
l'Art de l'Imprimerie, par caracteres raſſemblez ou par planches grauées ; Et enfin on n'a plus qu'à voir la Science des Methodes, qui eſt la Science des Sciences, ou la Science de l'inſtruction, pour la concluſion de tout l'œuure.

*Reflexion
ſur l'Ordre
de la Scien-
ce vniuer-
ſelle, &
ſur ſes Sen
timens.*

VOYLA vn Sommaire de l'ordre de la Science vniuerſelle, lequel on pourroit faire fort long ſi l'on le deſiroit,
car on y pourroit adjouſter pluſieurs diuiſions & ſouſ-diuiſions,
mais il n'eſt pas beſoin de raporter des choſes qui ſe peuuent
trouuer ailleurs, & en quoy la nouueauté du deſſein ne conſiſte pas. A ne faire qu'entendre le nom de ces diuers ſujets, ie
penſe que l'on peut remarquer que toutes les Sciences & tous
les Arts y trouuent leur rang, & que l'on connoiſtra bien par
là quel doit eſtre vn ouurage qui les repreſente de cette ſorte.
Pluſieurs ont beaucoup leu dans les liures de la Science vniuerſelle ſans en auoir tant compris, pource que s'eſtant poſſible arreſtez tantoſt à vne partie & tantoſt à l'autre, ils n'en
ont pû conçeuoir la ſuite, ou meſme ils l'ont perduë faute d'attention en voyant toute la maſſe. Cette deſcription ſommaire
ſupléera à cecy, & pour plus grande intelligence, elle ſera
depeinte dans vne Carte ou Table generalle auec ſes diuiſions, qui monſtreront cecy tout d'vne veüe, & l'on en
pourroit faire encore des Tables particulieres pour eſtre inſtruit plus amplement. D'ailleurs il faut ſçauoir que pour rendre cette Encyclopædie parfaite, on peut donner pluſieurs autres ordres de Diſciplines, puiſqu'il n'y a gueres de Sciences entre les principales, auſquelles toutes les autres ne puiſſent eſtre
ſouſmiſes à leur tour : Ie croy pourtant que le grand Ordre de
la Science vniuerſelle, qui eſt ſelon le progrez d'vne inſtruction naturelle, & ſans contrainte, eſt le plus à rechercher ;
Qu'il doit eſtre ſçeu premierement, & qu'il faut iuger des au-

res par luy C'eſt proprement ce qui eſt neceſſaire à tous les
Hommes qui veullent eſtre aſſeurez de ſçauoir quelque choſe.
Pour les moindres lumieres de iugement dont ils feront eſclai-
rez, ils verront bien qu'ils ne ſçauroient reçeuoir d'inſtruction
plus entiere, & qu'il n'y a point de Cours de Philoſophie, qui
ayt paſſé iuſqu'à tant de curioſitez; Car ce que l'on y met
d'ordinaire ne contenant que la Logique, la Phyſique, la Metaphyſique, & l'Ethique, où l'on a ſeulement connoiſſance de
l'Eſtre & des Proprietez des Choſes naturelles, ce n'eſt ſimplement que ce qui doit eſtre enſeigné dans la Premiere Partie
de la Science vniuerſelle; Et pource qui eſt de la Seconde, touchant l'vſage, & la Perfection ou Melioration des meſmes
choſes, & où l'on void l'employ de pluſieurs Arts, c'eſt à quoy
les Philoſophes vulgaires ne penſent point. Leur Ethique ou
Moralle, ne contient auſſi que la deſcription des Paſſions, & la
diſtinction des Vertus & des vices, au lieu que dans la Science
ſupreme, on doit aprendre les moyens de remedier aux perturbations de l'Ame, & de s'inſtruire à rejetter le mal & embraſ-
ſer le Bien. Il n'y a que les Sciences ou Arts du Diſcours, comme la Grammaire, la Rhetorique & la Logique, qui ſoient
enſeignées fort au long dans les Claſſes des Academies, encore eſt-ce auec pluſieurs obſeruations inutiles, qui nous pri-
uent de celles qui ſont vtiles; D'ailleurs ces Profeſſions ne
ſont point là apliquées dans leur rang de dependance & d'enchaiſnement naturel, ſuiuant le progrez qui s'en fait dans l'Eſprit. Il ſe trouue des Gens qui ont paſſé pluſieurs années à l'e-
ſtude, tant ſous les Maiſtres que dans leurs propres recherches, leſquels neantmoins ne ſont pas ſi capables qu'ils s'imaginent, d'autant qu'ils n'ont point la connoiſſance ſouueraine
& vniuerſelle, & que par ce moyen il leur manque beaucoup
de connoiſſances patticulieres dont ils ignorent l'importance &
l'vtilité, veu que meſmes ils ne ſçauroient rendre bon compte
de ce qu'ils ſçauent, & le placer en ſes vrays degrez. On les
empeſcheroit fort, ſi on leur demandoit en quel ordre de la
Science ils mettent, les Pneumatiques, les Hydrauliques, &
tout ce qui concerne le mouuement; En quel endroict ils
placent l'Agriculture, la Medecine, la Chymie, l'Aſtrolo-

gie & tous les autres Arts ; Où ils rangent les effets de l'imagination , les Diuinations & la Magie ; & la difference de lieu qu'ils donnent à la Moralle Theorique & à la Moralle practique, à la Logique Mentale, & à la Logique parlante. Ils n'ont point encore pensé à ces distinctiós,& ne connoissent pas mesmes ces Sciences particulieres. Pour ce qui est de l'ordre de toutes les Disciplines, ils ne nous pourroient donner autre chose que leur routine ordinaire, qui est de diuiser toutes les Sciences en Theoretiques & en Practiques, ou bien en Speculatiues ou Contemplatiues, & en Actiues : Mais c'est-là vne Diuision simple, non pas vne suite naturelle & vn progrez tel que nous le demandons. S'ils veullent rendre vne meilleure raison de leur Doctrine , ils le pourront faire deformais en comprenant la liaison de la Science vniuerselle qui met chaque Discipline dans son ordre , & en recueille plusieurs que iusques à maintenant on auoit laissé vagues & esparses. Afin mesme que rien ne luy manque , elle ne parle pas seulement de celles qui font vrayes & vtiles comme la Physique & la Moralle, pour les faire aprouuer absolument, mais de celles encore qui estant fausses & inutiles, telles que font l'Astrologie iudiciaire, & la Science des Talismans , ne laissent pas d'estre estimées de plusieurs Hommes, & c'est à cause que dans l'ignorance & la corruption de quelques Siecles , il n'est pas moins besoin de sçauoir ces obseruations ridicules, que quelques bons enseignemens, pour en mieux refuter les erreurs , & empescher que ceux qui se vantent de leur Doctrine mensongere , n'en fassent accroire à ceux qui n'y sont pas instruits. Que si la pluspart des Sciences & des Arts tant bons que mauuais, ne sont point traictez si amplement dans vn tel ouurage que l'on les y aprenne entierement , C'est qu'il suffit de raporter quelques Principes sur lesquels le reste de l'edifice puisse estre fondé , & d'exposer seulement quelques choses qui sont en dispute pour sçauoir ce que l'on en doit croire , specialement touchant celles qu'il est bien seant à tous les Hommes de sçauoir, & qu'il est honteux aux Hommes de Lettres d'ignorer, ce qui fournit assez souuent vne ample matiere pour discourir. Ie ne sçay pas si en ce que i'ay proposé , il y a dequoy contenter ceux qui faisant

profeſſion de quelque Science ſoit pour l'enſeigner ſoit par curioſité , ou pour s'en ſeruir aux neceſſitez de la vie , ſont jaloux
de tous ceux qui s'apliquent à quelque choſe , & encore plus de
ceux qui s'ingerent de parler de tout. Ils diront poſſible qu'on
ne ſçauroit auoir acquis auec ſi peu de façon , la Science à laquelle ils s'adonnent depuis ſi long-temps , & qu'il eſt encore
plus difficille de ſçauoir toutes les Sciences & tous les Arts en
general & d'en pouuoir traiéter ; Qu'vn Chaſſeur qui pour-
ſuit deux proyes à la fois , eſt en grand hazard de n'en prendre pas vne ; & qu'on ne peut tirer à deux buts enſemble ;
Que pour eſtre fort habile en quelque Science il ne faut
s'eſtre apliqué qu'à vne ſeule , & qu'on ne void gueres de gens
qui ſoient bons Medecins & bons Iuriſconſultes en meſme
temps : Mais ceux qui propoſent ces choſes ſçauent peu de
quoy ils parlent ; Quelques Hommes doétes leur monſtreroient
bien par leur exemple , qu'on peut exceller en plus d'vne Science & plus d'vn Art , au moins en ce qui n'eſt pas de ces Profeſſions neceſſaires à la vie ciuile , deſquelles il faut aprendre iuſqu'aux moindres particularitez pour les exercer , & dont il faut
ioindre la Praétique à la Theorie ; Auec cécy les comparaiſons
de celuy qui ne peut pourſuiure deux proyes , ny tirer à deux
buts à la fois , ſont hors de propos , parce que ſi ces choſes ne
ſe peuuent faire en meſme temps , elles ſe feront l'vne apres
l'autre , & on peut auſſi eſtre inſtruit par ordre à des Diſciplines differentes : Mais ſans toutes ces conſiderations , que l'on
prenne garde qu'il n'eſt pas icy queſtion d'aprendre les Sciences
particulieres , puiſque nous propoſons vne Science generalle &
Tranſcendente, Il ne faut point eſtre ſurpris au ſeul Titre de
ce deſſein ; On ne doit point douter qu'vn ſeul Liure ou vn
ſeul Homme, ne puiſſent diſcourir de la Science vniuerſelle, ou
qu'on ne la puiſſe aprendre par leur moyen , ſans contreuenir
meſmes à l'opinion du vulgaire, qui eſt qu'vn Homme ne ſçauroit eſtre fort expert en plus d'vne Science ; Car cette Science
vniuerſelle à la conſiderer comme nous faiſons icy , n'eſt qu'v-
ne Science ſeule : Mais de vray c'eſt vne Science aplicable à
toutes les autres , & qui leur donne tant de pouuoir qu'elle eſt
cauſe que les aſſiſtances reciproques ne manquent à aucune.

Or comme tous les Traictez qu'on en peut faire font remarquables pour deux chofes, l'vne pour leurs nouueaux Sentimens, l'autre pour leur ordre, j'en ay difcouru en bref, dans
le Traicté des Sciences vtiles & dans celuy-cy ; Mais ie ne
croy pas que cela fuffife, fi ie ne monftre encore que ie ne fuis
pas feul qui ne fe foit pas contenté de la Philofophie des Anciens & de leur Ordre de Sciences, & qui fe foit efforcé d'en
inuenter d'autres, tellement que ie m'en vay parler des Nouateurs & des Autheurs d'Encyclopædies; Ce fera vne fuite de
ce que j'ay commencé, & je feray voir que tout ce qui depend
des Methodes des Sciences, peut feruir de Clef à la Science
vniuerfelle, comme l'Abregé de fon Ordre que i'en ay donné
pour fa principale Clef, eft auffi vne des principales parties de
ces Methodes.

SVITE DE LA CARTE OV TABLE DE LA SCIENCE VNIVERSELLE·

L'VSAGE DES CHOSES Et leur Melioration & perfection ou Imitation donnent l'origine à plusieurs Arts.

Pour augmenter les effects des rayons du Soleil, & les transporter où l'on veut, on a inuenté, — [Les Miroirs ardens.

Pour l'imitation de la Lumiere des Astres, — Il y a plusieurs manieres de Feux artificiels, & en general on a inuenté la Pyrotechnie.

Pour l'vsage de l'Air, — [La Pneumatique.

De l'Eau, — [Les Hydrauliques & toutes les Pompes.

Et de la Terre, pour son mouuement, — [Les Mechaniques.

Pour l'vsage des Meteores, ou pour se defendre de leurs injures, & pour leur imitation, — Il y a des Arts si differens qu'on ne les peut nombrer.

Les Sels, les Souffres, & les Bitumes trouuent leur vsage & leur melioration, — [Par la Chymie.

Les Pierres grossieres sont sousmises, — [à l'Architecture.

Les Pierres pretieuses, — [à l'Art des Lapidaires.

Les Metaux, — aux Arts des Mineurs, des Fondeurs, des Forgeons & des Orfeures, & à l'Alchymie, pour la transmutation par la Pierre Philosophalle, de qui l'Art est appellé la Crysopœe, ou Art de faire de l'Or.

L'Vsage & la Melioration des Plantes se trouuent par — l'Agriculture ou le Labourage, & par le Iardinage

Des Animaux — par les Arts de Bergerie, de Venerie, & de Fauconerie, & part l'Art de la Pesche.

La Melioration, Guerison, ou Cure du Corps de l'Homme, — par la Medecine, la Pharmacie, & la Chirurgie.

L'Vsage & la Melioration des Sens corporels — [Ont plusieurs Arts particuliers.

L'vsage & la Melioration des Sympathies & des Influences, se font, — par la Magie naturelle, par les Talismans ou figures coustellées & par la Poudre e Sympathie.

L'Ame humaine en toutes ses facultez, qui sont le Sens commun, l'Imagination la Memoire, & l'Entendement ou Iugement, a pour son vsage, Melioration ou Perfection. — L'Art de raisonner ou la Logique mentale, la Memoire artificielle & tous les Arts qu concernent les Sciences & connoissanes.

La perfection de Raisonner & de bien iuger des Choses estant acquise par la Prudence ou Preuoyance, elles s'accomplissent selon quelques vns, — Par l'inspection des Signatures des Choses par les presages de la varieté des Temps, par la Physionomie, la Metoposcope, la Chiromance, la Pedomance, la Diuination par les Songes, par l'Astrologie Iudiciaire, la Geomance, & autres Diuinations, ou plustost par les vrayes Predictions fondées sur les Causes des Choses.

Pour la Volonté elle trouue sa perfection — par la Moralle practique, la Science Oeconomique, & la Politique.

En ce qui est de la puissance de l'Ame au dehors, & particulierement pour ce qui depend de la Volonté, — on prétend que cela s'accomplit par les fores de l'Imagination, & par celles de la Caballe, & de la Magie; Mais le vray moyen d'esleuer l'Ame à son plus grand pouuoir, se trouue dans la Pieté & la vraye Religion.

Pour l'entiere perfection de l'Ame humaine & le resultat de tous ses raisonnemens, Iugemens & autres Meliorations, & pour l'inuention de toutes les Sciences, & de tous les Arts cy dessus deduits, elle conçoit les Idées generalles de toutes Choses qui sont l'Image de tout ce que l'on peut sçauoir & de tout ce que l'on peut faire, ce qui gist en contemplation: Et pour faire monstre de ses facultez au dehors & exprimer ses pensées, on a trouué les Sciences Serm cinalles qui sont les Sciences ou Arts du Discours, côme —
- La Grammaire vniuerselle apliquée aux particulieres
- Les Grammaires particulieres de chaque Langage,
- La Logique parlante, ou l'Art de parler raisonnablement,
- La Rhetorique,
- L'Art de l'Histoire,
- L'Art de Poesie.

Pour communiquer auec les absens, ou representer ce qui est passé, par des signes visibles & muets, on a inuenté, —
- La Peinture,
- La Sculpture,
- L'Escriture,
- Les Chiffres Secrets, & l'Art de deschiffrer.
- L'Imprimerie par Caracteres rassemblez, ou par plasches grauées.

Et enfin pour se ressouuenir de toutes ces choses, quand l'on voudra, apres les auoir aprises, ou pour commencer de les aprendre plus aysement on cherche, —
- Les Methodes d'instruction qui sont l'accomplissemét de la Science Vniuerselle composée de toutes les Sciences particulieres, & de tous les Arts.

Ces deux Feuilles estenduës qui composent la Carte de la Science Vniuerselle, doiuent estre placées apres la Page 208. ou à la fin du Liure.

A CARTE OV TABLE DE LA SCIENCE VNIVERSELLE.

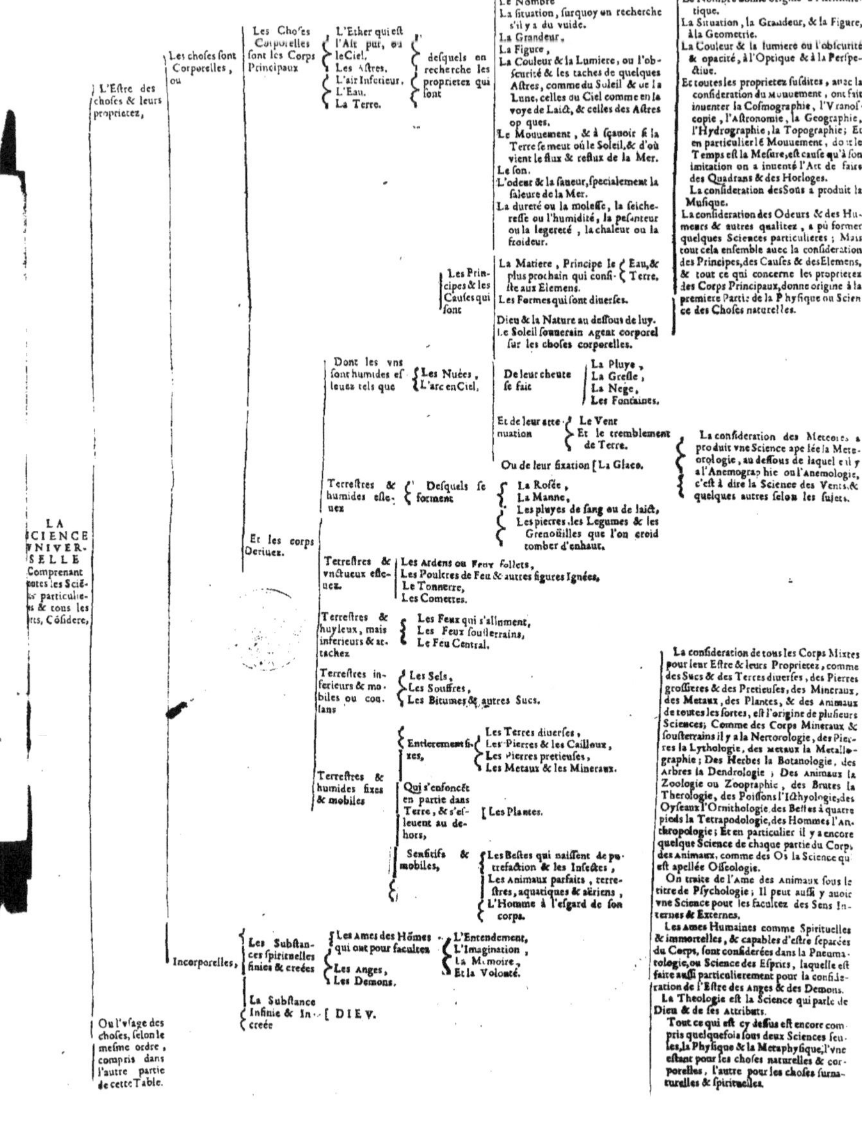

LE
SOMMAIRE
DES OPINIONS

LES PLVS ESTRANGES DES NOVA-
teurs Modernes en la Philofophie,

Comme de Telefius, de Patritius, de Cardan, de Ra-
mus, de Campanelle, de Defcartes & autres;
Et en quoy on les peut fuiure.

TROISIESME TRAICTE'

VANT que ce l'on apelle le nouueau Mon- *Defenfe*
de fuft defcouuert, on auoit peine à croire *des Noua-*
qu'il y euft autre chofe que de l'Eau en vn lieu *teurs.*
où il s'eft trouué depuis des Terres fort amples. & iamais on n'y fuft paruenu, fi on euft
refolu de s'arrefter à ces Colomnes d'Hercule
que quelques Anciens ont tenu fuperftitieu-
fement pour les limites de la nauigation, comme fi le fouuerain Maiftre de l'Vniuers y euft graué des defenfes expreffes
de paffer outre. Nous eftimons de mefmes plufieurs chofes

D d

pour autres que ce qu’elles font , faute d’auoir la hardieſſe d’en
aprocher & de les eſprouuer ; C’eſt eſtre ennemy des plus
belles connoiſſances, de ne prendre pas ſoin de rechercher ce
que la Nature a de plus ſecret : Il ne faut pas touſiours blaſmer
ceux qui aiment de telles nouueautez. Si quelques-vns ne ſont
que des obſeruations fantaſtiques & imaginaires , les autres s’a-
dreſſent à des veritez ſolides ; qui pour eſtre cachées en ſont
plus à reuerer. Quoy que le ſeul nom de Nouateur ſoit odieux
à pluſieurs perſonnes , il faut prendre garde que ſi en matiere
de Theologie il eſt à aprehender, il ne l’eſt pas ainſi dans la
Philoſophie naturelle & humaine. On y peut meſmes propoſer des choſes plus vray-ſemblables que vrayes qui pourtant
ne ſçauroient nuire quand leur peu de poids & de valeur eſt
reconnû, d’autant qu’elles ne ſeruent qu’à reſueiller l’eſprit,
& luy faire remarquer, les diuerſes penſées qui ſont trouuées
là deſſus quand on s’y employe auec attention. Il ne faut donc
point faire difficulté de voir les opinions les plus eſtranges de
quelques Autheurs, qui ont eſcrit de Philoſophie dans ces derniers ſiecles. Le peu d’aparence qu’on a remarqué en pluſieurs
endroits de la Doctrine la plus ſuyuie a eſté cauſe de cecy. On
a taſché de ſe ſatisfaire d’vne autre maniere; Mais il faut conſiderer que tous ceux qui l’ont fait n’ont pas eſté des conteurs
de menſonges, & des gens qui priſſent ſeulement plaiſir à contredire. Il s’en eſt trouué qui n’ont point voulu que leur Doctrine paſſaſt pour nouuelle, mais pour renouuellée. Ils pretendent qu’ils ne ſont point Nouateurs pour auoir eſcrit contre l’opinion d’Ariſtote, mais que c’a eſté Ariſtote meſme qui
s’eſt monſtré Nouateur, ayant voulu deſtruire toutes les opinions de ceux qui auoient philoſophé deuant luy, pour baſtir
vne Philoſophie à ſa mode. Ils diſent que la meſme ambition
qu’auoit Alexandre ſon Diſciple pour ſubjuguer tous les Po-
tentats de la Terre, il l’auoit pour abattre le credit de tous les
autres Philoſophes & ſe dire leur Prince. Cependant il auoit
ſuprimé quantité de belles opinions plus receuables que celles
qu’il publioit, & s’il leur a fait cette iniuſtice, c’eſt auec quelque juſtice que quelques-vns ont taſché de mettre leurs penſées en Parallelle des ſiennes , les ayant tirées de celles des An-

ciens, comme pour luy faire reftituer l'honneur qu'il a ofté
aux autres, eftant fournys de pieces fi conuainquantes. Ce
n'eft point fans quelque fujet encore que d'autres Autheurs
ne voyant rien qui les contentaft ny dans fes Maximes ny dans
celles des autres, ont voulu eftablir des Principes de leur inuention, à deffein de voir s'ils aprocheroient d'auantage de
la verité. Nous n'auons pas fujet de craindre que nous ayons
trop de ces fortes de gens; Car ils font prefque eftouffez du
nombre infiny d'Efcriuains qui ont iuré fidelité à leur premier
Maiftre, lefquels le fuyuent en tout ce qu'il a efcrit, notamment pour la Phyfique, quoy qu'il n'y ayt aucune partie de fa
Philofophie où il ayt plus meflé d'erreurs. Il eft fort à propos
de purger les Efprits de ces fauffes croyances, lefquelles ne font
pas fi indifferentes que l'on s'imagine, puifqu'en nous accou-
ftumant à iuger des chofes materielles par des raifonnemens
de Logique, qui n'ont que de la fubtilité fans folidité, cela tire
à confequence pour les chofes fpirituelles dont on pourroit iuger de mefme; Toutefois ces Opinions ont vn extreme credit dans le Monde, comme fi elles eftoient la feule Philofophie.
Elles font enfeignées dans les Claffes, & efcrittes en plufieurs
endroits. On imprime encore tous les iours des Cours Philofophiques tant en Latin qu'en François, où ces Erreurs font eftal-
lées, de mefme que fi c'eftoient des Propofitions indubitables,
& ceux qui compofent de tels ouurages, font fort fimples, s'ils
croyent que nous ayons affaire de leurs Liures, qui ne font que
redire ce qui a tant de fois efté dit, & qui le font auffi en fort
mauuais ordre. Ils font tres-mal inftruits de ce qui fe paffe, de
n'auoir pas encore profité de la refutation qui a efté faite de ces
fauffes opinions, dans tant de Liures publiez en Italie, en Allemagne & mefme en France. S'ils difent qu'ils adjouftent foy
à ces chofes, parce qu'elles font tirées d'Ariftote qu'ils apellent le Genie des Efcholes, on veut bien qu'ils deferent beaucoup à cét excellent Philofophe; Neantmoins ils ne le doiuent pas tenir pour infaillible. Bien qu'il fe foit monftré fort habile en la Moralle, en la Politique, en la Rhetorique & en la
Logique, & mefmes en la connoiffance de la Nature des Animaux, puifqu'vn feul Homme ne peut pas tout fçauoir, il n'eft

pas eſtrange qu'il ſe ſoit trõpé dans la recherche des proprietez
de pluſieurs choſes corporelles, & de leurs Cauſes & effets, veu
meſme que l'on n'auoit pas encore trouué beaucoup de Secrets
dont on eſt inſtruit par des obſeruations nouuelles ; Car que
pouuoit-il dire des choſes du Ciel, ſans la vraye Aſtronomie
qui n'a eſté connûe que depuis luy, & que pouuoit-il penſer
de la compoſition des Corps, ſans l'ayde de la Chymie, qui
eſt auſſi de nouuelle inuention ? Nous ne le meſpriſons point
pour n'auoir pas connû ce qu'il ne pouuoit connoiſtre qu'auec
ces Arts ; Comme auſſi ceux qui les ſçauent ſans les auoir
inuentez, ne ſe doiuent pas glorifier de ſçauoir des choſes qu'il
a ignorées, & qu'ils ne ſçauent que par le benefice de leur
Siecle.

　　Tout le blaſme qu'on peut donner à ce grand Philoſophe,
vient de ce qu'on croid que par ſon iugement, il pouuoit trouuer beaucoup de veritez dans la conſideration de ce qui eſt
ſenſible, & dans des experiences tres-ayſées, & qu'au contraire il s'eſt embaraſſé dans l'abus & dans l'erreur, ayant voulu reigler la Phyſique ſur la Logique ſeule, ſans ſe raporter
à l'eſpreuue des Choſes. Cela luy eſt arriué à cauſe qu'eſtant
ſur tout grand Logicien, il a entrepris de faire valoir ſon Art
& d'y apuyer toute ſa Phyſique : C'eſt ſur vn ſemblable ſujet,
qu'on a repris Platon d'auoir emply quelques-vns de ſes Dialogues de Theoremes & de Propoſitions de Mathematique &
d'auoir reiglé toute ſa Philoſophie là deſſus, à cauſe qu'il eſtoit
grand Mathematicien. Les Mathematiques donnent ſans
doute vn grand eclairciſſement à pluſieurs parties de la Philoſophie, mais il n'eſt pas beſoin de les employer par tout ; Ce
ſeroit quelquefois eſtre viſionnaire, & s'imaginer des puiſſances de Nombre & de Figures, ou de Sons & d'Harmonies, qui
pourroient eſtre arrangez tout autrement quand l'on voudroit. En ce qui eſt de la Logique, il eſt indubitable qu'elle
doit ſeruir à nous donner la connoiſſance de toutes les Sciences
& de tous les Arts, car que peut-on ſçauoir de certain ſans raiſonner ſur les choſes ; Mais cependant il faut que ce Raiſonnement ſoit apuyé ſur l'experience, c'eſt à dire ſur la Science
meſme, On peut remarquer icy que Bacon ſe plaint de l'hu-

meur altiere de quelques Mathematiciens, qui veullent commander à la Physique ; Il dit qu'il ne sçayt par quel destin il
arriue que les Mathematiques & la Logique, qui ne deuroient
estre que les Seruantes de la Physique, pretendent la primauté sur elle, & se vantent d'estre plus certaines qu'elle n'est. En
effet leur certitude ne depend que de celle de cette Science ;
Les Images ne seront pas plus certaines que les Choses mesmes ; Si l'on ne tient pas que la Philosophie naturelle soit si
asseurée que la Mathematique, cela s'entend en quelques parties qui n'ont pas encore esté experimentées, car dés qu'elles
le sont, qu'y a t'il à dire ? Ne faut il pas croire que la Mathematique qui est la Science des Nombres, des Figures & des Espaces, depend de la Physique qui connoist toute sorte de Quantitez, & de plus les Conclusions que l'on tire d'vne chose à
l'autre par la Logique, sont elles fondées ailleurs que sur ce qui
se void dans le Monde, qui est l'objet de la Science de la Nature ? Il y a vn milieu pour accorder ces Sciences, c'est de dire qu'elles se donnent du secours reciproquement, si bien
qu'il les faut conseruer dans leurs rangs & leurs dignitez :
Neantmoins cela ne doit pas estre cause que l'on en abuse, &
que l'on raporte tout à la seule Logique. Aristote ne sçauroit
estre defendu sur ce qu'il y a apuyé toute sa Physique. C'est là
dessus par exemple, que luy & ses Sectateurs se sont fondez
pour soustenir, que tous les Elemens estoient transmuables de
l'vn en l'autre ; Car pour prouuer cecy, on ne peut proposer
autre chose sinon, Qu'il y a vne Matiere premiere & vnique
de laquelle tout est composé ; Mais cela ne se dit que d'autant
que selon les Axiomes de Logique, Toute matiere n'est tousiours que Matiere, la Substance n'ayant ny contrarieté ny
diuersité ; Mais cette vniformité de Matiere ne se trouue que
dans l'Imagination des Hommes & non point dans la realité,
puisqu'il y a veritablement diuersité de Matiere, & qu'on void
vne Matiere humide & fluide qui est l'Eau, & vne Matiere seiche & solide qui est la Terre, lesquelles ne se peuuent conuertir de l'vne en l'autre, & se separent d'elles mesmes ou par le
moyē du Feu, & que le Feu qui les embrase ou les separe, ne s'est
iamais veu changé ny en Eau ny en Terre. Que si on soustient

De l'ac-
croissement
des Scien-
ces l. 3.

qu'il n'y a qu'vne feule Matiere à l'efgard de Dieu, qui luy a donné telle Forme qu'il a voulu, & qui la peut auffi changer quand il voudra, c'eft paffer à la puiffance furnaturelle dont il n'eft pas icy queftion, veu que l'on parle des conditions naturelles des Corps Elementaires ou des Elemens, qui font effectiuement diftinctes, & que Dieu ayant rendu telles, il ne les changera iamais pour les transformer de l'vne en l'autre, fi ce n'eftoit pour faire vn Miracle; Et fans cela il monftre affez fon pouuoir de les conferuer comme elles font. Ariftote & fes Commentateurs ne s'eftant point reprefenté cette confiftence diuerfe des Elemens, ont manqué dans la defcription de leurs Proprietez, & de leurs Qualitez, & n'ont pas bien eftably ce qui concerne la production des Meteores, ny des Corps Mixtes. De pareilles vifions les ont fait errer touchant la Matiere du Ciel & des Aftres, aufquels ils n'attribuent aucune des Qualitez corporelles, ne les croyant ny chauds ny froids, mais les tenant prefque pour fpirituels, & ne laiffant pas de fe figurer qu'ils font feparez par diuers eftages, & que leur chaleur eft produite par attrition, ce qui ne fe peut faire fans folidité qui eft la plus groffiere des qualitez corporelles; Il faut voir comment quelques Philofophes qui font venus depuis fe font defmeflez de ces propofitions, & de plufieurs autres qui y font iointes. Ie ne veux pas parler feulement de ceux qui ont contredit à Ariftote & aux Ariftoteliciens ou Peripateticiens, fans nous donner vne autre Philofophie. I'ay defia fait vn Sommaire de ce qui a efté efcrit par Iuftin Martyr & par quelques autres; Mon deffein eft icy de ne m'entretenir que de ceux qui font Critiques & Nouateurs tout enfemble, entre lefquels nous verrons qu'il y en a qui ont conçeu de nouuelles Penfées, qu'on peut tenir pour legitimes, & que s'ils en ont eu qui femblẽt fort extraordinaires, on peut fe les rendre familieres par vne confideratiõ attentiue, & s'il s'en trouue d'abfurdes, elles feront ayfement reconnûes, en faifant vn Examen fuccinct des vnes & des autres, comme nous tafcherons de faire pour monftrer en quoy on les peut fuyure. Or pource que les plus grandes innouations qui ayent efté faites dans la Philofophie, font à l'efgard de la Phyfique où il y a tres-grande varieté d'opinions, ce

fera fur ce fujet que nous parlerons d'abord , & parce que les
premiers Nouateurs ont paru en Italie , nous les nommerons
les premiers , & nous rendrons à cette Nation l'honneur qui
luy eft deu pour l'affection qu'elle a toufiours portée aux bonnes Lettres.

IL FAVT auoüer que les Sciences ayant paffé de la Grece *De Telefius.*
dans l'Italie , elles s'y font maintenuës en quelque vigueur,
nonobftant la barbarie de tant de Nations qui font venu inonder
cette belle contrée , de forte que fi elles ont efté quelque temps
fans y auoir vne puiffance fort eftenduë , elles n'ont pas laiffé d'y
pareftre apres auec auantage plus qu'en tout autre lieu de l'Europe. Cela fe connoift en ce qu'il y a eu là quantité d'Autheurs
tres-polis & tres-inftruits en toute forte de matieres & de ftiles,
foit de Philofophie , Poëfie ou Eloquence, lors que dans la France & en beaucoup d'autres lieux , il y auoit peu de gens qui s'a-
donnaffent à la culture des Lettres. Nous ne voulons parler icy
maintenant que de ceux qui dans les derniers fiecles ont efté
autheurs de quelques opinions particulieres , entre lefquels il faut
nommer premierement Bernardinus Telefius natif deConfenze
ville de Calabre, lequel eft mis à bon droict entre ceux qui ont
innoué dans la Philofophie , puis qu'il en a fait vn ouurage exprez , qui porte pour tiltre, *De Rerum Natura , iuxta propria prin-
cipia.* En effet quoy que l'on affeure que l'on ne puiffe rien dire
qui n'ayt defia efté dit, quand les opinions auroient efté tenuës
feparément par quelques Philofophes anciens, le ramas qu'il en
faict feroit toufiours fien auec l'ordre & les raifonnemens ; Mais
ayant dit beaucoup de chofes de luy mefme, il pouuoit bien fe
vanter de les auoir eftablies fur fes propres Principes. Il veut
monftrer d'abord que c'eft la chaleur & la froideur qui conftituent le Soleil & la Terre, & les font ce qu'ils font , & que le
pouuoir que l'vn & l'autre ont d'agir & d'operer leur vient de là;
Que le chaud & le froid & la maffe corporelle, font les trois
principes dont tous les Eftres dependent ; Que les deux Natures
agiffantes font incorporelles , & que celle qui reçoit leurs
actions eft corporelle. Il accommode cecy à ce qui eft dit par
Moyfe ; Qu'au commencement Dieu crea le Ciel & la Terre;
Et pource qui eft de tous les diuers effects qui fe remarquent au

Monde, il fait voir comment le Soleil en eſt la cauſe par ſa chaleur, & que la diueɩſité qui s'y trouue, vient de la difference des
lieux, & ſelon que la froideur y apporte du temperament. Parce moyen il pretend rendre raiſon de toutes les qualitez des
Corps mixtes, comme de leur ſeichereſſe, humidité, opaçité,
tranſparence & autres, & ayant propoſé que tout a eſté fait de
la Terre par le Soleil, il deſire monſtrer meſme comment
cét Aſtre a faict la Mer, ou tout au moins comment il l'a tirée
de la Terre. Son ſecond Liure eſt employé principalement à
diſputer contre Ariſtote, ſur la matiere commune, & comment
elle ſe corrompt; puis à ſçauoir ſi le Ciel eſt de feu, & ſi la chaleur & la froideur ſont des Subſtances. Au troiſieſme Liure il
combat les principes de ce Philoſophe, & les qualitez qu'il attribuë aux Elemens; Il croid que la ſeichereſſe n'eſt pas bien
miſe auec la chaleur, & l'humidité auec la froideur, parce que la
chaleur liquefie, & la froideur deſſeiche. Il amene des raiſons
pour monſtrer que toute Eau eſt chaude, & que le Feu eſt ſou-
uerainement humide, ce qu'il taſche de prouuer meſme par les
maximes de ſon aduerſaire. Il diſpute auſſi contre Hippocrate
touchant les quatre humeurs dont il tient que les Corps ſont có-
poſez, & enfin pource qui eſt des Corps elementaires, il ſouſtient
que l'Air ny le Feu n'entrent point dans la compoſition des mixtes, enquoy il a eu vne grande force d'eſprit de s'imaginer le
contraire d'vne choſe dont tout le Monde eſtoit perſuadé. Dans
ſon quatrieſme Liure il monſtre que la chaleur ne s'engendre
point icy bas, parce que le Soleil & les autres Aſtres preſſent
l'Air dans leur mouuement ſelon Ariſtote, ſurquoy il raporte
pluſieurs raiſons faciles à trouuer contre vne opinion ſi extra-
uagante, mais en outre il declare en pluſieurs Chapitres de quelle façon la lumiere & la chaleur ſont refleſchies par les Corps,
ce qui fait voir que s'il n'y auoit autre chaleur au Monde que
celle de cette attrition, l'on n'en receuroit pas des effets ſi vtiles
que ceux que l'on en retire. Il examine apres ce qu'Aphrodiſée
& Auerroes ont dit ſur ce ſuiet, & finit par quelques diſcours
du mouuement des Orbes celeſtes, où il accuſe Ariſtote d'impieté d'auoir attaché le ſouuerain Eſtre à cet ouurage, & il parle
contre ſon eternité du Monde. Il l'attaque encore au cinquieſme

me fur l'opinion qu'il auoit de l'Ame humaine, & il en recherche apres toutes les proprietez & facultez fuiuant les meilleures opinions, & dans le fixiefme il eft parlé de la 'generation
des animaux, & de celle des plantes où il y a des chofes affez
curieufes, mais à qui l'on n'attribuera point de nouueauté, veu
que tout cela fe peut rencontrer ailleurs. Le feptiefme traicte
des Sens externes, & de leurs objets, le huictiefme traicte des
Sens internes, & le neufiefme des Paffions & des vertus ou vices de l'Ame, ce qui ne s'accomplit point fans contrarier aux
Peripateticiens & à leur Maiftre, en quoy cét Auteur penfe
auoir affez raporté de chofes extraordinaires, puifque tant de
gens fuiuent cette doctrine qu'il a entrepris de combattre.
Ayant veu le Sommaire de la Philofophie de Telefius, nous
luy pouuons repartir que s'il tient le chaud & le froid auec la
maffe corporelle pour Principes, il confond les Qualitez auec
les Subftances, & qu'il n'y a point d'aparence auffi de tenir
pour incorporelles deux Natures, facultez ou Qualitez agiffantes, qui font attachées aux Corps; De plus que le chaud
peut bien eftre tenu pour vn principe & vn Agent, mais que
le froid eft indigne de cette qualité, parce que plufieurs ont
crû mefme que la froideur n'eftoit qu'vne Priuation de la chaleur. En ce qui eft du pouuoir que ce Philofophe attribuë au
Soleil, on en peut demeurer d'accord auec luy touchant la
production de plufieurs Corps mixtes; L'origine de la Mer
n'auroit pas beaucoup de conteftation n'eftoit qu'on tient que
la Mer a efté creée en l'eftat qu'elle eft en vn feul inftant par
le Createur de l'Vniuers; Son fecond & fon troifiefme Liure
ont des opinions contraires la plufpart à celles d'Ariftote, enquoy on luy a de l'obligation d'auoir pris la hardieffe de choquer cét ancien Maiftre de la Philofophie, pour ayder à deliurer de leur feruitude ceux qui s'affujettiffent entierement à fes
Loix. On luy difputera pourtant ce qu'il propofe de la chaleur
de l'eau & de l'humidité, fi ce n'eft qu'il vueille monftrer que
l'Eau ne fçauroit auoir vne fouueraine froideur, à caufe qu'elle
la changeroit incontinent en glace, & luy ofteroit fa fluidité.
Pource qui eft du Feu propofant qu'il a de l'humidité, il eft
certain qu'il doit auoir quelque humidité huyleufe pour fe

E e

nourrir, mais ce n'eſt pas vne humidité aquatique tellé que quelques-vns penſent. Au reſte Teleſius ayant mis en auant, Que le Feu ny l'Air n'entroient point dans la compoſition des Mixtes, c'eſt vne opinion tres certaine pour laquelle il merite des loüanges. Son quatrieſme liure ſur la maniere dont la chaleur des Aſtres vient icy bas, eſt vn grand moyen pour deſabuſer quantité d'Eſprits. Il en eſt de meſme de ce qu'il dit du Mouuement des Corps celeſtes, de la generation des Animaux, des facultez des Sens externes & internes, & de tout ce qui depend de l'Ame, pourueu que cela ſoit conforme aux Principes de la Theologie. Iean Cecile Frey a eſcrit quelque choſe contre Teleſius dans vn traicté où il pretend cribler les Philoſophes. Il attaque ſpecialement celuy cy, ſur la chaleur pretenduë de l'Eau dont il dit pluſieurs choſes, raportant ſes argumens pour les refuter apres, comme de la Néige qui rend les champs fertiles autant que le fumier, ce qu'il attribuë à la puiſſance de l'Air enfermé dans la Neige. Sur ce que Teleſius dit que ſi l'Eau eſteint le Feu, ce n'eſt pas par la froideur, puiſqu'eſtant chaude elle l'eſteint de meſme, Frey reſpond que c'eſt donc par l'humidité que cela ſe fait. Il donne des reparties en pluſieurs autres endroits qui ne ſont pas toutes de miſe, & qui embroüillent vn peu la Queſtion, ſpecialement ſur ce que Teleſius propoſe, que nous ne ſentons l'Eau froide, que parce qu'elle eſt moins chaude que noſtre main, à quoy Frey reſpond, Que tout noſtre ſang eſt plus chaud d'ordinaire que l'Eau tiéde, ce qui ne conclud rien en ce lieu ; Et ſur ce qui eſt propoſé des Animaux qui ne pourroient viure dans l'Eau ſi elle n'eſtoit chaude, Frey reſpond qu'aucun Element n'eſt pur, & que l'Eau s'eſchauffe par le Mouuement. Afin de trouuer quelque milieu en cecy il y faut faire vne Additió. Quand on allegue que ſi l'Eau n'auoit point de chaleur elle ſe conuertiroit en glace, il faut repartir, Que ſi elle n'auoit point auſſi de froideur elle s'eſleueroit entierement en vapeurs ; Voyla pourquoy on peut conclure qu'elle a de l'vn & de l'autre pour luy ſeruir de frein. Quoy qu'il en ſoit la reputation de Teleſius s'eſtant fort eſleuée, c'eſt ce qui a excité pluſieurs Philoſophes à rechercher d'autres connoiſſances que celles de Anciens pour ſe faire eſtimer.

Cribrum
Philoſo-
phorum I.
Cec. Frey

FRANCOIS PATRICE autre Italien voyant cette nou-
uelle Philofophie a pris la hardieffe d'ë baftir vne à fa mode. *De Patri-*
Il a gardé quelques-vnes des opinions de Telefius, mais il en *tius.*
a auffi inuenté quantité d'autres qu'il a tafché de ranger fous
des reigles plus methodiques, y employant auec cela vn ftile
plus concis & plus preffant, & qui en quelques endroits eft
pareil à celuy de ces Autheurs qui veullent perfuader qu'ils
cachent de grands myfteres fous leurs paroles. Il a l'affeurance
de dire qu'il a entrepris de former vne nouuelle Philofophie
vraye & entiere, & qui traictera de toutes chofes; Que ce
qu'il alleguera fera prouué par des oracles diuins, par des neceffitez Geomettriques, par des raifons Philofophiques, & par des
experiences tres certaines. Or afin de commencer par des chofes indubitables, & faire que l'on adjoufte foy au refte plus facilement, eftant perfuadé par des chofes fi hautes, il pofe cecy
d'abord. Il n'y a rien eu auparauāt ce qui eft premier que toutes
chofes; Apres ce qui eft premier, toutes chofes fuiuēt; Tout viēt
de ce qui eft Principe; Tout vient de ce qui eft vn, & de ce qui
eft abfolument Bon, & de ce qui eft le Bien; Tout vient de
Dieu, car Dieu eft le Bien, l'vn & le Principe. De l'Vn vient
la premiere vnité; De la premiere, vnité, viennent toutes les autres vnitez, Des vnitez viennent les Eftres, des Eftres les Vies,
des Vies les Intelligences, des Intelligences les Efprits, des Efprits viennēt les diuerfes Natures, des Natures les Qualitez, des
Qualitez, les Formes, & des Formes les Corps. Il adjoufte que
toutes ces chofes font dans l'efpace, dans la lumiere & dans
la chaleur, & que parlà l'on fe prepare vn retour à Dieu, & que
c'eft le but & la fin de toute fa Philofophie. Il dit apres que
la Philofophie eft l'eftude de la Sageffe, Que la Sageffe eft la
connoiffance de toutes chofes; Que l'Vniuerfité des chofes
confifte en ordre, & que l'ordre eftablit ce qui doit eftre deuant ou apres, & que fi quelques-vns ont commencé à philofopher par les chofes qui doiuent aller les dernieres, ils ont tout
mis en confufion; Qu'il faut commencer par les chofes les plus
connûes, & que la premiere connoiffance venant à l'Efprit par
les Sens, il faut premieremēt auoir recours à la veuë, qui eft

la premiere en dignité & en puiſſance ; Que la lumiere eſtant
ce qui paroiſt principalement à la veuë , il faut commencer par
elle . En ſuite de cecy , cét Autheur priſe beaucoup la lumiere
celeſte ; Il dit que c’eſt par elle que l’on monte à la premiere
lumiere & au Pere des lumieres ; Qu’il eſt bien raiſonnable de
commencer ſa Philoſophie par la lumiere qui eſt l’Image per-
petuelle de Dieu , laquelle ſe meſle parmy toutes choſes , &
par ce moyen les forme & les viuifie , les vnit ou les deſaſſem-
ble , & eſt l’ornement des Cieux & de tous les autres Corps.
Il expoſe auſſi des penſées toutes ſpirituelles , pour tenir l’eſprit dans l’attente de quelque choſe de ſublime , mais ayant
promis la doctrine des choſes naturelles , cela ne ſert de rien à
nous en inſtruire. Il eſt vray qu’il parle en cecy des Corps qui
ont de la lumiere & de ceux qui n’en ont point , & il diſtingue
bien les Aſtres lumineux d’auec les opaques ; Et comme les
corps lumineux ont de la clarté par tout , & les opaques ont des
tenebres iuſques en leur fonds , & ne peuuent eſtre penetrez de
la lumiere , il eſtablit vn troiſieſme corps qui n’a point de lumiere en ſoy , ny de tenebres fixes , qui eſt le corps tranſpa-
rant lequel peut receuoir l’vn & l’autre. Il cherche auſſi les
differences qui ſont entre la lumiere , les rayons & la lueur ,
ou l’eſclat de la lumiere. Il fait voir dans ce Traicté qu’il s’accorde à Teleſius , en ce qu’il veut monſtrer qu’il y a vne autre
lumiere que celle du Soleil & des Aſtres ou du Feu , parce que
deuant le nombre & la multitude doit eſtre l’vnité , & il ſemble bien qu’il vueille faire entendre que cette lumiere eſt incorporelle. Il garde les principaux ſentimens de ce Philoſophe lors qu’il dit , qu’il y a deux principes actifs la chaleur & la
froideur ; Que leur face eſt la lumiere & les Tenebres , & leurs
operations ſont le mouuement & le repos. Il tient de meſme
que luy , que le Vuide peut-eſtre introduit dans le Monde par
violence , comme cela ſe connoiſt en pluſieurs inſtrumens ,
mais que naturellement il ne ſe fait point devuide , d’autant que
les corps ſe ſentent l’vn l’autre & ſe plaiſent à ſe toucher. Il taſche de deſtruire ſur tout l’ancienne opinion , touchant la rondeur du Ciel & les diuers cercles que l’on luy attribue. Il pretend monſtrer auſſi bien que ſon predeceſſeur , que le Soleil &

les autres Aftres ont de la chaleur , & qu'il n'y a point d'aparence qu'Ariftote ayt attribué au Ciel l'efpaiffeur ou la rareté,
difant que les eftoilles font les parties les plus efpaiffes du Ciel,
& que leur ayant ainfi attribué quelques qualitez elementaires,
il vueille que ce foit vn corps fimple tout differend des autres,
qui ne puiffe auoir de la chaleur ny autres telles qualitez. Il fe
moque de ce feu que l'on eftablit fous le cercle de la Lune que
l'on apelle le feu elementaire ; Il tient que tout feu luit de fa
nature, & que s'il ne luit point , il n'eft pas feu, & que ce feu
ne defcendant point icy bas pour eftre meflé aux corps mixtes,
le nom d'Elementaire luy eft mal donné. Il reprefente auffi
qu'il fuffit à la Terre de fa fechereffe & à l'Eau de fon humidité
pour fouffrir, & au Ciel de fa chaleur pour agir , fans qu'il foit
befoin de s'imaginer vn quatriefme corps au deffous de la machine celefte, fans aucun temoignage des Sens ny aucune apparence de raifon. Il attaque puiffamment les quatre qualitez
attribuées au Corps, & eftablit fes fentimés là deffus auec beaucoup de fubtilité. Au refte il fait de grandes recherches de toutes les chofes naturelles les plus cachées , comme des caufes du
flux & reflux de la Mer & autres, en quoy il va bien plus loin
que fon predeceffeur, mais ce n'eft pas peu que Telefius ayt eu
l'affeurance de fraper le premier coup ; Patricius luy donne
auffi la louange d'auoir bafty vne nouuelle Philofophie de fes
propres forces. Il n'auoit donc qu'à le fuiure, & à embellir &
acheuer ce qu'il auoit laiffé imparfait. Il a eu deffein de monftrer pourtant qu'il pouuoit former s'il vouloit vne doctrine
toute differente, ne s'eftant pas contenté de fes feuls principes
du chaud & du froid, & de la maffe corporelle , mais en ayant
adjoufté quatre autres, qui font l'Efpace, la lumiere, la chaleur, & ce qu'il appelle *fluor*, en Latin, que nous ne pouuons
mieux expliquer en François qu'en l'appellant, la fluidité. Ses
raifons font que tous les corps font engendrez dans l'efpace ; &
ont trois dimenfions de longueur, largeur & profondeur ;
Qu'ils font rendus vifibles par la lumiere & viuans par la chaleur. Il refte cette flueur ou fluidité ; laquelle il faut croire
qu'il prend pour l'Ame, ou pour les fonctions les plus fpirituelles, car il fait vn grand myftere de cecy. Il dit que le Ciel Em-

E e iij

pyrée n'eſt qu'vne fluidité, & que de là procedent toutes les
autres fluiditez ou Emanations. Pource qui eſt de cette maniere de philoſopher qui eſt ſi obſcure, Patrice ne trouuera pas
que les perſonnes raiſonnables ſe mettent de ſon party. On
tient qu'il a voulu en cela faire le Platonicien ; Auſſi eſtime t'il
beaucoup Platon au deſſus d'Ariſtote, ayant fait des Paral-
lelles de l'vn & de l'autre, pour monſtrer que là où Ariſtote
doit paſſer pour impie & pour ignorant, Platon peut eſtre eſtimé fort Religieux & fort ſçauant. I'ay raporté cela ailleurs en
parlant d'Ariſtote & de Platon. Eſtant beſoin icy d'examiner
Patritius, comme il a examiné les autres, il faut declarer les
ſentimens qu'on peut auoir de ſa Doctrine. Quant à ſes grada-
tions depuis ce qui eſt vn, iuſques aux Eſtres differens & aux
Multiplicitez, auec leur retour à leur Principe, ce ſont de belles imaginations pour cacher des choſes aſſez communes ſous
des paroles Myſtiques & obſcures. C'eſt preſque meſme choſe en ce qu'il dit de la lumiere, ſinon qu'il s'explique bien pour
la difference des Corps lumineux, des Corps Opaques, & des
Corps Diaphanes. Sa Philoſophie eſt remàrquable en ce qu'il
introduit le Vuide dans le Monde, au moins par Art & par
contrainte ; Qu'il ſe moque de l'erreur de ceux qui croyent
que les Eſtoilles ſoyent les parties les plus eſpaiſſes du Ciel &
qu'il y ayt vn Feu Elementaire. Mais s'il a ſuiuy Teleſius, en
beaucoup de rencontres, il n'a pas agy de bonne foy de nous
vouloir donner d'autres Principes que les ſiens qui ne ſatisfont
pas d'auantage, car quand Teleſius a nommé la chaleur pour
Principe, il a entendu que la lumiere y fuſt iointe, voulant
parler de la ſupreme chaleur qui eſt aux Aſtres ſans qu'il fuſt
beſoin que Patritius fiſt en cecy quelque augmentation. On
luy diſputera auſſi la qualité de Principe qu'il attribue à l'Eſpace ou au lieu qui ne ſont que Proprietez & accidens externes
des choſes ; Ce qu'il dit de la Fluidité ne ſe peut expliquer, &
quand cela s'entendroit des influences, & de toutes les vertus
qui procedent des Corps celeſtes, ce ſont des accidens & non
pas des Principes. Il temoigne par tout qu'il n'ayme pas à nommer les choſes par Noms vulgaires, c'eſt pourquoy ſes Traitez principaux ont des Noms nouueaux tirez de la langue

Grecque comme, *Panarchia*, *Pancosmia*, *Panaugia*, *Panpsychia;*
pour dire qu'il traite des Choses souueraines & de toutes les
Choses du Monde, & de ce qui apartient à la lumiere & à l'A-
me ou aux Esprits : Mais son discours respond assez à de tels
Titres ; Et pource que parmy ses nouuelles façons de parler, il
a refuté quantité d'err eurs anciennes, il faut faire cas de son
ouurage.

HIEROSMECARDAN Medecin Milanois peut- *De Cardan.*
eſtre encore mis au nombre des Nouateurs entre les Italiens parce qu'il a tenu des premiers contre l'opinion d'Ariſtote, qu'il n'y auoit que trois Elemens, l'Air, l'Eau & la Terre.
Il dit que le feu qui consomme toutes choses ne doit point eſtre
appellé Element, Que ce que l'on allegue les quatre humeurs
des corps des animaux, ne sert de rien à prouuer que les Elemens soient en pareil nombre, & que Thrusianus Interprete de
Galien, monſtre qu'il n'y a que trois humeurs diuerses. Cardan nie encore que le Feu soit placé sous le Ciel de la Lune,
où il croid sa subsiſtance inutile & impossible, & en ce qui eſt
de la chaleur qui vient d'enhaut, il souſtient que la viſteſſe du
mouuement des Corps celeſtes, n'en peut-eſtre la cause, & que
si les choses solides s'eschauffent eſtant remuées & agitées, comme les pierres, les metaux & mesmes les Corps des Animaux,
les choses minçes & desliées sont d'autant plus froides qu'elles
sont plus legerement esmeuës ; Que les vens les plus forts sont
tres froids, & les fleuues qui courent le plus viſte, ont leurs
eaux les plus froides. Par ce moyen il pretend monſtrer que la
matiere des Cieux & des Aſtres, eſtant simple & subtile comme elle eſt, ne ſçauroit causer de chaleur par le mouuement,
ce qu'il ne iuge pas necessaire, puiſqu'il attribue vne chaleur
naturelle aux Aſtres, aſſeurant que s'il y en a que l'on apelle
froids comme Saturne, ce n'eſt qu'à comparaison de ceux qui
sont plus chauds que luy, & que comme tous les Aſtres sont
chauds, tous les Elemens sont froids. Ces opinions cy sont desduites dans les liures de la Subtilité qui ont eu le plus de vogue
entre ceux qui ont eſté faits par Cardan. Il eſt contraire à Ariſtote en d'autres choses qui sont espandües dans cet ouurage,

& l'on treuue en pluſieurs endroits qu'il s'eſt fort aproché de la
vraye Raiſon. Il y a meſmes raporté beaucoup de curioſitez,
dans leſquelles ſi l'on n'accorde point qu'il ayt innoué ou changé ce que l'on croyoit auparauant, au moins a-t'il publié des
choſes qui eſtoient nouuelles pour la Philoſophie vulgaire, laquelle ne s'eſtoit pas encore occupée aux ſecrets des Arts qu'il
a pretendu mettre en credit. Cecy ſera dit auſſi pour ſes liures
de la Varieté, qui traitent preſque des meſmes ſujets. Quant
à ceux de la ſubtilité, il ſemble qu'il en ayt voulu faire vne
Phyſique entiere & plus encore que cela. Le titre du premier
liure eſt des Principes, de la Matiere, & de la Forme, Du Vuide
du Moüuement & du lieu ; le ſecond eſt des Elemens ; Le troiſieſme du Ciel ; le quatrieſme de la lumiere ; Le cinquieſme
des Corps meſlez & des metaux, le ſeptieſme des Pierreries,
le huictieſme des Plantes, le neuſieſme des Beſtes engendrées
de putrefaction ; Le dixieſme des Beſtes parfaictes, l'vnzieſ-
me de la Forme de l'Homme, le douzieſme de ſon temperament, le trezieſme des Sens & des choſes ſenſibles, le quator-
zieſme de l'Ame & de l'entendement, le quinzieſme des ſubtilitez inutiles, le ſeizieſme des inuentions merueilleuſes, le
dixneuſieſme des Demons, le vingtieſme des Anges, & le vingt-
vnieſme de Dieu. Les ſujets de la Phyſique ordinaire & meſme de la Metaphyſique, ſe trouuent là en effect, mais il y
a joint quelque pratique des Arts, auec vn ordre qui n'eſt pas
regulier ; D'ailleurs il y a pluſieurs de ces traitez qui ne repreſentent pas toute la Nature des choſes comme l'on la deſireroit
dans des liures de Philoſophie ſeruans à l'enſeigner. Ce ſont
des repreſentations de Machines ou d'autres curioſitez qui
viennent à ce propos, en quoy l'on connoiſt que par le titre general de l'ouurage qui eſt de la ſubtilité, l'Autheur a entendu
qu'il deuoit parler des ſubtilitez qui dependoient des choſes naturelles. Neantmoins il y a quelques lieux qui deſcriuent ſimplement la nature des choſes, ſinon en ce qui eſt du ſoin que l'on
en peut auoir, & de l'vtilité que l'on en retire, comme pour les
Beſtes parfaites ; mais quoy qu'il en ſoit, c'eſt touſiours traiter de
ſubtilité, On auroit occaſion de s'eſtonner de ce que Cardan n'a
point fait vn ſeul ouurage, des liures de la Varieté, & de ceux
de la

de la Subtilité, veu qu'ils traitent de pareilles chofes, qui eftant aſſemblées euſſent rendu ſes propoſitions plus fortes & plus accomplies. Il n'y en a autre raiſon, ſinon qu'eftant d'humeur à eſcrire beaucoup, & à compoſer touſiours chofes nouuelles, il n'a pas voulu prendre la peine de meſler vn ouurage à l'autre, celuy de la Varieté ayant eſté fait le premier. Or quoy qu'il y ayt beaucoup de doctrine dans tous ſes eſcrits, ils n'ont pas laiſſé d'eſtre choquez par Iule Cefar Scaliger qui eſtoit de ſon temps, & qui ne pouuant ſouffrir ſa reputation, l'a attaqué ſur ſes Traitez de la Subtilité, contre leſquels il a fait des Exercitations. Scaliger eſtoit Homme ſçauant, & qui auoit merité beaucoup de loüanges par pluſieurs de ſes ouurages : Neantmoins chacun n'a pas creu qu'il ayt entieremeut reüſſi au deſſein qu'il auoit d'amoindrir la gloire de cét autre Eſcriuain. Le liure de Cardan eſtant remply de quátitez d'obſeruatiõs des chofes naturelles, il ſe peut faire qu'il ayt manqué à quelques vnes, comme tous Autheurs ſemblables y ſont ſubjets, eſtant contraints d'eſcrire pluſieurs chofes ſur la foy d'autruy, & poſſible ne trouuera t'on pas moins de ce genre de fautes dans les liures de Scaliger. Il auoit auſſi tant de paſſion que ces Cenſures euſſent cours, qu'encore qu'il pûſt eſtre auerty que Cardan auoit corrigé beaucoup de paſſages obſcurs ou douteux dans vne ſeconde edition, il ne daigna la voir de peur qu'elle ne l'obligeaſt à ſe retracter, & qu'il ne perdiſt quelque portion de l honneur qu'il eſperoit de ſon ouurage. Il faut auoüer qu'il s'eſt monſtré aſſez exact en la recherche de quantité de chofes, mais au reſte il eſt fort eſtrange qu'à cauſe qu'il faiſoit profeſſion de ſuyure Ariſtote, il ayt repris Cardan aux endroits où il ne le ſuyt pas, comme ſi chacun eſtoit obligé de ſuyure ce Philoſophe de meſme que luy, & ſi ſes ſeules opinions deuoient donner la loy aux Hommes. On obſerue d'ailleurs qu'il s'eſt monſtré peu inſtruit en la vraye Doctrine, de faire plus d'eſtat des vaines ſubtilitez du diſcours, que d'vn raiſonnement ſolide apuyé ſur l'experience. Quelques-vns pretendent qu'il n'a rien entendu aux endroits les plus ſubtils des liures de la Subtilité, & que n'ayant point attaqué l'Autheur ſur le ſujet des Mechaniques, quoy que ſon ouurage parlaſt beaucoup de ces

F f

chofes pour lefquelles il eftoit fait particulierement , on a raifon
de fe plaindre que ce Critique n'ayt employé fa plume qu'à
des remarques dePhyfique &de Medecine: Mais on doit repartir qu'il n'eftoit point mal à propos , de difputer contre Cardan
fur ce qui apartenoit à fa Profeffion principalle de Medecin
laquelle il eftoit obligé de fçauoir plus que toute autre chofe.
Cardan ayant veu le liure de Scaliger ne pût celer fon reffen-
timent ; Il fit vn Difcours contre luy qui fe trouue imprimé à
la fin de quelque nouuelle Edition de fes liures de la Subtilité,
& qui porte pour titre , *In Calumniatorem , Actio prima.* Il fe
plaint d'abord du malheur du Temps où des mefchans ont la
liberté d'effayer d'ofter aux gens de lettres & de merite, l'honneur qui leur eft deu , quoy qu'ils ne les puiffent efgaller ; Il
dit, Que c'eft à l'exemple d'Heroftrate qui brufla le Temple
d'Ephefe , dont il n'euft pas efté capable de baftir la moindre
Corniche. Il reprefente la malice de celuy qui l'ayant loüé dans
fon Epiftre liminaire , le blafme apres dans tout fon ouurage;
Qu'il a fceu qu'il auoit eu enuie de donner à fon liure le titre ,
De Futilitate, au lieu de , *Subtilitate*, fi quelques gens ne l'en
euffent deftourné ; Qu'il s'eftonne de ce qu'il l'attaque fans
fujet, & pourquoy il luy dit mefme des iniures ; Mais apres il
s'efforce d'en auoir fa reuanche le traictant de foû, d'ignorant
& de mefchant. Entrant en matiere, il refpond fur le nom de
Subtilité dont Scaliger tire l'interpretation de Ciceron, luy declarant qu'il ne fe faut pas tant arrefter aux mots quand il eft befoin des chofes. En fuite il fait voir que Scaliger a repris beaucoup de chofes feulement par vn defir de contredire pluftoft
que par quelque connoiffance de la verité, comme touchant
les Principes & les Elemens , la figure de la Terre, la production des fontaines, les aparences de l'Arc en Ciel , & quantité d'autres fujets qu'il temoigne d'entendre auffi bien que luy.
Pource qui eft de la Nature des Plantes &des Animaux,& leurs
denominations , furquoy Scaliger le reprend , il declare que
tout cela n'eft que chiquanerie , & que mefme ce Critique ma-
litieux n'a pas pris garde à la feconde impreffion de fon liure ,
où il a changé beaucoup de chofes qu'il y auoit laiffé couler par
la haftiueté auec laquelle il y auoit trauaillé. Il n'oublie pas auffi

à dire que Scaliger monftroit fon ignorance, lors qu'il eftoit queftion de Mathematique & de la vraye Philofophie naturelle, dont il ne fçauoit pas feulement les Principes, ne s'amufant qu'à des difputes de Dialectique & de Grammaire. Au refte afin de luy rendre encore iniure pour iniure, il luy donne fouuent le nom de Sycophante, & de *Nebulo*, & il fait bien voir qu'il le mefprife ne luy ayant refpondu que comme par maniere d'acquict, & en des termes fi brefs qu'il raporte peu de chofe de ce que l'autre a dit, de forte qu'il faut fans ceffe auóir recours à fon liure pour trouuer fes Cenfures, encore y a t'on de la peine. Bien que Cardan apelle cette defenfe, *Actio prima*, comme pour monftrer qu'elle deuoit-eftre fuyuie de quelque autre, il n'en a point pourfuiuy le deffein, & s'eft contenté de celle-cy, qui n'eft pas plus groffe que la dixiefme partie de fon liure de la Subtilité. Neantmoins il a eu du temps pour refpondre à fon aduerfaire, ayant vefcu depuis affez d'années pour cela, mais il a crû qu'il valoit mieux s'apliquer à d'autres ouurages, par lefquels il pûft confirmer la reputation de fon fçauoir, comme il en a fait quantité de Philofophie, de Mededecine, de Mathematique, de Moralle, de Politique, & d'autres fujets, dont il infere le Catalogue dans quelques Tomes de fes Oeuures. Or encore qu'il ne fe foit pas toufiours ligué contre les anciennes opinions, fi eft-ce qu'eftant vn Autheur celebre, ce qu'il en a fait doit eftre remarqué pour luy faire obtenir le titre de Nouateur. Ie ne m'arrefte point à ce qu'il a efcrit des Demons qui aparurent à fon Pere, & luy aprirent que leur vie eftoit limitée d'vn certain nombre d'ans; Ie n'examine pas non plus fon liure de l'immortalité de l'Ame, où il a poffible incliné au mauuais party; D'autres ont affez parlé de ces chofes. Pource que d'vn cofté il a eu quelquefois des opinions fort libertines, & d'vn autre cofté de fort fuperfticieufes, on a trouué affez d'occafion de blafmer l'inefgalité de fon Efprit; mais nous ne recherchons icy que les Innouations touchant la Doctrine des chofes Corporelles, laiffant celle des Chofes Spirituelles aux perfonnes qui voudront s'exercer dans vn fi vafte champ.

F f ij

De Ramus.

POVR continuer le Traicté des Philofophes Nouateurs, nous dirons que la France en a eu enfin quelques vns, auſſi bien que l'Italie. Pierre de la Ramée vulgairement apellé Ramus, commença de paroiſtre ſous le Roy Henry II. Ayant acquis beaucoup de credit dans l'Vniuerſité de Paris pour la Doctrine qu'il teſmoignoit à expliquer les anciens Poëtes & Orateurs, & pour l'Eloquence dont il ornoit ſes Eſcrits & ſes Harangues publiques, il ne ſe contenta pas de la gloire d'eſtre bon Grammairien ou Rhetoricien, & d'eſtre propre à tenir les claſſes des Humanitez ; Il voulut monſtrer qu'il ſe pouuoit eſleuer plus-haut, & que les plus beaux ſecrets de la Philoſophie luy eſtoiét connûs. Afin d'acquerir vne grande reputation, il attaqua celuy qui dans la plus grande part des Eſcholes eſt tenu pour le Coryphée des Sçauans. Il ſe mit à eſcrire contre Ariſtote en ce qui eſtoit de ſa Dialectique, & la condamna abſolument, comme trop prolixe & trop obſcure, & pour eſtre remplie de beaucoup de choſes inutiles. Il compoſa ſur ce ſujet vn Liure intitulé, *Scholæ Dialecticæ*, qui eſt imprimé auec ce qu'il a fait contre la Phyſique, & la Metaphyſique du meſme Autheur, & il fit à part vn autre ouurage intitulé, *Animaduerſiones Ariſtotelicæ*, qui n'eſt que contre la Dialectique de ce Philoſophe qu'il cenſure ſelon l'ordre de ſes Liures. Dans les Traictez qu'il appelle, *Scholæ Phyſicæ*, & *Scholæ Metaphyſicæ*, il l'attaque encore ſpecialement ſur la Logique, & par des ſubtilitez de Logicien ; Auſſi n'a-t'il parlé que contre les premiers Liures de la Phyſique d'Ariſtote, qui traictent des principes leſquels ſont appuyez ſur la Logique ſeule, pource que c'eſtoit-là ſon fait, & qu'il s'eſtoit principalement eſtudié à cét Art. Mais comme ce n'eſtoit pas aſſez de reprendre Ariſtote s'il ne cherchoit le moyen de faire mieux, il compoſa vne Dialectique à ſa mode, laquelle eſtoit plus ſuccinte que toutes celles qu'on auoit veuës auparauant : Il la reduiſoit à deux parties, l'vne de l'inuention des Argumens, l'autre de leur diſpoſition. Il banniſſoit ainſi les Cinq voix de Porphire, & les Dix Categozies, qu'il tenoit pour choſes vaines. Il pretendoit abreger toutes les manieres d'inſtruction par les reigles qu'il donnoit ; Il a dit dans ſes Animaduerſions, que l'inuention & la Diſpoſition de ſa Dialectique eſtoient communes à toutes choſes ; Que

tout y eſtoit vniuerſel; qu'il n'auoit eſgard à aucun genre des
Choſes,ny à la Subſtance, ny à la Quantité,ny à la Qualité,mais
qu'il conſideroit tout en commun , & l'Eſtre en tant qu'il eſtoit
Eſtre, & que ſi on doutoit ſi vne choſe eſtoit bien definie , il ne
faloit qu'auoir recours aux loix generalles de la definition , &
qu'on deuoit faire le meſme des Cauſes, du Genre , de l'Eſpece,
& des autres Sujets. Il publioit là deſſus que ceux qui tenoient
des Claſſes de Philoſophie, & meſme de Theologie Scholaſtique, prenant des voyes trop longues & trop embaraſſées,eſtoiët
des abuſeurs & des corrupteurs de ieuneſſe. Des paroles ſi libres luy nuiſirent extremement, & luy acquirent la hayne de
quantité de gens de ſa robbe, & comme ſa nouuelle Doctrine
eſmouuoit beaucoup de trouble dans l'Vniuerſité de Paris, vn
certain Carpentarius & quelques autres eſcriuirent contre luy,&
deſchirerent ſa reputation en pluſieurs endroits : Neantmoins
parce qu'il eſtoit appuyé de quelques Grands du Siecle, & qu'en
effet ſon merite eſtoit rare, il ne laiſſa pas d'obtenir vne Chaire
de Profeſſeur du Roy pour l'Eloquence Latine, & depuis il re-
ſiſta touſiours conſtamment à l'impetuoſité des malueillans &
des enuieux. Il y ſuccomba pourtant par la perte de ſa vie:Enfin
à ce iour ſanglant où tant de Huguenots furent maſſacrez dans
Paris, ſes ennemis firent croire qu'il ſuiuoit les nouuelles opinions touchant la Foy, & qu'il eſtoit heretique dans la Religion
côme dans la Philoſophie. Alors quelques-vns de ceux qui alloiët
de quartier en quartier chercher dequoy exercer leur rage entre-
rent dans le College de Preſles où il eſtoit logé,& luy ayant dôné
pluſieurs coups de Hallebarde le ietterent par les feneſtres, puis
ſon corps fut traiſné dans la Riuiere comme beaucoup d'autres.
Ainſi finit ce Philoſophe, qui eſtoit tant eſtimé dans l'Allemagne
que s'il euſt voulu demeurer en ce païs-là,il y euſt eſté mieux traicté qu'en France,pluſieurs Princes & Eſtats luy ayant là offert de
grands appoinctemens. Ce qui luy a donné beaucoup de reputation , c'eſt d'auoir eu l'ame ſi genereuſe, qued'eſtre meſme en-
tré en Parallelle auec les Roys pour la magnificence des fon-
dations ; Car ayant employé beaucoup de temps à l'eſtude des
Mathematiques qu'il aymoit extremement, il en fonda vne chaire publique, auec vn honneſte reuenu , & perſonne n'eſt admis à

E f iij

la poffeder, qu'apres auoir emporté le prix par vne difpute fo-
lennelle. Qüant à fes ouurages, ils font toufiours eftimez en
France parmy les curieux, Mais l'on ne s'en eft pas tenu là
dans l'Allemagne; On les a leus publiquement, & fa doctrine
a fait vne fecte; Il y a là des Ramiftes auffi bien que des Ariftoteliciens : Cela nous a produit quantité de liures pour l'vn &
l'autre party, & tout cecy ne concerne que la Dialectique,
car encore que Ramus ayt efcrit de Grammaire, de Rhetorique & de Mathematique, & de tous les Arts qu'il apelle Liberaux, on n'a pas creu que dans le deftail il y euft grande matiere de controuerfe; Il n'y a que pour le general que l'on a
trouué mauuais qu'il ayt traicté de ces Arts Liberaux, comme eftant le feul & vray fujet de la Philofophie. On luy a pû objecter que la Philofophie confideroit les Subftances, & leurs
proprietez, & tout l'Eftre des Chofes, non point feulement les
Arts, qui ne font que les moyens d'employer les chofes, ou de
les mettre en vn meilleur eftat qu'elles ne font. On luy a reproché auffi que d'ofter de la Dialectique, les Cinq Voix pre-
dicables, les Cathegories & autres enfeignemens, c'eft y apporter de l'obfcurité, qui eft vne faute dont il accufe Ariftote,
& que de ranger tout cela dans les preceptes qu'il donne pour
fes Argumens, c'eft toufiours au compte reuenir, & eftre contraint d'aprendre en vn lieu ce que l'on auroit apris en vn autre auec poffible plus de diftinction. Nous auons plufieurs volumes remplis de ces altercations, comme de Rennemanus
contre Skerbius, de Tempellus contre Pifcator, & leurs
femblables; Mais entre tous ces Allemands il n'y en a aucun
qui ayt parlé fi fincerement & fi iudicieufement que Keckerman dans l'vn des liures qui precedent fa Logique, intitulé,
Præcognitorum Logicorum, *Tractatus fecundus* lequel contient
l'ordre & l'hiftoire des Logiciens; Il nous feruira icy d'vne
bonne Critique fur Ramus. Premierement Keckerman exalte l'Eloquence de ce Nouateur, & la force de fon Efprit, qui
eftoit capable de faire acquerir de l'immortalité à fon Nom
aux defpens de tel homme celebre qu'il voudroit attaquer.
Il raporte auffi comment s'eftant adreffé à Ariftote il auoit
condamné abfolument fa Doctrine, & auoit voulu monftrer

que ſes Eſcrits contenoient beaucoup de redittes, de ſuperfluitez & de fauſſetez, & meſmes que la pluſpart de ce qui e-
ſtoit ſous ſon nom, auoit eſté changé & ſupoſé. Apres entre-
prenant la Cauſe d'Ariſtote, il dit qu'il faut conſiderer qu'il a
eſté tout le premier qui a enſeigné l'ordre des Sciences, & qui
a diſtingué les operations des Hommes, & donné à chacune ſa
Diſcipline propre pour les accomplir, & que c'eſtoit vne
cruauté de le condamner pour de petites fautes; Que c'eſtoit
vne choſe preſque diuine d'inuenter, mais qu'il eſtoit facile
d'adiouſter aux choſes inuentées, & que c'eſtoit vne inciuilité
de demander à vn premier Inuenteur vne Perfection abſoluë;
Qu'il faloit ſe repreſenter d'ailleurs, que comme chaque âge
du Monde auoit eu ſes mœurs diuerſes, le langage y eſtoit
changé pareillement, & que Ramus auoit tort de ſe plaindre
de ce qu'Ariſtote n'vſoit pas d'vn ſtile aſſez clair & aſſez bien
rangé pour nous eſtre agreable; Que ſi dans ſa Dialectique,
on trouuoit vn tres grand meſlange, & ſi on s'y figuroit de
l'obſcurité, c'eſtoit que les Preceptes y eſtoient accompagnez
de leurs Commentaires, ce que ſes Diſciples ſçauoient bien
diſtinguer de ſon temps, parce que là Logique eſtant en eſtime dans la Grece, ſur toutes les autres parties de la Philoſophie, on ne croyoit point alors en pouuoir receuoir trop d'inſtructions; Qu'au reſte ſi Ariſtote euſt veſcu dans ces derniers
ſiecles, il ſe fuſt accommodé de meſmes à nos Eſprits & à nos
eſtudes. Keckerman continuant de raporter quelle eſt la Doctrine de Ramus, fait connoiſtre qu'elle a retranché les Methodes des Diſciplines, & que les Ramiſtes ſe contentans des
definitions & des Diuiſions, obmettent la pluſpart des P ro-
prietez des Choſes, & que l'ancienne façon d'enſeigner vaut
beaucoup mieux que la leur, quoy qu'ils diſent qu'il n'eſt pas
beſoin d'aprendre en jeuneſſe, ce qu'on doit apres oublier
eſtant Homme fait, & ce qui ne ſert de rien en toutes les autres Profeſſions, & notamment qu'il ſe faut deliurer des inſtructions inutiles de la Dialectique. Il declare alors de quelle
façon l'on doit enſeigner cette Science, puis il fait voir les commoditez qu'a pû aporter la Doctrine de Ramus, qui ſont qu'il
a exercé les Eſprits des faux Peripateticiens qui eſtoient en

grande quantité à Paris & qu'il a combattu leurs erreurs ; Que
de mesmes que les Heretiques profitent aux Orthodoxes &
Catholiques en ce qu'ils les excitent à bien expliquer les passages de la Saincte Escriture & à bien entendre la Theologie;
Aussi Ramus qui estoit comme vn celebre Heretique dans la
Philosophie, auoit donné sujet aux Aristoteliciens de mieux
expliquer la doctrine de leur Maistre, & d'en esclaircir plusieurs endroits qui sans cela fussent demeurez fort obscurs ; De
plus qu'il auoit beaucoup seruy à l'accroissement de l'Eloquence, mais que d'vn autre costé il y auoit beaucoup nuy, ayant
retranché de la Rhetorique l'estude des Passions ; Qu'on ne
deuoit point pourtant dissimuler ny rejecter ce qu'il auoit po-
sé pour fondement de la Logique, qu'il n'y faloit rien enseigner que ce qui estoit en vsage, & qu'il ne faloit point que l'autorité d'Aristote ny d'aucun autre fist prejudice à la verité. A-
pres cecy Keckerman declare franchement que Ramus estoit
blasmable d'auoir parlé de beaucoup de choses qu'il n'entendoit
pas, & d'auoir voulu faire hayr vn Philosophe à qui tout le
genre humain auoit tant d'obligation ; Et pour conclusion
afin mesmes que l'on ne donne point de loüange à Ramus de
ce qu'il a escrit d'extraordinare, il souftient que tout cela vient
de Louys Viues ou de Rodolphus Agricola qui auoient escrit
deuant luy, & il raporte plusieurs passages du liure de Viues
De Causis corruptarum Artium, lesquels sont conformes à ce que
Ramus a allegué. Voyla ce que dit Keckerman de cet Autheur,
auquel de vray il n'attribue point de gloire qu'il ne la luy oste
aussi-tost, ce qui ne sera pas cause neantmoins qu'on ne recon-
noisse que Ramus estoit vn grand Personnage. S'il auoit tiré
de quelque endroit ce qu'il auoit publié, il l'auoit tellement am-
plifié que cela s'estoit fait sien entierement ; Au reste il seroit
estimé tres-loüable au gré de tous, d'auoir voulu oster les obscuritez & les superfluitez de la Philosophie, n'estoit qu'on pretend
qu'il s'est vn peu abusé à les reconnoistre: En effet l'ordre des
Categories qu'il a voulu banir, de la Logique, est tres necessaire
pour l'intelligence des choses, & si l'on dit que cela est de la
Metaphysique & de la Premiere Philosophie, rien ne doit empefcher que l'on n'en parle encore dans la Logique ou Dialectique.

On

On peut parler auſſi du Lieu, du Mouuement & du Temps dans
la Logique, auſſi bien qu'ailleurs, pource que toutes les Sciences ont de la connexion entre-elles ; Mais la bonne Methode
de celuy qui enſeigne doit eſtre qu'ayant traicté amplement de
ces Choſes en leur place la plus propre, il n'en fera qu'vne Recapitulation ſuccinte aux autres endroits. Il faut croire que
ce qui donnoit tant d'auerſion à Ramus pour toutes ces choſes,
c'eſt que toute ſa vie, il s'eſtoit adonné à l'Art Oratoire, auquel il ſuffit de l'Inuention & de la Diſpoſition des Argumens;
Cependant il deuoit prendre garde qu'au lieu de la vraye &
entiere Dialectique, il n'enſeignoit que la Topique, & qu'il
eſt fort malayſé de monſtrer les Sciences apres vn ſi grand re-
tranchement de leurs preceptes : Mais encore que ſa Doctrine
ne ſoit pas approuuée de tout le Monde touchant la Methode
des Sciences, ſi eſt-ce qu'on ne peut nier qu'il ne ſe ſoit rendu
fort eſtimable, pour auoir eſté des plus ſçauans dans la Grammaire, & ſpecialement dans la Rhetorique qu'il mettoit tres-biẽ
en vſage dans ſes Diſcours, & pour auoir eu beaucoup de ſubtilitez de Logicien, qui luy ont fait reconnoiſtre des deffaux dans
les œuures d'Ariſtote, leſquels s'ils ne ſont tous à condamner,
au moins s'en trouuera-t'il vne partie qui n'eſt pas fort receuable ; Bref on doit touſiours attribuer cet honneur à Ramus,
d'auoir eſté des premiers en France qui ont commencé de deſ-
niayſer les Eſprits, & de leur faire voir que c'eſt vne ſeruitude
de s'attacher inſeparablement aux opinions des anciens Autheurs, en ce qui eſt eſloigné de la Raiſon.

L'ASTRONOMIE ayant vne parfaite liaiſon auec *De Coper-*
la Phyſique, ceux qui ont faic des innouations en cette *nicus, de*
Science ſont fort à conſiderer. On s'eſtoit long-temps conten- *Galilée, &*
té du Syſteme ancien tenu par Ptolomée & pluſieurs autres, le- *autres A-*
quel eſtablit la Terre immobile au centre du Monde, & fait *ſtronomes.*
aller le Soleil & tout le Firmament autour d'elle, mais Copernicus eſt venu qui a reſuſcité vne autre opinion tenuë autrefois
à ce que l'on croid par Philolaus, Ariſtarque & Pytagore, laquelle il a amplifiée & mieux expliquée, donnant vn mouuement iournalier à la Terre ſur ſon Centre, & la faiſant emporter par ſon Orbe en vn an, auec vn troiſieſme mouuement qui

G g

eſt de Trepidation ou de Balancement, & rendant le Soleil immobile au Centre de l'Vniuers. On ſçait comment ſelon cette Hypotheſe la Planette de Venus & celle de Mercure, font
leur cours autour du Soleil, & la Lune autour de la Terre, &
Saturne, Iupiter & Mars autour des autres. Il y a pluſieurs
raiſons ſur ce ſujet dans les Dialogues de Galilée, qui pour perſuader l'opinion du Mouuement de la Terre, s'efforce de món-
ſtrer qu'elle peut auſſi bien ſe mouuoir que la Lune & qu'elle
n'eſt pas vn corps different de cette Planette. Apres il refute
toutes les objections que l'on fait contre ce mouuement, afin de
monſtrer que les ruines que l'on s'en figure ne ſont point à
craindre, puiſqu'il eſt naturel & ſans violence; Que l'experience que l'on allegue de la diuerſe cheute des corps ne ſe trouue
point veritable, à cauſe que les Corps retombent à l'endroit
du lieu d'où ils ont eſté jettez, cette faculté ayant eſté impri-
mée en eux par le premier mouuement. Kepler a fait pluſieurs
Traictez qui ſont auſſi pour le Mouuement de la Terre ; Il y
en a vn entre autres qu'on apelle ; *Somnium Iohannis Keppleri,
ſiue Opus Poſthumum, de Aſtronomia Lunari*, qui n'eſt que la Deſcription d'vn voyage fait dans la Lune par enchantement, où
l'on void quelles faces peut auoir la Terre la regardant de ce
lieu là, quelle eſt la temperature du globe lunaire, & quels
ſont les Animaux qui y peuuent habiter. Le liure qu'on a appellé, *l'Homme dans la Lune*, & quelques autres ſemblables, ne
ſont que Bagatelles ; au lieu que le ſonge de Kepler eſt apuyé
ſur toutes les veritez Aſtronomiques. Or cela ne tend qu'à
monſtrer, que ſi la Lune qui eſt vne Terre comme la noſtre fait
ſon cours dans le Ciel, la noſtre le peut bien faire auſſi. Kepler ayant eſté de cette opinion pluſieurs Aſtronomes d'Allemagne l'ont ſuyuie, comme Lansbergius & Origan. Libertus
Fromondus a fait contre eux ſon *Ant-Ariſtarchus*. Nous auons
en France pluſieurs Doctes traictez de Monſieur Gaſſend, où
il a examiné l'Hypotheſe de Copernic auec beaucoup de
ſincerité. Il y a ſon Liure intitulé, *Inſtitutio Aſtronomica*,
& celuy, *De Motu impreſſo à motore tranſlato*, où il a ex-
pliqué pluſieurs difficultez touchant le mouuement de la Terre. Il y a auſſi le, *Philolaus Bullialdi*, ouurage d'vn autre ſçauant Homme. Monſieur Morin Profeſſeur en Mathematique

tenant entieremēt pour l'antienne opinion, a fait plufieurs trait-
tez, contre ceux qui l'ont quittée, où il monftre le grand zele
qu'il a pour conferuer fes anciennes opinions, & ne fe point
departir de celles des fiecles paffez. Ce mouuement de la Terre ne laiffe pas de fembler fort plaufible à des Hommes de
grand iugement qui croyent qu'il eft bien plus faifable que celuy de toute la Machine des Cieux ; Car ils ne peuuent conceuoir que tout l'Ether qui eft tres-fluide & tres-fubtil, entraif-
ne auec luy tous les Aftres en vingt-quatre heures pour efclairer la Terre, qui ne femble qu'vn Atome au prix, mais qui fe
tourne bien plus ayfement fur fon Centre dans le mefme efpace, pour receuoir de la lumiere en toutes fes parties fuccef-
fiuement, & qui eftant emportée pour faire le tour du Monde
en vn an, cela eft plus vray femblable, que le cours iournalier du firmament. On pretend que cela ne contreuient point
au mouuement de toutes les Planettes, & que cela ne fçauroit
choquer ce qui eft dans l'Efcriture fainéte ; On dit que les liures Sacrez n'ayant point efté faits pour inftruire les Hommes
des veritez de Phyfique, & d'Aftronomie, il y a beaucoup
de chofes naturelles qui n'y font point expliquées ; Que le peuple Iuif pour qui premierement l'ancien Teftament a efté efcrit, n'eftāt pas vn peuple qui fuft accouftumé à de telles obferuations, il luy faloit parler des chofes de la forte qu'il les voyoit
& qu'elles luy paroiffoient ; Qu'il eft dit dans la Genefe que
Dieu fit deux grands luminaires l'vn pour le iour, l'autre pour
la Nuit, qui font le Soleil & la Lune, comme fi ces deux Aftres
eftoient de pareille grandeur ; Et cependant ceux qui ont eftu-
die en Aftronomie fçauent, qu'il n'y a point de comparaifon
de la Lune au Soleil, pour la grandeur, & qu'on ne la doit
point auffi apeller vn luminaire, parce qu'elle n'a point de
clarté en elle ; Mais que toutes ces chofes font dites à caufe
qu'elles paroiffent telles ; Que de mefme s'il eft dit que le Soleil tourne & la Terre ne bouge d'vne place, c'eft que cela
pareft ainfi ; Qu'en ce qui eft de la fermeté de la Terre,
elle eft auffi attribuée au Ciel, & que cette fermeté dela Terre, s'entend pour la durée de fa maffe entiere ; Que fi l'on
difoit qu'au combat de Iofué, ce ne fut pas le Soleil qui s'ar-

resta, mais la Terre, le miracle n'en seroit pas moindre, &
qu'on dit que ce fut le Soleil d'autant que cela parut ainsi. C'est
de cette sorte qu'en parle Campanella Religieux Domini-
quain, dans l'Apologie qu'il a faite pour Galilée, & Sebastien
Fantonus General de l'ordre des Carmes, qui a encore escrit
sur ce sujet. Campanelle asseure mesme qu'il ne se faut pas
mettre en peine, si les Hommes qui habitent en d'autres Terres que la nostre sont infectez du peché d'Adam, n'estant pas
descendus de luy, & n'ayant pas besoin de redēption si quelque
autre peché ne les a rendus coulpables, sur quoy il conclud
qu'on y pourroit trouuer l'application d'vnpassage de S. Paul,
aux Colossiens, Chapitre premier, où il dit en parlant du Sauueur du Monde, *Qu'il a reconcilié par son Sang tout ce qui estoit
en la Terre & aux Cieux.* Mais ce sont des explications faites à
fantaisie, & qui ont trop de hardiesse en vne matiere dont il
n'est pas permis aux Hommes de rien decider. Il ne faut point
aller si loin; Il nous suffit de sçauoir que ce qui a induit Galilée à croire que la Terre estoit vn Astre errant, c'est qu'ayant
reconnu à l'ayde du Telescope qu'il a mis en vsage des premiers, que la Lune auoit diuerses aparences qui la pouuoient
faire prendre pour vne Terre, & ayant descouuert aussi que
la Planette de Iupiter estoit accompagnée de quatre autres,
& que Saturne estoit composé de trois Globes qui tous paroissoient terrestres, il s'est persuadé que la Terre que nous
habitons pouuoit estre suspenduë de mesme, & faire aussi
son cours, ce qu'il a apres tasché de veriffier par plusieurs raisonnemens. Le premier ouurage où il auoit fait connoistre ses
obseruations auoit esté *Nuntius Sydereus*, dans lequel il a parlé
de ce qu'il auoit descouuert de nouueau dans le Ciel, & plusieurs années apres il mit au iour ses Dialogues, qui sont les
fruits de son trauail & de ses recherches. D'autres que luy ont
encore reconnû, que la Planette de Venus fait vn Croissant selon qu'elle est esclairée du Soleil, & qu'il y a plusieurs autres
Globes qui n'ayans qu'vne lumiere empruntée ne sçauroient
estre que des Terres. Iean Tardé Chanoine de Sarlat, a obserué que quantité de petits Globes font leur cours autour du
Soleil, & tous les iours on descouure de ces Estoiles nebuleuses

dans la Galaxie & autres endroits. C'eſt ce qui a obligé les
nouueaux Aſtronomes à croire que noſtre Terre pouuoit bien
eſtre de la condition de ces autres Globes, & faire auſſi ſon
cours d'elle meſme. Les demonſtrations ne manquent point,
comme nous auons dit, pour prouuer cette opinion, mais pluſieurs la rejettent parce qu'ils ne la peuuent comprendre, &
qu'ils ne la iugent pas conforme à la croyance de l'Egliſe. En
effet Galilée fut cité à l'Inquiſition de Rome quelques années
deuant ſa mort, & fut contraint de faire vne abjuration de ſes
ſentimens ſur ce ſujet. Neantmoins ſes Sectateurs ne s'ef-
frayent gueres de cecy, & ne tiennent point qu'il y ayt peché
à croire, Que le Soleil eſt immobile, & que c'eſt la Terre qui
tourne, parce qu'ils trouuent des Raiſons qui les y font obſti-
ner, & qu'ils ne penſent point que cela contrediſe à la vraye
Foy. Ils conſiderent que ſi à preſent aucun ne fait difficulté de
croire qu'il y ayt des Antipodes, autrefois cela eſtoit tenu
pour Hereſie, de ſorte qu'vn Eueſque de Saltzbourg apellé
Virgile fut en hazard d'eſtre priué de ſon Eueſché, & meſmes
degradé du Sacerdoce, pour auoir ſuiuy cette opinion. Ils ſe
perſuadent que de meſme on pourra bien receuoir vn iour pour
veritable l'Hypotheſe du Mouuement de la Terre, qui n'eſt
pas encore fort aprouuée aujourd'huy. Neantmoins Tycho
Brahé excellent Aſtronome de ſon temps ne l'a pas voulu ſuyure. C'eſtoit vn Seigneur Danois qui ſe plaiſant fort à l'A-
ſtronomie, auoit fait baſtir des edifices, & fait dreſſer pluſieurs
Machines auec grande deſpence pour obſeruer les choſes celeſtes, & qui a fait vne Hypotheſe nouuelle, laiſſant la Terre
immobile au Centre du Monde, autour de laquelle le Firmament & les Eſtoilles fixes font leur cours; & n'y ayant qu'elles
auec le Soleil & la Lune, qui ayent la Terre pour Centre de
leur mouuement, tandis que Saturne, Iupiter, Mars, Venus
& Mercure ont le Soleil pour leur Centre, autour duquel ils
font leur cours. On tient que cecy s'accorde à toutes les aparences des Aſtres : Quelqu'vn dira pourtant qu'encore que ce
Thyco euſt l'eſprit aſſez ſubtil pour connoiſtre la vrayſem-
blance de l'Hypotheſe de Copernicus, il en a voulu inuenter
vne à ſa fantaiſie pour acquerir d'auantage de reputation: Tou-

tefois que l'on se figure tant de diuers Systemes que l'on voudra, cela ne fait pas que la chose soit ainsi, puisqu'elle ne peut-estre que d'vne sorte; I'auoüe que maintenant les plus Sçauans Astronomes tiennent pour le Mouuement de la Terre, mais tout le reste desHommes ne se peut resoudre si facilement à reçeuoir de telles propositions.

De Iordan Brun.

I E ioindray auec beaucoup de raison aux Nouateurs Astronomes, ceux qui ont publié quelques Opinions touchant la pluralité des Mondes, & qui pour les faire valoir, ont estably diuers ordres d'Astres lumineux & d'opaques. C'est icy vn des inconueniens de l'opinion du Mouuement de la Terre. Il n'y a point de doute que l'vne de ces opinions a fait naistre l'autre, & que l'on ne croid que le Monde est d'vne estenduë infinie, qu'à cause que premierement on s'est persuadé que la Terre n'en est point le Centre, & qu'il se trouue plusieurs autres Globes pareils. Personne n'a proposé cela plus hardiment & plus distinctement qu'vn certain Iordanus Brunus Nolanus, de qui il faut que nous parlions à present. Il a fait quelques ouurages sur l'Art de Raymond Lulle, & sur la Memoire artificielle, mais ce n'est pas où il a paru le plus. Il a composé des Poëmes sur lesquels il a fait luy mesme des Commentaires en prose, qui traictent de plusieurs questions de Mathematique, de Physique, & d'Astrologie; Le premier Poëme est, *De Minimo*, lequel traicte des Atomes & de leur existence; En suite est celuy, *de Mensura & Figura*, qui est touchant la diuision, l'augmentation & la mesure des Corps, où l'on trouue principalement des propositions Goometriques, mais ce n'est que pour donner entrée à son Poëme, *De immenso & innumerabilibus seu de vniuerso & Mundis*; C'est là qu'il propose que le Ciel est vn Champ infiny où des Globes innombrables sont soustenus sur leur propre poids, les vns se tenant immobiles ou tournant sur leur centre, & les autres faisant leur cours autour d'eux; Que tous ces Globes estant des Membres de l'Vniuers, demeurent sans peine & sans contrainte en leurs lieux, sans y estre à charge de mesme que les membres ne sont point lourds à leur Corps, & que les vns ne doiuent point estre estimez plus hauts ou plus bas que les autres, parce que tout l'Vni-

uers eſt eſgal & que le Centre s'y trouue par tout ; Que les
Globes lumineux ſont autant de Soleils, & les Globes obſcurs
ſont des Terres ; Qu'il n'y a aucune Eſtoille au Firmament
qui ne ſoit vn Soleil, & que ſi celuy qui nous eſclaire eſtoit
auſſi eloigné ; il nous paroiſtroit auſſi petit ; Qu'il y a pluſieurs
Terres qui font leur Cours autour de ces Soleils, comme font
autour de noſtre Soleil, la Terre ou nous ſommes, & les Planettes qui ne ſont auſſi que des Terres, mais que nous ne pouuons pas voir celles qui ſont eſloignées à cauſe de leur opa-
cité. Il dit là encore beaucoup de choſes de leurs ſituations,
de leurs reuolutions, & de leurs aſpeéts ; Et pour prouuer que
l'Vniuers eſtant infiny, il y doit auoir vn nombre infiny de
Globes qui le rempliſſent, il remonſtre, Que Dieu ayant pû
faire vn Bien infiny en creant pluſieurs Mondes, il ne faut
pas penſer qu'il l'ayt fait finy, & qu'il n'y a point de repugnance de la part de la Matiere qui ſe peut accroiſtre infiniment,
comme l'on connoiſt aux ſemences des Vegetaux, & meſmes
des Animaux qui produiſent à l'infiny, & au Feu qui s'augmente tant que l'on luy donne dequoy ſubſiſter en ſon accroiſ-
ſement. Ces argumens de Iordan Brun ne ſemblent pas mal-
ayſez à refuter : On repond qu'il n'eſt pas neceſſaire que les
eſpaces infinis de l'vniuers contiennent des Globes ou Aſtres
à l'infiny, puiſque Dieu y a pû placer telle autre choſe qu'il luy
a pleu, & que de s'imaginer d'ailleurs que la creation d'vne infinité de Mondes ou d'vn tres-grand nombre, ſoit vn Bien que
Dieu ayt voulu, c'eſt iuger d'vne choſe qu'on ne ſçait pas, &
qu'il faut croire que ce que Dieu a fait eſt au mieux qu'il doit
eſtre, veu qu'il ne peut faillir. Quant à la matiere que Iordan
tient capable de l'infiny, l'exemple de la Semence ne le prouue que pour la continuation dans la ſuite du Temps, & meſmes en beaucoup d'endroits les accidens qui arriuent peuuent
rendre la matiere incapable d'engendrer & rendre ſa produ-
étion finie. Pour l'augmentation du Feu à l'infiny, auparauant que de monſtrer qu'elle ſe peut faire, il faudroit auoir
prouué que la Matiere fuſt infinie, car le feu peut bien s'augmenter à l'infiny, pourueu qu'il y ayt matiere à l'entretenir,
mais où eſt cette infinité de Matiere ? Si meſmes les Corps des

Animaux augmentent leur groffeur lors qu'ils s'auançent en
âge, ce n'eft que de ce qu'ils tirent de leurs alimens; Ainfi le feu
ne s'accroift que de ce qui luy fert de nourriture, car rien ne
fe perd au Monde, & ce qui va à l'accroiffement de l'vn vient
de la diminution de l'autre; La femence mefme ne fe peut ren-
fler que d'vne matiere humide qu'elle tire de dehors. Apres
cecy n'objectera-t'on pas à celuy qui parle pour l'infinité des
Mondes, qu'elle ne fe remarque pas comme il la propofe, puifqu'il n'y a pas tant de Globes comme il y en peut auoir; Toutefois cette obiection n'eft pas fi forte que l'on penfe : Difons
la verité en bref; On ne void pas tant d'Aftres au Ciel comme
il y pareft d'efpace pour les contenir; mais il ne fe faut pas figurer que les Cercles où font les Planettes pourroient encore en
auoir d'autres en plus grand nombre, & qu'il en eft ainfi du
Firmament, ou autre lieu dans lequel fe trouuent les Eftoilles
fixes. Dieu a fait les chofes comme il eftoit conuenable; S'il y
auoit plus d'vn Soleil proche de noftre Terre, elle en feroit
confommée : Vne multiplicité des autres Planettes cauferoit
auffi des alterations trop frequentes & trop vehementes dans
les Corps qui leur feroient expofez. Iordan Brun n'a point
penfé que l'infinité des Corps celeftes fuft ainfi dans l'eftenduë
de ce que nous voyons, & dans les parties des Syftemes, mais
dans le nombre des Syftemes feulement. Toutes les parties de
chaque Syfteme doiuent auoir leur fituation arreftée pour garder leur Temperature, & cela n'empefche point que ces Globes diuers ou Mondes feparez ne s'eftendent à l'infiny; Voyla
ce qu'on peut refpondre pour ce Nouateur. A cecy ie repli-
queray que nous accordons que les Eftoilles fixes font des
Corps lumineux d'vne exceffiue grandeur, & qu'ils peuuent
auoir des Planettes qui les enuironnent, comme celles qui accompagnent le Soleil, mais ce n'eft point à dire qu'il y ayt de
tels Corps à l'infiny, Car de fouftenir que la Perfection des
Chofes confifte à eftre infinies, cela ne conclud pas, qu'elles
le foient : On fçait que Dieu n'a pas fait toutes les chofes dans
l'eftat ou elles pouuoient eftre, parce que fa Diuine Prouidence n'a pas iugé à propos qu'elles fuffent telles : Il n'a pas fait la
Lune auffi éclattante que le Soleil, ny les Hommes auffi parfaits

faits que les Anges, quoy qu'il le pûst faire, d'autant qu'il n'a-
git pas necessairement, & neantmoins ses attributs ne sont pas
rendus contraires ; Sa volonté ne s'opose point en cecy à sa.
Toute-puissance ; Il ne faut point dire qu'il ne veut pas faire
tout ce qu'il peut faire, car sa puissance consiste à mettre les choses en l'estat naturel où elles doiuent estre. Le Monde n'est point
infiny parce que l'infinité n'apartient qu'au Souuerain Createur.
Le Pere Mersene a raporté quelques-vnes des opinions de Iordan Brun dans son Liure contre les Deistes, ou il parle de cét
Autheur comme d'vn Athée & d'vn Docteur d'impieté, qui a
esté bruslé à Rome par iugement de l'Inquisition : Toutefois on
peut croire que c'estoit pour autre chose que ce qui est compris
dans ses Liures *De Minimo, & de immenso* ; Il a pû faire de ces
sortes d'ouurages selon la doctrine de quelques Anciens Philosophes, qui tenoient qu'il y auoit plusieurs Mondes, ce que l'on
raporte tous les iours, & il n'y a pas plus de mal, ce semble, à le
voir chez luy que dans Plutarque ou dans Diogenes Laertius.
Il est vray que quelques Autheurs en ont parlé indifferemment,
& qu'ils en ont escrit dans le Paganisme & luy dans le Christia-
nisme; Et si quelques Chrestiens l'ont fait, ce n'est point auec tant
d'apareil, mais en trois mots seulement : Toutefois cela porte
coup enuers les personnes iuditieuses, & nous sçauons des
Physiciens modernes qui n'ont pas celé que le Monde pouuoit
estre infiny, & il s'en faut peu qu'ils ne disent qu'il est infiny en
durée comme en puissance ; Ils ne s'en exemptent qu'en ne parlant point de son origine ny de sa fin. Ils ressemblent à ce docte
Italien à qui comme l'on demandoit ce qu'il pensoit de la durée
du Monde & s'il estoit eternel respondit, Que s'il n'estoit eternel, au moins estoit-il bien vieil. Nostre Religion nous instruit
de la Creation du Monde & de sa fin & de son estenduë de lieu:
Mais quoy que Iordan Brun ayt pû estre dans l'erreur aussi bien
que quelques autres, il faut considerer la qualité de son liure qui
est vn Poëme, & que comme il a tousiours esté permis d'employer des Fables & des Songes en ce genre d'escrire, on ne doit
pas trouuer estrange qu'il l'ayt fait, & cela semble d'autant plus
diuertissant que par vne agreable industrie, il a fait la description de l'infinité des Mondes, & nous a fait sçauoir de quelle

façon Metrodore, Leucippe, Epicure & quelques autres Philosophes ont pû conceuoir cecy, C'est vne chose inoüye que
cét arrangement de Globes qu'il fait voir, & cette distinction de
Soleils & de Terres, qui sont les deux especes differentes de
Corps Principaux qu'il establit dans l'Ether, lequel est vn Ciel
ou vn Air pur de grande infinie. Il est vray que voulant imiter Lucrece Poëte Epicurien, il a affecté de remplir ses vers de
mots antiques, en quoy il n'a pas tant de grace que son original;
Enfin pource qui est de ses propositions, quoy qu'il ne reüssisse
point mal en ce qui est contre Aristote & ses Sectateurs, il est
certain qu'on ne luy accordera pas ce qu'il dit contre quelques
Theologiens qui croyent que le Monde est finy, & qu'au delà
il y a vne lumiere infinie & vn Monde immateriel : Neantmoins il asseure toufiours que Dieu est par tout, & remplit
toutes choses, attribuant à la supreme Essence tout ce que
nous luy deuons, & comme il ne touche aucun des poincts de
la Foy, nonobstant quelques petits mots de ses Commentaires, qui paroissent vn peu libres à ceux qui les entendent, il
auroit bien pû sauuer le reste & se sauuer soy mesme ; faisant
passer tout cela pour des Hypotheses & des supositions qu'il
n'aprouüoit point, & qu'il auoit composées dans l'Allemagne
où il auoit esté quelque temps, qui estoit vn païs où ces opiniõs
là plaisoient, & où la liberté estoit plus grande qu'en Italie. Il
est fascheux qu'vn Homme qui auoit composé de fort belles
choses soit si malheureusement pery. Iules Cesar Vaninus autre Autheur de Physique, a eu vne semblable fin à Thoulouze
par Arrest du Parlement. Celuy-cy n'a gueres eu de pensées
Philosophiques dans ses premiers Dialogues qu'il n'eust prises
de Cardã, de Scaliger & d'autres; Tout le mal est dans son dernier où traitant de la Religion il fait assez connoistre qu'il n'en
auoit point. On se plaint encore de Pomponace, comme n'a-
yant pas assez appuyé la verité de l'immortalité de l'Ame dans
le liure qu'il en a fait, & dans vn autre ayant raporté toute
sorte d'enchantemens & de miracles à la seule imagination:
Toutefois l'esgarement de ces Esprits ne fait rien contre l'honneur de leur patrie ; Toute contrée porte des Hommes d'humeurs & de qualitez differentes, & mesmes pource qui est de

l'Italie, il s'y void parmy les gens de Lettres, plus d'exemples de vertu que de vice : Elle a touſiours eſté le pays des Sainſts & des Sages, & des vrays Sçauans. Il n'eſt pas icy queſtion des œuures de Theologie & de Pieté ; Nous ne parlons que de ce qui regarde les Choſes Phyſiques dont pluſieurs ont eſcrit dignement ſelon les anciennes opinions, comme le Cardinal Contarenus qui a fait vn Traiſté des Elemens, & vn autre de la premiere Philoſophie, & qui a reſpondu doſtement à Pomponace touchant l'Immortalité de l'Ame. Zabarella & les deux Piccolominj, ont fait de gros liures de Phyſique qui ſont fort eſtimez. Entre les Eſcriuains plus recens, on a veu vn Fracaſtor, & depuis vn Licetus qui ont eſcrit auec beaucoup de ſincerité & de pureté, ſpecialement l'vn pource qui eſt de la Sympathie & de l'Antipathie des Choſes, & l'autre touchant les Lampes inextinguibles, deux beaux ſujets apartenans à la Philoſophie naturelle. L'ordre du Temps nous contraint maintenant de parler de quelques Autheurs d'autre nation.

I E V A Y parler d'vn François qui fait grand honneur à ſa *De Bernard* patrie, & qui peut monſtrer l'excellence de certains Eſprits *Paliſſy.* qui s'y trouuent, leſquels lors qu'ils ſe veullent adonner à quelque eſtude particuliere n'ont pas beſoin de rien emprunter d'ailleurs. Celuy que ie mets ſur les rangs eſt Bernard Paliſſy, Homme rare, mais peu connû que parmy les tres-curieux. Il a compoſé vn liure en langue Françoiſe dans lequel il fait la leçon à pluſieurs Philoſophes Grecs & Latins, ſans auoir iamais veu leurs œuures, ayant trouué par ſes experiences & par ſon iugement, la raiſon de pluſieurs choſes naturelles auparauant cachées. Il a fait des Dialogues où il introduit la Theorique & la Praſtique, qui parlent enſemble. Dans le premier qui eſt appellé, *Diſcours admirables de la Nature des Eaux & des Fontaines,* il touche quelque choſe de la puiſſance des Feux ſouſterrains qui ſeruent à la produſtion de pluſieurs Corps mixtes, & il monſtre là auſſi que l'origine des Fontaines n'eſt point de l'Air qui ſe va enfermer dans les concauitez de la Terre, mais de l'eau des Pluyes, qui ſe conſerue en maniere de Ciſterne. Cela ſe peut trouuer vray en quelques contrées : Il n'a manqué

qu’en ce qu’il n’y a pas ioint que cela se pouuoit faire encore
par des esleuations de vapeurs causées par la chaleur souster-
raine, afin de pousser son opinion iusques au bout ; C’est qu’il
n’a consideré en ce lieu, que ce qui pouuoit estre imité pour
faire des sources par artifice, comme il auoit entrepris de
l’enseigner ; Il a descouuert beaucoup d’autres Secrets : Ayant
parlé de la Marne & des diuerses Terres, il parle des diuers
Sels, & dit que nulle chose Vegetatiue, ne peut vegeter sans
l’action du Soleil, & que si le Sel estoit osté du corps de l’Homme, il tomberoit en poudre en moins d’vn clin d’œil ; Qu’ainsi
seroit il du bois, des pierres, & des Metaux. Il nomme entre
les Sels, la Couperose, le Nitre, le Vitriol, le Borax, le
le Sucre, le Sublimé, le Salpestre, le Sel-gemme, le Salicot,
le Tartre, & le Sel Ammoniac, & apres il raporte diuerses proprietez des sels en general. Au traicté du sel commun il parle
de la maniere de le faire aux marais salans, dont il vante l’vtilité ; Il se moque de ceux qui disent que le sel se fait seulement
de l’escume de la mer, & reprend aussi vn Autheur de son temps
qui depuis que les impositions sur le sel auoient esté augmen-
tées, auoit dit que l’on auroit esté bien heureux en France, si
l’on auoit eu des fontaines d’eau salée comme en Lorraine &
ailleurs ; Il asseure que ce ne seroit pas assez d’vne centaine de
telles sources, & mesmes que quand il y en auroit mille, elles
seroient inutilles, pource que toutes les forests de France ne
pourroient suffire en cent ans à faire autant de Sel de fontaines
ou puits salez, qu’il s’en fait en Xaintonge à la chaleur du Soleil, non pas en vne année, mais seulement depuis la My-May
iusques à la My-Septembre, puisqu’il ne s’en peut faire en aucune autre saison. Cét Auteur exalte alors la bonté du sel de
Xaintonge au dessus de celuy des autres contrées, & faisant
vne enumeration des vertus du sel, il dit entr’autres choses,
qu’il donne le goust à tout, qu’il donne le son aux metaux, &
que tout se peut vitrifier par luy, & qu’enfin il est compagnon
de toutes natures. Palissy nous a donné encore vn Traicté des
Pierres, où il nie qu’elles soient engendrées par Vegetation,
reconnoissant que cela se fait par augmentation congelatiue,
comme qui ietteroit de la cire fonduë sur vne masse de cire

deſia congelée, ce qui ſe fait par diuerſes eaux qui ont paſſé
dans les carrieres. Il adjouſte qu'ayant conſideré que pluſieurs
pierres eſtoient faites comme des glaçons qui pendent aux
gouttieres, il auoit reconnû qu'elles ſe faiſoient d'vne eau congelée, mais il ne tient pas que ce ſoit vne eau commune. Il dit
auſſi qu'il y a des Pierres qui ſe congelent d'vne certaine eau
congelatiue au milieu des autres eaux, & que ce ſont celles qui
ont forme quarrée, triangulaire, ou pentagone ; Que le cri-
ſtal eſt de cette nature, & qu'il a obſerué cecy par la congelation du ſalpeſtre. Il aſſeure que tout corps ſoit celuy d'vn animal, ou d'vne plante, peut-eſtre changé en pierre, ſi cette eau
congelatiue le ſurprend ; Il attaque Cardan ſur l'opinion qu'il
a des coquilles & autres choſes petrifiées, qui ſe trouuent dans
les montagnes, ce que cet Auteur croid auoir eſté amené là par
le deluge. Il dit qu'il y a des rochers tres-maſſifs dans leſquels
l'on trouue de tels coquillages, & que l'eau ne les y a pû faire
entrer, mais qu'autrefois, il y auoit là des lieux creux, que l'air
& l'eau rempliſſoient, & qu'il s'y engendroit des poiſſons & des
huiſtres ; Cecy eſt pour les coquillages qui ont quelque raport
à ceux de la mer ou des riuieres ; Mais pour ces petites coquilles blanches qui ſe treuuent dans quelques pierres, l'on void
bien qu'elles participent de la nature des corps parmy leſquels
elles ſont nées, & qu'elles ont eu meſme matiere, ce qui fait
beaucoup pour l'opinion de Paliſſy. Au reſte du diſcours il
parle de la generation de quelques Pierres precieuſes & des
Marcaſſites, taſchant de donner la raiſon de leur forme &
de leurs couleurs : Mais ce qu'il a de particulier, c'eſt qu'il
s'eſt vanté d'auoir vn cabinet où toutes ces ſortes de matieres
eſtoient par ordre, & qu'il prouuoit par elles ce qu'il propoſoit ;
Comme les Pierres qu'il diſoit auoir eſté congelées, eſtoient
celles qu'il auoit trouué attachées aux voutes des carrieres, &
qui y pendoient comme des glaçons, ce que leur figure monſtroit ; Celles qui auoient des angles eſtoient celles qu'il tenoit
s'eſtre formées dans les eaux ; Les pierres de plaſtre, de Tal-
que & d'Ardoiſe, qui ſe deſaſſembloient par fueillets, auoient
eſté formées, à ce qu'il diſoit, par des matieres tombées à diuerſes fois au trauers des terres, & par autant de fois les con-

gelations s'en eftoient faites ; Il monftroit auffi diuers corps
petrifiez & diuerfes coquilles enfermées mefmes dans de certaines pierres, & rendoit raifon de cela. Il affeure enfin auec
hardieffe, que tout autant qu'il y a eu d'Alchymiftes, ils fe font
trompez en ce qu'ils ont voulu edifier par le deftructeur; d'autant qu'ils ont voulu faire par le feu ce qui fe fait par l'eau, &
par le chaud ce qui fe fait par le froid, dont il dit qu'il donnera
des preuues euidentes deuant les yeux de chacun ; Et que l'on
regarde bien en toutes les Minieres metalliques, que l'on trouuera fur la fuperficie du metal vn nombre infiny de pointes
taillées par faces naturellement, ce qui fait connoiftre que tout
cela s'eft formé dans les eaux, & que la matiere des metaux
demeure inconnûe dans les eaux & dans la terre, iufqu'à fa
congelation ; Que cette matiere eft vne eau fi fubtile qu'elle
penetre au trauers des autres corps, comme fait le Soleil au trauers des vitres, & qu'ainfi que l'huyle fe fepare de l'eau, de
mefme la matiere metallique & celle des Pierres precieufes, fe
retirent des autres matieres pour former les corps dont elles
font capables. De toutes ces chofes là, il en faifoit donc voir
les tefmoignages aparens & infaillibles dans plufieurs pierres,
Marcaffites & autres corps metalliques & mineraux, arrangez
chez luy tres-curieufement. Il auoit mefme fait afficher par les
carrefours de Paris, qu'il promettoit de monftrer en trois leçons tout ce qu'il auoit reconnû des fontaines, pierres, metaux & autres natures, ce qui attira chez luy quelques curieux,
lefquels, a ce qu'il dit, ne luy contrarierent en aucune chofe,
& demeurerent fort fatisfaits. Nous gardons pour la fin à confiderer particulierement ce qu'il y auoit de plus admirable en
cecy, c'eft que ce nouueau Docteur qui choquoit toutes les opinions antiennes par les preuues qu'il tiroit des chofes qu'il
auoit veuës, & qu'il faifoit voir, eftoit vn Homme fans eftude
qui fuiuant fa propre confeffion, auoit leu d'auantage dans les
Marcaffites que dans Ariftote, & qui a confeffé ingenuëment
en quelques endroits, que fi l'on vouloit fçauoir quel eftoit le
liure des Philofophes ou il auoit apris la plufpart de fes fecrets,
ce n'eftoit qu'vn chaudron à demy plein d'eau pofé fur le feu,
ou autre pareille inuention. De plus il a auoüé, qu'ayant grand

defir de fçauoir fi les opinions des Anciens s'accordoient aux
fiennes ou fi elles y contredifoient , & n'en pouuant auoir connoiffance pour ce qu'il n'entendoit ny Grec ny Latin, il s'e-
ftoit auifé de faire quelque affemblée afin de voir ce que les plus
habiles luy pourroient alleguer pour le combattre. Cét Homme qui n'eftoit qu'vn Potier de terre, s'eftoit excité de luy mefme à rechercher les chofes naturelles , en cherchant le moyen
de faire vne nouuelle poterie enrichie de diuerfes couleurs &
efmaux , enquoy il reuffit fort bien , & en fit diuerfes efpreuues, mefme pour les embelliffemens des edifices; Auffi dans
vn autre liure qu'il a fait de l'Agriculture lequel il apelle, *Re-
cepte vniuerfelle pour augmenter fes trefors*, il prend qualité d'Inuenteur des Ruftiques figulines du Roy. Il fuit là encore les
mefmes opinions touchant les Sels , les Terres , & les pierres,
& ce qu'il y a de particulier touchant les pierres precieufes , eft
qu'il tient que l'eau dont elles font formées a paffé entre quelques Marcaffites ou Metaux dont elle a pris la teinture. Il dit
que l'eau de la Topaze a paffé par quelque mine de fer où elle a
pris la teinture iaune, que l'Efmeraude a paffé au trauer des minieres d'airein ou de couperofe où elle a pris la couleur verte,
& que le Diamant n'eft autre chofe qu'vne eau cóme celle du
criftal , mais qu'elle a efté congelée par quelque rare efpece de
fel tres-pur, qui s'eft endurcy grandement dans la congelation.
Dans le premier liure de Paliffy , il y a vn Traicté des Metaux,
ou il fouftient auffi qu'ils font engendrez des eaux coulantes, &
pour le prouuer il allegue le vif argent qui eft fluide cómme
l'Eau , lequel il apelle vn commencement de metal. Il eft merueilleux que cét Homme foit paruenu à ces connoiffances diuerfes par la feule force de fon raifonnement apuyé de quelques
experiences qu'il auoit faites , & que là deffus il ait ofé auancer
des propofitions toutes nouuelles. On peut s'adreffer à luy
pour fçauoir ce que c'eft que l'Eau congelatiue & generatiue,
qu'il apelle vn cinquiefme Element. Quelques autres en ont
parlé fous d'autres noms , comme de Sel ou d'Efprit vniuerfel,
ou de Semence vniuerfelle, ce qui reuient à mefme chofe. Quiconque a connoiffance de cecy trouue ayfement par quel
moyen plufieurs Corps mixtes font produits, ce que l'on ne

ſçauroit aprendre de la Philoſophie vulgaire. Il n'y a point à contredire ſur de telles propoſitions.

*De Gor-
læus.*

SVIVANT l'ordre des temps, nous viendrons à des Nouateurs qui ont eſcrit en Latin, auſſi bien que d'autres qui les ont precedez, & qui ſe ſont ſeruis des reigles de la Philoſophie. Entre les Modernes de qui l'on peut faire quelque cas, il y a vn Dauid Gorlæus Hollandois, qui a fait vn liure apellé, *Exercitationes Philoſophicæ*, où il entreprend de combatre toute la Philoſophie Theoretique des Peripateticiens. Ayant parlé de la Meraphyſique, il vient à la Phyſique; Il traicte de toutes les qualitez des Corps, ſelon diuerſes opinions, dont les vnes ſont nouuelles & les autres ſimplement renouuellées. Il monſtre que ce que l'on apelle le Ciel, n'eſt que l'eſtenduë de l'Air, & qu'il n'y a que deux Elemens, la Terre & l'Eau; Que le feu n'eſt point vn Element, mais vn ſimple Accident. On ne luy peut accorder entierement ce dernier Article, car ſi le Feu eſt eſtimé vn accident, ce n'eſt qu'à l'eſgard de celuy que nous faiſons par artifice; Il faut reconnoiſtre qu'il y en a vn autre qui eſt vne veritable Subſtance, laquelle ſi elle n'eſt vn Element, doit pourtant eſtre priſe pour vn des Corps Principaux qui conſtituent le Monde.

*De Carpen-
tarius.*

NOVS auons vn liure apellé *Philoſophia libera*, dont l'Autheur eſt vn nommé Carpentarius qu'on a creu Anglois. Ce ſont des Paradoxes aſſez ſubtils, où premierement l'eſtabliſſement des Categories & la multiplicité des Eſtres ſont còbattus; Apres il eſt monſtré, Que le lieu n'eſt rien; Que tous les Elemens ſont lourds; Que toutes choſes ſe font de rien; Que les Sens ne peuuent errer; Que le feu eſt humide; Que les Cometes ne ſont point des Meteores enflammez, & quelques autres choſes qui ſont contre l'opinion commune. Il n'y a pas de la verité par tout; Neantmoins il ſe trouue de l'aparence en quelques endroits, comme en ce que cét Autheur dit des Cometes, qui ne ſont quelquefois que des fauſſes repreſentations, & des reflexions de la lumiere ſur des exhalaiſons fort eſleuées. Pour les Elemens, il eſt certain qu'ils ne peuuent eſtre dits legers, qu'à comparaiſon les vns des autres, puiſque tout Corps a de la peſanteur, ſoit peu, ou beaucoup; Que ſi cét Autheur

dit

dit qu'il y a de l'humidité au Feu, il luy en faut de vray pour s'é-
tretenir, mais elle est tellement dilatée par la chaleur qu'elle
tend à la secheresse & luy ressemble. C'est ce qui fait que tout
le vulgaire s'estonne quand on dit que le Feu est humide : On
ne le doit pas apeller humide pour si peu d'humidité qu'il a. Les
Corps prennent la denomination de leurs qualitez, de ce qui
abonde le plus en eux. C'est pourquoy cette proposition doit
estre corrigée & moderée.

EN l'année 1623. il fut imprimé à Paris vn Liure intitulé *De l'En-*
Enchyridion Physica restituta, lequel on a sceu estre vn ou- *chyridion*
urage de Messire Iean d'Espagnet President au Parlement de *de la Physi-*
Bourdeaux, pource que quelques personnes qui estoient de sa *que resti-*
connoissance en ont asseuré, & qu'on a aussi tiré des conjectu- *tuée.*
res de cela, à cause qu'au commencement du Liure, il y a cette deuise, *Spes mea est in agno,* & au deuant du Traicté de Chymie, *Penes nos vnda Tagi,* qui sont deux Anagrammes de son
nom. On peut dire que c'est le premier Liure qui ayt paru en
France ou il y ayt vne Physique complette contraire à celle
d'Aristote. Cependant l'Autheur pretend que ce n'est que
l'ancienne Philosoph equ'il a restablie en ses droits. Il y a mis
pourtant beaucoup de choses de son inuention. Il refute l'opinion de la Matiere premiere, qu'on a tenu estre estenduë par
tout sans estre aperceuë en aucun lieu, & desirer incessam-
ment l'alliance des Formes sans en auoir aucune, estant la ba-
se & le supost des contraires, c'est à sçauoir des Elemens qu'on
dit en estre produits. Il remonstre que ce fondement de la
Nature est imaginaire, qu'il n'y a aucune contrarieté dans les
Elemens & que celle qui s'y remarque ne procede que de l'excez de leurs qualitez, & que lors qu'elles sont temperées il ne
s'y trouue point de contrarieté. Neantmoins il croid qu'il y a
vne Matiere premiere dont les Elemens resultent, & deuiennent la Matiere seconde des Choses, qui sont l'Eau & la Terre,
car il ne tient point l'Air ny le Feu pour Elemens. Les Elemens
selon son opinion, ne se transforment point de l'vn en l'autre:
Il n'y a que l'Eau qui monte en vapeur, & la vapeur deuient Eau
par circulation. Pour le vray feu du Monde, il le place dans
le Soleil lequel il n'apelle pas seulement l'œil de l'Vniuers, mais

l'œil du Createur de l'Vniuers, par lequel il regarde d'vne maniere fenfible fes Creatures fenfibles, & qui eft le premier
Agent du Monde. Dans tout le refte de fon Liure il fe trouue
beaucoup de particularitez tres-curieufes touchant l'origine
des Chofes, leur fubfiftãce & leurs diuers changemens, ce qui fe
raporte fort au deffein que ce nouueau Philofophe a eu de parler de Chofes Chymiques; Auffi a t'il mis en fuite vn Traité
qu'il apelle, *Arcanum Hermetica Philofophia, opus*, dans lequel
il parle de la matiere de la pierre Philofophalle & de fes Dige-
ftions, des degrez du Feu, de la figure des vaiffeaux, & de celle du Fourneau ; De la compofition de l'Elixir & de fa multiplication. Veritablement comme beaucoup de gens bien fen-
fez tiennent la pierre Philofophalle pour vne Chimere, cela
pourroit decrediter tout le Liure, n'eftoit que fa belle maniere
de s'expliquer luy a donné de la reputation. Ceux qui font du
party des Peripateticiens le condamneront entierement; D'autres aprouueront quelques opiniõs, & reietteront celles qui femblent encore tenir de ces Philofophies particulieres qu'on croid
eftre remplies de vifions, comme de dire que la Lumiere du
Soleil & toute autre lumiere eft fpirituelle, & que noftre Feu
materiel eft fpirituel en quelque forte. Les chofes n'y font propofées que par Canons ou Articles fuccints qui laiffent beaucoup à deuiner & à defirer, mais l'entreprife n'a efté auffi que
de faire vn Enchyridion ou Abregé. Ce liure a efté traduit en
François depuis quelques années fous le nom de, *La Philofo-*
phie des Anciens reftablie en fa pureté. Ceux à qui la langue Latine n'eft pas familiere le peuuent voir en cette forte.

De Baffon. IL fe trouue vn autre Liure latin dont l'impreffion eft
prefque de la mefme datte, qui eft, *Philofophia naturalis*
aduerfu Ariftotelem, libri XII. In quibus abftrufa veterum Phy-
fiologia reftauratur & Ariftotelis errores folidis rationibus refellun-
tur, A SEBASTIANO BASSONE, Medico. Il y a là
beaucoup de penfées curieufes touchant la Nature des Chofes,
la Matiere & le Mixte, & la Forme, le Mouuement & l'Action
des premieres qu alitez. On y rencontre auffi vn Traicté du
Ciel, vn autre de la veüe, & vn autre des Meteores. Les opinions d'Ariftote y font conferées auec celles de plufieurs mo-

dernes, & il ne faut point douter que la verité ne s'y defcouure
en beaucoup d'endroits parmy ces altercations ; Mais il femble que le deffein de l'Autheur n'eftant que d'efcrire contre
Ariftote comme le titre de fon Liure le porte, il y deuoit proceder auec plus de methode, & choifir mieux qu'il n'a fait tous
les fujets qui font le plus en conteftation.

VN grand Nouateur qui a paru de noftre temps a efté *De Cam-*
Thomas Campanella, Religieux de l'Ordre faint Domi- *panella.*
nique, remarquable pour la quantité de fes efcrits fur toutes fortes de Sciences. Il a fait vne Grammaire, vne Logique, vne Rhetorique, vne Poëtique, & vn art de l'Hiftoire, vn gros volume
de Metaphyfique, vn autre qui contient la Phyfique, la Moralle,
l'Oeconomique, & la Politique, auec plufieurs Traictez à part,
qui font tous affez efloignez des opinions des Peripateticiens.
Il s'en fepare entierement dans fa Logique pour ce qui eft des
Categories ou Predicamens, ne retenant point les mefmes que
fuiuãt la doctrine la plus receüe. Il nóme la Subftance, la Quã-
tité, la Figure, la Faculté, l'Operation, l'action, la Paffion,
la Similitude, la Diffimilitude, & la Circonftance. C'eft à fçauoir fi l'on fe peut feruir de cecy plus vtilement que des anciennes Categories ; Neantmoins Campanelle a monftré fon bel
efprit par de telles inuentions. Sa Phyfique eft toute remplie
d'opinions nouuelles ou renouuellées, & l'on peut s'affeurer
qu'aucun Autheur ancien ny Moderne, n'a rien propofé qu'il
n'en foit touché quelque chofe en ce lieu, y ioignant des aug-
mentations ou reflexions. Si dans fes autres ouurages il n'a
pas eu la liberté de s'efcarter des opinions receües, il les a au
moins accompagnées de quelque hardieffe. Pour fon Liure,
De fenfu Rerum, quoy que chacun n'en vueille pas approuuer les
propofitions, & qu'il y en ayt beaucoup de douteufes touchant les diuerfes correfpondances des chofes & leurs Sentimens, fi eft-ce que l'ouurage en eft agreable, comme eftant le
Caractere & l'Idée d'vne nouuelle Philofophie, qui apres a-
uoir pofé fes Principes fe trouuant bien pourfuiuie, acquiert
toufiours quelque gloire à fon Autheur. Ce qui a pû empefcher que la reputation de celuy-cy ne fuft fi eftendüe comme
l'on s'imaginoit d'abord, c'eft qu'on s'eft perfuadé que fa fa-

çon d'efcrire n'eſt pas des plus polies, & de plus qu'ayant efcrit d'Aſtrologie iudiciaire, on a crû qu'il eſtoit homme adonné aux ſuperſtitions. Ayant compoſé vn Liure de Medecine ſur la fin de ſes jours, il n'a pas pû encore en auoir de l'aprobation, parce qu'on le trouuoit fort different de ce que les vrays Medecins en pouuoient efcrire, leſquels ſont meſmes d'vne Profeſſion qui ne ſouffre gueres que l'on entreprenne ſur elle. Cela fit defcrier Campanelle, comme vn Homme qui pour auoir l'ambition d'efcrire de toutes choſes, compoſoit des ouurages qui n'eſtoient pas touſiours dans les bonnes regles. D'ailleurs quelques perſonnes ont cherché déquoy cenſurer en la liberté de ſes paroles qui ſe remarque en pluſieurs de ſes Efcrits, qu'ils n'ont pas iugé conformes à ſa condition de Religieux; mais il ſe pouuoit defendre par les prerogatiues de la franchiſe Philoſophique. Pource qui eſt de l'eſtime qu'on doit faire en general de ſes Liures, il me ſemble qu'il y a plus à admirer qu'à blaſmer, d'auoir efcrit d'vne ſi grande varieté de ſujets, & en pluſieurs auec vne doctrine profonde. Il eſtoit auſſi fort merueilleux en ſa perſonne, eſtant capable de parler ſur le champ de toute ſorte de matieres, ce que pluſieurs perſonnes ont eſprouué en France, lors qu'il s'y retira pour ſe deliurer de la perſecution que les Eſpagnols luy faiſoient en Italie, à cauſe qu'il auoit compoſé quelque choſe qui n'eſtoit pas à leur auantage.

De René Des-Cartes. **PRESQVE** au meſme temps nous auons eu vn Philoſophe François qui s'eſt acquis beaucoup de credit, tant pour la nouueauté que pour la ſubtilité de ſa Doctrine; C'eſt René Deſcartes Breton, fils d'vn Conſeiller au Parlement de Rennes. Son premier ouurage a eſté, *vn Diſcours de la Methode pour bien conduire ſa Raiſon, & chercher la verité dans les Sciences.* Les Eſſays de ſa Methode ſont premierement, Qu'au lieu du grand Nombre de Preceptes dont la Logique eſt côpoſée, il a declaré, qu'il luy en ſuffiſoit de quatre; Le premier de ne receuoir aucune choſe pour vraye qu'il ne la connûſt & d'éuiter la preuention & la precipitation; Le ſecond de diuiſer chaque difficulté en autant de parcelles qu'il pourroit; Le troiſieſme de conduire par ordre ſes penſées, & de monter par degrez des objets les plus ſimples aux plus compoſez; Et le dernier de faire

des denombremens si entiers qu'il ne pûst rien obmettre. Il est
certain que ces Reigles sont bonnes, mais il en faut encore de
plus particulieres pour faire des recherches asseurées. Au commencement de ce Discours cét Autheur se depeint luy mesme
embarassé de plusieurs doutes & erreurs; Mais il dit qu'ayant
pris garde, que luy qui pensoit que tout estoit faux, il faloit qu'il
fust quelque chose, & qu'ayant remarqué cette Assertion,
Donc ie suis, il la trouuoit si ferme que les suppositions des Sceptiques ne la pouuoient esbranler, & il iugeoit qu'il la pouuoit
receuoir sans scrupule pour le premier Principe de sa Philosophie, & que ce qui l'asseuroit qu'il disoit la verité, c'estoit que
pour penser, il faut estre; Or comme il y auoit d'autres choses
qui luy paroissoient moins certaines, il connoissoit que puisqu'il doutoit, il y auoit quelque Nature plus parfaite dont il
dependoit, qui auoit la connoissance & les Idées de toutes choses, c'est à dire pour s'expliquer en vn mot qui estoit, Dieu.
Son preface des Methodes ne contient enfin que les moyens
de connoistre Dieu & soy mesme, par des raisonnemens naturels, ausquels il ioint quelques propositions de Geometrie :
Car son aplication ordinaire estant les Mathematiques desquelles il se croyoit grand Maistre, il en a fait vn Traicté à part
qu'il a mis dans le mesme liure auec vn autre pour enseigner le
moyen de faire des lunettes à longue veuë plus excellentes que
les communes; Mais quelques curieux pretendent que cela
n'auroit pas l'effet qu'il a pensé, & que mesmes les verres se cas-
seroient plustost que d'estre taillez de la maniere qu'il a pres-
critte, & auec les Machines & les instrumens destinez à cela.
Ensuite il y a vn Traité des Meteores qui est fort extraordinaire. L'Autheur ne parle pas là beaucoup de la generation de ces
Corps esleuez, ny de leur composition ou de leur Matiere ; il
parle principalement de la forme de leurs parties, voulant que
les vapeurs qui s'esleuent soient de petits corps qui tirent sur la
rondeur, & qui soient barbus & dentelez, & que l'eau qui cou-
le sur la Terre, dans les fleuues ou ailleurs, ne soit point liée sans
diuision, mais que ce soit de petits corps longs en forme d'An-
guilles qui soient attachez les vns aux autres. En vn autre endroit il décrit mesme les effusions Sympathiques de l'Aymāt,&

il en a aufli fait la peinture. On peut dire là deffus qu'il a prudemment agy de s'eftre vanté, d'auoir le fecret de faire des
Lunettes d'vne bonté extraordinaire, d'autant qu'il a eu befoin d'en auoir d'excellentes pour voir toutes ces chofes. Cecy
a quelque raport à la Philofophie d'Epicure touchant les Atomes; Cét Autheur ayant fait depuis vne Phyfique, y a introduit par tout la confideration de quantité de petits corps,
dont il tient que les chofes font compofces : Il les fait
mouuoir en diuerfes manieres, & en eftablit de particuliers dans chacun des Syftemes qu'il fe figure en l'Vniuers,
lefquels eftant tous des Mondes comme celuy-cy, ont des
Aftres qui y font leur cours, ce qu'il apelle, *Vortices*, & que
fon Traducteur a nommé, *des Tourbillons*. Il les croid prefque fans nombre, & il dit que la Terre eft vne Planette ou E-
ftoille errante, & le Soleil vn des Aftres fixes, & que trouuant
vn milieu entre l'hypothefe de Copernicus & celle de Thyco, il
donne du Mouuement à la Terre fans luy en donner; Qu'à
propremét parler ny la Terre ny toutes les Planettes ne fe meuuent point, mais c'eft le Ciel qui les tranfporte, & que la Matiere du Ciel eft fluide & tres propre à fe mouuoir; & qu'enfin
fuiuant fon opinion tous les Phenomenes peuuent eftre reiglez.
Pource qui eft des Elemens, il tient qu'il y en a trois, dont le
premier eft de certaines parties d'vne petiteffe indefinie, qui fe
meflent entre tous les Corps, & fe fourent où les autres ne
peuuent paffer; Que le fecond contient des Corps Spheriques
plus gros que les premiers, & le dernier contient d'autres parties de la Matiere, qui ne peuuent pas eftre meuës fi ayfement.
Il fembleroit que par le premier Element, il vouluft entendre
l'Ether ou l'Air tres fubtil, qu'on dit s'entre-mefler par tout
pour empefcher le vuide; Mais ce n'eft point par l'introduction
d'vn tel Corps qu'il a fouftenu que le vuide ne fe trouuoit point
dans la Nature. Dans la feconde partie de fa Philofophie, il
remonftre qu'il eft impoffible que le vuide fe trouue dans les
Corps ny entre les Corps, pource que l'eftenduë de l'efpace
ne differe point de l'eftenduë du Corps, & que comme nous
concluons que le Corps eft vne fubftance, de ce qu'il eft long,
large, & profond, il faut conclurre la mefme chofe de l'efpace

où le vuide eſt ſupoſé, pource qu'y ayant de l'eſtenduë, neceſ-
ſairement il y doit auoir quelque Subſtance. I'ay veu des gens
admirer cét argument & le tenir pour infaillible : Neantmoins
c'eſt pluſtoſt vne fauſſe ſubtilité qu'vne verité; Car ſi nous
nous imaginons vn quarré vuide au milieu de quelque matiere, l'eſtenduë de longueur & de largeur, n'eſt elle pas à l'eſgard des limites du Corps qui l'enuironne? Ceux qui tiennent
que le Monde que nous voyons eſt finy, & qui diſent qu'au
delà du premier Mobile ou du Firmament il n'y a rien, ne
laiſſent pas de ſe figurer que ce dernier Ciel a vne certaine e-
ſtenduë au dehors. On dira qu'il n'y a point de profondeur
dans le vuide, mais elle eſt à l'eſgard du terme d'vn Corps à
l'autre; C'eſt pourquoy Deſcartes vſe encore d'vne ſubtilité
qui n'eſt pas receuable, diſant que ſi Dieu oſtoit d'vn vaſe tout
les Corps qui y ſont, ſes coſtez ſe deuroient toucher, parce
qu'il n'y auroit rien entre-deux. Cela eſt captieux; Il n'y a
rien entre-d'eux, donc ils ſe touchent; Le vaſe gardant ſa figure ronde, ou quarrée, ſes coſtez n'ont garde de ſe toucher.
Ce Philoſophe pouuoit monſtrer par ſes propres Principes,
qu'il n'y deuoit point auoir de vuide ſans auoir recours à des
Sophiſmes; Auſſi propoſant apres que toutes les parties de la
Matiere s'eſtendent par tout, & ont vne fluidité nompareille,
il nie qu'il ſe puiſſe trouuer des Atomes ou des Corps qui ſoient
indiuiſibles, ce qui pourtant ſemble contraire à tant de Corps
qu'il introduit, auſſi petits que l'imagination ſe les peut figurer.
Au reſte il dit que le Soleil & les Eſtoilles ſont compoſez du
premier Element, parce qu'ils donnent de la lumiere; Que les
Cieux ſont compoſez du ſecond, parce que la lumiere paſſe au
trauers, & que la Terre, les Planettes & les Comettes, ſont
compoſées d'vn troiſieſme, eſtant ſolides pour faire refleſchir
la lumiere. Il monſtre par là qu'il entend que la lumiere ſoit
ce Corps qui entre par tout, mais puiſque les Corps ſolides luy
reſiſtent, il ne ſçauroit paſſer au trauers pour empeſcher le vuide. Toute cette Philoſophie eſt pourtant baſtie ſur de tels
Principes. La Terre, l'Eau, & l'Air ſelon ce Philoſophe,
ſont compoſez de globes diuers, deſquels toutes leurs proprietez dependent. Entre tous les Nouateurs on n'en void point

qui s'esloigne d'auantage des Pensées cómunes. Les Peintures
de ses Tourbillons imaginaires & d'autres choses semblables,
peuuent estonner d'abord, & il n'y a point d'homme qui les
voyant sans lire le Discours, peust iamais deuiner ce que cela
signifie; Neantmoins ces Figures & quantité d'autres, sont
pleines de ces petits Corps si peu connûs, qui y sont representez
auec autant d'asseurance que s'il les auoit veüs clairement. Or
ceux qui considerent bien cela, ne se persuadent pas que toutes ces opinions viennent de son inuention propre; Ils croyent
que c'est quelque chose qu'il a pris de la Philosophie de Demo-
crite & de celle de Iordan Brun, & mesmes de l'Enchyridion
de la Physique restituée, qui estoit fait auparauant son liure,
& qui propose que l'Vniuers peut estre remply de quantité de
Mondes peuplez d'innombrables Habitans, & que ce sont comme autant de Prouinces & de villes d'vn mesme Gouuernemĕt,
& que mesme cette opinion ne repugne pas à la Saincte Escriture, laquelle n'a entendu parler que des productions de nostre
Terre, & de nostre Creation. Descartes dit aussi que les Hómes
doiuent prendre garde de n'auoir point vne trop haute opinion
d'eux mesmes, & de ne point croire que tout estant fait pour
eux, ils puissent conceuoir quelles bornes Dieu a mises à l'V-
niuers, comme s'il finissoit au lieu qui ne leur sert de rien;
Qu'encore que dans la Morale ce soit vne marque de Pieté de
dire, Que Dieu a fait toutes choses pour les Hommes, afin qu'ils
soient d'autant plus excitez à luy rendre graces, & plus enflammez de son amour, & quoy que cela soit vray en vn certain sens
au moins afin d'exciter nostre Esprit à considerer tant de rares
choses, & conçeuoir ce que c'est que Dieu par ses œuures merueilleuses, qu'il n'est pas pourtant vray-semblable que toutes
choses ayent esté faites pour nous de telle sorte, qu'elles n'a-
yent autre vsage, & qu'il seroit tout à fait ridicule & imperti-
nent de parler de mesme maniere dans la Physique, veu que
nous ne doutons point que plusieurs choses ne soient maintenant au Monde, ou n'ayent cessé d'y estre, qui n'ont point encore esté veües ny entenduës des Hommes, & n'ont esté en
vsage à aucun d'eux. Mais encore que les Hommes n'ayent pas
la connoissance de plusieurs choses, elles ne laissent pas de leur

seruir

feruir par des moyens cachez ; Et s'il y a de l'humilité en quelques-vns de croire, Que le Monde n'eſt pas fait pour eux, il y
peut auoir de l'impieté en d'autres qui croyent la meſme choſe, parce qu'ils tiennent le Monde pour infiny. Nous aurons
touſiours vne penſée fauorable de Deſcartes, & d'autres perſonnes de ſa ſorte dont les eſcrits n'ont point monſtré qu'ils
euſſent autre intention que de parler des Choſes naturelles,
ſelon que l'on les aperçoit, & qui n'ont parlé que de la pluralité des Mondes, non pas de l'infinité. L'autheur de l'Enchyridion ayant dit que la Terre peut eſtre miſe entre les Aſtres
comme la Lune, & que les autres Globes ne doiuent point
eſtre oyſifs & ſteriles, il adiouſte que le Soleil eſt ſuſpendu au
milieu du Palais du Souuerain, pour eſclairer tous ſes ouurages,
ce qui fait connoiſtre qu'il eſtablit quelque fin au Monde ; Car
ne diſant point qu'il y ayt des Eſtoilles qui ſoient autant de Soleils, il faut croire qu'il ſe figure quelques limites à l'eſclat de
noſtre Soleil. Il faut remarquer auſſi que comme Deſcartes
nous auertit de ne point borner la puiſſance de Dieu, auſſi
entend il qu'on ne s'imagine point ſes œuures trop amples, trop
belles & trop abſolues, ce qui ſeroit les porter à l'infinité qui
ne leur conuient pas. Pour ce qui eſt de l'imitation qu'on pretend que Deſcartes ayt faite de quelques autres Autheurs, elle
n'eſt pas telle qu'il n'ayt beaucoup enchery deſſus, & l'on reconnoiſt qu'il y a adjouſté tant de ſubtiles penſées, que cela
doit eſtre iugé entierement à luy. Quelques vns diſent que ſa
Philoſophie eſt obſcure & pleine d'imaginations bigearres ;
mais il faut conſiderer que les Choſes extraordinaires ſurpren-
nent touſiours à l'abord, & que ceux qui inuentent vne nouuelle Doctrine & la rendent complette en ſon eſpece, ont quelque choſe qui ſemble deuoir ſurpaſſer les communes Loix. On
dit d'auantage que la maniere de philoſopher de Deſcartes n'eſt
pas des plus agreables, parce qu'il ne fait aucune Demonſtra-
tion qu'auec la marque des lettres Capitalles, comme dans vn
Liure de pures Mathematiques ; Au lieu qu'vn Homme qui
ſçait l'Art d'eſcrire nettement & intelligiblement, ſe fait aſſez
entendre par les ſeules Deſcriptions de ſon Diſcours, comme
l'on void dans quelques autres liures de Philoſophie. Mais

K x

chacun a ſa Methode particuliere d'eſcrire , & Deſcartes pouuoit dire que les Demonſtrations qu'il faiſoit , auoient beſoin de telles marques & de tels renuoys, pour eſtre données à comprendre plus ayſement. Il a fait encore des Meditations Metaphyſiques pour prouuer l'exiſtence de Dieu & cellede l'Ame, qui ne ſont rien que ce qu'il auoit deſia dit dans le liure de ſa Methode. Quelques Sçauans luy ont fait des Objeſtions auſquelles il a reſpondu. Son dernire Liure eſt celuy des Paſſions de l'Ame , dont on ne void pas que les Deſcriptions ſoient fort extraordinaires , & ce qu'on y a le plus remarqué c'eſt qu'il dit , Qu'il y a vne petite Glande dans le cerueau dans laquelle l'Ame exerce ſes principales fonſtions: Les Anatomiſtes & les Philoſophes ne ſont pas tous de ſon auis en cecy. La pluſpart des opinions de René Deſcartes ſe trouuent dans vn liure de Philoſophie , fait par vn certain Regius Hollandois qui en quelques endroits s'eſt ſeruy de ſes meſmes termes , & y a mis auec cela les meſmes Figures de Taille douce , deſorte qu'on le peut nommer ſon Abreuiateur & ſon Compilateur. Depuis peu on a auſſi imprimé la premiere Partie d'vne Phyſique de Iacques du Roure ſuiuant les ſentimens des nouueaux Philophes & principalement de Deſcartes. Cela peut ſeruir à l'explication de cét Autheur , qui ne manque point d'auoir des Seſtateurs.

IL NOVS reſte de parler des Nouateurs Chymiſtes , qui de toutes les Parties de la Philoſophie ne conſiderent que la Phyſique ſeule , mais l'accompagnent de Contemplations fort obſcures & Cabaliſtiques, ſi ce n'eſt qu'on en excepte quelquesvns plus raiſonnables que les autres. Les vns raportent tout à la Santé du Corps humain , les autres à la tranſmutation des Metaux ; & quelques autres à la connoiſſance des merueillesde la Nature pour leur ſeule ſatisfaſtion. Ces derniers ont beaucoup ſeruy à la recherche des Veritez Philoſophiques, nous ayant apris à ioindre l'experience au raiſonnement. Raymond Lulle, Arnauld de Villeneuue, & Bernard Treuiſan, ont eſté celebres en leur Art de Chymie. Paracelſe eſt enfin venu qui a le plus mis en credit la Medecine Chymique, & qui a auſſi fait connoiſtre ce qu'il penſoit des Principes naturels. Pluſieurs ont

efcrit apres luy comme Crollius , Libauius , Quercetanus &
autres , mais tout cela ne feruant qu'à leurs operations Mede-
cinales ou Metalliques , ce qu'on en peut tirer pour la Phyfique generalle , c'eft qu'ils eftabliffent trois Principes , le Sel le
Soulphre & le Mercure , lefquels ils pretendent trouuer en toutes chofes , les croyant eftre les vrays Principes de mixtion &
de Generation. Vn certain Autheur qui prend le nom de Cof-
mopolite , a fait vn Traicté particulier du Soulphre & des autres Principes ; Le fieur de Nuifement en a fait vn du Sel ou
Efprit du Monde ; Tout cela n'a encore dit raport qu'aux imaginations de la Pierre Philofophalle ; Il nous faut attacher aux
Autheurs qui ont efté plus vniuerfels & qui ont eu deffein de
traiter de la vraye Philofophie. Ie choifiray icy Eftienne de
Claues Docteur en Medecine , qui dés l'année 1624. fe fit
paffer pour Nouateur en Phyfique, fans en auoir rien efcrit,
car lors qu'Antoine Villon furnommé le Philofophe foldat ,
entreprit de fouftenir des Thefes contre la Doctrine d'Ariftote dans l Hoftel de la Reyne Marguetite , c'eftoit luy qui deuoit faire les experiences deuant l'affemblée auec le fourneau
& les Alembics ; Depuis De Claues a voulu pareftre Philofophe
par fes Efcrits , ayant fait vn liure des vrays Principes de Nature & des Elemens, dans lequel il tafche de refuter les opinions
communes & d'eftablir les fiennes . Il ne reçoit point là les
quatre Elemens des Peripateticiens , & pour monftrer qu'il eft
impoffible qu'il y ayt vn Feu elementaire au deffous du Ciel de
la Lune , il dit que les Optiques l'improuuent , d'autant que
les Refractions de deux Elemens & Milieux, rendroient les Efpeces vifibles difformes , & qu'il feroit impoffible d'auoir des
mefures certaines de la Grandeur, de la Figure & de la Situation des Corps celeftes , felon l'exemple d'vn Bafton fort
droict qui paroift tortu par deux milieux diuers de l'Eau & de
l'Air. Les Philofophes refpondent à cela , Que leur Feu elementaire eft encore plus fubtil que l'Air , de forte qu'il ne s'y
peut faire de Refractions comme dans l'Eau ; Mais on leur
reprefentera qu'encore que le Feu foit tres fubtil , il ne fçauroit
auoir cette tranfparence qu'ils luy attribuent , puifque le Soleil
& les Eftoilles ne l'ont pas , quoy qu'ils foient vn vray Feu,

ayansde la chaleur & de la clarté : Aussi les Corps qui esclairent les autres n'ont pas besoin d'estre transparens ; Cela n'est necessaire qu'à ceux au trauers desquels les Especes des Objets doiuent passer ; Pour eux, ils ont vn amas de lumiere qui esblouït. De Claues dit encore, Qu'il n'y a point de Feu elementaire au dessus de l'Air, & qu'à cause de sa grande estenduë, il embraseroit en peu d'heure tout ce qui seroit au dessous, surquoy il raporte que les Peripateticiens tiennent qu'il est semblable à l'Eau de vie, qui quoy qu'elle s'enflamme, a moins d'ardeur en cét estat qu'vne Eau qui boult, & qu'auec cecy la chaleur du Feu Elementaire va tousiours en montant, de sorte que l'Air ne s'en peut ressentir : Mais cét Autheur respond, Que l'Eau de vie brusle d'auantage que l'Eau boüillante, & que les Plantes qu'elle touche sont reduites en cendre promptement, & pource qui est de cette chaleur qu'on pretend s'esleuer fort haut ou demeurer en mesme lieu sans s'abaisser, il dit au contraire, Que si l'on accorde que la chaleur deriue du Soleil, quoy que ses rayons ne soient estimez ny chauds ny froids & que leur puissance soit attribuée à l'attrition, à plus forte raison le mouuement du dernier Ciel deuroit repousser en bas le Feu elementaire, & qu'outre cela l'Air estant desia moderement chaud, suiuant l'opinion des mesmes Peripateticiens, il en deuroit augmenter sa chaleur iusqu'à l'excez. Au Chapitre suiuant de Claues veut respondre à quelques objections qu'on luy peut faire, comme de la Flamme qui monte en haut, ce qui semble inferer qu'elle veuille retourner à son Element. Il dit que les vapeurs spiritueuses ou huyleuses s'esleuët de mesme, & que la flamme n'est point vn Element, mais vn accident qui s'attache fortuitement à l'huyle ; Qu'elle ne peut estre vne Substance elementaire, autrement la Forme ignée auroit deux sujets ou Suposts, la Substance du Feu & l'huyle; Que si l'on objecte, que le feu seroit donc humide, il l'accorde aussi, & qu'il n'a pas besoin d'estre sec pour desseicher puisqu'il ne desseche pas de soy, mais par accident en separant d'vn Corps les humiditez volatiles. Par l'huile dont il parle & qu'il apelle Element, il entend le Souffre, l'vn des trois Principes des Chymistes ; mais chacun ne peut pas aprouuer que

l'on tienne ces trois matieres pour les premieres des autres,
& qu'il n'y ayt rien au delà, veu que toutes les trois peuuent
estre reduictes en tel estat par les distillations & separations,
qu'il ne s'y trouuera que deux Elemens qui sont l'Eau & la
Terre, leurs autres differences ne venant que de leur diuerse
mixtion. Le mesme Autheur voulant acheuer de refuter les
raisons de ceux qui logent le Feu elementaire sous la concaui-
té du dernier Ciel, il attaque principalement les Philosophes
du College de Coïmbre, qui ont dit que la forme de ce Feu
est reprimée en plusieurs façons, & specialement par l'influen-
ce des Astres, & par des proprietez naturelles qu'ils ont à cét
effect. De Claues dit fort à propos que ces raisons ne sont pas
de mise chez les Physiciens, qui ne recoiuent pas pour choses
valables les vaines imaginations des Astrologues, lesquels nous
voudroient persuader qu'entre les Planettes, il n'y en a pas
seulement de chaudes, mais qu'il y en a de tres-froides; Que
selon les Peripateticiens, les Cieux n'ont point de qualitez elementaires; & que si pour temperer la chaleur de ce Feu que
l'on place au dessous d'eux, on a recours à la froideur de l'Air,
elle n'est pas telle qu'elle le puisse rafraischir, & s'empescher
d'en estre vaincuë; Que la glace mesme ne peut souffrir la
moindre chaleur sans se liquefier, quoy que la chaleur des rayons du Soleil estant portée icy bas soit quelques-fois moindre de plus d'vne vingtiesme partie, que ne seroit celle de ce
Feu sublunaire que l'on s'est imaginé; Et qu'aussi n'y faut il
adjouster aucune Foy, puisque ce mesme Aristote que l'on
veut suiure en toutes choses, a declaré que ce que l'on apelloit
Feu audessus de la Sphere de l'Air n'estoit pas vn Feu, mais
vne Substance vn peu plus subtile que l'Air commun. Apres
cecy toutes les raisons & les explications que l'on cherche ne
seruent de rien, veu mesme qu'on ne sçauroit monstrer que le
Feu soit vtile en ce lieu là. Il ne doit pas tenir vn Cercle au
dessus de l'Air, de l'Eau & de la Terre, pource que les eschauf-
fant de toutes parts & continuellement, il y auroit de l'excez;
Que s'il ne les eschauffe point, on peut dire qu'il est là inutile
& mesme qu'il ne s'y trouue aucunement. De Claues refuté
apres ce que l'on a dit pour prouuer le nombre des Elemens par

K k iij

quatre premieres Qualitez. Il dit que la chaleur, la froideur,
l'humidité & la seichereffe, ne font pas premieres Qualitez,
d'autant qu'elles ne dependent pas immediatement de la Forme, & que leur Sujet peut eftre fans elles, car l'Eau que les
Peripateticiens croyent extremement froide, non feulement
peut eftre fans froideur, mais peut auoir vne extreme chaleur
qui eft le contraire. En fuite il deftruit toutes les conuenances
que l'on a eftablies fur ce que l'on s'eft imaginé que chaque Element fymbolife auec ceux qui luy font voifins, qui eft la raifon par laquelle on croid qu'ils font tranfmuables : Auffi mon-
ftre-t'il clairement que la Terre ne fe tranfmuë point en Eau,
ny l'Eau en Terre & ainfi du refte, parce que les Elemens ne
changent point leurs formes eftant incorruptibles. Il refute
auffi ce que l'on allegue des quatre Humeurs du Corps humain remonftrant qu'elles n'ont aucun raport auec les quatre
Elemens, & que le contraire de la Terre ne doit point eftre le
Feu, mais quelque autre Corps plus fubtil. Sur tout il fe moc-
que de ceux qui comparent les Elemené aux quatre Saifons,
comme fi elles eftoient neceffaires & infaillibles par tout le
Monde, au lieu qu'on y trouue vne grande diuerfité fous les
cinq Zones. Il pretend faire voir qu'il y a d'autres Qualitez,
qui font pluftoft Premieres que celles que l'on met en vogue, &
qui tout au moins les precedent en dignité, lefquelles font, la
Congelabilité, l'Inflammabilité, la Fufibilité & autres qu'admettent les Chymiftes; Et pour ayder à fon opinion, auec le
Mercure, le Souffre & le Sel, il adjoufte pour Elemens, l'Eau,
& la Terre. En ce qui eft de cét endroit, il ne peut-eftre ap-
prouué que de ces gens qui ayans trauaillé aux fourneaux, ont
voulu que pour falaire de leur peine, on leur fift l'honneur de
leur laiffer conftituer vne Secte à part; Mais ny leurs trois
Principes ordinaires ne font point des Elemens, ny on ne doit
point en nommer cinq y adjouftant l'Eau & la Terre; C'eft
là vne des propofitions des Thefes que De Claues & Villon deuoient fouftenir, non fans quelque temerité. Ils deuoient faire
difference entre ce qui eft Principe de Mixtion & ce qui eft
Element. De Claues continuë d'eftre iniufte lors qu'il allegue
plufieurs qualitez fecondes, qu'ilne croid point eftre caufées

par quelqu'vne des premieres Qualitez , comme eſt la chaleur , remonſtrant que tous les Corps qui ſont chauds, n'ont pas
la meſme qualité , ſoit d'inflammabilité , ſoit de ſaleure; On
luy repartira que c'eſt la chaleur qui leur a donné l'vne ou l'autre , ſelon les diſpoſitions qu'elle a trouuées dans la Matiere ,
tellement que cela ne peut ſeruir pour prouuer que l'inflammabilité ſoit vne Qualité premiere. En ce qui eſt des Qualitez
que l'on a accouſtumé de donner aux Elemens, il ne tient point
que la Froideur doiue eſtre attribuée à l'Eau ny à la Terre. Il
croid que cette qualité leur vient indifferemment, & il n'attribuë la Froideur en proprieté qu'à l'Air. Pour ce qui eſt de l'O-
deur, il dit que l'Eau, la Terre, & le Sel n'en ont point, & qu'il
n'y a que le Souffre ou l'huyle qui en ayent. Il partage ainſi rou-
tes les proprietez & les Qualitez à ſa mode. En vn autre endroit
voulāt prouuer ſuffiſamment ſes cinq Elemens, qui ſont l'Eſprit
ou le Mercure, l'Huyle ou le Soulphre, le Sel, l'Eau, & la Terre;
il dit qu'ils ont des proprietez ſpecifiques qui leur conuiennent
touſiours, comme à l'Eſprit d'eſtre Fermentable, à l'Huyle d'e-
ſtre inflammable , au Sel d'eſtre Coagulable , à l'Eau d'eſtre
congelable & à la Terre d'eſtre Friable ou diſcontinuable. Là
deſſus il raporte diuerſes opinions des Chymiſtes, dōt quelques-
vñs ſelon Paracelſe tenant encore pour l'ancienne Philoſophie,
reçoiuent la Terre, l'Eau, l'Air & le Feu pour Elemens, & le
Sel, le Souffre & le Mercure, ſeulement pour Principes de
Mixtion , & les autres qui n'admettant que ces trois pour Elemens & pour Principes, tiennent l'Eau & la Terre pour Excremens , ſelon l'auis de Pierre Seuerin Danois; car en ce qui
eſt de l'Air la pluſpart ne le mettent point au nombre des Elemens, à cauſe qu'il n'entre point dans la compoſition des Corps.
Les opinions de De Claues ſont à mon gré les moins receuables en vn tel ſujet. S'il s'eſtoit contenté des trois Principes
ordinaires de Mixtion , on n'y trouueroit rien à redire , puiſqu'ils ont vne aparence de certitude , quelque nom que l'on
leur vueille donner; Si on tient auec cecy l'Eau & la Terre
pour Excremens, cela peut encore auoir vne explication raiſonnable , en ce qu'ils ne ſont apellez Excremens , qu'à l'eſgard des Mixtes parfaits parmy leſquels ils ſe ſont trouuez;

Mais de tenir tous les cinq enſemble pour Principes & pour Elemens, c’eſt n’en pas faire de diſtinction. On void bien que les derniers Chymiſtes ſe ſont auiſez de ce meſlange pour auoir l’honneur d’innouer quelque choſe comme ceux qui les ont precedez. Il ſe faut tenir à ce qui eſt bien inuenté, quoy que De Claues ne l’ayt pas voulu faire. Il eſt vray qu’à l’exception de cela, il a fait pareſtre beaucoup de ſubtilité dans ce liure des Principes. On ſe peut aſſeurer qu’on ne trouue guere ailleurs plus d’ouuerture pour la connoiſſance des Elemens & de la compoſition des Choſes, car meſmes en ce qui eſt le moins probable il y a lieu d’y trouuer quelque fauorable explication. Il a compoſé vn autre bon liure, *Des Pierres & Pierreries*, duquel il faut encore donner quelque Sommaire. Il raporte trois opinions diuerſes ſur la production des Pierres ; Qu’elles ſe font d’Eau & de Terre deſſeichées par la chaleur violente, ou qu’elles ſe congelent par le froid, ou que c’eſt vn Suc terreſtre & viſqueux qui ſe petrifie. Apres voulant examiner les Autheurs qui en parlent ; il commence par Ariſtote qui a dit, Que les Pierres ſe formoient d’vne Exhalaiſon ſeiche & bruſlée, à quoy il reſpond, Que ſi les Pierres ſe formoient d’vne ſimple exhalaiſon, elle ne ſe pourroient agglutiner, & qu’en outre la Terre ne ſçauroit auoir la qualité de Feu, ſans paſſer par pluſieurs milieux, ce qu’elle ne fait point. Il allegue beaucoup de raiſons contre cela, & contre d’autres paſſages d’Ariſtote ſur le meſme ſujet. Il declare que l’Opinion de Theophraſte eſt ſi obſcuremét expoſée qu’il s’y arreſte peu, & paſſant à Auicenne, qui dit que les Pierres ſont faites de bouë & d’vne eau craſſe & lente, il reſpond que toutes les bouës ſeroient donc capables de ſe petrifier. Il trouue qu’Agricola reüſſit mal, quoy qu’il eſtabliſſe vn Suc dont s’engendrent les Pierres, pource qu’il ne dit point quel eſt ce Suc ; Il traite de meſme Fallope, Scaliger & Cardan, faiſant voir qu’il y a de l’erreur dans leurs opinions, faute d’auoir ſçeu le vray meſlange des Choſes, qu’on ne peut aprendre ſans eſtre inſtruict des Principes de la Chymie. Apres auoir parlé de la matiere des Pierres, il traite de leur cauſe efficiente, où il refute ce que les Autheurs precedens en ont dit, puis voulant deſcouurir ſes Sentimens, il

propoſe

propose qu'il y a vn Feu central, enquoy il garde vne autre
œconomie soufterraine, que ceux qui se sont imaginé qu'il y
auoit vn grand froid en ce lieu-là ; Il y met vne extreme chaleur, telle que celle du Feu, & au milieu vne temperature, &
au haut de la Terre, du froid & du chaud selon les saisons. Or
il dit que son Feu central agit sur toutes les Matieres enfermées
dans Terre, faisant couler d'vn costé & d'autre les souffres, les
Bitumes, & les Sels, dont plusieurs Terres sont empraintes; Il
descrit comme il s'en fait aussi d'autres diuerses productions,
entre lesquelles est celle des Pierres & des Pierreries. En suite
il traicte la Question de leur Semence, dont plusieurs retro-
quent en doute l'Estre, surquoy il raporte encore diuers aduis
d'Autheurs, qui donnent l'accomplissement à son Liure, auec
ce qu'il dit de la Vegetation & nutrition des Pierres.

HENRY de Rochaz qui faisoit Profession à Paris de la
Medecine Chymique il y a quelques années, peut estre
mis au nombre de ceux qui ont innoué dans la Philosophie,
puisqu'il en a fait des Liures exprez. On en a veu vn premierement lequel traicte des Eaux mineralles, & de quelques secrets concernans les Mineraux, mais cela n'aboutissoit qu'à
monstrer que les Bains mineraux pouuoient estre imitez par
art. Depuis il a voulu faire vn ouurage plus accomply, ayant
composé vn liure intitulé, *La Physique Reformée*, lequel contient au commencement la refutation des Erreurs populaires
touchant les Principes & les Elemens. Rochaz remonstre là
qu'il n'y a personne sur la Terre qui connoisse les Mixtes par
leur premiere composition, & que pour cét effet il faudroit
auoir esté present lors que Dieu les creoit, & auoir vne connoissance antecedente qui n'apartient qu'à Dieu; mais qu'au
lieu de cela l'on peut connoistre les choses par resolution, qui
est vne connoissance posterieure apartenant aux Hommes, &
specialement à ceux qui sont Philosophes Chymiques. De là
cét Autheur voulant prouuer que les Elemens vulgaires n'entrent point au meslange des Corps, il refute le Feu elementaire par les raisons de la chaleur & de la lumiere qu'il deuroit
communiquer icy bas, & ce qu'il en dit de moins commun & de
plus subtil, c'est que ce Feu deuroit estre dix fois plus atenué que

l'air, & par consequent occuper dix fois plus de place, si bien que
suiuant ses mesures, le Ciel de la Lune deuroit estre beaucoup
plus esloigné qne l'on ne le croid. Or ayant monstré que ce
Feu ne subsiste point, il destruit par ce moyen la combination
des qualitez pretenduës, & venant à parler de l'Air, il prouue
qu'il n'est pas plus humide que l'Eau, & qu'il n'entre point
dans les Mixtes non plus que le Feu. En parlant des Principes
des Chymistes, il dit que le sel est ce qui rend les Corps solides
& massifs, & qu'entre les Arbres le Buys & le Fresne, ont le
plus de Sel ; Que ce qu'on apelle Huyle aux Plantes, c'est gres-
se aux Corps des Animaux, & c'est Soulphre aux Mineraux,
qui est le second Principe ; Et pour le Mercure qui est le troisiesme, il ne manque pas d'auoir beaucoup de choses à en dire.
Puisque quelques-vns le prennent pour le Phlegme ou pour
l'Eau, nous remarquerons qu'il dit apres, que l'Eau est le Principe de toute nutrition ; Qu'il n'est pas besoin que la Terre
s'y mesle pour la nourriture des Plantes, & que mesmes il ne
croid pas que si la Terre y estoit meslee, elle pûst passer au trauers des pores du germe & des racines. Nous luy repartirons
que la Terre se joint à l'Eau par petites parcelles, qui peuuent
passer facilement où celles de l'Eau passent. Mais cét Autheur
n'admettant point vne telle opinion propose cette autre, Que
l'Eau seule nourrissant les Corps mixtes se corporifie pour leur
nutrition & leur augmentation, par vn Esprit vital inherent.
Il semble que les opinions de Palissy, luy ayent donné cette
visée ; mais il a eu plustost esgard à celle de Nuisement, attribuant à l'Eau ce que Nuisement attribue au Sel ou à l'Esprit
vniuersel du Monde qui se corporifie & se spetifie en toutes
choses. Rochaz veut passer plus outre que tous les autres, tenant mesme que toute la Terre a esté faite de l'Eau, & que
Dieu voulant créer le Monde n'a point fait deux sortes de Matiere, mais vne seule qui estoit l'Eau, & qu'estant dit dans la
Genese, Que l'Esprit de Dieu estoit porté sur les Eaux, &
qu'il separa les Eaux des Eaux, cela monstre que tout estoit Eau,
& que de l'Eau tout a esté fait. Ce sont icy des aplications peu
asseurées ; Car il est dit, Qu'au commencement Dieu crea le
Ciel & la Terre, & la Terre est nommée deuant l'Eau. Pour se

qui eſt des autres veritez de Phyſique recherchées par cét Autheur, il declare en vn autre endroit, Que les Corps n'ont que
deux Qualitez poſitiues, la chaleur & l'humidité, & que la
froideur & la ſechereſſe ne ſont que des Priuations, ce qui peut
eſtre defendu en quelque ſorte. Il y a vne ſeconde partie à ſon
ouurage, où l'on void encore ce que c'eſt que les Trois Principes des Chymiſtes, Comment les maladies en ſont cauſées, &
comment elles ſont auſſi gueries par leur moyen, à quoy il joint
des exemples des Cures qu'il a faites, ce qui n'eſt plus de noſtre ſujet. I'aurois eu aſſez d'autres Chymiſtes à nommer s'il
n'auoit eſté queſtion que de leur art, mais il n'eſtoit beſoin de
parler que de ceux qui nous ont donné quelques œuures de
Phyſique, & en cela il ne faut point auoir eſgard à l'eſtime que
l'on fait d'eux parmy les gens de leur profeſſion. Quelques autres Autheurs ont des opinions de Chymie qu'ils font ſeruir à
leur Science ; Pour ce qu'ils ſont plus Phyſiciens que Chymiſtes, nous les laiſſons en leur rang.

QVELQVE eſtime que l'on faſſe des Autheurs dont i'ay
parlé, il eſt certain qu'ils ſont la pluſpart des principaux
Nouateurs des Sciences. Ayant donc fait vn rapott ſuccinct de
leurs opinions où l'on void ce qu'il y a de plus exquis dans toute la Philoſophie, cela excitera les Lecteurs à voir les propres
ouurages qui en traictent, ou peut eſtre cela ſuffira-t'il pour
ſatisfaire leur curioſité quelque temps, iuſqu'à ce qu'ils faſſent rencontre de tels Liures, y en ayant de ſi rares & de ſi
chers (comme peut eſtre celuy de Patrice) que de leur prix
on auroit vne petite Bibliotheque. Ce ſeroit meſme quelque
choſe de n'auoir fait que les indiquer, mais en outre i'ay raporté ce qu'ils ont de plus extraordinaire, & i'y ay ioinct quelques
reflexions, ſur leſquelles on pourra donner iugement d'eux.
On remarquera qu'il y a de ces Philoſophes qui à cauſe du deſſein qu'ils ont pris de contredire aux Anciens en toutes choſes,
ont publié des viſions & des extrauagances, & y ont pourtant
meſlé des veritez remarquables. Il faut loüer la grandeur de
courage de Teleſius, d'auoir oſé le premier cenſurer les anciennes erreurs, attribuant de la chaleur aux Aſtres, & ſouſtenant que le Feu ny l'Air n'entrent point dans la compoſi-

tion des Mixtes ; Patrice eſt auſſi fort recommandable d'auoir
deſtrompé ſon ſiecle, touchant beaucoup d'opinions abſurdes
des Corps celeſtes & des terreſtres ; Ces premiers auec Cardan & quelques autres, ont nié qu'il y pûſt auoir de Feu Elementaire, & ont fait connoiſtre que le vray nombre des Elemens, n'eſt que de deux, qui ſont l'Eau & la Terre, à quoy
s'accorde Gorlæus & l'Autheur de l'Enchyridion. Copernic,
Galilée, Iordan Brun, & Des Cartes, nous aprennent tout ce
qui ſe peut imaginer & ſupoſer du nombre, de la ſituation, & du
mouuement des Corps Principaux de l'Vniuers ; Des Cartes
nous a encore apris quelque choſe de la Metaphyſique & de la
Methode de s'inſtruire. Paliſſy, De Claues, & tous les Chymiſtes, taſchent de nous faire connoiſtre quelle eſt la compoſition des Corps. Les principaux enſeignemens de Ramus, ont
eſté touchant la Logique, mais ils ſeruent pareillement à l'eſclairciſſement de la Phyſique. On trouue des Nouateurs en
pluſieurs autres parties de la Science, deſquels il eſt fort vtile
de s'enquerir ; Neantmoins la varieté des opinions n'eſt ſi
grande nulle part, que ſur ce qui concerne les choſes naturelles : C'eſt pourquoy ie me ſuis adonné à rechercher ceux qui
en ont eu les plus belles & les plus curieuſes penſées, & s'il y
en a qui ſemblent ſe contrarier, comme Paliſſy qui tient que les
Corps mixtes ſont produits par l'Eau, & De Claues qui veut
qu'ils ſoient produits par le Feu central, il y a moyen de concilier les deux opinions, diſant que le Feu ſouſterrain eſleue les
vapeurs qui ſont apres reduites en Eau, & qui ayant eſté rare-
fiées par la chaleur ſont congelées par le froid. Les propoſitions de pluſieurs Philoſophes peuuent eſtre ainſi ſouſtenuës
pour valables : Nous auons aſſez deſcouuert ailleurs ce qu'elles
ont de bon pour donner à connoiſtre qu'il ne les faut pas toutes
rejetter comme font quelques hommes indiſcrets. Eſtant coif-
fez des vieilles opinions, ils condamnent vn Autheur ſans meſme auoir veu ſes œuures, dés qu'ils entendent dire qu'il y a
mis quelques opinions nouuelles ou differentes de celles de leur
premier Maiſtre. Leur repartie eſt incontinent ; Penſe-t'il
eſtre plus-ſçauant qu'Ariſtote? Mais que leur iugement eſt pre-
cipité ! Penſent-ils eux meſmes que pour s'eſloigner des ſen-

timens de cét Autheur, on foit touché de quelque orgueil extraordinaire, & qu'on ne puiſſe au moins ſupléer à quelque
choſe qu'il a obmis, ou reformer ce qu'il a de peu conuenable?
Pourquoy condamnent-ils ce qu'ils ne connoiſſent pas encore,
& pourquoy eſtce qu'ils loüent vniuerſellement ce qu'ils con-
noiſſent ſi peu? Ariſtote a-t'il eſté vn Autheur qui ne pûſt faillir? Son liure eſt-il vn ſecond Euangile auquel on doiue croire par vne obligation indiſpenſable? Ne ſçauons nous pas qu'il
n'eſt rien de plus faux que ce qu'il tient touchant la compoſi-
tion des Mixtes, le nombre & la tranſmutation des Elemens, les
proprietez des Corps celeſtes, ſa Matiere premiere & ſes trois
Principes, ou auec la Matiere & la Forme il met la Priuation,
comme ſi le Neant eſtoit autheur de la production des choſes,
vaines imaginations de Sophiſte & de Logicien trompeur, qui
veut regler la Phyſique par la Logique? On trouue auſſi à reprendre à ſa Metaphyſique & à ſa Morale, qui ne s'accordent
point en toutes choſes à la croyance des Chreſtiens; Et quant
à ſa Rhetorique, ſon liure des Animaux & autres ouurages,
quoy que beaucoup de gens les aprouuent, ce n'eſt pas d'eux
qu'il doit tirer ſon eſtime, puiſque meſines ſes principaux Sectateurs ne les mettent pas au nombre de ſes liures Philoſophiques, ne reçeuant pour tels que ceux qui dependent des Loix
Logicales. N'eſt ce pas auec cecy vne terrible manie, qu'il y
ait des Hommes dont l'opiniaſtreté aille ſi loin, qu'ils veullent
que ce Philoſophe ait eu raiſon par tout, & qui lors qu'ils reconnoiſſent qu'il ne dit pas la verité, & qu'il ſe contrarie, donnent la geſne à ſes paroles, & les tournent en pluſieurs façons,
pour leur faire dire ce qu'ils ſouhaitent, pluſtoſt que d'auoir la
honte & la faſcherie de s'en departir en quelque endroit? C'a
eſté le procedé de tous ſes Commentateurs, & ce l'eſt encore
de quantité d'hommes qui ſe meſlent d'expliquer ſa Doctrine
& de l'enſeigner. Si on leur remonſtre que leur inſtruction eſt
imparfaite, n'enſeignant que les Propoſitions d'vn ſeul Autheur, ils diront peut-eſtre qu'il y a du dommage à s'en ſeparer, pour ce que celuy-là eſt le meilleur de tous, & qu'entre
les Maiſtres de noſtre ſiecle qui ont voulu enſeigner vne autre
Philoſophie, il y en a peu qui ayent reüſſi; Mais s'il eſt arriué

par malheur que ceux qui ont voulu s'adonner à de nouuelles
inſtructions, n'en ayent pas eu la capacité, on n'en doit pas tirer vne conſequence au meſpris de la Doctrine qu'ils ont publiée;
Et ſi au contraire on en void auiourd'huy qui n'enſeignant rien
que de vieilles routines toutes remplies d'erreurs, ne laiſſent pas
d'acquerir beaucoup de reputation, il ne faut pas s'eſmouuoir
pour les imaginatiõs du vulgaire, & croire à cauſe de cela que tout
ce que les Nouateurs ont enſeigné ſoit ſujet à Cenſure. Quand on
y trouueroit quelques defectuoſitez ſous ombre d'vn mauuais
Nouateur, tous les autres ne doiuent pas eſtre condamnez. Re-
preſentons nous que l'intereſt ſe fait voir icy par la propre con-
feſſion des mauuais Pædagogues, qui n'ont aucun eſgard aux inuentions nouuelles des habiles Hõmes, & qui diſent que s'ils s'y
attachoiet ils craindroiẽt de perdre la pluſpart de leurs Eſcoliers;
S'ils ſe contentent de leurs Methodes telles qu'elles ſoient, c'eſt
donc pour ce qu'elles ſuffiſent à les enrichir; C'eſt neantmoins vn
intereſt mal conduit & peu iudicieux. Il eſt certain que quand de
bons Maiſtres embraſſent les meilleures & les plus certaines de
toutes les nouuelles opinions, tant s'en faut que les Eſcholiers
les quittent pource ſujet, qu'au contraire ils en ont plus grand
nombre: Il y à preſſe à les aller ouyr, & des Hommes âgez s'y
meſlent parmy les ieunes gens. Il y a gloire de ſe pouuoir garentir des erreurs, plus elles ſont generalles. Veut on chercher
des exemples de quelques perſonnes qui n'eſtoient pas meſme
dans la plus haute Perfection, & qui ne faiſoient qu'esbaucher
les deſſeins de la Reformation de la Philoſophie, & qui pourtant ont eu quelques aprobateurs. Lors qu'Antoine Villon fit
publier dans Paris les Theſes de ſa Philoſophie nouuelle, & lors
qu'il s'apreſtoit à la diſpute, la Salle eſtant deſia preparée, Meſ-
ſire Nicolas de Verdun qui eſtoit Premier Preſident au Parlement, en ayant eſté auerty, en parla en homme d'eſprit & de
bon ſens comme il eſtoit: Il dit, Qu'il s'en rejoüyſſoit, & que
cela reſveilleroit les vieilles Muſes de l'Vniuerſité de Paris qui
dormoient depuis long-temps; Toutefois le Recteur & ſes Aſ-
ſeſſeurs ne creurent pas que cela leur fuſt auantageux, & ils eurent tant de credit qu'il y eut Arreſt pour empeſcher la diſpute.
N'eſtoit-ce point vn ſcrupule du temps qui faiſoit alors condam-

ner ces choses pour leur seule nouueauté ? Si les Regens de Paris tenoient la Doctrine de Villon pour fausse & facile à renuer-
ser, que ne comparoissoient ils à l'assignation par ordre de leurs
Superieurs, pour la destruire ; au lieu qu'empeschant qu'elle ne
fust publiée, ils donnoient sujet de croire qu'ils la redoutoient ;
Et si elle estoit bonne, pourquoy ne la vouloient ils pas escou-
ter ? Il y pouuoit auoir quelques Propositions à rejetter, mais
les autres estoient soustenables, & il y eust eu profit à les entendre : Aussi beaucoup de gens eurent regret en ce temps-là, de
ce qu'on les auoit priuez de ce diuertissement remply d'instruction. Excusons vn Siecle qui ne manquoit pas d'habiles Hommes, entre lesquels il y en auoit d'assez capables pour respondre à ces Philosophes. On craignoit que cela n'aportast quelque
preiudice, & que cela n'emeust des disputes qui concernassent
la Religion, dont l'Heresie vouloit alors sapper les fondemens,
autrement on auroit eu tort de defendre vne dispute de simple
curiosité. Les Professeurs des Sciences eussent ils aprehendé,
qu'on ne choquast trop fortement leur Aristote, & que si on eust
fait parrestre quelque deffaut en luy, on ne les reduisist à ne sçauoir plus quel Autheur suiure ? Ignoroient-ils que ce mesme
Philosophe auoit esté autrefois condamné en France, & chassé
ailleurs de toutes les Escholes Chrestiennes ? Puis qu'on la receu depuis, cela ne monstre-t'il pas, qu'on donne telle face qu'on
veut aux choses ? Il faut reconnoistre qu'auiourdhuy on est fort
destrompé de cét attachement, & que les plus habiles ne se
tiennent point obligez de croire aux Philosophes Payens, veu
que le fonds de leur croyance, n'a esté qu'Erreur & impieté; C'est   Th. Cãp-
ce que Campanelle a voulu mõstrer dans vn Traicté fait exprez   De Gen-
On doit auoüer aussi qu'entre les diuers liures, ie ne dy pas de   tilismo nõ
nos Nouateurs, mais de ceux qui ont suiuy les vestiges anciens   retinendo.
de la Philosophie, il s'en trouuera plusieurs aussi propres pour
l'instruction que ceux d'Aristote. Il est iuste de s'accorder aux
sentimens que l'on a de cét Autheur alors qu'ils sont raisonnables. Nous voulons bien qu'on le tienne pour vn des Oracles
de l'antiquité, que ses Escrits en soient des plus pretieuses reli-
ques, & qu'on y ait tousiours recours comme à vne des sources
de la Science, afin d'auoir vn lieu asseuré d'où l'on tire les diu-

uers Axiomes de la Philosophie humaine ; Mais on ne se sert
guere de son Texte seul sans explication , & encore les plus es-
clairez , y changent ou corrigent ce qui ne s'accorde pas aux
dernieres obseruations. Les autres Maistres des Sciences ne
sont point autrement traictez, s'ils ont escrit des choses qui doiuent estre changées ou ameliorées. Hypocrate qui tient dans
la Medecine, le lieu que tient Aristote dans la Philosophie, a
parlé de quelques maladies , & de leurs remedes, selon le temperament des Hommes de son Temps & de sa Nation ; Seroit
on d'auis qu'on le suiuist en cela aujourd'huy , & mesmes si
l'on a trouué quelques manieres plus aysées de traicter les malades, fera-t'on difficulté de les obseruer ? Ainsi la Doctrine des
Anciens Philosophes , ne doit point auoir tant de credit qu'elle
ne cede la place quelquefois aux experiences & aux raisonnemens des Modernes. Cela ne destruit point la reputation qu'ils
peuuent auoir ; Au contraire ie preten que l'on leur fait plus
d'honneur de les receuoir ainsi corrigez ou moderez , & accommodez à nostre vsage, que de leur vouloir adiouster foy
entierement sans aucune connoissance de cause , comme font
plusieurs Hommes inconsiderez , & ie ne voy pas qu'il y ait
quelque auantage à receuoir pour les Eloges que donne l'Ignorance. Nous temoignons icy que nous voulons moins de mal à
Aristote qu'aux Aristoteliciens : Ce sont eux qui ont de l'obstination pour s'oposer à des choses , ausquelles s'il viuoit il seroit
content d'adherer , pour faire son profit des nouuelles lumieres
qu'il verroit parestre. Cependant ces aueugles volontaires
osent publier qu'il ne faut souffrir aucune innouation ny reformation dans les Sciences, quoy que ce soit le seul moyen de
les rendre parfaites. Mais à qui croira-t'on plustost, ou à des
Esclaues & des Mercenaires , qui ne font simplement que di-
stribuer par leurs Escrits & par leurs leçons , la Doctrine qu'ils
ont trouuée dans les Escrits des autres, ou à des Hommes de
condition libre & des-interessée , qui sont eux mesmes les in-
uenteurs de ce qu'ils donnent ? Considerons la necessité qu'il
y a de ioindre aux obseruations des Anciens quelques obseruations nouuelles, & de prendre des instructions ailleurs que
chez les Maistres communs. L'Esprit de l'Homme est dans

vne

vne enqueſte continuelle ; Il cherche par tout dequoy ſatisfaire ſa curioſité , & comme il y a des Hommes bigearres qui ſe
plaiſent à inuenter de nouueaux Syſtemes & de nouuelles maximes des Sciences , quelques-vns tromperoient les plus ſimples auec leurs propoſitions extraordinaires , s'ils n'auoient
connoiſſance de ce qui a eſté trouué de plus certain par des Nouateurs plus curieux & plus diſcrets. Que penſeront ils ſur les
diuerſes altercations des Elemens & des Principes de Mixtion,
ſans les recherches des Chymiſtes , & à quoy s'arreſteront-ils
touchant la grandeur , la hauteur & le mouuement des Corps
celeſtes , s'ils n'ont conſulté les bons Aſtronomes ? Or l'on
ſçait que la Chymie n'a eſté miſe parfaitement en vſage que
depuis quelques ſiecles ; Auparauant on faiſoit diuers ouurages auec le Feu leſquels pouuoient donner à connoiſtre le
nombre des Elemens par la ſeparation , & s'ils eſtoient tranſ-
muables par la rarefaction ou la condenſation, la liquefa-
ction ou le deſſeichement : Mais cela n'inſtruit point entierement pour le meſlange des Corps comme les inuentions Chymiques. Quant à la vraye Aſtronomie , elle
n'a eſté trouuée que de nos iours , tellement que ce que
l'on en a dit ou eſcrit autrefois n'eſtoit qu'incertitude , & que
pour auoir plus d'aſſeurance & de ſatisfaction il faut auoir recours à ce que l'on en a inuenté de nouueau; Auſſi ne fait on
plus difficulté de s'entretenir des curioſitez naturelles les plus
rares & les plus inoüyes. Si les Maiſtres ordinaires ne les monſtrent point, on s'en inſtruict aſſez autre-part, & meſme il ſe
trouue des Precepteurs excellens qui donnent auec diſtinction
les diuers Caracteres de la Philoſophie , & ne laiſſent rien ignorer , s'ils peuuent, à leurs Diſciples. Ce n'eſt pas qu'il faille faire eſtime de ces gens qui courent auſſi toſt à toutes les
nouuelles opinions, & qui les ſuiuent aueuglement par le ſeul
deſir de ſe diſtinguer des autres. Si nous ne ſommes pas obligez de deferer à Platon & à Ariſtote en toutes choſes, quoy
que nous les tenions tous deux pour de grands Hommes ; Nous
ne deuons pas ſouffrir non plus de voir meſpriſer leurs ouurages ſans exception. On doit garder vn milieu en cecy : Tant
s'en faut que les opinions des Anciens ou des nouueaux Philo-

fophes, doiuent eftre receües pour le feul refpeſt de leurs perfonnes, qu'il ne les faut confiderer que par elles mefmes, &
fufpendre fon iugement en toutes celles qui feront trouuées incertaines ; Pour moy ayant recherché les Autheurs
qui ont eû de nouuelles penfces dans la Philofophie, ce
n'a pas efté feulement pour en auoir vn recüeil qui fuft à eftimer pour fa curiofité, mais pour monftrer que les obferuations & les maximes qui fe rencontrent fur ce fujet dans la premiere Partie de la Science vniuerfelle, ne font pas feules qui
s'efcartent de l'ancienne croyance Philofophique : Toutefois
en y remarquera que fi quelques Autheurs y ont efté fuiuis en
ce qu'ils ont de certain, ils ont efté abandonnez en ce que l'on
croid qu'ils n'ont inuenté que pour fe rendre remarquables par
quelque opinion extraordinaire. Auec cela ie me fuis efforcé
de donner quelque chofe de moy mefme en des fujets dont ie
n'ay rien rencontré ailleurs, mais toufiours auec cette circonf-
peſtion qu'alors je n'ay point voulu affirmer les chofes, enquoy ie me fuis comporté fort differemment de quelques Efcriuains qui paffent pour Nouateurs, lefquels debitent leurs opinions comme infaillibles. Vne des marques de cecy, eft que
nonobftant le foin que i'ay pû employer à rendre cét ouurage
agreable, cela n'a pas empefché que quelques Hommes ne fe
foient eftonnez de n'y pas trouuer ce qu'ils deuoient croire abfolument de toutes chofes, auec vne conclufion refolutiue où
ils viffent le fentiment de l'Autheur : Mais que ces gens-là
auoient fait peu de progrez dans la vraye Science, & dans le
bon vfage de la Raifon, puifqu'ils n'auoient pas encore reconnû qu'il y a plufieurs chofes defquelles c'eft vne temerité de
rien propofer affirmatiuement. Ils comprennent mal le pouuoir & l'intention de celuy qui efcrit ; Entre vne vingtaine
d'opinions qu'il allegue quelquefois, il luy euft efté permis d'en
choifir quelqu'vne pour la fienne, & de la defendre plus fortement que les autres, mais s'il l'auoit fait par tout, il auroit crû
abandonner la fincerité & parler contre fa confcience. En effet
il y a des Chofes au Monde defquelles on peut dire, Elles ne
font point cela abfolument, & ne fe font point comme cela,
mais on ne peut pas dire ce qu'elles font, & comment elles fe

font, & de deux ou trois opinions que l'on tient pour vray-fem-
blables, il n'y en a quelquefois aucune que l'on doiue pluftoft
fuiure que les autres; Aufli la Science des Hommes confifte
autant à fçauoir ce que les Chofes ne font pas, qu'à fçauoir ce
qu'elles font. Ceux qui efcriuent d'autre forte en ces matieres cachées, font des Efprits de Pedans qui s'atta chent obftine-
ment aux opinions de quelque Ancien, dont ils ne veullent iamais démordre, ou ce font des orgueilleux & des trompeurs
qui veullent faire croire qu'ils font capables de decider les pluf-
hautes Queftions, & qu'il en faut paffer par ou ils veulent. Ie
penfe auoir affez fait connoiftre les endroits où l'efprit humain trouue des bornes; Pour quelques autres moins obfcurs,
i'ay monftré que toutes les diuerfes opinions eftoient quelquefois receuables, & qu'vn mefme effect pouuoit auoir diuerfes
caufes. C'eft de cette forte que ie m'y fuis comporté fans exclu-
re les nouuelles obferuations que l'on peut adioufter à l'auenir
d'vne part ou d'autre, ainfi que depuis quelques années on a
fait plufieurs experiences touchant le Vuide, qui meritent bien
que tout ce qui en auoit efté efcrit auparauant foit reformé; On
en fera de mefme fur d'autres fujets felon les occafions. C'eft
la reigle qu'il faut obferuer pour les chofes qui tombent fous
les Sens, & dont l'on peut tirer quelque efclairciffement par
diuerfes efpreuues.

L'EXAMEN
DES
ENCYCLOPÆDIES
OV,

L'Examen des Ouurages des Autheurs qui ont voulu enseigner toutes les sciences dans vn seul Liure,

Comme de Martian Capelle, George Valle, Raymond Lulle, Gregoire Thoulouzain, Robert Flud, Alstedius & autres;

Pour conferer leur ordre auec celuy de la Science vniuerselle, & monstrer en quel lieu se trouue le vray & naturel rang des Sciences & des Arts & leur correspondance diuerse, selon le progrez qui s'en fait dans l'Esprit de l'Homme.

TRAITE
QVATRIESME.
SERVANT DE SVITE A LA
Clef de la Science vniuerselle.

OMME le defordre qui fe trouue aux Recueils des Sciences, peut eftre mis au nombre
de leurs Erreurs; Auffi la bonne maniere de
les arranger, que plufieurs Autheurs ont pretendu y introduire, peut paffer pour vne innouation, laquelle nous deuons examiner
à l'efgal des autres nouuelles inftitutions.
A pres les fentimens particuliers de chaque Science, il ne fe peut
rien imaginer de plus excellent que leur ordre, foit pour le
particulier foit pour le general. Nous en auons defia affez vanté le Secret, & remonftré comment cette liaifon des Sciences
& des Arts, faifoit acquerir vne vniuerfalité de connoiffances
capables de donner quelque fatisfaction à l'Efprit de l'Homme. Ce font ces Anneaux qui fe ioignent en cercle eftant touchez de l'Aymant, & qui par ce moyen forment vne chaifne
plus naturelle qu'artificielle; C'eft ce Chœur des Mufes qui
danfent en rond & les mains entrelaffées felon les imaginations myfterieufes de la Poëfie. Quand on a l'vne des Sciences, on les a toutes par cette inuention admirable: Il eft fi neceffaire de s'y adonner pour ceux qui veulent eftre habilles
en quelque Profeffion, que fans cela on ne fçauroit auoir qua

Que l'or-
dre & l'v-
niuerfalité
des Scien-
ces font fort
neceffaires.

des Notions imparfaites. La plufpart des Hommes eſtãt portez
à la vie ciuille , & à la recherche de leurs intereſts, ils ne penfent qu'à ce qui les regarde,& croyent en ſçauoir aſſez s'ils ſçauent la Science Oeconomique, mais ils n'y peuuent faire grand
progrez , s'ils ne s'entremeſlent des affaires du Monde , & s'ils
ne ſçauent la Politique; & toutes ces deux Sciences ne peuuent eſtre bien reiglées, ſans la Moralle. La vraye Moralle
d'ailleurs aura plus de fineſſe que de prudence, & d'Amour
propre que de Charité,ſi elle ne refere tout à l'Amour de Dieu,
duquel la connoiſſance n'eſt obtenuë que par la Theologie;
Or pour paruenir à cette haute Science, il faut que la Phyſique & la Metaphyſique y ſeruent de degrez , & connoiſſant
les Choſes naturelles & les ſurnaturelles, on ſe portera facilement à pluſieurs Sciences & Arts qui en dependent. Il faudra
ſçauoir la Logique pour raiſonner ſur toutes ces choſes, & les
Mathematiques pour en comprendre la quantité , auec la
Grammaire,& la Rhetorique,pour en ſçauoir parler purement
& elegamment , & faire des Diſcours de toutes eſpeces ſuiuant
les occaſions qui s'offriront. Voyla comment les ſciences ſont
neceſſaires les vnes aux autres, mais il arriue pour le Bien de
l'Homme,que comme vne ſeule Science ſuffit à les attirer toutes, il n'y en a auſſi aucune qui ne faſſe la meſme choſe, ſe ioignant à ſesaſſociées,ou ſes plus confidentes par diuers endroits,
& s'en ſeruant pour en amener d'autres à leur ſuite. On ne
ſçauroit nier qu'elles n'ayent toutes ce pouuoir quand elles
ſont poſſedées pleinement, mais on doute de trouuer vn ſujet
propre à les receuoir en leur eſtenduë, & en leur multiplicité.
Si l'Eſprit humain eſt ſuſceptible de toutes formes & de toutes
habitudes, c'eſt à en parler generallement dans ſa ſupreme
Perfectiõ, à laquelle chacun des Hõmes ne peut pas atteindre:
Toutefois n'y ayant rien qui leur ſoit tant recommandé que de
ſe rendre Parfaits , ils ſont obligez d'y aſpirer le plus qu'il leur
eſt poſſible. L'vne de leurs Perfections principales eſtant la
Science, & la Science ne ſe produiſant point plus facilement
au dehors que par la Parole, il s'enſuit que ceux qui ont à conferer auec des perſonnes importantes ou à parler en public,
doiuent eſtre Sçauans , s'ils veulent qu'on faſſe cas de ce qu'ils

difent, & qu on les tienne capables de quelque haute fonction,
& particuliement de celle qu'ils entreprennent pour l'heure,
de forte qu'il n'y a aucune Science qu'ils puiffent negliger. Ciceron dit dans fes Liures de Rhetorique, que l'Orateur doit
auoir vne connoiffance vniuerfelle des chofes, qui eft cette
Perfection que nous defirons. Beaucoup de gens de remarque,
ont bien fait connoiftre qu'il y auoit neceffité à cela, foit qu'ils
fe contentaffent d'eftre Sçauans . pour leur Inftruction propre, ou pour celle d'autruy; Ayant compris tout ce qu'ils pouuoient des Sciences les plus releuées, ils fe font mefme enquis
de ce qui concernoit les Arts, afin qu'ils femblaffent ne rien
ignorer. Quelques Hommes de nos derniers fiecles qui ont
efté des plus celebres dans les Chaires publiques & font paruenus aux hautes Prelatures, ont temoigné cette affectation
de pareftre par l'vniuerfalité de la Doctrine : On les a veus
aller dans les Boutiques des Artifans pour s'informer de leurs
ouurages, & de ce qui dependoit de leur meftier; Ce font leurs
recherches ou d'autres femblables, qu'vn Autheur moderne
a publiées dans vn liure où il raporte tous les Noms des principaux Arts, de leurs inftrumens, & de leurs effects, afin de les
foulager-à l'auenir ceux qui s'adonneront à l'Eloquence en fe
feruant de fon trauail. Certainement il y a des endroits du difcours, où encore qu'il ne foit queftion que d'vne Difcipline &
induftrie commune, vn Homme demeurera muet faute de
fçauoir comment on en doit parler, ou fera contraint de parler d'autre chofe, & de laiffer perdre d'excellentes preuues de
ce qu'il vouloit perfuader: Mais quant auec tous les Termes des
Arts, on fçauroit tous ceux qui apartiennent aux Sciences principales, ce n'eft fouuent qu'vne vaine reprefentation de fuffifance. Pour eftre fort habile homme, il faut poffeder la vràye
Doctrine qui confifte à fçauoir exactement les chofes les plus
certaines & les plus neceffaires; C'eft pourquoy les Bons Efprits ne voulans point manquer de ce qui leur eft de befoin, ont
touſiours fait le plus grand amaz de Sciences qu'il leur a efté
poffible, s'apliquant à celles qu'ils ont trouuées à leur bienfeance, & qu'il leur a efté ayfé de retenir: On reconnoift pourtant que plufieurs n'ont fuiuy aucun ordre en leur inftruction;

Effay des
Merueil-
les de Na-
ture & des
plus Nota-
bles Arti-
fices; par
René Frã-
çois.

Que s'ils se sont rendus fort capables, ils l'euffent pû eftre d'a-
uantage en gardant vne Methode reguliere, & que si elle auoit
efté mife en credit en beaucoup de lieux, il fe feroit fait plus
grand nombre de Sçauans. Ceux qui ont efté des plus iudicieux, ont donc tafché outre leur aplication particuliere, d'en
auoir vne veritablement generalle, qui donnaft lumiere &
action à tout le refte. C'eft ce qu'on a apellé l'Encyclopædie
ou le Cercle des Sciences & Difciplines, lequel quand on poffede entierement, c'eft comme ces Roües d'horloges, à pas
vne defquelles on ne fçauroit toucher, qu'on ne faffe mouuoir
toutes les autres, & qui ont befoin d'eftre dans vne iufteffe continuelle, pour faire que le mouuement de la Machine foit en fa
Perfection. Les vrays Sçauãs pretendent que toutes les Sciences
fe raportent fi bien à vne feule, qu'on pourroit faire qu'il n'y euft
qu'elle de neceffaire abfolument. C'eft vne affez raifonnable
pẽféc de croire que les premiers Hommes de qui la Nature n'e-
ftoit point encore corrompuë, & qui n'eftoient pas fujets à tou-
tés les infirmitez qui les ont accablez depuis, ioüyffoient de
cette Science vnique, ainfi que l'on dit qu'ils parloient tous en
mefme langue, mais que la confufion qui arriua parmy eux
pour la multiplicité du langage, fut fuiuie de la varieté des
Sciences, dont chacun eut quelque portion fans participer au
general. Depuis ce temps là on vid peu d'hommes veritablement Sçauans; Neantmoins les plus affectionnez au Bien fe
doutans de ce qu'ils auoient perdu, s'efforcerent toufiours de
le recouurer. Il faut croire que quelques vns y font paruenus,
puifqu'on a veu de grands Perfonnages dans tous les Siecles,
compofer des ouurages où il femble qu'ils n'ont pû reüffir
fans auoir des connoiffances vniuerfelles, comme font les liures d'Ariftote, de Ciceron, & de Pline: Mais autre chofe
eft d'auoir la Science, & de la pouuoir communiquer. Quelques-vns ont pû acquerir vne Science generalle par des moyens
fecrets & infenfibles qu'il leur euft efté malayfé d'exprimer.
Chacun s'en eft formé à fa mode, & felon la facilité qu'il y a
rencontrée. Ainfi pour retenir mieux les chofes chacun trouue de foy mefme diuerfes figures & inuentions, mais
ceux qui fçauent le vray Art de Memoire, y reüffiffent plus

ayfé-

ayſément. Si pluſieurs arriuent à vn meſme lieu par diuers
chemins, celuy qui ſçait le droit ſentier y arriue le pluſtoſt, &
ſans aucun danger de s'egarer. Quoy que beaucoup de gens n'a-
yent pas eu la force de s'imaginer, qu'il y ayt quelque ordre
vnique pour les Sciences, les grands Maiſtres l'ont touſiours recherché, & ce qu'ils ont faite n'a porté quelque image. Les Rab
bins qui eſtoient les plus doctes d'entre les Iuifs, auoient autrefois leur Caballe qu'ils receuoient par traditiõ, dans laquelle on
dit que toutes les Sciences eſtoient contenuës. Ils luy dõnoient
deux Parties, dõt la premiere apellée Bereſchith qui traitoit des
choſes, comprenoit, à ce que l'õ penſe la Phyſique, la Metaphyſique, & l'Aſtronomie, On dit auſſi que la ſeconde partie appellée Mercana, qui traitoit des Noms, comprenoit la Grammaire, & l'Arithmetique, à cauſe qu'ils ſe ſeruoient de leurs
Lettres pour compter; Neantmoins vray-ſemblablement, cela
n'a point eſté inuenté pour traicter de toutes les Sciences, car
elles ne s'y trouuent pas; Cela n'a du raport qu'à vne ſeule,
qui eſt d'expliquer toutes les choſes du Monde ſelon les accou-
plemens & les tranſpoſitions des lettres, pour en faire diuerſes
ſignifications; C'eſt en quoy conſiſte la principalle Doctrine
des Cabaliſtes. Quant aux plus Sçauans de tous les Payens, qui
ont eſté les Philoſophes, entre ceux qui ſe ſont rendus Maiſtres de quelque Secte, la pluſpart ont pretendu eſtablir des diuiſions & des ſuites à leurs enſeignemens. Les vns ont diuiſé
leur Science en Connoiſſance celeſte ou terreſtre, & des Dieux
ou dés Hommes, comme les Platoniciens; En Theoretique
ou Practique, comme les Peripateticiens; En Logique, Phyſique, & Ethique, comme les Stoiciens; ou en Canonique,
Naturelle, & Moralle, comme les Epicuriens Beaucoup de
Diſciplines manquent à cecy pour former vne Doctrine generalle; Mais on dira qu'elles ſont ſous-entenduës, ou que ces
Philoſophes n'ont pretendu donner que celles qui compoſent
le Cours ordinaire des Eſtudes; Ce ne ſont donc point de vrayes Encyclopædies. Il eſt inutile auſſi de les chercher dans
les Cours modernes ſi amples qui'ls ſoyent. Keckerman en
a fait vn fort grand lequel contient la Logique, la Phyſique,
l'Aſtronomie, la Geographie, la Methaphyſique, la Moralle,

N n

l'Oeconōmique, la Politique, la Rhetorique & plufieurs Traictez qui en dependēt. Nous fçauons que de mefme Campanella
a traité de plufieurs fujets,mais ny les vns ny les autres,n'ōt point
penfé à dōner quelque liaifon à leurs ouurages. Ils peuuent auoir
fait cela comme Ariftote qui a donné plufieurs Traictez à part,
à fçauoir les liures du Ciel, de l'Ame & des Animaux, ou ceux
des Morales , de la Politique , & de la Rhetorique. On ne
fçauroit trouuer mauuais que chacun efcriue ainfi à fa fantaifie, mais fi on veut rendre vne Doctrine complette, encore y
faut il mettre quelque enchaifnement, ou bien y pouruoir par
quelque ouurage feparé de fi peu d'eftenduë qu'il foit, lequel rē-
do raifon de tout l'ordre, & cela eft d'autant plus neceffaire à
ceux qu'on veut eftimer les fouuerains Precepteurs des Hommes. Cependant ceux qui fe difent auiourd'huy leurs Sectateurs
ou leurs Commentateurs, ne tirent d'eux que leurs quatre parties ordinaires, la Logique, la Moralle, la Phyfique , & la Metaphyfique, ce qui eft vne Philofophie fort defectueufe, quand
mefme ils l'auroient remplie de meilleures opinions qu'ils n'ont
fait. On n'y void que la confideration de l'Eftre des chofes du
Monde & de leurs proprietez , & à peine eft-ce la moitié de la
Science vniuerfelle , & de la vraye Philofophie , puifque la confideration de l'vfage des chofes & de leur melioration & Perfection y a efté oubliée. De vray ce que l'on y defire, ne concerne
que les Arts, mais leur conduite eft vne Science : La Pratique
depend toufiours de la Theorie. On a pû connoiftre comment
on fe rend bien plus capable de toute forte de fonctions fçachant
toutes ces chofes, que lors qu'on les ignore. Accoftez vn Hōme
qui n'aura que fes quatre parties de Philofophie dans la tefte , &
luy demandez fi l'Aftrologie iudiciaire eft veritable ou fauffe,
s'il fçait ce que c'eft de la Geomance & des autres Diuinations,
& par quelles raifons ils les faut condamner ; Qu'eft-ce que la
Chymie, Qu'eft-ce que les Mathematiques & les Mechaniques,
Qu'eft-ce que la Grammaire vniuerfelle & les Chiffres,& quantité d'autres cüriofitez, il dira qu'il n'eft pas obligé de fçauoir
ces chofes ; Mais quelle obligation a-t'il aux autres ? A quoy
bō tous ces traictez du Lieu,& de l'Infiny,de ce qui eft Categore-
matique,ou Syncategorematique, & d'autres chofes femblables?

Cela eſt-il de quelque vtilité dans la vie ciuille? Ce qui regarde
les Arts, ne vient il pas plus ſouuent en queſtion, & n'y a-t'il
pas vne neceſſité de le ſçauoir pour ceux qui ſont dans les grâds
employs & dans les petits, ou au moins pour ceux qui veullent
eſtre eſtimez Doctes? N'eſt-il pas vray que ſi on eſt priué d'v-
ne partie de ces Connoiſſances, on ne peut eſtre aſſeuré des
autres, puiſqu'elles ont entre-elles des Loix communes, & qu'elles ſeruent à s'expliquer reciproquement. Les cours ordinaires de Philoſophie ne ſatisfaiſant point à cela, le bien qui eſt à
ſouhaiter n'a pourtant point eſté caché. Nous ne doutons point
qu'il n'y en ayt eu aſſez qui ont ſçeu qu'il faloit tenir vn compte
exact de toutes les Diſciplines, afin que les Hommes viſſent en
peu de temps quelles pouuoient eſtre les richeſſes de leur Eſprit,
& qui pour y donner plus de facilité, ont taſché de reduire tant
les Sciences que les Arts dans leursdependances & leurs limites,
mais ils n'ont pas tous reuſſi à trouuer leurs correſpondances &
leurs iuſteſſes : Voyons quels ſont ceux qui ayans donné vne
eſtenduë generalle à leur ouurage, ont trouué la vraye forme
d'vne Encyclopædie.

POVR parler des liures où l'on a entrepris de faire vn aſſem-
blage de toutes les Sciences & de tous les Arts, ie feray mention premierement du liure de Martian Capelle, dans lequel il
a voulu traiter des Sept Arts Liberaux. Le Titre de ce Liure eſt,
*Martiani Minei Felicis Capellæ, Afri Carthaginenſis, De Nuptiis
Philologiæ & Mercurij, & ſeptem Artibus Liberalibus.* Il compo-
ſe vne agreable Fable des Amours de Mercure Dieu des Sciences, auec la Nymphe Philologie, qui peut ſignifier l'affection
& l'inclination que l'on a de parler de toutes choſes. Iupiter fait
aſſembler tous les Dieux pour celebrer leur mariage, & il paroiſt
des Nymphes qui ayant chanté les loüanges de l'Eſpoux & de
l'Eſpouſe en beaux vers Liryques, font recit chacune en bonne
proſe de la Profeſſion à laquelle elles ſont propres Il y en a
ſept qui ſont pour la Grammaire, la Dialectique, la Rhetorique, la Geometrie, l'Arithmetique, l'Aſtronomie, & la Muſique. Ces Arts ſont là traictez exactement dans leurs regles, &
ce qui s'y treuue de bon, c'eſt que la brieueté des Diſcours n'empeſche point qu'ils ne contiennent ce qu'ils doiuent raporter de

*Des nopces de la Philo-
logie, par Martian Capelle.*

principal. Il y a pourtant à remarquer, que le Difcours de la
Geometrie n'eft qu'vne Defcriptiõ de la Terre & de fa mefure,
& fa Diuifion par Zones, Climats & Regions, & en fuite les
proprietez de chaque contrée, comme l'on les met dans vne
Geographie, fans qu'il y ayt rien des reigles de la Geometrie
ordinaire, fi ce n'eft fort peu de chofe à la fin, qui ne fert mefme que pour les mefures du Monde, comme touchant les Cercles & le Diametre. Cecy nous fait connoiftre que quelques
Anciens ne fe font point voulu feruir de la Geometrie fans la
reduire en practique; C'eft que prenant la fignification de ce
mot au pied de la lettre ils l'expliquoient, *La Mefure de la Terre,*
& croyoient que cét Art n'eftoit que cela. En effect on tient que
fa premiére inuention a efté parmy des Peuples qui auoient
beaucoup de contentions pour les bornes de leurs champs, tellemét qu'il les falut mefurer de tous les coftez, & l'on en trouua
de Circulaires, de Triangulaires, de Quadrangulaires, & d'autres figures diuerfes. De la mefure de la fuperficie qui eft la
longueur & la largeur, on vint à celle de la groffeur & de la
profondeur pour les Corps folides ou maffifs, pour les Edifices
& les vftenciles de mefnage, & il s'en fit apres vn Art qui fer-
uit non feulement à la mefure de la Terre, mais du Monde entier, par diuerfes inuentions qui furent trouuées des bons Efprits. Or puifque cét Art de Geometrie, qui n'a efté apellé
ainfi que pource qu'il a commencé par la mefure de la Terre,
fert encore à la mefure du Ciel, on peut dire que Martian Capelle n'a pas eu raifon de faire pluftoft vne Profeffion à part
de l'Aftronomie, que de la Geographie qu'il a confonduë fous
la Geometrie. Il pouuoit ranger & l'Aftronomie & la Geographie fous cét Art, ou bien ne donner qu'vne Geometrie fimple auec fes Principes qui font communs à beaucoup d'autres
Arts. Si on vouloit fuiure par tout la methode de cét Autheur,
en parlant de l'Arithmetique, au lieu de ne mettre que fes
reigles ordinaires, on y pourroit encore inferer le nombre de
toutes les Plantes & de tous les genres d'Animaux, auec le
nombre des Cieux & des Eftoilles, & par ce moyen on feroit
vne Defcription du Monde en comptant fes parties, auffi bien
que dans la Geometrie en les mefurant; Mais il faut laiffer

chaque Science & chaque Art dans leurs limites. On doit confiderer de plus que pour n'oublier aucun des Arts dont Capelle
a voulu faire mention, il en faloit mettre huit au lieu de fept, y
adiouſtant la Geographie, car encore qu'elle ſoit rangée ſous
la Geometrie, elle eſt aſſez importante pour auoir ſon lieu ſeparé. On pourroit de vray la mettre auec l'Aſtronomie, parce qu'elles ont beaucoup de choſes conjointes, & qu'en aprenant l'vne on aprend ſouuent l'autre, car on ne ſçauroit eſtre
inſtruit de la temperature des Zones & des Climats, & de la
diuerſité des iours & des Saiſons, ſans entendre parler du
Cours du Soleil. Cét'Art plus eſtendu, euſt eſté apellé ſi on
euſt voulu, la Coſmographie ou la Deſcription du Monde. Le
Ciel & la Terre euſſent eſté ſon objeĉt, & en vn mot toutes les
Subſtances corporelles, de forte que l'on y euſt parlé de ce qui
concerne la Phyſique; On repartira que la Phyſique n'a point
icy de rang, d'autant qu'elle eſt vne Science & non point vn
Art: Toutefois de ſçauoir la meſure du Ciel & de la Terre, le
Cours des Aſtres & leurs effets par leur chaleur & leur lumiere, n'eſt-ce point vne Science pareillement? On a apellé cecy vn Art, à cauſe que l'on s'y fert de Globes, de Spheres,
d'Aſtrolabes, & autres inſtrumens pour connoiſtre ce que l'on
deſire, & que c'eſt faire quelque choſe où il faut auoir de l'a-
dreſſe, & en quoy on ſe rend plus habile par l'exercice & l'experience: Mais pour acquerir la Science des Choſes naturelles,
ne faut-il pas de meſme faire pluſieurs eſpreuues dans leſquelles
il y a grand artifice? Nous ſçauons qu'encore que la Chymie
n'ayt pas touſiours eſté en vſage auec ſes Extraĉtions, Conge-
lations & Fixations, il y a eu depuis long-temps vne Pyrotechnie ou Art du Feu, par lequel on a trauaillé diuerſement ſoit à
la forge ſoit à la Fonte, ce qui eſt cauſe de pluſieurs connoiſſances qu'on a acquiſes touchant les Metaux & autres matieres;
Qu'eſt-ce que l'on ſçait auſſi des Plantes ſans l'Agriĉulture, &
des Corps des Animaux ſans la Medecine? Nous voyons donc
que la Phyſique ayant tant d'Arts en ſa dependance, pouuoit
eſtre traiĉtée comme vn Art, ou bien que tous ces Arts deuoient
tenir leur rang en particulier, & eſtre à bon droit adiouſtez
à ceux qui ont eu le Nom d'Arts Liberaux, afin de former quel-

que espece d'Encyclopædie : Neantmoins s'ils auoient en-
traisné toutes les Sciences auec eux, elles seroient possible employées fort improprement. Il vaut donc mieux que Capelle
en soit demeuré là ; N'ayant parlé de cecy, que dans l'inci-
dent d'vne Fable, il sera facilement excusé de n y auoir pas
mis beaucoup d'ordre & de liaison, pource que la Nature de
l'ouurage ne le permettoit pas, & que c'estoit assez pour luy
d auoir eu l inuention de traicter de Choses si serieuses parmy
des gentillesses Poëtiques. On dira qu'il pouuoit encore mieux
employer son sçauoir, & traicter serieusement vn sujet serieux,
qui meritoit bien qu'il en composast quelques volumes exprez,
comme il en auoit la capacité : Mais encore qu'il ne l'ait pas
fait, plusieurs ont aprouué le dessein qu'il a eu de mettre sous
le nom d'Arts Liberaux les principales Disciplines, tellement
qu'il a laissé la coustume à la posterité de les apeller ainsi, iusques au temps que l'on a consideré le deffaut qu'il y auoit dans
ce nom là & dans l'ordre qui y estoit soufmis ; Car quelques
vns ont reconnû depuis, que c'estoit vne Methode imparfaite
de suiure ce denombrement des Arts ; Ils ont crû qu'il n'auoit
esté inuenté que par le vulgaire, & que les Doctes estoient
mal auisez lors qu'ils suiuoient les ignorans, au lieu de se seruir
de leur propre Doctrine.

Du Proprie-
taire de
toutes cho-
ses.

ILS S'EST passé vn long-temps sans qu'on ait essayé de
faire des liures qui parlassent de plusieurs Sciences ou Arts.
On en a veu enfin quelques-vns entre lesquels ie nommeray le
premier celuy que l'on apelle le Proprietaire de toutes Choses, qui se trouue en François & en Latin. Pource que c'est celuy qui a le moins d'ordre de tous ceux qu'on a faits depuis que
l'on a commencé de s'apliquer à ces sortes d'ouurages, ie croy
qu'il est aussi des plus anciens, & que ce n'estoit qu'vne esbauche de ce trauail. Il parle de Dieu, des Anges, de l'Ame
raisonnable, des Humeurs & des Parties du Corps de l'Hommes, des maladies & de leurs remedes, du Ciel & du Monde ;
Du Temps ; Des Elemens ; De l'Air, des Meteores, & des Oyseaux ; Des diuerses Eaux & des Poissons ; De la Terre & de ses
diuerses contrées, & puis des Metaux & des Pierres, tant precieuses que communes ; Des herbes & des Arbres, & des Bestes

terrestres; Apres des couleurs, des odeurs, des saueurs, & des liqueurs, comme du miel, du laict, & des diuerses sortes d'œufs: Puis de la difference des nombres & des mesures, des poids & des sons, & des diuers instruments de Musique. On a mis en suite vn traicté des Eaux artificielles, & vn recueil de quelques receptes, mais cela n'est pas du corps du liure, qui estoit assez bigarré sans cela. Lors que celuy qui l'a faict a voulu rãger les choses selon leur dignité, il y a pourtant laissé beaucoup d'inesgalitez; C'est à sçauoir encore si la Methode est bonne de ne parler des Oyseaux que dãs le traicté de l'Air, des Poissons que dans celuy de l'Eau, & des Plantes & des Animaux que dans celuy de la Terre; N'est-il pas plus à propos de traicter à part des Corps principaux, & des Elemens, & apres des Corps meslez imparfaits ou parfaits? L'Autheur a pẽsé qu'ẽ parlant de la Maison, il faloit incontinent parler des hostes qui y logeoient; Cependant voulant traicter du corps de l'Homme deuant tout autre, il a parlé des qualitez elementaires & des humeurs qui en procedent, ce que l'on ne sçauroit entendre si l'on ne sçait ce que c'est d'Element. Cela fait connoistre que cette Methode d'aprẽdre les choses par l'ordre de leur dignité, n'est pas tousiours fort aysée, specialement quand on en trouble le rang comme il a fait. Au reste son liure estant apellé le Proprietaire de toutes choses, il contient les proprietez de la plus part des choses du Monde, non pas en tel nombre & en tel ordre que l'on les void dans nos bons liures. Il y a mis quelques Discours qui regardent la Theologie, la Physique & la Medecine, & puis il parle vn peu de la Cosmographie & de l'Astrologie. Si l'on attribue ce qu'il dit des Nombres à l'Arithmetique, cela n'est pas dans l'ordre necessaire; Cela est à la fin du liure comme vne addition. Il semble pourtant qu'il vueille que cela ait du raport au Sens de l'ouye, y ioignant les Sons pour la Musique, à cause que les Sons se seruent de Nombre, & d'auantage il y a là quelque chose des Mesures; Ces Traictez ne sont pas tels, que l'on puisse dire que les Mathematiques y soient contenuës, mais il n'est pas besoin de tant raisonner sur vn Liure, qui a esté fait auec peu d'industrie & de Methode.

LE LIVRE intitulé *Margarita Philosophica*, passe
encore prez de quelques gens pour vne de nos premieres
Encyclopædies. La Philosophie y est diuisée en Philosophie
Theorique ou Speculatiue, & en Philosophie practique, & la
Theorique en Réelle, & Rationnelle. Sous la Réelle est la
Metaphysique, les Mathematiques & la Physique, & sous la
Rationelle, la Grammaire, la Rhetorique & la Logique. La
Philosophie practique est diuisée en l'Actiue & en la Factiue;
L'Actiue comprend l'Ethique, la Politique, l'Oeconomique,
& la Monastique; La Factiue, a pour ses parties les Arts Mechaniques; Mais nuls autres n'y sont nommez que l'Art de
trauailler en laine, ou de faire des draps, l'Art de faire la guerre, l'Art de nauiger, l'Agriculture, la Venerie ou l'Art de
chasser, la Medecine, & l'Art Theatrique. La premiere diuisió
estant assez ordinaire ailleurs, on la peut soustenir; Il n'y a que
celle de la Philosophie Factiue qui ne semble pas receuable parce que les Arts qui en dependent, y sont mal ordonnez & mal
choisis. Les Arts qui seruent à la nourriture du Corps n'y
sont point nommez. L'Agriculture qui y sert s'y trouue veritablement, mais elle deuroit estre nommée la premiere, & en
suite l'Art de faire du pain & quelques autres; Puis il faloit parler de tous les Arts qui seruent à se vestir, aussi bien que de celuy de faire de la laine, & de l'Art de bastir qui est l'Architecture. On eust parlé apres de la Medecine, de la Nauigation, &
de la Venerie, & de l'Art Militaire, ausquels il eust falu pourtant en adjouster d'autres pour les bien lier. Pour la Theatrique, soit que ce soit la Poësie, ou la representation Comique,
ou l'Art de dresser des jeux & des spectacles, elle n'est necessaire qu'en tant que l'on se persuade que les hommes ayent besoin de cette recreation. Or quoy que cette partition de Philosophie soit au deuant de la Marguerite Philosophique, elle n'est
pas entierement suiuie dans le corps du liure. On void premierement la Grammaire & apres la Dialectique, la Rhetorique, l'Arithmetique, la Musique, la Geometrie, la Physique & la Morale. On y a adjousté quelques instructions pour la
langue Grecque & l'Hebrayque, auec des traictez d'Architecture, & d'Optique, de la composition de l'Astrolabe, de la
Quadra-

Quadrature du cercle, & de la Perſpeƈtiue. Voyla les Sciences & les Arts qui s'y trouuent, auſquels il n'y a ny ordre ny
liaiſon, & pource qui eſt de la Doƈtrine elle y eſt expoſée fort
vulgairement, & auec beaucoup de brieueté. Le corps du Liure n'eſt qu'vn Dialogue entre le Maiſtre & le Diſciple, ce qui
eſt vne ſujeƈtion qui empeſche que les Sciences n'y ſoient trai-
ƈtés diſtinƈtement auec leurs branches les plus eſtenduës, à
cauſe des continuelles interruptions qui s'y font. On peut
auſſi trouuer à reprendre en ce que le Diſciple s'informant du
Maiſtre de toutes les choſes qu'il faut ſçauoir, & le Maiſtre ne les raportant que ſur ſon interrogation, il faudroit donc que le Diſciple euſt deſia connoiſſance de ce qu'il
demande, & s'il y a quelque choſe à luy reſpondre qui ſoit digne d'eſtre ſçeu, tellement que ce ſeroit pluſtoſt au Maiſtre à
interroger qu'au Diſciple, & cela ſe peut apeller le Monde ren-
uerſé, tant cela eſt groſſierement baſty: Neantmoins il ſe peut
trouuer des endroits où il eſt fort à propos que le Diſciple s'informe du Maiſtre touchãt l'explication des choſes qu'il ne luy a
encore apriſés qu'à moitié, afin qu'elles luy ſoiẽt deſcouuertes.
entierement. Quoy qu'il en ſoit, quiconque a fait cela y a crû
pipper, ayant apellé ſon ouurage, *Margarita Philoſophica*, ſur la
croyance qu'il auoit, que comme la Fleur de la Marguerite,
eſt compoſée de pluſieurs petits brins raſſemblez, il auoit ainſi
ramaſſé curieuſement toutes les Sciences & tous les Arts; Ou
pluſtoſt pource que le Mot de *Margarita*, ſignifie auſſi vne Perle, il a entendu que ſon Liure eſtoit vne Perle vnique en excellence. C'eſt la Couſtume de pluſieurs Autheurs de donner
de beaux Noms comme celuy-là à leurs Liures, afin que dés
qu'on en void le Tiltre on en ait bonne opinion, mais on la
perd quelquefois en paſſant plus outre.

ON A EV vn recueil plus ample & plus ſçauant que
ceux qu'on auoit auparauant veus, qui eſt celuy de
Georgius Valla, dans lequel il pretend faire diuiſion des Sciences, ſelon ce qu'en ont eſcrit la pluſpart des Philoſophes. Commençant par les Mathematiques, il traiƈte de l'Arithmetique,
de la Muſique, de la Geometrie, des Machines qui ſeruent à
l'eſleuation des Eaux, & de l'Aſtrologie; Apres il vient à la

Du Liure de George Valla.

Phyſiologie & à la Medecine; Puis il traicte de la Grammaire,
de la Dialectique, de l'Art Poëtique, de la Rhetorique, de la Philoſophie Moralle, de l'Oëconomie & de la Politique, où il comprend le Droict ciuil & le droit Canon. Voyla l'ordre qu'il
donne aux Sciences & aux Arts, ce qui de vray eſt plutoſt vn deſordre; Si cecy a quelque raport à la diuiſion des Sciences en
Speculatiues ou Practiques, en matiere d'Encyclopædies il eſt
beſoin d'vn autre ordre, & meſmes celuy-la n'eſt pas obſerué
entierement: Il n'y a aucune raiſon de lieu pour les differentes Diſciplines. L'Arithmetique, ou Art de nombrer, doit il
marcher en teſte? Qu'a-t'on à nombrer ou compter, quand on
ne connoiſt encore aucune choſe? Ne faut il pas ſçauoir auparauant qu'il y a diuerſes Subſtances? Parce que les ſons diuers
conſiſtent en proportions, eſt-ce vne pertinente raiſon pour
ranger la Muſique immediatemènt apres l'Arithmetique? Ceux
qui en ont traicté en parlant des Sens n'ont ils pas mieux faict?
A quoy ſert la Geometrie apres cela, elle qui eſt la meſure de la
Terre & de tous les autres Corps, lors que l'on n'a point parlé
encore d'aucune partie du Monde; & puis les machines Hydrauliques ſont elles neceſſaires auant que de parler de l'Eau &
de ſes proprietez? L'Aſtrologie doit elle venir en ſuite ſans auoir
parlé de l'Eſtre & des qualitez des Aſtres, dont on ne peut faire
mention que dans la Phyſique qui n'eſt donnée qu'apres? Où
ſont auſſi la Metaphyſique, & la Theologie naturelle que l'on
ioint d'ordinaire à la Phyſique? L'Autheur n'en dit rien, ayant
haſte de paſſer à la Medecine qu'il traicte fort amplement.
La Grammaire, la Dialectique, la Poëtique, & la Rhetorique
ſont fort bien apres, pource qu'elles ont dequoy parler; Elles
n'ont pas encore neantmoins au deuant d'elles tout ce qu'elles
doiuent auoir, puiſque la Moralle n'eſt qu'à leur ſuite. Pourquoy les Sciences Sermocinales, n'ont elles pas eſté ſeparées
de ce corps de Philoſophie, & meſme pourquoy y met on la
Poëtique, deuant la Rhetorique qui doit preceder. Voyla comment l'ordre de ce liure eſt contrarié, & quant au titre & au deſſein on le peut encore reprendre, eſtant ainſi, *Georgij Vallæ Pla-*
ſentinj, de rebus fugiendis & expetendis opus. Comme chacun eſcrit à ſa guiſe, & taſche de trouuer quelque choſe de nouueau,
cét Autheur a voulu que ſon ouurage ayt porté le titre Des

chofes qu'il faut rechercher ou fuyr, s'imaginant que cela eſtoit
propre à ſon ſujet ; Mais où eſt-ce qu'il execute cela ? C'eſt
peut eſtre au Traiĉté de la Medecine, où il dit les choſes qu'il
faut euiter pour conſeruer ſa ſanté, ou pour ſe guerir d'vne
maladie, & celles qu'il faut rechercher pour le meſme effeĉt,
ou bien c'eſt en ſa Moralle dans laquelle il dit quels ſont les vices qu'il faut fuyr, & quelles ſont les Vertus que l'on doit ſuiure, & dans les Chapitres qu'il a adiouſtez à ſon Liure, des
commoditez & incommoditez du Corps & de l'Ame, & ſur
ce qui touche les choſes externes, comme la Fortune, les richeſſes & les honneurs. En ce qui eſt du reſte, il n'y a guere
d'endroits ou ſon titre ſoit à propos, quoy qu'il le mette par
tout, puiſqu'il eſcrit les Mathematiques & autres diſciplines en
ſtile dogmatique, declarant les choſes à peu prez comme il les
faut ſçauoir & obſeruer, ſans qu'il y ayt de controuerſe. Quant
à la doĉtrine qu'il enſeigne, comme elle eſt peu methodique,
elle eſt auſſi fort obſcure ; Elle ſe ſent des erreurs du vieux
temps, pource qu'il meſle quantité de ſuperſtitions Aſtrologiques parmy la Medecine, laquelle il traiĉte ſi amplement
qu'elle ſemble eſtre ſon principal objeĉt, & pourtant les Medecins d'aujourd'huy ne demeureroient pas d'accord de ce
qu'il y propoſe.

Q VELQVES VNS des Nouateurs ont fait des liures
que pluſieurs mettent inconſiderement au rang de ceux
qui parlét de toutes choſes ; Cela ne ſe doit point faire s'ils n'ont
parlé de toutes ſortes de Diſciplines. Si par exemple Patrice a
donné à ſon ouurage, le titre de Philoſophie nouuelle de toutes Choſes, encore qu'il ayt traiĉté de leur vniuerſalité, ce n'a
eſté que pour leur Theorie, non pour leur Practique, & meſmes il n'a pas parlé fort ouuertement des Choſes ſpirituelles.
Laiſſant donc pluſieurs des Nouateurs en leur place, nous nous
entretiendrons ſeulement du fameux Ramus, lequel merite
que l'on faſſe mention de luy auec ceux qui ont compoſé des
Recueils de quantité de choſes en maniere d Encyclopædies.
Toutefois il ſemble que veu ſa Doĉtrine, il n'y ayt pas encore
bien reuſſi, eſtant retourné à la premiere inuention de trai-
ĉter de pluſieurs Diſciplines, ſous le nom des Arts Liberaux.

Nous auons vn liure de luy de ce titre, où l'on trouue la Grammaire Latine, la Grecque & la Françoise, & apres la Rhetorique & la Dialectique, l'Arithmetique, la Geometrie, la
Physique & l'Ethique. Quoy que l'on nomme ordinairement
Sept Arts Liberaux, il n'y en a là que Cinq, car la Grammaire
des trois Lágues, ne sçauroit passer que pour les parties d'vn seul
Art, & pour la Physique & l'Ethique, ce ne sont point des
Arts, mais des Sciences. Il y a aparence que cela n'a esté publié qu'apres la mort de l'Autheur qui a laissé son Oeuure imparfait; Possible y eust il adjousté la Cosmographie & l'Astrologie, s'il eust vescu dauantage : Toutefois comme ce sont ses
Sectateurs qui ont mis cecy en lumiere, & mesmes Thomas
Freigius dont le nom est à la premiere page du liure, lequel se
deuoit connoistre à l'ordre des Sciences & des Arts, en ayant
entrepris vn liure en son particulier, comme il a fait, il est croyable que celuy de Ramus qu'il a publié, receuoit des-lors de
l'aprobation. Le titre est de cette sorte en son estenduë, *Petri
Rami Professio Regia, hoc est Septem Artes Liberales, in Regia Ca-
thedra, per ipsum Parisijs Apodicto dicendi genere proposita, & per
Ioannem Thomam Freigium in Tabulas perpetuas seu Stromata
quædam relata, ac ad publicum omnium Ramea Philosophiæ studioso-
rum vsum edita.* On connoist par là que c'est la Doctrine que
Ramus a enseignée aux Escholes : mais l'on void aussi que Freigius y a mis la main pour la reduire en Tables; Neantmoins le
tout est attribué à Ramus auec grande raison. Or nous consi-
dererons que s'il n'a point mis en rang la Cosmographie & l'A-
stronomie, non plus que l'Optique & les autres parties des Mathematiques, c'est à cause qu'elles dependent toutes de l'Arithmetique & de la Geometrie, sous lesquelles il se faut imaginer qu'il les comprenoit. Quant à la Physique & l'Ethique s'il les a employées dans son œuure, c'est qu'il pretendoit
parler de tout ce qui apartient à la Philosophie, comme l'on
void dans la premiere diuision de ses Tables, où pour son
Chapitre souuerain il met, *Curriculum & Opus Philosophicum*,
ce qui promet tout au moins vn petit Cours Philosophique,
mais cela estant, pourquoy a-t'on mis en titre que ce sont les
Sept Arts Liberaux ? N'est-ce pas faire tort à Ramus de luy attribuer vne telle pensée ? Faut-il croire que suiuant sa Methode,

il ait luy mefme confondu les Arts, & ce que nous appellons des Sciences, fous le nom d'Arts, voulant entendre par là des habitudes à faire ou à aprendre quelque chofe & à s'en reffou-uenir, & qu'apres felon le commun vfage, on y ait adjoufté l'Epithete de Liberaux, & mefme le nombre de Sept, pource que l'on trouue fept differentes fortes de Difciplines? Sont-ce là de fort pertinentes raifons? Pour continuer cette Critique, on remarquera que fous le titre de la Phyfique, il n'y a que les fecrets de l'Agriculture felon les Georgiques de Virgile, & fous l'Ethique rien autre chofe que la Defcription des mœurs des anciens Gaulois, recueillie des Commentaires de Cefar, le tout reduit par tables, ce qui n'eft pas traicter entierement des chofes moralles ny des naturelles. On refpondra que c'eft tout ce qu'on a pû recouurer de la main de Ramus; Et qu'en ce que ces Tables contiennent, elles font diuifées fort regulierement. Pour monftrer que l'on a mis dans ce Liure tout ce qui n'auoit point encore efté veu de cét Autheur, il y a au commencement vne Methode d'inftruction pour la ieuneffe formée fur la vie de Ciceron, ce qu'il apelle, *Ciceronianus*, où il fait connoi-ftre qu'il eftoit admirateur de ce Romain, qui en effect a efté autant recommandable pour la Philofophie que pour l'Elo-quence. On ne fçauroit s'empefcher d'eftimer toutes ces cho-fes, mais plufieurs continueront de reprendre le titre du Li-ure: Neantmoins ie diray icy qu'on ne doit point le trouuer fi eftrange apres y auoir bien penfé, & que Ramus a bien pû en eftre l'inuenteur, veu qu'eftant fort Zelé pour l'honneur de l'Vniuerfité de Paris, de laquelle il eftoit l'vn des principaux membres, il a confideré que la premiere dignité que l'on confe-roit en cette celebre Academie pour feruir de degré aux autres, eftoit celle de *Maiftre és Arts*, & que ceux qui en eftoient pour-ueus, pouuoient enfeigner la Grammaire & la Rhetorique & mefme la Cofmographie, l'Aftrologie, & toutes les parties des Mathematiques, que l'on mettoit au nombre des Arts, & qu'ils enfeignoiët auffi quelquefois la Philofophie & la Iurifprudence qui font des Sciences veritablement: Toutefois on peut repartir que ces Hommes-là ne monftroient pas les Sciences en quali-té de Maiftres és Arts, mais de Docteurs & de Profeffeurs, &

de plus l'abus d'vne couftume ne doit pas autorifer le nom que
l'on donne à faux à vn liure qui eft pour l'eternité. On fe doit
reprefenter de vray, qu'en ce qui eft du nom, d'Arts Liberaux,
il eft plus raifonnable en Latin qu'en François; Car , *Artes Liberales* en Latin fignifie des arts libres , & dignes d'hommes libres & nobles, au lieu qu'en langage François, ce mot de, *Liberaux*, fignifie prompts à donner & à beaucoup donner , fe
prenant pour la liberalité pluftoft que pour la liberté. C'eft ce
qui a fourny vn fuiet de raillerie à plufieurs qui ont demandé,
ce que pouuoient donner les Arts Liberaux, veu qu'au contraire ils fembloient ofter le bien à tous ceux qui les recherchoient,
les reduifant à la gueuferie. On fe fouuient à ce propos du conte d'vn pauure Pedant, qui demandant l'aumofne à vn certain
ouurier ou homme de meftier d'vne ville, luy difoit, qu'il
eftoit Maiftre paffé aux Sept Arts Liberaux , à quoy l'ouurier
luy repartit , Qu'il s'eftonnoit de fa pauureté , veu qu'il fe vantoit de fçauoir Sept Arts , & que pour luy il n'en fçauoit qu'vn,
qui fuffifoit à le nourrir auec fa femme & fes Enfans. Cela ne
doit point pourtant aporter de preiudice à la culture de ces
beaux Arts. Ceux qui n'en ont pas fait leur profit ont efté tres-
malheureux , ou ne s'y font pas pris de bonne forte. Toutes les
attaques fatyriques ne doiuent point deftourner les bons efprits
de ces illuftres profeffions. Si elles ne donnent des richeffes,
elle donnent quelquefois beaucoup d'honneur , & au moins elles font receuoir de la fatisfaction de leurs belles connoiffances;
Elles ne font point auffi perdre le Bien à ceux qui naturellement font d'humeur à le conferuer ; Au contraire elles font acquerir du merite & de la Prudence pour en auoir d'auantage.
Rien n'empefche mefme qu'elles n'en efleuent plufieurs aux
hautes charges & dignitez, côme l'on en a veu dans tous les fiecles. On dira cecy à ceux qui prennent occafion de fe mocquer
des bonnes lettres fur ce nom d'Arts Liberaux; & pourtant
nous auoüerons, que felon noftre langage vulgaire , ils auroient vn nom plus fignificatif, fi l'on les apelloit des Arts libres.
Cecy n'eft ny pour condamner ny pour excufer le titre & le
deffein des Arts Liberaux attribuez à Ramus : Cela eft peu neceffaire , puifqu'enfin il faut reconnoiftre que ce n'eft qu'vn

Recüeil qui a esté fait de quelques vns de ses ouurages apres sa
mort.

CHRISTOPHLE de Sauigny Seigneur dudit lieu &
de Primens en Rhetelois, a fait vn Liure de Tables en
François qu'il apelle, *Tableaux accomplis de tous les Arts Libe-*
raux contenans brieuement & clairement par singuliere Methode de
Doctrine, vne generale & Sommaire partition desdits Arts amassez
& reduits en ordre pour le soulagement & profit de la ieunesse. Encore
qu'il ait donné le nom d'Arts Liberaux à son Liure, nous ne
l'auons pas joint à celuy de Martian Capelle non plus que le
Liure de Ramus, pour en parler selon l'ordre du Temps; A-
yant aussi pretendu faire vne Encyclopædie, il a consideré d'a-
uantage d'Arts. Sa methode est de nous representer chaque
Art ou Science dans vne agreable oualle, ornée tout autour de
la representation des choses qui luy apartiennent, comme des
Lettres pour la Grammaire, de diuers instrumens de Mathematique pour la Geometrie, & ainsi des autres. Dans le milieu l'on void des diuisions & sousdiuisions, qui ne contiennent
chacune qu'vn mot escrit dans vne petite oualle auec force
branches qui les ioignent, & de l'autre costé il y a vn discours
continu qui n'est que des Partitions plus estenduës de la mesme chose. Ce Liure comprend la Grammaire, la Rhetorique, la Dialectique, l'Arithmetique, la Geometrie, l'Optique,
la Musique, la Cosmographie, l'Astrologie, la Geographie,
la Physique, la Medecine, l'Ethique, la Iurisprudence, l'Histoire, & la Theologie. La raison de cét ordre est au commencement de l'ouurage, où l'Autheur a mis vn Discours qu'il
apelle *Partition generalle de tous les Arts Liberaux.* Il dit là, Que
les Arts Liberaux se peuuent à bon droit attribuer à la Philosophie, qui est l'estude de sapience, c'est à dire la cognoissance
& Science des choses diuines & humaines; Que ces Arts sont
generaux ou speciaux; Que les generaux sont la Grammaire,
la Rhetorique, & la Dialectique, n'estans que des instrumens de la Philosophie; Et que les speciaux (qui sont & doiuent estre veritablement apellez les parties de la Philosophie)
se distinguent par leurs sujets, à sçauoir touchant la Nature
des choses, ou la vie & les mœurs; Que la Nature estant cor-

porelle ou incorporelle, la Mathematique & la Physique traitent de la Nature corporelle de toutes choses; Que la Mathematique en considere la Quantité, & la Physique les qualitez;
Qu'il y a vne quantité de nombre, que l'on apelle Quantité
disiointe, enuers laquelle est occupée l'Arithmetique; Ou de
grandeur & de mesure que l'on apelle Quantité conjointe &
continuë, de laquelle traite la Geometrie; Que pour la Physique, elle regarde les qualitez ou des Sens ou des Corps; Que
le sens de la veüe a creé l'Optique ou Perspectiue, & celuy de
l'oüye la Musique. Apres cecy il vient à parler du corps naturel qui est simple ou composé. Il dit que la Cosmographie,
l'Astrologie, la Geographie & l'Hydrographie traitent des
simples corps. Pour les corps naturels composez, ayant dit
que ce sont les corps inanimez & les Brutes, pour les inanimez
il nomme la Meteorologie & l'Art Metallique, & pour les choses animées & viues l'histoire des plantes & des animaux. Il
attribue l'Agriculture aux plantes, & aux animaux la Zoogra-
phie, & pour les Hommes l'Antropologie & la Medecine. En
suite il met la Metaphysique qui traite des choses incorporelles,
comme des Anges & des ames humaines, & puis en l'article d'a-
pres il fait connoistre que touchant l'Ame il faut sçauoir ce que
c'est que des mœurs, & qu'il y a deux sortes de vie, l'vne qui
est humaine & temporelle, l'autre spirituelle & diuine; Que
la Doctrine qui enseigne les vertus Moralles est apellée l'Ethique, dont il y a deux especes, l'vne pour le gouuernement du
mesnage, qui est l'œconomique, l'autre pour celuy de la Republique, qui est la Politique, à laquelle se doit referer la Iurisprudence tant ciuile que Canonique, & particulierement
l'Histoire seculiere & l'Ecclesiastique, d'où procede aussi la
Chronologie; Que l'Ethique contient les propositions generalles, la Iurisprudence les speciales, & l'Histoire fournit des
exemples de toutes les deux; Que la derniere Doctrine qui
reste aprend la vie sainte & spirituelle, & que c'est le chemin de
bien viure & de bien mourir, pour enfin apres cette vie transi-
toire ioüyr de la Beatitude celeste. Voyla quelle est sa Partition, qui est aussi l'ordre des Cartes ou Tables de son Liure.
Or l'on peut trouuer estrange qu'il vueille comprendre toutes

tes les Sciences fous ce titre d'Arts Liberaux ; Car quoy qu'au
titre d'vne premiere Carte entourée d'anneaux qui s'entretiennent, pour fignifier l'enchaifnement des Difciplines, il ait
mis, *l'Encyclopædie ou la fuite & liaifon de tous les Arts & Sciences*, il a fait connoiftre qu'il croyóit que ce nom d'Arts Liberaux fuffifoit pour comprendre l'vn & l'autre; Cela ne nous
fatisfait point de dire qu'ils dépendent tous de la Philofophie; Que les Arts generaux eftans la Grammaire, la Rhetorique, & la Dialectique, les fpeciaux font ceux qui concernent
la nature des chofes, & la vie ou les mœurs, & que ce font les
Mathematiques & la Phyfique, auec l'Ethique & autres Difciplines qui en dependent ; C'eft donner aux Sciences le nom
des Arts, ce qui ne fe doit point, puifque l'Art eft vne adreffe
à faire quelque chofe, & que la Science eft vne connoiffance
d'vne chofe que l'on contemple feulement, & que d'ordinaire
on ne contrefait pas. D'ailleurs la Partition generalle du fieur
de Sauigny ne femble pas eftre bien reglée, en ce qu'ayant
nommé la Phyfique qui confidere les qualitez des Sens ou des
Corps, il met apres l'Optique, la Perfpectiue & la Mufique,
qui font des Arts feruans à la veüe & à l'oüye ; puis il vient à
parler des Cosps naturels fimples comme des Elemens, & des
compofez, comme des Plantes, des Brutes & de l'Hom me.
On peut luy objecter qu'il ne faloit faire mention des Sens
qu'en ce lieu cy, veu que mefme il temoigne en quelques endroits de vouloir s'efleuer aux chofes par degrez, montant des
plus baffes aux plus hautes ; C'eft qu'il eftoit preoccupé de fes
Mathematiques, de forte qu'ayant parlé de l'Arithmetique &
de la Geometrie, il s'imaginoit qu'il eftoit à propos de traiter
confequutiuement de l'Optique, de la Perfpectiue & de la Mufique qui dependent de leurs reigles : Mais fi en parlant des
corps fimples, il les foufmet à la Cofmographie, la Geographie & l'Aftrologie, n'y auoit il pas lieu auffi bien de ioindre
cecy aux Mathematiques, puifque ces difciplines ne s'en fçauroient paffer ? Il auroit fuiuy fon deffein en cela, & en mefme
temps il fe feroit attaché aux reigles de la Raifon & de la vraye
doctrine. Sa diuifion de l'Ethique n'eft pas fort claire, la diui-
fant en Oeconomique & Politique. Il faloit que la Monafti-

r p

que les precedaſt à laquelle toutes les vertus particulieres de l'Homme ſont ſouſmiſes ; Mais il a cru mieux faire inſtituant deux vies, l'vne corporelle à laquelle il ſouſmet ce qui eſt du commerce du Monde, & l'autre ſpirituelle qui eſt pour le gouuernement interieur ; Neantmoins les plus hautes Vertus ſont'neceſſaires par tout. La pluſpart des diuiſions particulieres qu'il fait de chaque Sciēce ou Art ont quelques deffaux, pource que ne faiſant que ſuiure en cecy la determination de quelques Autheurs cōme l'ō ſe le peut biē figurer, il n'en a pas eu en main dont les opinions fuſſent ſans difficulté ; & puis ne faiſant qu'vn Sommaire de ce qui eſtoit eſcrit ailleurs plus amplement, il a beaucoup d'obſcuritez, tellement qu'il y a là peu de fruict à re-cueillir : Neantmoins l'ouurage a quelque beauté qui plaiſt à la veuë, & les noms qu'on y void eſcrits ſeruent de ſoulagement à la memoire pour les choſes que l'on a apriſes autre part : Il n'y a que ce nom d'Arts Liberaux, que l'on ne ſouffrira point pour le langage François, ayant vne autre ſignification que le mot Latin.

Des liures
de Raymōd
Lulle.ENTRE les liures où l'on a pretendu parler de toutes choſes, aucun n'a eſté ſi renommé que ceux qu'a fait Raymond Lulle. Il ſeroit malayſé de ſuiure par tout l'ordre des ſiecles : Cét Autheur a precedé ceux dont ie vien de faire mention ; Mais ie ne parle de luy qu'en ce lieu, pour le ſeparer des autres, d'autant que c'eſt luy qui a commencé de faire voir des ouurages qui comprennent veritablement vne vniuerſalité de connoiſſances ; Neantmoins il a plutoſt butté à monſtrer de quelle façon on pouuoit enchaiſner les Sujets, & parler ſur le champ de toute ſorte de matieres par des ordres particuliers, que par vn ordre general qui fuſt naturel. Dans ſon grand Art, il fait pluſieurs Colomnes ou Tables ; A l'vne il met ce qu'il apelle les Prædicats abſoluts, qui ſont *La Bonté, la Grandeur, l'Eternité, la Puiſſance, la Sageſſe, la volonté, la vertu, la verité, & la Gloire ;* A vne autre Table ſont les Termes relatifs, à ſçauoir, *la Difference, la Concordance, la Contrarieté, le Commencement, le Milieu, la Fin, la Maiorité, l'Æqualité & la Minorité.* Puis en vne autre ſont les Queſtions, *Si la choſe eſt, Ce que c'eſt, D'où & de qui elle vient, Pourquoy elle eſt, Combien il y en peut auoir de telles*, *Quelle elle eſt*, *Quand*, *où & comment elle ſe fait*; Il y a apres les Sujets qui ſont, *Dieu*, *l'Ange*, *le Ciel*, *l'Homme*, *la Faculté imaginatiue*, *la Senſitiue*, *la vegetatiue*, *l'Elementatiue & l'inſtrumentatiue*. En ſuite ſont deux Tables, l'vne pour neuf vertus, l'autre pour neuf vices. Tout cecy eſt accompagné de pluſieurs lettres de l'Alphabeth, qui ſignifient chacune quelque choſe, & eſtant poſées dans des Cercles & autres figures, on pretend que leurs diuers raports font trouuer la raiſon de tout ce qui eſt au Monde. Auparauant que de voir ſi cecy a quelque effect, voyons ſi cela forme vne Encyclopædie. On dira que ſous l'ordre des Sujets, Raymond Lulle a pû ranger toutes les Diſciplines; Car toutes les Sciences dependent de ces Sujets vniuerſels, entre leſquels on croid que le dernier, de la faculté Inſtrumentatiue, eſt pour tous les Arts: Neantmoins il entend y comprendre ſpecialement ce qui ſert à quelque choſe de ſpirituel, & quelques vns de ſes Commentateurs n'y ont point rangé d'autre Art que celuy de la Logique. Il a fait à part vn Arbre des Sciences & vn Liure de Rhetorique, ou il met en ordre toutes les Sciences & tous les Arts ſelon l'ordre de Dignité & ſelon les diuiſions des Sciences Theoretiques & des Sciences Actiues. Il trouue auſſi l'occaſion de les faire deriuer d'vn Predicament abſolu qui eſt, *la Verité*, mais toutes ces dependances ſont contraintes, & ſi l'on en veut receuoir de telles, on en fera grand nombre, qui ſe contrepointeront l'vn l'autre, ſans auoir la reciprocation d'vne vraye Encyclopædie. Au reſte tout cét ordre de Mots & de ſujets par leſquels Raymond Lulle a pretendu donner des reigles au Diſcours, n'a point tant de merueilles que l'on s'imagine; Au contraire on y trouue quelque choſe de barbare & de mal diſtribué. Quant à ſes ſujets vniuerſels, comme *Dieu*, *l'Ange*, & *l'Homme*, il a bien falu qu'il les ait reiglez ſelon leur excellence & leur dignité: Tout cela eſt ainſi dans la Logique commune, ſous la Categorie de la Subſtance, & les Facultez peuuent eſtre ſous la Categorie de la Qualité, horſmis *l'Inſtrumentatiue*, qui doit eſtre ſous l'action. Ainſi tous les ſujets du Diſcours pourroient eſtre plus clairement declarez. Quant à ſes Prædicats abſoluts, quelle ſubſiſtence leur peut il donner?

Pourquoy les a-t'il feparez des Prædicamens ordinaires, dont
il a expofé apres quelques conditions ? Pourquoy, *la Bonté*, *la
Puiffance & la Sageffe*, ne feront elles pas fous le Prædicament de
la Qualité, &, *la Grandeur & l'Eternité*, fous celuy de la Quantité ? Cela ne feroit il pas mieux que d'auoir laiffé ces chofes
vagues & incertaines, fans donner aucune connoiffance de ce
qu'elles font, & des occafions où elles peuuent feruir ? S'il y a
vne Table ou Colomne de Relatifs dans laquelle les Contraires ont leur lieu à part, comme *le Commencement & la Fin*, *la
Majorité & la Minorité*, quelques autres y pourroient auffi tenir
leur rang; Il faudroit y mettre, *la Malice*, *le Moment*, *l'impuiffance*, *la Follie*, *la Repugnance*, *le Vice*, *le Menfonge & l'infamie*,
pour le contraire, *de la Bonté*, *de l'Eternité*, *de la Puiffance*, *de la
Sageffe*, *de la Volonté*, *de la Vertu*, *de la Verité*, *& de la Gloire*:
Mais on auroit peine à trouuer vn Attribut temperé pour feruir de milieu à chacun de ces contraires, ainfi que Lulle en a
donné aux Relatifs. A l'efgard des Vertus qui ont vne Colomne à part, pourquoy cela fe fait il, veu qu'elles font toutes foufentenduës dans le Prædicat abfolut, *de la Vertu*, & mefmes dans celuy, *de la Bonté*; Il ne faloit mettre que les vnes
ou les autres, fans qu'il fuft befoin de ces repetitions. Quel ordre y a-t'il auffi dans toutes les Colomnes ? Les Sujets vniuerfels doiuent ils pas eftre nommez les premiers ? Car de qui
eft-ce que fe difent les Prædicats abfoluts, & les Termes Relatifs, & de quoy eft-ce que fe font les Queftions, lors que
l'on n'a encore nommé aucune chofe ? Voyla des obiections qu'on n'auoit iamais faites aux Lulliftes ou Sectateurs de
Lulle, & aufquelles ils ne fe font gueres preparez à refpondre. Tout cela confideré nous fçaurons qu'il n'y a aucune raifon de nommer pour Prædicats abfoluts, & pour Relatifs, ceux
que cét Autheur nomme, finon que ic'eftoit fa fantaifie, &
leur ordre n'eft pas fort bien reiglé. Quant aux enfeignemens des Sciences qui en dependent lefquels font rangez fous
diuerfes lettres qui ont du raport les vnes aux autres, afin que
cela donne matiere de difcourir fur toute forte de fujets, cela
ne fe fait pas fi ayfément que plufieurs penfent : Comme il n'y
range chaque chofe, que pour donner exemple de ce qui y peut

conuenir, cela ne sçauroit fournir à toutes les Questions que l'on peut faire.

PIERRE GREGOIRE, Thoulouzain, s'est seruy du mesme ordre de Prædicats, de Relatifs, de Questions, & de Sujets que Raymond Lulle, mais il s'est contenté d'en examiner la signification, sans se seruir desdiuers assemblemens de lettres. Ce qu'il a fait d'auantage d'autre part, c'est que dans son liure apellé, *Syntaxis Artis mirabilis*, il a mis des Abregez de plusieurs Sciences & Arts, qui sont l'Astrologie, la Metaphysique, la Physique, la Musique, la Geometrie, l'Optique, l'Arithmetique, la Grammaire, la Dialectique, la Rhetorique, la Poëtique, la Science de l'Histoire, la Politique, l'Ethique, l'Oeconomique, les Arts mechanique s de faire de la toille & des Draps, l'Art militaire, & celuy de la Nauigation, l'Agriculture, la Medecine, l'Art de la Chasse, l'Orfevrie, l'Architecture & la Peinture; puis la Science de l'Ame, auec quelques Traitez des Plantes, des Meteores, & des Metaux, & à la fin vne Moralle où les Vertus sont descrites plus amplement que dans le Traité qui porte titre de l'Ethique. Il y a là si peu d'ordre, que cela est honteux pour vn Hôme de sçauoir. Les Commentaires qu'il a faits sur sa Syntaxe, suiuent ses Sujets & ses Attributs, & tout cela ne tend qu'à donner matiere de discourir de plusieurs choses. De vray ses Sommaires sont passables en ce qu'ils contiennent, mais les raports qu'il leur deuoit donner leur manquent. Neantmoins quelques Autheurs de ce siecle ont de mesme pretédu beaucoup faire de composer de gros volumes, qui ne sont que des lieux communs sur la *Bonté*, *la Grandeur*, & *l'Eternité*, & sur les autres Termesde Raymond Lulle selon son ordre & son dessein, donnant à cela le nom d'Encyclopædie & de Science de toutes choses, mais nous voyons qu'encore qu'ils ayent ramassé sous ces Titres, tous les Discours qu'ils se sont pû imaginer pour en faire ostentation, cela est fort essoigné de ce qu'ils pretendent, puisqu'on n'y trouue point vn Cercle & vn raport de toutes les Disciplines.

POVR parler de quantité de liures modernes ou peu anciens, qui traictent de toutes choses ou de plusieurs, il ne

dernes qui parlent de toutes choses ou de plusieurs.

nous est point besoin d'alleguer l'Academie Françoise de Pierre de la Primaudaye, ny le Liure de la Connoissance des Merueilles du Monde & de l'Homme, côposé par Pierre de Damp-Martin, & autres semblables, où on ne void que des Descriptiôs des choses naturelles; Ny le petit Monde de Chabodie qui fait des Chapitres de chaque Discipline, auec peu d'ordre & peu d'instruction; Tout cela n'est point des Encyclopædies. Il y a en langage Italien, *Piazza vniuersale*, &, le Miroir des Arts & des Sciences de Fiorauant, traduit en Frâçois; Ce sont des liures qui parlent vn petit de chaque Art & dont les Autheurs ont affecté ces grands titres pour les faire paroistre dauantage. Les Italiens ont pris plaisir de parler ainsi de diuerses choses sous diuers desseins, comme a fait Antonius Zara Euesque, qui a composé vn Liure apellé *Anatomia ingeniorum, & Scientiarum*, où il traicte premierement de la difference des Esprits, puis des Sciences que l'on doit attribuer à l'Imagination, à l'Entendement & à la Memoire, pour sçauoir celles ausquelles chacun est propre selon son Temperament. Ce qu il allegue de chacune est plutost leur Eloge & leursqualitez, selon l'opinion des anciens Autheurs, qu'vne entiere instruction, & puis cét ordre des Sciences par le Temperament, n'est qu'vn ordre particulier, au lieu qu'il en faut dresser vn general pour le rendre accomply.

De la diuision & de l'ordre des Sciences donnez par Gorræus & par Frey.

NOVS auons des liures qui ne parlent simplement que de l'ordre, comme le liure de Gorræus, des Partitions de la Philosophie, accompagné d'vne grande Table qui a diuerses branches; Le tout n'est que selon la methode vulgaire. Frey a suiuy cela dans vn petit Traicté qui contient le nombre & l'ordre des Sciences & des Arts, mais il y a adjousté d'auantage de parties y ayant mis tous les Arts en general. Il diuise la Philosophie en Contemplatiue, Practique & Effectiue; Pour la contemplatiue, il met la Metaphysique & la Physique, sous laquelle il comprend l'Alchymie, la Magie naturelle, & la Medecine, & apres les Mathematiques pures, qui sont l'Arithmetique & la Geometrie, & les impures, c'est à dire qui empruntent quelque chose d'autruy, à sçauoir la Musique, l'Astronomie, la Cosmographie, la Geographie & les Mechaniques.

Quelqu'vn trouuera à rédire que plufieurs Arts foient là rangez fous la Philofophie Contemplatiue: Ils feroient mieux fous
l'Effe&iue, ou bien il faut mettre auffi tous les autres dans la
contemplatiue, pource que leur Theorie peut eftre apellée vne
Science, comme leur pra&ique vn Art. En ce qui eft de la
Philofophie Pra&ique, cét Autheur y met la Morale, la Mo-
naftique, l'Oeconomique, la Politique, la Bafilique ou Royalle, l'Imperatoire fous laquelle font plufieurs Royaumes, le
droi& Ciuil, le Canonique, & l'Art militaire. Pour la Philofophie Effe&iue qu'il apelle auffi les Arts, il la diuife en Rationelle, ou Sermocinalle, & Réelle; la Rationelle eft la Logique, la Diale&ique, la Grammaire, & la Rhetorique; Apres
la Logique il infere l'Art de Memoire, & il diuife la Grammaire en l'Art d'efcrire ou peindre les lettres communes, &
l'Art des Chiffres. Apres il met l'hiftoire & la Poëfie; Puis
venant à la Philofophie réelle, ou aux Arts réels, il les diuife en Arts neceffaires pour la Vie, comme l'Agriculture, ou
vtiles à quelque chofe comme l'Art de Cordonnier, ou pour
l'ornement comme la Peinture, pour la volupté comme l'Art
du Cuifinier, ou pour le contentemont feul de fçauoir la verité de quelque chofe, comme l'Art de mefurer le Ciel. Il diuife
encore les Arts réels ou qui operent aux chofes, en des Arts
feruans à la vie, & d'autres feruans à la proprieté & netteté du
Corps; Puis il met tout en confufion, parlant des Arts qui fe
feruent du Feu, & d'autres qui font pour la Drapperie, & d'autres pour la Litterature; D'autres pour les Elemés ou Parties du
Monde, comme de ceux qui s'exercent fur la Terre, & de ceux
qui s'exercent fur l'Eau. Il met en fuite la Marchandife, &
enfin les Arts inutiles comme font ceux des Bafteleurs, & les
Diuinations. On ne peut pas dire que la difference qu'il donne
de Philofophie Pra&ique & d'Effe&iue ne foit pas bien remar-
quée: Leurs noms font fort fignificatifs, car encore que toutes
ces deux Difciplines foient Pra&iques, l'Effe&iue a cela de
particulier qu'il refte quelque chofe de fon operation; Il eft
vray que les dependances n'en font pas bien apropriées. Quant
aux Arts de la Raifon & du Difcours, & ceux qui concernent
les chofes, on en comprend affez la difference, mais cette fuite

d'Arts réels n'eſt pas non plus dans la Methode que l'ondeſire; auſſi cét ouurage n'eſt-il preſque qu'vne Table de mots, ſans rendre raiſon d'aucune de ſes propoſitions.

Du Macrocoſme & du microcoſme de Robert Flud.

NOVS deuons paſſer à des liures plus amples, dont les diuiſions & la Doctrine nous ſatisfaſſent d'auantage. Entre les liures que l'on prend aujourd'huy pour des Encyclopædies, il n'y en a gueres qu'on ait voulu faire paroiſtre auec plus d'eſclat que celuy que nous a donné Robert Flud ſous les titres du Macrocoſme & du Microcoſme. Le principal titre eſt, *Vtriuſque Coſmi Maioris ſcilicet & minoris, Metaphyſica, Phyſica, atque Technica Hiſtoria, in 2. Volumina, ſecundum Coſmi differentiam, diuiſa, Authore Roberto Flud.* La quantité de figures dont ce liure eſt remply, luy a donné de la beauté & du credit, mais il faut voir ſi auec cela il contient des choſes vtiles & receuables. Sa diuiſion eſt de ce qui concerne le grand Monde qui eſt l'Vniuers, & le petit Monde qui eſt l'Homme, dont il y a deux parties ſeparées; La premiere Partie traite premierement de la Metaphyſique, du Macrocoſme & de ſa Creation, de l'ordre & de l'Harmonie des Choſes & de leur generation & corruption. L'Autheur y recherche les proprietez des Elemens & celles des Meteores, qu'il apelle les Maladies du Corps inferieur; Dans la ſeconde parie il parle de l'Art, qu'il apelle le Singe de la Nature. Il monſtre comment l'Art donne du ſecours à la Nature & la corrige ou l'imite. On peut dire qu'en cecy Flud à trouué les vrayes prerogatiues de l'Art, mais cela ne le fait point pourtant paruenir à vne Encyclopædie parfaite. C'eſt vne Queſtion s'il a bien fait de commencer ſon ouurage par la creation du Monde, pluſtoſt que de s'eſleuer à cette connoiſſance par d'autres plus baſſes. Apres cette premiere partie qui eſt proprement des Sciences, il paſſe aux Arts, mais le nombre de ceux qu'il enſeigne n'eſt point conduit auec vne raiſon exquiſe: Ils ne ſont mis que ſelon l'ordre que l'on a accouſtumé vulgairement de les nommer, à ſçauoir l'Arithmetique, la Muſique, la Geometrie, la Perſpectiue, la Peinture, l'Art militaire, l'Art qui depend de la Science du Mouuement & du temps, où l'on void le Mouuement des Corps terreſtres par le leuier, la Balance, & les Roües; & le Mouue-

ment

mens de l'Eau & de l'Air, par plufieurs Machines qui dependent des Mechaniques ; Apres il y a la Cofmographie, l'A-
ftrologie & la Geomance. On ne void point là vne application de tous ces Arts à leurs fujets, comme cela doit eftre
dans vne Encyclopædie. Il eft hors de propos d'auoir nommé la Geomance parmy les Arts vtiles, veu que c'eft vne efpece de Diuination qui eft auffi vaine & auffi ridicule qu'aucune autre, & qu'encore qu'elle ayt quelque liaifon auec l'A-
ftrologie, elle n'en a point auec les autres Sciences ou difciplines. Il en manque là mefmes des plus neceffaires, qui ne font
pas feulement defignées. Flud n'a voulu parler que de celles
aufquelles il eftoit expert, & peut-eftre auffi de celles dont il
penfoit qu'on pouuoit faire de plus agreables defcriptions ; car
faifant vn abregé de tous les Arts qu'il nomme, il a falu y mettre plufieurs figures de Mathematique. Paffant aux Mechaniques, on y void la reprefentation des Machines Hydrauliques & d'autres qui font affez diuertiffantes. Dans la premiere
Partie il y a encore quelques figures, qui la plufpart font de
quelques experiences pour trouuer l'origine des meteores, &
pour autres chofes femblables. Au Traicté du Microcofme
qui eft la defcription de l'homme, il y a des Figures affez conuenables, & d'autres qui font vaines & trop affectées ; comme
d'vn Palais qui reprefente l'oüye, où l'oreille eft vn portique
qui a diuerfes concauitez, & les Notes de Mufique font rangées fur des Pierres de l'Edifice, & fur des marches d'efcalier.
En plufieurs endroits pour reprefenter diuerfes harmonies du
Monde, il y a vn Violon, ou vn fimple Monochorde, qui
va depuis la Terre iufqu'au Firmament, & les differents
eftages des Cieux en font les Touches. Quelques-vns condamneront cecy, les autres le trouueront ingenieux & agreable ; Le merite de l'ouurage ne depend point de là. On y peut
blafmer à bon droit les fuperftitions de Caballe dont il eft
remply, & quelques inuentions inutiles ; Il a efté critiqué puiffamment par vne Exercitation de M. Gaffendi, & par quelques efcrits du Pere Merfenne. Vn certain Theologien appellé Eufebe de Sainct Iuft, a fait auffi vn Liure qu'il donne
pour le portraict de Flud, où il le reprend d'herefie, d'impie-

té, & d'ignorance ; Nous ne l'examinons pas ſi auant ; Nous
declarons aſſez ouuertement qu'il a des deffaux , mais nous re-
connoiſſons qu'en compenſation il a philoſophé en beaucoup
d'endroits ſur l'experience, & qu'il a touché en quelque ſorte
à la vraye diuiſion & liaiſon des differentes diſciplines.

De l'Ency-
clopædie
d'Alſte-
dius.

IL y a vn autre Liure fait de noſtre Temps, qui ſemble eſtre
plus vtile ; C'eſt celuy de Iean Henry Alſtedius , qui entre
tous les ouurages où l'on a pretendu faire vn amaz de Sciences , a eu encore beaucoup de vogue , parce qu'il traitte de pluſieurs choſes aſſez amplement & intelligiblement , & qu'il
porte le nom d'Encyclopædie. Ce nom ſignifiant vn Cercle
& vn amaz de toutes les inſtructions que l'on peut donner à
la ieuneſſe, & lequel aucun Autheur n'auoit encore oſé prendre au Tiltre capital de ſes Traitez, ce Liure cy n'a garde qu'il
ne ſoit recherché de ceux qui voudroient bien ſe pouuoir rendre Sçauans dans vn ſeul Liure, où toutes les bonnes diſciplines fuſſent exactement raſſemblées : neantmoins ſa ſuite
ne reſpond pas fort à ſon Tiltre. Pour examiner le deſſein de
l'Autheur, nous remarquerons qu'il propoſe d'àbord qu'il y a
quatre differens Eſtats de la vie humaine, qui ſont l'Oeconomique , le Scholaſtique , le Politique, & l'Eccleſiaſtique. Poſſible luy objectera-t'on qu'il deuroit auſſi nommer l'Eſtat militaire, ſi ce n'eſt qu'il le vueille ranger ſous le Politique. Quoy
qu'il en ſoit il n'a entendu parler que de l'Eſtat Scholaſtique,
ſous les enſeignemens duquel il a compris ce qui eſt neceſſaire
aux autres, y voulant traiter de la Theologie , de la Iuriſprudence, de la Medecine , & de la Philoſophie ; mais faiſant de
vray que la Philoſophie eſt comme Miniſtre des autres Sciences, la compoſant de ce qu'on appelle les Humanitez & le
Cours ordinaire Philoſophique , auec quelques Abregez de
Mathematique. La premiere edition de ce Liure s'accom-
modoit en quelque ſorte à cecy , mais dans la derniere qui eſt
tres-ample, il y a d'autres ordres particuliers. Il y a les pream-
bules ou premieres Connoiſſances qui ont quatre parties, à ſçauoir l'Archelogie, ou des Principes de Philoſophie , tant pour
l'eſſence que pour la connoiſſance ; l'Hexilogie qui eſt des Habitudes intellectuelles par leſquelles l'homme eſt diſpoſé à en-

' tendre les Chofes Philofophiques , & ce qui regarde le vray
' ou le faux, le neceſſaire ou le Contingent ; La Technologie
' qui eſt la diſtinction des difciplines, dont il y en a de genera-
les, comme la Metaphyſique, & de fpecialles comme la Phyfique; Et la Didactique, qui eſt la quatrieſme Præconnoiſſan-
ce , eſt vne doctrine qui confidere la fin de l'Eſtude , l'Aptitude ou les empefchemens qu'on y trouue, auec la Methode de
lire & d'en receuoir de l'vtilité. Apres qu'Alſtedius a examiné cecy par plufieurs articles, il vient à fon principal ouurage
où il traite des Sciences à peu pres dans l'vn des ordres qu'il
a prefcrits dans fa Technologie. Il fuit celuy qui eſt pour la
Methode d'eſtudier, donnant premierement les Lexicons des
langues & leurs Grammaires , comme de l'Hebraïque, de la
Syriaque, de la Grecque, & de la Latine. Apres fuit la Rhetorique , la Logique, l'Art Oratoire & l'Art Poëtique ; car par
la Rhetorique , il entend l'Art de parler auec ornement , &
par l'Art Oratoire , celuy de parler auec grande eſtenduë, & de perfuader. Or il appelle tout cecy , la Philologie,
qui eſt la Science du difcours, puis il vient à la Philofophie, qui
eſt felon fon aduis, la Metaphyſique, la Pneumatique , la Phyfique, l'Arithmetique , la Geometrie, la Cofmographie, l'Vra-
nometrie, la Geographie, l'Optique, & la Mufique, qu'il donne pour les parties de la Philofophie Theoretique. Pour la
Philofophie Practique, il met l'Ethique, l'Oeconomique, la Politique, & la Scholaſtique. Il tient toutes les parties de la Philologie & de la Philofophie pour les Sciences inferieures , &
comme Seruantes des Superieures, qui font les trois facultez
aufquelles on s'adonne le plus, la Theologie, la Iurifprudence
& la Medecine ; Mais en fuite fans aucune liaifon, il met la
Mechanalogie generalle & la Spetiale, la Mechanologie Phyfique, & la Mechanologie Mathematique. Apres cecy viennent la Mnemonique ou Science de la Memoire, l'Hiſtori-
que, la Chronologique, l'Architectonique, l'Apodemique ou
Science de voyager, & la Critique ou Science de iuger des Autheurs, à quoy fe joignent la Magie, la Cabale , la Chymie , la
Magnetique ou Art de fe feruir de l'Aymant, la Gnomolo-
gie ou Art de recueillir les Sentences & de s'en feruir. Ainfi

Q q ij

vont encore pesle-mesle l'Ægnimatographie, la Paradoxolo-
gie, la Dipnosophistique, qui est la maniere de philosopher
dans les Festins, & grande quantité d'autres disciplines, dont
les vnes sont pour le discours, & les autres sont moitié pour la
Contemplation, moitié pour l'Action. Il semble que ce meslange ne soit fait que faute d'auoir eu l'inuention d'appliquer
toutes ces disciplines en leur vraye place; aussi l'Autheur pretend les donner indifferemment, ce qui est indigne de son dessein. On ne trouue pas mesmes qu'il en ayt fort obserué les
reigles dans le principal Corps de l'ouurage, car quel enchaîs-
nement y a-t'il de mettre premierement les Sciences du discours, puis les Sciences Theoretiques ordinaires, entre lesquelles il range quelques Arts; Et puis où est la connexion
apres cela, de la Theologie, de la Iurisprudence, de la Medecine, & des Arts Mechaniques ? Qui est ce qui les place là ?
Qui est-ce qui les y joint ? On demeurera d'accord qu'Alstedius parle de plusieurs Arts & Sciences qu'on met en oubly
dans les Leçons ordinaires de Philosophie, où on ne parle ny
d'Optique ny de Musique ; ny d'aucune autre partie des Mathematiques; Mais si ce qu'il a escrit est plus que suffisant pour
vn Cours vulgaire, cela ne l'est pas pour vne Encydopædie.
Nous ne nous plaignons pas du nombre des disciplines, il y en
a assez, mais elles ne sont pas dans l'ordre Encydopædique.
Si l'Autheur pretend que c'est vn ordre Classique, ce n'est
point nostre fait, & cela ne respond pas à l'esperance que donne le tiltre de son Liure. Il ne nous importe pas qu'vn seul Liure d'Encyclopædie, contienne toute sorte de disciplines; on
les peut trouuer en d'autres : il suffit qu'il les reigle, & pour
cecy Alstedius n'a eu que trop de place, où il a mis beaucoup
de choses qui ne seruoient pas à son entreprise, ayant fait des
diuisions en si grand nombre, & tellement entremeslées, qu'elles nous peuuent broüiller ; & ne contribuent en rien à vne
Encyclopædie facile & agreable. Tous ces mots nouueaux
d'Hexilogie, d'Atchelogie, & quantité d'autres ne seruent
qu'à déguiser des choses connûes par des noms extraordinaires : Neantmoins comme ces mots sont assez bien expliquez,
ils peuuent estre admis dans leur sujet. Enfin on ne sçauroit

nier que cet Autheur n'ayt parlé de plus grand nombre de
Sciences & d'Arts qu'aucun homme de Lettres n'auoit fait
auparauant luy, aufquels il a fouuent donné des noms affez
conuenables, auec vn abregé de leurs Principes; mais en ce
qui eft des difciplines Philofophiques, il ne les a guere autrement rangées que felon l'ordre commun des Efcholes, & il a
laiffé les autres en defordre. Il faut pourtant reconnoiftre
que les Sommaires qu'il a faits ont quelque chofe d'inftructif
pour leur eftenduë, & que de plus il parle de quantité de curiofitez, qu'on a peine de trouuer ailleurs, tellement que fon Liure contient de bonnes chofes, quoy qu'elles ne quadrent pas
au projet que nous defirons.

SI nov s ne trouuons rien qui nous contente dans les Methodes ordinaires, il faut auoir recours aux extraordinaires;
On doit confiderer celles qu'a voulu inuenter François Bacon
Chancelier d'Angleterre, dans fon Liure, De la Dignité & de
l'Accroiffement des Sciences. Aptes fon Preambule à fon
Roy fur ce fujet, il vient à la diuifion vniuerfelle de la doctrine
humaine en Hiftoire, Poëfie, & Philofophie, conformément
aux trois facultez de l'Entendement, la Memoire, la Phantai-
fies, & la Raifon. On s'eftonnera d'abord d'vne diuifion fi peu
vfitée, mais il faut entendre fon explication; il dit que l'Hiftoire eft naturelle ou ciuille; l'Hiftoire naturelle eft la defcription des chofes du Monde, qui eft diuifée en Hiftoire des
Chofes celeftes, en celle des Meteores, en celle du Globe de
la Terre & de la Mer, & des diuerfes efpeces qui s'y trouuent
produites. Il y joint l'Hiftoire de la Nature foufmife & fabri-
quée, qui eft ce que l'on appelle les Mechaniques, en quoy l'on
le pourra reprendre d'auoir joint les Sciences auec les Arts:
Toutefois s'il entend de traitter de l'Eftre de toutes les Chofes dans fon Hiftoire naturelle, il eft certain qu'il peut paffer
apres à la confideration de leur vfage, ce qui eft la Theorie
des Arts jointe à leur practique; mais l'on void qu'apres cela eft interrompu, & qu'il parle de l'Hiftoire ciuille diuifée en
Hiftoire Ecclefiaftique, & en Hiftoire des Sciences; Cette
Hiftoire ciuille eft encore diuifée en Memoires & Antiquitez, & en Hiftoire entiere, qui eft diftinguée en Chroniques,

vies & Relations, puis en Annalles & en Iournaux, & en Hiſtoire ciuile, pure où meſlée. Il parle auſſi de quelques dependances de l'Hiſtoire, qui ſont les Harangues, les Lettres &
les Apophtegmes; De là il vient à la Poëſie, ſecond membre de
ſa doctrine, laquelle il diuiſe en Narratiue, Dramatique, &
Parabolique ; Apres il paſſe à la Philoſophie qu'il ne traite
que par des exemples pris des Fables, comme de celle de
Pan pour l'Vniuers, de celle de Perſée qui coupa la teſte à Me-
duſe pour la Guerre, & de la Fable de Bacchus pour les appetits ſenſuels : Ie ne ſçay pas quelle liaiſon, & quelle bonne methode d'inſtruction on peut trouuer en des choſes ſi confuſes;
Si ſon Hiſtoire naturelle doit comprendre la deſcription des
choſes, & ce que l'on en peut faire auec l'Art, pourquoy n'eſt-
ce pas la vraye Philoſophie ? Pourquoy en a-t'il fait vn membre ſeparé, dont il ne nous enſeigne rien que ſous le voile des
Fables ? Mais l'Hiſtoire ciuile & la Poëſie ſont elles auſſi fort
bien en leur rang ? Il fait apres vne autre diuiſion de la Philoſophie naturelle, en ſpeculatiue & operatiue; La ſpeculatiue eſt
la Phyſique & la Metaphyſique. La Phyſique a pour ſes dependances les problemes naturels, & les reſolutions des anciens Philoſophes, & la Metaphyſique ſe diuiſe en doctrine des
Formes, & celle des cauſes finales; Puis la doctrine operatiue
de la Nature a deux branches, celle de la Mechanique, & celle
de la Magie, dont la premiere reſpond à la Phyſique, la ſeconde à la Metaphyſique. Les dependances principales de cette
doctrine operatiue, ſont les Mathematiques, & quelques Arts
vtiles à l'homme. On s'accommoderoit encore mieux de cet
ordre que du precedent ; mais Bacon en eſtablit vn autre au liure qui ſuit, qui eſt le quatrieſme, diuiſant la doctrine de l'hôme en Philoſophie de l'humanité, & Philoſophie ciuille. Selon
ce qu'il dit, la Philoſophie de l'humanité regarde le corps de
l'homme & ſon Ame, ſes miſeres & ſes prerogatiues, la Phy-
ſionomie, & l'interpretation des Songes. Cette doctrine du
Corps eſt encore diuiſée en Medecine, & en Science de Volupté. La Medecine ſe partage en trois, la conſeruation de la
ſanté, la cure des maladies, & la prolongation de la vie. La
Philoſophie humaine touchant l'Ame, eſt apres diuiſée en

plufieurs manieres, touchant fa fubftance & fes facultez. Il parle là des predictions & de l'enforcellement, & puis du mouuement & des Sens Eftant paruenu à fon cinquiéme Liure, on y void la doctrine de l'vfage & des objets des facultez de l'Ame de l'homme, diuifez en Logique & Morale. La Logique a fous foy les Arts d'inuenter les Argumens, de iuger des chofes, de les retenir & de les debiter, & ces deux dernieres parties ont fous elles l'Art de Memoire, & l'elocution ou la tradition. Au fixiefme Liure cette tradition eft diuifée en l'organe du difcours, en fa Methode, & en fon illuftration. Cet organe eft la doctrine des Notes des chofes par la Parole ou l'Efcriture, & ces deux eftabliffent la Grammaire. Les Notes fe diuifent en Hyeroglyphes & caracteres reels; puis la Grammaire eft diuifée en celle qui apprend les Lettres, & en celle qui philofophe. Les fondemens de la Rhetorique font apres eftablis : On y void les couleurs du bien & du mal, les Antithefes, & quelques formules d'Oraifon, & de tout cela il y a des exemples; puis l'Art Critique & le Pædagogique font raportez, comme dependans de la Traditiue. Au feptiefme Bacon parle de la Morale & de fes Biens; de la culture des Efprits, de leurs caracteres, de leurs affections, & de leurs remedes; Au huictiefme eft la doctrine ciuille, qui eft celle de la conuerfation ou celle des affaires. Apres fuit la doctrine des occafions diuerfes, & de l'intrigue de la vie, illuftrée des Paraboles de Salomon, auec leurs explications fuiuies de preceptes. La doctrine du Regne ou de la Republique, doit auoir fon lieu apres cela, mais l'Autheur ne l'a point efcrite amplement : il fe trouue là feulement quelques difcours qui monftrent comment il faut eftendre les bornes du Royaume, quelle eft la doctrine de la Iuftice en general, & quelles font les fources du Droict. C'eft la Methode de Bacon pour les Sciences, & il faut auoüer qu'écore qu'il fuft grand perfonnage, il n'a pas mis cela dans la netteté que nous fouhaiterions : Toutes ces diuerfes reprifes offufquent l'efprit : Il ne luy fert de rien de traicter d'vne chofe en vn lieu, pour en parler apres fous d'autres diuifiós. Il faloit faire vne partitió generalle qui fuft claire & exacte; les pieces qu'il y ioint fémblent interrópre fa fuite, comme font fes Fables. Philofo-

phiques, fes couleurs du Bien & du Mal , fes Antithefes , fes Paraboles & puis les Aphorifmes qu'il dône pour des regles de Droict.
Il eſt ayſe à connoiſtre que ce font des ouurages qu'il auoit faits à
part , leſquels il a voulu raffembler en meſme lieu , mais il euſt
mieux valu en faire vn corps feparé; car il y en a qui ne font gueres à propos. Quelques-vns sôt tirez de fes autres Liures fpecial-
lemēt de fes Eſſais. Q̃ād ce Liure de l'Accroiſſemēt des Sciences fut premierement fait en Anglois , cela ne s'y trouuoit
pas , & fa Traduction faite par André Maugars n'en dit rien.
Bacon a adiouſtè cela dans l'Edition latine , qui a eſté fuiuie
de poinct en poinct par le fieur Golefer fon Traducteur,
On trouue encore à reprendre à fes façons de parler extraordinaires qui font efpanduës par tous fes Liures , comme
La Tradition de la Lampe, pour fignifier l'Inſtruction que l'on
donne aux Enfans, & *les Idoles de la Tribu, de la Cauerne, du Mar-
ché & du Theatre*, pour reprefenter les opinions ou imaginations differentes de diuerfes conditions des hommes : Mais c'eſt
affez pourueu que cela fe faffe entendre , & auec cela il y a
de belles & bonnes chofes, en ce que parmy cette Enumeration des Sciences & des Arts, il raporte fort à propos quelques deffaux qui s'y rencontrent auec les moyens de les reparer , tellement que c'eſt vn des plus doctes ouurages que nous
ayons en de telles matieres. Tous ces diuers Syſtemes qu'il eſtablit font auſſi fondez fur des raifons tres folides qui monſtrent
qu'il n'a pas dreffe cela à l'auanture, comme ce qu'ont fait plufieurs , mais auec vne meure confideration ; Et fi fes Ordres
font diuers & meſlez , fon excufe pouuoit eſtre que comme il
propofoit plufieurs chofes nouuelles felon qu'elles venoient à fon
Efprit, il ne faloit point trouuer eſtrange qu'il les donnaſt ainſi
à diuerfes reprifes. On peut voir encore fon Organe nouueau
qui fert en quelque forte à l'ordre des Sciences , principalement
des Sciences naturelles , & qui fur tout donne de grandes Lumieres pour rechercher la verité de l'Eſtre & des qualitez des
Subſtances , autrement que les Anciens n'ont fait ; de forte que
cet Autheur a merité en plufieurs endroits d'eſtre mis au nombre
des Nouateurs en Philofophie, auſſi bien que de ceux qui nous
ont donné des Encyclopædies.

I'AY

J'AY FAIT icy vn Examen Sommaire des Encyclopædies ou des Liures qu'on pretend eſtre dignes de cette qualité. S'il s'en trouue encore d'autres, ils ont peu de reputation,
& ont du raport à ces premiers, tellement que ce que l'on dit
des vns, eſt auſſi pour les autres. Quant à ceux que i'ay pro-
poſez, il y en a de rares & de curieux, dont il eſt agreable &
vtile de voir icy vne maniere d'Anatomie. On connoiſtra
par là que les vns contiennent d'aſſez bonnes choſes miſes en
mauuais ordre; Que d'autres ont de l'ordre en quelques vnes
de leurs parties & non pas dans toutes, & que s'il ſe trouue de
ces ouurages qui ſoient à peu prez dans l'excellence, les autres
ſont dans vn eſtat mediocre. Cela ne nous fait pas ſeulement
voir quelles doiuent eſtre les vrayes Encyclopædies, & quels
ſont les ordres differens & bigearres que pluſieurs ont inuentez; Nous y aprenons encore à bien ranger toutes ſortes de
matieres dans vn Diſcours & à bien placer tous les Sujets d'vn
Liure. Que ſi en quelques endroits l'Examen eſt ſeuere, &
s'il ſemble paſſer à vne Cenſure abſoluë, il ne ſe faut pas laiſſer
emporter neantmoins dans vne mauuaiſe opinion pour tous
les Liures qui ont eſté examinez. En ce qui eſt de leur Doctrine, les plus Anciens ne nous ont debité que des opinions de
Philoſophie qui ſont aujourd'huy rejettées, ſans y auoir apor-
té aucun changement ny addition, mais ils ne pouuoient
faire autre choſe dans leur ſiecle. Que ſi des Modernes ont
faict le meſme, c'eſt qu'ils n'ont voulu rien innouer en ce
lieu, & les bonnes choſes qu'ils ont données au reſte, leur font
obtenir ayſément leur pardon. Quant à l'ordre des vns & des
autres, ſi ce n'eſt pas l'ordre naturel, ils en ont vn autre qui
peut eſtre vtile en de certaines manieres, & d'ailleurs quelques
vns de ces Liures contiennent de ſi curieuſes remarques qu'ils
meritent d'eſtre leus. Il y en a meſmes qui eſtant pour les
Choſes, & non pas pour les Sciences particulierement, on ne
doit point auoir d'egard en quel ordre ils mettent les Sciences,
& les Arts, car encore que ce ſoient les Sciences qui comprennent les Choſes, ils ne les ont pas euës pour leur premier object. Quant aux Liures où les Autheurs voulant traiter expres
des Sciences & des Arts, n'en ont raporté qu'vn petit nombre

Reflections
ſur les
Encyclo-
pædies, &
ſur le Li-
ure de la
Science
Vniuerſel-
le.

ſous le nom d'Arts liberaux, ou ſous l'ordre des Sciences Contemplatiues & Actiues, quelques vns en ont dreſſé des Sommaires fort inſtructifs. On priſe les Sommaires de Martian
Capelle, ceux de Ramus, de George Valla, de Pierre Gregoire, d'Alſtedius, & de quelques autres. Pour ceux de Raymond Lulle, quelque meſlange qu'ils ayent, on pretend qu'ils
ſeruent à parler ſur le champ de diuers Sujets ſuiuant ſa Methode, & en ce qu'a eſcrit Bacon, s'il n'a fait que deſigner les
Sciences, ç'a eſté aſſez pour traiter de leur reſtauration & ac-
croiſſement; Mais quelque eſtime que l'on faſſe des Traitez
particuliers de chacun des Autheurs, ce n'eſt pas ce qui finira
noſtre diſpute. Nous ſçauons qu'il n'eſt pas rare de trouuer
des Abregez de toutes les Sciences, ſoit d'vn coſté ou d'vn autre, dans pluſieurs Liures qui ne portent pas le nom d'Ency-
dopædies, & qu'il ne s'agiſt que de les bien placer. Ceux qui
ont fait les plus longs ouurages ne ſont pas ceux qui ont le
mieux reüſſi : Pour faire vne vraye Encyclopædie, il n'eſt
pas ſeulement beſoin de parler de beaucoup de choſes, ou de
toutes choſes, mais de les rediger en ordre. Noſtre principale
recherche eſt donc icy pour l'ordre. Nous ne deuons point
maintenant nous entretenir d'autre matiere. Il faut reconnoiſtre qu'entre ces Liures qu'on veut faire paſſer pour des
Encyclopædies, il y en a qui ne ſont qu'erreur & deſordre.
Les Sciences & les Arts, y ſont confondus enſemble, & n'y
ſont point apliquez à leurs veritables Sujets, & par tout la
Doctrine & la Methode manquent. Quelques vns ont ſuiuy
quelque ordre, que veritablement on ne ſçauroit deſaprou-
uer, comme celuy de la diuiſion vulgaire des Sciences en Theoretiques ou Practiques, & en Contemplatiues ou Actiues; mais
ce n'eſt qu'vn ordre particulier, non point vn ordre general
qui produiſe toutes les liaiſons & les correſpondances que l'on
deſire. Au reſte la pluſpart des fautes qui ſont commiſes par
les premiers Autheurs dans l'eſtenduë de leur ouurage, ſont
encore trouuées en ceux qui leur ont ſuccedé, tellement que
ce qui a eſté dit contre les vns, peut ſeruir contre les autres.
Entre ceux meſmes qui ont le mieux fait, il leur manque beaucoup de particularitez, n'ayant pas parlé de toutes les Diſci-

:plinés, ny mis dans leur vraye situation, celles dont ils parlent. Cecy est vne marque de la foiblesse de l'Esprit humain,
qui ne sçauroit faire les choses sans que rien y manque ; Et c'est
ce qui monstre aussi que les choses ne sont inuentées que par
succession de temps , & que ce qui n'a point esté trouué par les
vns le doit estre par les autres. Ie ne preten pas que l'ouurage intitulé la Science Vniuerselle, qui a esté composé depuis
quelques années ayt moins de deffaux en ce qu'il contient; Ce
que i'ay dit iusques icy n'a pas esté pour faire trouuer les autres
defectueux & celuy là accomply. I'ay voulu donner à choisir
dans la diuersité, & iustifier en quelque sorte ce dernier Liure,
monstrant la raison qu'il y a de le mettre en l'estat qu'il est. Au
lieu de tous les ordres que nous auons desduits , soit de diuision
par Sciences ou Arts, par Disciplines Contemplatiues ou Actiues , & par Sciences attachées à quelques vnes des Choses, la
Science Vniuerselle garde vn ordre particulier. On a entrepris d'y donner la liaison des Sciences & des Arts, & leur correspondance selon l'ordre naturel qui peut estre trouué par le
progrez de l'Esprit de l'Homme. Les Philosophes establissent
ordinairement deux sortes d'ordres , l'vn de composition l'autre de resolution. Celuy de composition est choisi, pource que
cette Science Vniuerselle est reiglée par la suite des Choses, en
les contemplant par degrez , & montant des plus basses aux
plus hautes ; Mais cela n'empesche point que dans le particulier, l'ordre de Resolution ou de Diuision ne se trouue, les Instructions ne se pouuans faire sans luy ; Tant y a que l'Homme
y est mis au milieu du Monde où il considere tout ce qui tombe
sous ses Sens & en fait les Diuisions & les Distinctions; Il void
qu'il y a des Corps Principaux & des Deriuez; Il considere
leurs proprietez ; puis ayant connu par son raisonnement qu'il
y doit auoir des Substances plus releuées, il recherche encore
leur Nature. Cela fait, il void que ce qu'il y a à examiner de
plus , c'est l'Vsage de ces mesmes Choses, & qu'apres il faut
chercher les moyens de produire au dehors les pensées que
l'on en a , soit par la parole , soit par les marques qui la representent. Ainsi sous nostre Science Vniuerselle, ne traitant
que de l'Estre des Choses & de leur Vsage , & des diuerses

manieres d'en parler & d'en escrire, on a connoissance de toutes les diuerses Disciplines qui se peuuent trouuer, & de leur
ordre le plus regulier. On ne sçauroit rien voir de plus simple; Cependant cela se donne vne estenduë infinie, car sous
l'Estre des Choses on considere toutes leurs proprietez, dont
la recherche produit diuerses Sciences; comme la consideration du Nombre, de la Figure, de la Couleur, du Mouuement,
& du Son, produisent l'Arithmetique, la Geometrie, l'Optique, la Musique, & quelques vnes de ces mesmes proprietez dó-
nent origine à la Geographie, l'Hydrographie, la Topographie,
& l'Vranographie; On trouue que les Qualitez sujettes à l'Attouchement, & aux autres Sens, produisent d'autres connoissances, non pas seulement à l'esgard des grands Corps qui con-
stituent le Monde, mais des Deriuez & des moindres; Et que
les Meteores & les Corps parfaitement meslez, comme les
Metaux, les Corps Vegetatifs qui sont les Plantes, les Corps
sensitifs des Animaux, & les Ames & les Esprits, ont chacun
leurs Sciences à part; Puis dans la consideration de ce qui se
faict des Choses, & de leur Vsage, Melioration, & Perfection,
ou Imitation, il s'en forme autant d'Arts, les recherchant par
le mesme ordre que les Sciences qui dependent de l'Estre &
des Proprietez; Tellement que pour l'vsage des Corps celestes,
pour la reception de leurs qualitez & de leurs effets, & pour
leur Imitation, il y a des Arts qui enseignent à faire diuerses
Machines & autres ouurages; Pour ce qui est du Feu, de l'Air,
de l'Eau & de la Terre, il y a la Pyrotechnie, la Pneumatique,
l'Hydraulique, & les Mechaniques; Pour les Corps meslez la
Chymie, pour les Plantes l'Agriculture; Pour les Animaux,
la Venerie, la Fauconnerie & autres Arts; Pour le soin du
Corps des Hommes, la Medecine, la Chirurgie, la Pharmacie; Et pour la melioration de l'Entendement, l'Art de Memoire & la Logique, & les Arts des Predictions pour donner
origine à la Prudence; Pour la melioration entiere de la Volonté, il y a la Morale, à laquelle l'Oeconomique & la Politique sont sujettes; Puis pour la recherche du pouuoir de la
Volonté, l'on considere ce qu'elle peut auec le secours de l'I-
magination, ou auec la Magie, qui estant vne Science abusiue

& deteſtable, on en deſcouure le mal, & on reconnoiſt que
rien ne ſçauroit acheuer la Perfection de l'Ame, que la Pieté
& la vraye Religion ; Enfin ſur le ſujet des Idées de l'Entendement, on vient à conſiderer que c'eſt en elles que reſident
toutes les Sciences en general, & que les Images qui les repreſentent au dehors, ſont les Sciences du Diſcours, la Grammaire, la Logique parlante, la Rhetorique, & tout ce qui les
ſuit. Voila l'Abregé d'vn autre Abregé qui a eſté veu par cy
deuant ; Ie croy que l'ordre y eſt naturel, puis qu'il ſuit la Nature pas à pas ; En ce qui eſt de fournir à toutes les Diſciplines, comme doit faire vne vraye Encyclopædie, ie me perſuade qu'il le fait pareillement, & qu'il n'y en a aucune de neceſſaire qui ne s'y trouue, ou qui n'y ſoit ſous-entéduë. Pluſieurs
Sciences qui n'eſtoient pas dans les autres Encyclopædies, ou
qui s'y trouuoient mal placées, ſemblent auoir icy vn lieu raiſonnable : La Magie & les Diuinations qui ont eſté miſes à
part dans quelques autres Liures, ſous le titre d'Arts deffendus,
ſans autre attachement au Corps de l'ouurage, ont icy leur
lieu, ou ſi l'on veut on dira que l'on n'en parle, que pour ce
que leur Impieté cede à la Pieté, & leurs fauſſes Predictions
aux Pronoſtications Veritables ; Auſſi la conſideration des
Signatures des Choſes, la Phyſiognomie generalle, l'Vſage
des Effuſions ou Sympathies, la diſtinction de la Morale Theorique & de la practique, de la Logique mentale & de la Logique parlante, l'Vſage de l'Imagination & de la Volonté, auec
celuy des Idées de l'Entendement, ne ſe rencontrent point en
de ſemblables Liures, ou ſi l'on les rencontre, ce n'eſt pas
ſous des aplications ſi conuenables & ſi iuſtes.

DE PLVS ſi l'on conſidere bien tout cét ouurage on y
trouuera beaucoup de correſpondances & de raports
multipliez ; Les Sciences ſermocinalles que nous prenons pour
l'Image des Idées de l'Ame, tirent encore leur origine d'ailleurs ; Dez la premiere contemplation des Choſes, conſide-
rant leur Eſtre & leurs Actions ; ſi l'on les veut repreſenter par
la Parole, on inuente les Noms & les Verbes ; & pour en faire quelque long Diſcours on eſtablit les reigles de la Grammaire. On ne raiſonnera pas là deſſus, ſans ſe former les Prin-

Les diuers raports de l'ordre de la Science Vniuerſelle, à tous les autres ordres des Sciences.

cipes de la Logique. Que si nous auons dit que l'Arithmetique
& la Geometrie, & d'autres Sciences tiroient leur origine de
la consideration des diuers Corps du Monde, nous les pouuons
encore faire venir immediatement de la Logique, puis que
toutes les Mathematiques sont des demonstrations qui dependent du Raisonnement. Pour ce qui est de l'Vsage des Choses, on luy peut de mesme attribuer quelques Sciences que l'on
a fait dependre de la premiere consideration des Corps; Toutes les Mathematiques y sont employées pour ordonner de diuerses operations selon les sujets. Elles ont encore leur lieu
dans l'Vsage des Idées de l'Ame, où toutes les autres Sciences, & mesme la Theorie des Arts, ont leur source. Comme
il y a vne maniere d'apliquer diuersement les choses selon les
occasions qui se rencontrent, les Mathematiques peuuent estre
employées dans vne Science qui concerne les Sens de l'Homme, & tous les Arts peuuent estre aussi rangez sous vne Science des Elemens. Ainsi des Sciences particulieres & des Arts
qui ont esté employez en vn endroit, le peuuét estre encore en
vn autre; Et il suffit que l'on sçache distinguer le lieu naturel
d'auec le lieu emprunté. Que si l'on se souuient de quelque
Science ou connoissance à qui personne n'ait encore donné sa
place, on luy en peut trouuer selon que l'on void que le rang
est donné aux autres dans le vray ordre de dependance. Par
exemple qui cherchera où mettre la Connoissance des Curiositez de Cabinet, telle que des Coquillages & des Marcassités,
il est manifeste que cela doit dependre de la Physique. Si ce
sont des curiositez où la main des Hommes ayt trauaillé, il
faut voir à quelle sorte d'Art cela est propre. S'il est question
de Medailles, & que l'on ne considere que leur fabrique, cela
apartient à l'Art de forger ou de jetter en moule, & de mesme
ce qui concerne les Monnoyes; Mais s'il s'agist de leur Vsage,
cela depend de la Politique, & quelquefois de la Science ou
Art de l'Histoire. Or il y peut auoir grande difficulté pour
sçauoir où l'Histoire doit estre placée: On la met ordinairement sous la Rhetorique, estant l'vne des manieres de dresser
vn Discours; Mais on la peut encore ranger sous la consideration de l'Estre des Hommes & de ce qui leur arriue, & d'vne

autre part elle sera soufmise à la Politique. Il n'y a guere de
Sciences ny d'Arts que la Politique ne gouuerne ou ne con-
feille. Quelques autres Sciences ont ce pouuoir alternatiue-
ment felon les occafions qui fe rencontrent, defquelles chacun
iuge felon fa capacité; C'eft pourquoy il fe faut reprefenter,
que comme il y a vne Critique pour l'Hiftoire, pour la Poëfie,
& mefmes pour la Philofophie, il y en a vne pour les Encyclopædies, qui eft vne Science Tranfcendente, qui fert à examiner non feulement l'ordre des autres Sciences, mais l'ordre de
la Science qui en ordonne: On acquerra vne bonne partie de
cette Science de Critique par les Examens qui ont efté faits
des Liures qu'on prend pour Encyclopædies, lefquels nous ont
fait connoiftre que les vrayes Encyclopædies font celles où les
Sciences & les Arts font placez naturellement, ce qui ne fe
trouue point mieux ce me fēble, que lors que l'ō cōfidere toutes
les chofes, à mefure qu'elles fe prefentēt à l'Entendement & à la
veuë. Ne croyons point pourtant que nous foyons obligez
precizément à cét ordre. Si celuy cy eft le vray ordre de la
Science de toutes chofes par le progrez qui s'en fait dans l'Efprit de l'Homme, montant des chofes les plus baffes aux plus
hautes, il y a encore d'autres ordres qu'on eftime bons en leur
genre; Mais pour monftrer les prerogatiues de la Science Vniuerfelle; Ie diray que quand on la poffede parfaitement, on
jöüit fans difficulté de tous ces ordres diuers; On la renuerfe
& la change comme l'on veut; On met toutes les Sciences
tantoft dans l'ordre de Compofition, & tantoft dans celuy de
Refolution, lequel ordre de Refolution eft l'Analytique où fe
font la diftinction & la diftribution des Chofes qui font propres à l'inftruction; Et ces ordres ne font iamais fi purs dans
vn grand amaz de Sciences qu'ils ne foient meflez l'vn à l'autre. On met auffi toutes les Sciences & tous les Arts dans leur
rang de Dignité, qui eft vn autre ordre legitime & raifonnable
qu'on ne doit point defaprouuer, comme quand on commence par ce qui regarde les chofes Spirituelles pour finir aux
Corporelles; On fe fert pareillement d'vn ordre de facilité,
lors que l'on donne premierement les Difciplines les plus ayfées à retenir ou les plus neceffaires, comme font la Gram-

·maire; l'Arithmetique & la Geometrie; On foufmet quelquefois les mefmes Difciplines à vne feule, & tantoſt à l'vne &
tantoſt à l'autre, pour monſtrer leur connexion & leur dependance reciproque; Car la Metaphyfique comprenant tous les
Eſtres, doit auſſi comprendre tout ce qui leur apartient; La
Phyfique eſtant la Science des Chofes naturelles peut faire
venir à fon fujet tout ce qui fubſiſte, & toutes les diuerfes manieres dont on en peut parler, ce qui enferme toutes les Difciplines. Nous voyons que dans noſtre premier ordre, nous
auons mis auec la Phyfique, la Moralle Theorique ou la Science
des Affections & des Paſſions de l'Ame, dont procedent les
habitudes bónes ou mauuaifes qui font Chofes naturelles; La
Connoiſſance des Efprits luy peut encore eſtre jointe, puis que
les Efprits ont vne Nature qui leur eſt propre, & qu'il y a
moyen de tout raporter à la Loy ordinaire des Subſtances,
joinĉ que l'on tire pluſieurs conjectures de l'Eſtre des Efprits,
par pluſieurs effeĉts corporels. Apres cecy la Logique parlant
de toutes chofes, peut tout ranger dans fes Cathegories; La
Theologie comme Reyne des Ames & des Sciences, parlant
de la plus haute Effence qui eſt Dieu, & des moyens d'eſleuer
l'Homme à luy, doit donner l'Inſtruĉtion de toutes chofes
pour le rendre parfaiĉt; La Iurifprudence qui reigle toute forte de Droiĉts les doit bien connoiſtre; La Politique qui a efgard
au gouuernement des Hommes de toutes conditions, ne doit
rien ignorer de leurs Charges. L'Homme ayant à fe gouuerner foy mefme en fon particulier par la Morale, & à bien reigler fa famille par l'Oeconomique, tirera auſſi beaucoup de
lumiere de l'Vniuerfalité des Sciences & des Arts, & s'il ne
peut fçauoir tout ce qui en depend, au moins il en aprendra
autant qu'il en trouuera à fa commodité. Pour donner encore vn exemple de ces raports mutuels, noſtre Science Vniuerfelle comprend la Perfeĉtion de l'Ame dans le cours de fon
Oeuure, mais fi l'on veut faire vn Liure particulier de la Perfeĉtion de l'Ame ou de l'Homme en general, il pourra comprendre la mefme Science Vniuerfelle, à caufe que fes Notions
feruent à rendre l'Ame parfaite; C'eſt ce qui fait iuger en quel
rang on doit mettre ces traiĉtez cy qui comprenant les Metho-

des

des des Sciences peuuent encore d'vne autre part les faire venir toutes à leur ſujet. Quant au premier & au principal ordre de la Science Vniuerſelle, ſi l'on le conſidere auec attention on remarquera ſon enchaiſnement ; S'il paroiſt ſimple
d'abord on void pourtant par le progrez qu'il peut ſatisfaire
à pluſieurs de nos curioſitez ; Les choſes qui n'y ſont point
traitéés amplement, ont leurs Sommaires qui ſuffiſent aux
endroits où elles n'ont rien qui ſoit en conteſtation. Celuy qui a mis la main à cecy ne doit pas auoir cette vanité
de faire vn Liure qui enſeigne toutes choſes, comme ceux qui
n'ont fait qu'entaſſer des Abregez de Grammaire, de Logique,
de Rhetorique, de Phyſique, d'Arithmetique, de Geometrie,
& autres Diſciplines : Il y a de ces Abregez qui ne valent pas
nos petits Cours de Philoſophie & les moindres Liures de Mathematique ; On ne nie point que d'autres ne ſoient excellens
pour ce qu'ils contiennent, & que cela ne ſoit commode de
trouuer tant de choſes dans vn ſeul Liure, mais cela le ſeroit
encore d'auantage s'il s'y rencontroit vn bon ordre. On peut
auſſi laiſſer traiter de ces Sciences à ceux qui en font leur profeſſion particuliere, ſi ce n'eſt aux endroits où l'on a quelque choſe de nuuueau à en dire. Cela s'eſt obſerué dans l'ouurage dont nous auons fait mention ; Et comme c'eſt vn Recueil de Sciences & d'Arts qui eſt choſe aſſez commune, afin
de le mettre dans quelque eſtat vtile & extraordinaire, on y a
eu ſoin de l'ordre pour vn des projets principaux. D'abord en
cherchant dans les ſeuls Titres des Chapitres, il ſemble peut
eſtre en quelques endroits, que ce ne ſoit qu'vne varieté telle
que d'vn Liure d'Eſſais & de choſes meſlées, mais le Diſcours
en fait connoiſtre la liaiſon & la ſuite, & ceux qui auront peine
à ſe le repreſenter, n'ont qu'à voir le Sommaire qui en a eſté
fait par cy deuant : Il n'en faloit point vn plus ample, car ce ne
ſeroit touſiours qu'vn Extraiſt du premier ouurage : Ce ſeroit
faire tort à la Science Vniuerſelle de la vouloir comprendre par
quelque Abregé ; Elle eſt aſſez ſuccinſte pour les choſes qu'elle
contient, & ce qui en eſt tracé icy n'eſt qu'vn foible crayon qui
excite à en voir d'auantage, & qui peut ſeruir de guide en cette
lecture. Or ce Liure eſtant fait à deux fins pour les Sentimens

& pour l'ordre, il faut confiderer qu'il n'arrange pâs les Chofes
fans les donner à cõnoiftre, mais qu'auec le vray ordre des Sciences, il doit propofer les Penfées les plus naturelles & les plus curieufes qu'on puiffe auoir des principales chofes du Monde ; Et
que ce qui le peut faire rechercher, c'eft que touchant les Proprietez des chofes corporelles & des fpirituelles,& touchant leur
Viage & leur Perfection, l'on y void plufieurs opinions fondées
fur la Natuie & fur l'experience, & plufieurs artifices de nouuelle inuention, pour le mouuement ou autre action des Corps
ou pour leurs meliorations, auec la Perfection des Facultez de
l'Ame qui depend de quelques notables Secrets.

CE N'EST point trop de hardieffe de vouloir faire vn
Liure qui contienne ce qui eft, ou ce qui doit eftre dans plufieurs, & d'y former vne Science qui donne l'ordre aux autres,
puis que defia quelques Autheurs l'ont voulu entreprendre, &
qu'on entend que la Science Vniuerfelle qui y eft inferée, foit
feulement celle dont les Hommes fe tiouuent capables. Quand
on verra cét ordre comme il a efté eftably, il femblera toufiours fort aylé à trouuer, & qu'il ne confifte qu'en chofe ordinaire ; C'eft vne marque de fa Bonté que la facilité ; On void
par là qu'il eft naturel, & qu'eftant naturel, pour eftre bon il n e
peut eftre d'autre forte. Par cette raifon on doit croire que puis
qu'il eft propre à tous les Hommes, il pourra naiftre au
moins dans l'Efprit de tout Homme qui raifonnera auec vne capacité entiere,& auec vne faine & droiéte intention. Que fi l'on
void aujourd'huy peu de gens qui faffent cas de ce qui eft inuenté de leur Temps, & mefmes par des Perfonnes qu'ils croyent
connoiftre, il faut que l'Enuie cede neantmoins à l'vtilité, puis
que nous auons affez compris que ce qui eft propofé icy n'eft que
pour faire aymer vne Science Vniuerfelle, laquelle n'eft pas
moins Vniuerfelle pour le nombre des Difciplines dont elle
traite, que pource qu'elle peut eftre conceüe de tous les Hommes ; Nous fuiuons la penfée de Sainct Auguftin qui dit : Que
ce qui eft vray, apartient à tous, eftant forty du Magazin de la
Verité vniuerfelle, non point du noftre particulierement, &
que cela doit eftre aymé & fuiuy en commun de tous ceux qui
ayment cette Verité. Pour conclure auffi auec la fatisfaction

de chacun ; Ie veux finir auec la mefme declaration dont i'ay
defia fourny des affeurances affez manifeftes, que tous les
Eloges que i'ay donnez , & que ie pourray donner à l'auenir
à vne Science Vniuerfelle & Supreme, ne font que pour celle
qui fe trouuera accomplie de tout poinct, non pas pour celle
qui a efté publiée, dans laquelle encore qu'il fe foit fait quelque
effort pour y mettre des chofes vtiles , il luy en manque beaucoup pour eftre renduë parfaite. Elle n'a pas les Axiomes ny
les Principes de toutes les Sciences & de tous les Arts , ny tous
les ordres particuliers dependans du general , ny ces diuers raports de toutes les Sciences à chacune des autres. Peut eftre
fuffit il de les auoir propofez , & de les laiffer dreffer à d'autres felon qu'ils en auront la curiofité. C'eft affez d'en auoir
defcouuert les Secrets comme nous venons de faire ; On peut
trouuer en cela vne des principalles Clefs des Sciences ; Et fi
traitant plufieurs chofes fommairement , il y manque des difciplines que l'on voudroit bien aprendre , on les doit tirer des
autres Liures, de mefme qu'on prendra dans celuy cy ce qui
manque aux autres. Toutefois cela n'excufe pas entierement
fes deffaux ; Cela fait voir feulement que chacun eft auerty de
tirer des enfeignemens d'ailleurs où il en pourra rencontrer ;
Auffi rien n'y a efté auancé pour degoufter aucun de la lecture
de tant d'ouurages curieux. Il fuffit d'auoir monftré qu'au cas
qu'on les veüille faire paffer pour des vrayes Encyclopædies, il
faut y proceder auec moderation & iugement , & voir s'ils ne
laiffent point plufieurs Difciplines en arriere ou hors de leur
place. Enfin il faut auoüer que s'il fe trouue vn Liure exact &
general, qui fatisfaffe à toutes fortes de liaifons & de raports,
& qui contienne les plus forts & les plus curieux Sentimens,
on ne le doit pas negliger pour la confideration des autres. Il
eft vray qu'vn tel Liure feroit adreffé inutilement à ceux qui
font ignorans à l'extremité , ou qui ont l'Efprit peu penetrant ,
de forte que quand il feroit rendu plus ample que tout autre,
plufieurs ne le comprendroient pas auec moins de difficulté.
C'eft ce qu'on nous peut objecter quaud nous difons , que la
Doctrine vniuerfelle doit eftre commune à tous les Hommes ;
Toutefois nous entendons felon que la Nature ou l'Art les en

ont rendu capables, & selon les soins qu'ils y ont employez ; car auec cela il est indubitable qu'ils y feront du progrez, & que ceux mesmes qui ne peuuent acquerir tout le Bien que nous proposons, en obtiendront vne partie, ou s'y esleueront par diuerses marchez. Afin donc de remedier aux infirmitez humaines, il faut voir comment ceux qui d'abord ne sçauroient atteindre à la Science, vniuerselle, peuuent en aprendre de particulieres, ou de plusieurs particulieres en former vne generalle. Ce n'est point nous rabaisser que de faire cette recherche, puisque ce sera pour apliquer apres les diuerses Sciences à celle de qui elles doiuent dependre : Mais il faut auparauant s'informer des moyens de les aprendre facilement fondez sur la Nature, ce qui est vtile à toutes fins.

DV VRAY
EXAMEN
DES ESPRITS,

Ou des moyens d'aprendre les Sciences fondez sur la Nature, par l'Examen de la Complexion des Hommes,
Et par les changemens qu'on y peut aporter.

CINQVIESME TRAICTE'.

COMME il ne suffit pas de nous loüer les plus beaux endroits d'vne contrée si l'on ne nous enseigne les chemins les plus seurs pour y aborder ; aussi n'est-ce pas assez d'auoir dit quels sont les Arts & les Sciences, où il y a de la certitude, & dont l'on peut tirer de l'vtilité & de l'honneur, ny d'auoir donné leurs ordres particuliers & generaux, si l'on ne monstre les moyens de les aprendre auec facilité. Ces moyens sont de deux sortes :

les vns fondez fur la Nature, caufe premiere & vniuerfelle de tout ce qui fe fait icy bas, & les autres appuyez fur l'artifice; car il eft bien à propos que ce qui traicte de l'Art foit enfeigné auec art.

Pour commencer par ce qui depend de la Nature, l'on nous fouftient premierement, que rien ne fert tant à rendre les hommes fçauans, que s'ils s'apliquent chacun aux Sciences & aux Arts aufquels ils font propres, & que l'aptitude ou capacité de leurs Efprits peut eftre examinée par leur complexion, fuiuant l'habitude du corps & les reigles de la Phyfionomie. Il faut auoüer que fi de telles obferuations eftoient tousjours veritables, & fi l'on auoit trouué vne exacte methode pour s'en feruir, ce feroit vn rare fecret. Cela efpargneroit beau-coup de foins & de trauaux que quelques-vns employent inu-tillement enuers des Sciences contraires à leur Genie. Il y a des doutes & des conteftations là deffus, mais pourtant l'on pretend que cela doit reuffir en quelque maniere, & pour s'en informer particulierement, il faut voir le deftail de cette opinion. On dit que les Sciences & les Arts ayans du raport aux trois facultez de l'Ame raifonnable, lefquelles fe mon-ftrent plus ou moins puiffantes felon le temperament du Cer-ueau, on peut iuger d'elles en obferuant quelles font les quali-tez de cette partie, & l'on peut fçauoir par ce moyen quelle doit eftre l'aplication d'vn Homme pour y reüffir heureufe-ment. On diftribuë donc toutes les profeffions & Difciplines entre ces trois facultez Spirituelles, qui font l'Entendement, l'Imagination, & la Memoire, & entre trois Temperamens corporels, qui font le chaud, le fec & l'humide, auec lefquels le froid s'entremefle diuerfement; On propofe qu'il faut auoir efgard principalement, combien ces trois qualitez dominent au Cerueau, qui eft la partie de la Tefte où les facultez cogno-fcitiues refident; Que les Hommes qui ont le cerueau fec ont l'Entendement bon, & qu'ils font propres pour aprendre la Logique, la Metaphyfique, la Iurifprudence practique, & la Theologie Scholaftique; Que ceux qui ont le cerueau chaud abondent en Imagination, & que tous les Arts & toutes les Sciences qui confiftent en correfpondance & en Harmonie,

font foufmis à ce Temperament, comme la Poëfie, l'Eloquence, la Mufique, l'Aftronomie & quelques autres parties
des Mathematiques ; Et que pour le cerueau humide il eft propre à la Memoire, dont la Grammaire & les langues dependent ; auec la Iurifprudence Theorique, la Theologie pofiti-
ue, la Cofmographie & l'Arithmetique. Or comme l'on fupofe en cela les Temperamens en leur haut degré, on iuge auffi de l'abaiffement de leur pouuoir felon qu'ils font moderez
& diuerfifiez, & felon que la froideur s'opofe à la chaleur, & la
feichereffe à l'humidité.

  C'eft icy la doctrine d'vn Autheur Efpagnol, dans vn
Liure Intitulé, *l'Examen des Efprits*, qui a efté fuiui de
quelques-vns, & condamné par d'autres. Ie laiffe ce que l'on
luy a reproché, Qu'il attribuoit tant de force aux qualitez corporelles, qu'il fembloit que l'Ame en dependift, & que cela
empefchaft de la croire immaterielle & immortelle comme
elle eft ; Il s'eft affez deffendu là deffus en remonftrant que
l'Ame n'agift dans l'homme que felon la difpofition des Organes qu'elle trouue ; Neantmoins on croid qu'il a encore trop
afferui cette Subftance Spirituelle aux parties corporelles &
groffieres, & que les comparaifons qu'il a tirées des Beftes
brutes, & mefmes des Beftes imparfaites comine des Infectes,
font des-honneur à vn Animal fi excellent que l'Homme,
& qu'auffi eft-il ridicule d'attribuer de la feichereffe aux Four-
mys & autres Beftioles, parce qu'elles font prudentes, & de là
tirer confequence que la Prudence fe doit rencontrer dans les
temperamens fecs : Car par quel Art a-t'il pû connoiftre s'il y
a moins d'humidité que de feichereffe au cerueau des mouches
qui femblent eftre fort humides ? Comment a-t'il encore remarqué la difference du cerueau des mouches à miel & des
mouches communes, dont les vnes font eftimées prudentes &
les autres tres-imprudentes ? On ne trouuera pas leurs
cerueaux fort differens dans la diffection, & s'il a dit que
les vnes auoient le cerueau fec & les autres humide, c'eft
qu'il a veu que les vnes eftoient prudentes & les autres im-
prudentes, non pas qu'il ayt iugé de leur Prudence, ou de
leur Imprudence par leur feichereffe ou leur humidité ; & puis

Le Liure de l'Examen des Efprits fait par Iean Huarte combat-tu.

ne ſçait-on pas que ce que font ces Inſectes n’eſt point par
vne Prudence qui ſoit en eux, mais par le ſecours d’vne ſouueraine Prouidence qui fait agir toute la Nature ? Pour ce qui
eſt des autres Animaux plus parfaits, de vray leur naturel peut
eſtre reiglé ſelon leur Temperament ; Le Pourceau qui eſt tres
humide eſt tres-ſtupide, le Chien qui paroiſt plus ſec eſt plus
ſubtil & plus eſueillé, & ainſi des autres. De meſme on peut
dire que les premieres Inclinations de l’Homme ſuiuent ſon
Temperament : Mais cela ne ſe fait pas immuablement comme aux autres Animaux, d’autant que l’Ame humaine eſtant
Spirituelle doit monſtrer ſon independance. Voila pourquoy
elle ameliore ſes facultez, & les perfectionne, & quelquefois elle les change de telle ſorte, que l’on connoiſt bien que
l’on peut corriger les deffaux de la Nature par la diligence &
l’Eſtude, & que cette puiſſance des Temperamens ne ſçauroit
auoir d’effect, ſi l’on a deſſein de la deſtruire. Il y en a de plus
qui objectent à l’Autheur de l’Examen, qu’il n’a pas bien eſtably les Temperamens pour chaque faculté de l’Ame, & qu’il
ne deuroit pas attribuer à la Seichereſſe l’Entendement ſeul,
mais auſſi la Memoire, & que ces deux facultez ne ſont point
incompatibles. On trouue ainſi à reprendre en pluſieurs de ſes

Examen
de l’Exa-
men des
Eſprits par
Iourdain
Guibelet.

Propoſitions, qui ont dóné ſujet à vn Medecin François de faire vn Examen de ſon Examen, où il refute puiſſamment la
pluſpart de ſa Doctrine. Il en parle ſelon ſa fantaiſie dans vn
Liure auſſi gros que l’autre ; Pour moy i’en parleray icy ſuc-
cinctement, & ſelon mes propres penſées.

Ce qu’il y a
à dire prin-
cipalement
contre le Li-
ure de l’E-
xamen des
Eſprits.

Nous deuons conſiderer que de vray il y a quelque choſe à
dire, d’aſſujettir tellement chaque faculté de l’Ame à vne certaine conſtitution du Corps ou du Cerueau, que l’on croye
que ſans l’auoir on ne ſoit pas capable de reüſſir dans les Sciences qui luy ſont ſouſmiſes, & que la poſſedant en quelque degré, on ne puiſſe pareillement faire du progrez dans d’autres
Diſciplines differentes. Si l’on dit que la Poëſie & l’Eloquence dependent de l’Imagination, on a pourtant aſſez veu
de Poëtes & d’Orateurs, leſquels deuoient poſſeder cette faculté en vn degré eminent, auoir auſſi l’Entendement fort
bon,

bon, & eftre tres-propres à la Philofophie & à toutes les Facultez fpeculatiues, lors qu'ils ont voulu s'y adonner. On peut
affeurer le mefme de plufieurs Grammairiens qui ayant la Memoire excellente, ne laiffent pas de ioüyr auantageufement
des autres Facultez. Il faut confeffer que la Memoire eft neceffaire pour retenir les Hiftoires & les Sentences dont on
peut former vn Difcours; Et quant à l'Imagination il faut reconnoiftre que c'eft elle qui nous rend capables de mettre tout
cela en ordre, & d'y adjoufter de nouuelles Beautez fuiuant
les reigles de la Rhetorique; Mais qui empefche qu'au mefme
temps l'Entendement n'y faffe pareftre fa puiffance, & d'auantage ne peut on pas dire qu'il y eft neceffaire; Car quels ouurages peut on faire fans luy, & leur donner autant de folidité
que de beauté? De dire qu'il y a des Sciences dont la Theorie repugne entierement à la Practique, & que ceux qui ont
l'vne en perfection ne peuuent auoir l'autre, ne femble-t'il pas
qu'on vueille dire, que pour eftre fort expert à les practiquer,
il ne feroit pas befoin d'en auoir la Theorie & la connoiffance,
ny d'en eftre capable, qui eft la mefme chofe que fi l'on difoit,
Que pour eftre bon Peintre il faut eftre aueugle? Cette attri-
bution des Difciplines aux Temperamens, eft ainfi renuer-
fée, & de plus la puiffance des facultez de l'Efprit qu'on dit
fuiure les Temperamens, eft reiglée diuerfement fuiuant les
experiences. L'on treuue des perfonnes qui ont auant de chaleur & d'humidité que d'autres, lefquelles neantmoins n'ont
pas tant d'imagination & de Memoire. Il faut mefme confiderer que fi le cerueau humide eft propre à la Memoire, ce
n'eft que pour vne Memoire prompte qui s'efface auffi toft,
ainfi qu'vne cire molle qui ne retient point les Images, au lieu
que le cerueau fec eft comme vne pierre ou vn metal fur lefquels ce que l'on graue y demeure pour iamais; De forte que la
bonne memoire fe trouuant dans la feichereffe, c'eft ce qui
monftre qu'elle peut eftre accompagnée de l'Entendement;
Dallieurs le cerueau ne doit eftre apellé ny fec ny froid, que
pour dire qu'il eft moins humide ou moins chaud, car il ne
peut eftre fans ces deux qualitez d'humidité & de chaleur dans
vn animal viuant, où la fechereffe & la froideur ne fe trouuent

T t

iamais en degré abſolu. Il eſt donc queſtion de reigler la quantité d'humidité & de chaleur, à quoy l'on peut reduire les
Temperamens, & cela eſtant il ne ſe faut point imaginer qu'ils
ſoient tellement contraires, que la diſpoſition que l'on donne
à l'vn, ne ſe puiſſe iamais rencontrer auec celle de l'autre, &
que lors que le cerueau eſt moderément humide, il ne puiſſe
eſtre propre aux fonctions de la memoire, & à celles de l'Entendement, & que s'il eſt auſſi mediocrement chaud, il ne ſe
puiſſe rendre vtile à l'Imagination & à l'Entendement tout
enſemble; Que ſi les Sciences que l'on eſtime contraires peuuent loger en meſme lieu, comme la Theologie auec la Poëſie,
on le doit bien croire plus ayſement de celles qui ont meſmo
object, & ſont jointes l'vne à l'autre par dependance, comme
la Iuriſprudence Theorique qui eſt la Science des Loix, & la
Iuriſprudence pratique qui eſt l'art de plaider & de conſulter:
Il ne ſert de rien de dire que le Temperament vtile à la Memoire ou à l'Imagination, ne l'eſt point pour l'Entendement;
Si l'on attribue la chaleur aux premieres facultez, & la ſeichereſſe à la derniere & ſupreme, ne void on pas pluſieurs corps
mixtes qui ſont chauds & ſecs, & fort propres en cét eſtat aux
ouurages & actions où l'on les veut employer: Pourquoy ces
temperamens ne ſeront ils pas bons pour ſeruir d'organes à
toutes les fonctions de l'Eſprit, veu que meſmes elles ont du
raport les vnes aux autres; Car l'Entendement qui eſt vne
faculté de diſcerner les choſes & d'en bien iuger, ne ſçauroit ſe
fortifier ſans ſe repreſenter diuerſes obſeruations que la Memoire garde, & ſans qu'il ſe figure par l'imagination en quel
rang il les peut mettre chacune; I'adjouſteray que ces facultez reçoiuent vn ſecours reciproque de l'Entendement, &
qu'il fait cognoiſtre ce que l'imagination ſe doit figurer de
plus à propos, & quel ordre l'on doit tenir en la recherche des
choſes, afin que la Memoire ne manque point à les repreſenter
quand il en eſt beſoin.

 On nous remonſtrera là deſſus qu'il y a des hommes
qui ont la Memoire propre à retenir quantité de choſes par
cœur, ſans que l'Entendement y opere, eſtans des perſonnes
peu intelligentes, & que de telles facultez ſe trouuent d'ordi-

naire en des enfans, pource qu'ils font d'vn temperament fort
humide, ce qui leur fait auoir beaucoup de Memoire & peu de
iugement ; Mais i'ay defia dit que cette Memoire fi facile, n'eft
point la bonne & la vraye, puis que ces perfonnes là perdent
la fouuenance des chofes auffi ayfement comme elles l'ont acquife. Si l'on allegue encore que les Vieillards à l'opofite ont
beaucoup de Iugement & peu de Memoire, ce que l'on attribue au deffaut d'humidité & à la feichereffe de leur cerueau ; Il
faut fe garder de tomber en erreur, & fe reprefenter que s'ils
n'auoient plus de Memoire, ils ne feroient plus capables de iuger des chofes, & d'auoir de la Prudence, en conferant le paffé
auec le prefent pour en preuoir l'auenir ; Il faut qu'ils ayent au
moins la memoire des chofes qu'ils ont aprifes de long temps,
ce qui s'eft imprimé fi fortement en leur Efprit, que cela ne fe
peut perdre, quoy que pour aprendre des chofes nouuelles, la
Memoire leur manque quelquefois ; Tant y a que l'on ne doit
pas dire abfolument ce que le Vulgaire dit, que ce qui les rend
prudens & iudicieux, c'eft qu'ils manquent tout à fait de Memoire, ou du Temperament qui la donne, veu qu'ils font redeuables de leur Prudence aux diuerfes experiences qu'ils ont
faites, defquelles ils fe reffouuiennent.

A fin de reconnoiftre la Verité aux endrois où elle fe trouue,
il faut donc auoüer que le Temperainment humide eft propre
à vne Memoire prompte, mais peu durable, & le fec à vne
Memoire tardiue, mais tenace, comme auffi au Raifonnement,
ce qui temoigne que celuy qui auoit grande Memoire eftant
jeune à caufe de l'humidité du Cerueau, la pourra auoir moindre lors qu'il aura le cerueau plus fec, & qu'en recompenfe il fe
trouuera plus propre aux fonctions de l'Entendement. Le
cerueau eftant efchauffé par quelque maladie ou par quelque
exercice, l'on abonde auffi en imagination ; La force du Temperament fe monftre ainfi, tellement que l'on peut dire que la
premiere difference des Efprits vient de la difpofition du
Corps : Mais cela ne prouue pas qu'on puiffe toufiours connoiftre fans difficulté à quelles aplications chaque Efprit eft
propre.

Nous auoïions qu'entre les Hommes, il y en a qui se trouuent capables de certaines choses, & que ce qui sert aux vnes peut nuire aux autres; Mais remarquons que cela s'entend pour les Esprits mediocres, qui par exemple estant propres à reciter de longs ouurages par cœur, ne reüssissent pas si bien à raisonner sur diuerses Questions, & à prendre des conseils iudicieux; Car pour les Esprits excellens, ils sont bons esgallement par tout; Soit par leur naturel, soit par leur trauail, ils se mettent au dessus de ces loix qu'on attribue aux Temperamens, de sorte qu'on ne sçauroit tirer de leur consideration toute l'vtilité qu'on se figure. Au reste comme on esprouue que l'âge & les autres accidens, donnent quelquefois vne constitution à qui de certaines operations de l'Esprit sont faciles, ils la peuuent aussi oster diuersement; Voyla pourquoy bien que l'on accorde aux protecteurs de l'Examen des Esprits, qu'il y a des complexions propres à des employs particuliers, il est malaisé d'en rien determiner parmy des changemens si frequens. Il y a vne tres-grande difficulté d'autre part à discerner leurs marques. On les pense cognoistre par la proportion des parties, par la couleur du teint, par celle du Poil, & par toutes les autres Reigles de la Physionomie; mais il se trouue souuent de l'erreur en cela, pource que l'Ame humaine se peut exempter du seruage où le Temperament tient les Ames Bestialles. Antoine Zara qui a fait vn Liure de l'Anatomie des Esprits & des Sciences, a suiuy à peu prés les opinions de Iean Huarte, & ayant particularisé les Choses dans des Chapitres separez, il a crû les rendre plus intelligibles. Il a proposé que les Esprits tiroient leurs differences de trois causes, la Naturelle, l'Humaine & la Diuine; puis des Elemens, & des premieres Qualitez, & des Alimens, & des quatre Humeurs qui dominent au Corps de l'Homme, à quoy il a joint la consideration de ce qui vient de la Patrie ou des Parens, & des habitudes que l'on prend par l'Education & l'accoustumance. Il traicte aussi des Songes comme indices du Temperament; Toutesfois les Songes ne sont pas des indices si asseurez que les marques ordinaires, pource qu'ils se rendent

diuers felon les accidens iournaliers. En ce que cét Autheur
allegue de la Chiromance & de l'Aftrologie Iudiciaire, leurs
obferuations ne font pas beaucoup receuës, mais c'eft qu'il a
voulu raporter toutes les chofes dont on fe peut feruir pour la
connoiffance des Hommes ; C'eft aller au plus loin que de
rechercher les Caufes & les Signes des complexions, comme
il a fait. La complexion ou Temperament eft vne certaine
proportion des premieres qualitez qui font la froideur & la
chaleur, l'humidité & la feichereffe, lefquelles agiffent princi-
palemēt fur les quatre humeurs naturelles, le fang, le phlegme,
la Bile & la Melancholie ; Et entre ces humeurs, la prædomi-
nante donne le nom aux autres, & en forme le Temperament
qui tire de là toute fa force : Neantmoins on n'eft pas affeuré
que celà ayt par tout fon effect pour l'inclination des hommes,
& pour leur capacité aux Sciences ; Car le Temperament general du Corps n'eft pas toufiours celuy du Cerueau, & d'ailleurs on trauaille en vain de confiderer l'eftat du Corps, fans
examiner en particulier celuy de l'Ame. Antoine Zara a voulu s'informer de l'vn & de l'autre, mais il n'a pas fpecifié les
chofes comme on le defire : il a parlé de ce qui eft naturel, &
de ce qui eft artificiel & accidentel, fans monftrer où refide
le pouuoir principal. Il nous eft befoin d'examiner cecy fans
aucune preoccupation d'opinions. Confiderons qu'il faut quelquefois feparer les obferuations & quelquefois les joindre enfemble, & voir fi les vnes refpondent aux autres. Il y a de certaines qualitez du Sang & des Efprits, qui nonobftant les aparences exterieures changent la complexion des hommes par
plufieurs accidens, & les rendent habiles où inhabiles à des
chofes qu'on ne preuoyoit pas. La conuerfation que l'on a
euë dés l'Enfance auec les habitudes qu'on a contractées y
operent beaucoup : C'eft par ce moyen qu'il arriue que ceux
qui fe font adonnez à quelques Sciences contemplatiues, ont
de la peine apres à s'employer aux actiues, fans qu'il en faille
toufiours aller chercher la Caufe aux Temperamens fecs ou
humides, chauds ou froids. Si l'Entendement & l'Imagination
ont plus de pouuoir en eux que la Memoire, cela fe fait autant
par la diuerfité de leurs aplications, que par la force des qua-

litez corporelles. Quand l'on veut sçauoir dequoy les Hommes sont capables, il ne faut pas seulement considerer leur premiere constitution, mais leur nourriture & leurs exercices; Ce seroit mesmes vn abus de ne rechercher que ce qui concerne leur Temperament, lequel est caché ou desguisé sous des apparences diuerses, au lieu que ce sont souuent les aplications qui font connoistre le Temperament, estant plus en veuë & moins fautiues: Combien aussi est-on trompé à la Physionomie? Vn Homme aura le poil & le teint, & tous les traits de visage d'vn Phlegmatique, de complexion froide & humide, & pourtant il sera Bilieux & de complexion chaude & seiche, à cause qu'il s'est rendu tel par des Exercices violens. Veritablement de dire cecy, ce n'est pas nier les forces de la Nature; C'est monstrer seulement qu'elles sont quelques-fois empeschées & destournées: Il ne faut pas laisser de iuger des Hommes par les Signes naturels. Les Temperamens font que les hommes s'adonnent à de certaines occupations & les y rendent propres, s'ils ne sont point changez ou cachez, & encore ne se peut-il faire qu'il ne paroisse quelque chose de la premiere inclination. Si on tient mesme que la Coustume & le Trauail, operent beaucoup pour changer la constitution des hommes & leur Aptitude à quelques Professions, on doit iuger combien ils y sont propres d'auantage, lors que la Nature est comme compagne des desseins que l'on leur fait prendre, ou si les ayant precedez, elle y a seruy de conseil & d'Instinct. Nous reconnoissons donc qu'il y a des naturels plus propres & plus affectionnez à quelques aplications que ne sont les autres; Toutesfois il ne faut pas suiure absolument les reigles qui en ont esté données: C'est vne estrange chose que l'humeur des Hommes: La pluspart se portent incontinent à receuoir toutes les nouueautez qu'ils entendent, croyant qu'à cause qu'elles sont curieuses en quelque sorte, elles doiuent estre cruës en tout & par tout. L'Autheur de l'Examen des Esprits, est loüable d'auoir cherché cette nouuelle inuention, de connoistre l'inclination & la capacité que les Hommes ont pour diuerses Disciplines; Mais nous auons veu qu'il ne les a pas bien distribuées aux diuers Temperamens,& que d'ailleurs les Facultez de l'Entendement, de l'Imagination & de la Me-

moire, se trouuent souuent en vn degré excellent , sans qu'elles
dependent du Temperament sec, chaud , ou humide ; Neantmoins Antoine Zara, Pierre Charon & autres, reçoiuent presque sans contradiction la Doctrine de cet Espagnol. Nous
pouuons demeurer d'accord auec eux, que la capacité des Esprits est connuë par les Temperamens , mais nous sçauons que
cela n'arriue pas tousjours. D'vn autre costé il ne faut pas aussi
condamner entierement cette sorte d'espreuue, quoy qu'en ait
dit Iourdain Guibelet en son Examen de l'Examen. Nous laissons le Temperament humide aux Sciences de Memoire, le
chaud aux Sciences d'Imagination , & le sec à celles qui appartiennent à l'Entendement, en quoy nous entendons que leurs
qualitez soient moderées, car si elles estoient excessiues , elles
seroient plus nuisibles que profitables , & nous deuons croire
qu'elles se peuuent accorder pour rendre vn Homme propre à
differentes fonctions, ce qui est le temperament le plus exquis.
Il faut que nous aprenions encore à nous tirer de doute , quand
nous voyons qu'il y a des Hommes dont la capacité met en deffaut toutes ces obseruations ; Ils sont propres à plusieurs Sciences ausquelles il semble que leurs Temperamens repugnent,& la
facilité qu'ils ont à les aprendre , fait voir que cela ne procede
point de quelque accoustumance , ny de quelque soin extraordinaire. D'où peut donc venir cela ? Pour en sçauoir le secret, il
se faut persuader qu'il se passe vn certain mesnage dans les parties interieures du Corps que chacun ne peut pas conceuoir.
Outre les quatre Humeurs corporelles, le Sang , le Phlegme, la
Bile & la Melancholie, qui ont beaucoup de pouuoir sur les Inclinations des Hommes, il y a de tres-subtiles parties, soit Esprits ou autres, qui agissent diuersement sur les Organes , & les
rendent propres à differentes choses : On doit arrester neantmoins pour conclusion , que la force de ces Esprits depend de
certaine constitution du Corps, de sorte que cela n'est pas contraire aux opinions que l'on a des qualitez des Humeurs & des
Temperamens.

Ayant restably le pouuoir de ces facultez corporelles,
nous remarquerons que quelques-vns ont recherché les
moyens de les mettre en bon estat. Pour mieux iuger d'elles , ils

ne se contentent pas d'obseruer les Hommes en eux mesmes
par leurs signes exterieurs ; Ils ont encore recours à la recherche
des causes , à sçauoir du Temps & du lieu de leur naissance , &
sur tout'des Parens qui les ont produits , qui sont l s vrayes
sources du Temperament , lesquelles ont vne tres-grande authorité pour les rendre d'vne humeur ou d'vne autre. Cela
estant reconnû afin de rendre leur doctrine plus receuable , ils
ont eu dessein au mesme instant de prescrire des remedes aux
maux qu'ils declaroient, ou de donner du secours à l'accomplissement du Bien. Afin de chercher la perfection des Hommes
dans son origine la plus reculée, ils ont voulu pouruoir au bonheur de leur naissance, & faire que ceux qui les mettent au Monde, vsent de toute sorte de precautions pour les engendrer auec
les qualitez que l'on leur desire. Quelques Naturalistes ont recherché de quel temperament & de quel âge l'homme & la
femme doiuent estre pour se marier, & comment ils se doiuent
nourrir & gouuerner pour auoir des enfans de bonne constitution ; L'Autheur de l'Examen des Esprits y a ioint les moyens de
les engendrer d'vn temperament qui les rende propres à estre
instruits aux bonnes Disciplines.   Les vns & les autres veullent
qu'on soit si exact dans les mariages que de prendre garde si vn
Homme qui aura beaucoup de chaleur sera ioint à vne femme
qui en ait moins , & qui ait l'humidité qu'il n'a pas , pour en faire vne parfaite temperature. Mais il seroit mal-aisé de faire de
telles recherches , d'autant que beaucoup d'autres choses se doiuent rencontrer en vn bon party , ausquelles l'on à esgard principallement: Il semble pour l'ordinaire qu'en ce qui est des qualitez corporelles , c'est assez que ceux qui se marient n'ayent
point le corps infirme ny mal fait. Pour ce qui est de la maniere
de viure des personnes coniointes , & du temps de la generation ,
& autres obseruations que l'on prescrit pour auoir des garçons
ou des filles , & mesme pour les faire naistre auec vne complexion propre à de certaines professions, quoy que cela ne reüssisse
pas tousiours si ponctuellement comme l'on le propose , il n'en
sçauroit arriuer que du bien. Quelques hommes moins circons-
pects que les autres , iouyssent d'vn bonheur semblable sans en
auoir eu tant de soin ; mais c'est que leur corps s'est trouué dans

vne

vne pleine vigueur. Or quand ils ont recuéilly des fruicts de
leur mariage, il ne faut point douter que l'affection qu'ils leur
portent, ne leur donne plus de foucy, que lors qu'ils ne les
poffedoient qu'en esperance, & qu'ils ne faffent leur poffible
pour les conferuer & ameliorer. Plufieurs confeillent aux Meres que fi elles veullent que leurs enfans foient bien efleuez, ce
foient elles qui leur donnent la mammelle, afin que ces ten-
dres corps foient nourris du mefme fang qui leur a feruy d'aliment depuis la conception, & que fi elles s'en peuuent excufer
pour leur foibleffe & leurs maladies, ou autres empefchemens,
les nourrices que l'on choifira pour tenir leur place foient à
peu pres de leur temperament, afin que le changement en foit
moindre : Mais fi les Meres font foibles & delicates, il n'y a
point d'inconuenient de choifir des Nourrices robuftes, pluftoft que de prendre garde fi elles reffemblent aux Meres; Il faut
fçauoir encore fi ce Temperament eft conforme à celuy que
doit auoir l'Enfant, & s'il eft tel qu'il luy puiffe eftre vtile, comme de donner vn laict frais & tres-abondant, à vn Enfant
alteré & efchauffé. En effect on ne fçauroit manquer en donnant de bonnes nourrices aux Enfans, & fur tout celles dont
les mœurs ne font point craindre qu'elles leur faffent fucçer
de mauuaifes habitudes auec le laict. Plutarque dans le traité
de l'Education des Enfans a eu foin de toutes ces chofes, &
Quintilien dans fes Inftitutions de l'Orateur, a donné confeil,
Que l'on choifift aux Enfans des Nourrices Sages, qui parlent bien & qui viuent bien.

Lors que les Enfans font feurez & tirez d'entre les mains
mercenaires, c'eft alors principalement que les Peres & les
Meres, doiuent auoir le foin eux mefmes de leur education.
Des chofes qui leur touchent de fi pres, ne font pas fi bien en la
garde d'autruy qu'en la leur, s'ils veullent eftre affeurez à toute heure de ce qui en arriue. Tout le refte de la vie depend de
ce premier Temps: Ces jeunes Plantes gardent le ply que l'on
leur donne lors qu'elles ne font que des fçions. Quoy que la
meilleure humeur de cét âge, foit d'eftre adonnée au jeu & à
la recreation, ces diuertiffemens ont pourtant quelque chofe
de ferieux, au moins en ce que l'on peut defia connoiftre par

De l'educa-
tion des En-
fans, &
comment
l'on defcou-
ure leur na-
turel.

V u

eux à quoy l'inclination se porte. Comme les Esprits turbu-
lens se monstrent propres à la guerre, l'on trouue aux autres
des marques pour chacune des professions qui dependent des
Sciences. Ceux qui sont propres à l'Eloquence temoignent
leur facilité de parler; Ceux qui doiuent aymer les Estudes
profondes sont pensifs & taciturnes, & ceux qui seront bons
à raisonner sur diuerses matieres, & à inuenter diuerses choses, paroissent ingenieux en tout ce qu'ils font. On peut adjouster de petites espreuues de tout cecy, leur donnant quelques discours à aprendre par cœur, & leur faisant des questions sur toute sorte d'occurrences. Lors qu'ils seront d'vn
âge vn peu plus auancé, on descouurira encore mieux leur naturel, en leur presentant les Sciences mesmes, dont auupara-
uant on ne leur faisoit voir que les Images. Quelques vns ay-
meront la Cosmographie, ou l'Histoire, les autres s'aplique-
ront à la Musique, & à discourir eloquemment; Or il ne faut
pas penser que cela se fasse tousiours, pource que l'imagination
ou la Memoire soient plus puissantes aux vns qu'aux autres;
Cela n'arriue souuent que selon la fantaisie que l'on a eüe de
leur donner des Maistres de l'vne ou l'autre de ces disciplines,
& de leur en faire aymer quelques vnes par de certains agre-
mens. Ils se peuuent plaire aussi à quelques professions, pource que ce sont celles de leur Pere ou de leurs parens les plus
proches, & qu'ils en ont ouy faire estime. On repartira qu'autre chose est d'aymer vne profession ou de s'y trouuer propre,
& que chacun ne reüssit pas à ce qu'il desire, tellement qu'au
dessus de cela l'on peut encore auoir besoin d'Examen; Il y a
quelquefois des desseins mal apuyez, & qui ne partent pas du
fonds de l'Esprit; La capacité n'accompagne pas tousiours l'inclination: Neantmoins il est probable qu'elle la peut suiure, &
que c'est vn grand moyen pour profiter à quelque chose que
d'y apliquer son affection & son trauail; C'est ce qui monstre
que si l'on veut se seruir de la Doctrine des Temperamens, il
ne luy faut pas donner des reigles si estroites. Chaque Science
ou Art ne depend point tellemét de l'vne ou de l'autre des facultez de l'Esprit, qu'on ne puisse dire qu'elles y sont toutes necessaires: Il est vray qu'il y en a ordinairemét vne qui l'est plus

que les autres ; C'eſt pourquoy l'on a partagé entre elles toutes
les diſciplines, & il eſt certain que ſi outre l'inclination que
l'on a pour quelque Science, & auec la commodité qu'on
trouue de l'aprendre des Maiſtres qui s'offrent, on a encore vn
Temperament qui y ſoit conforme, on y pourra mieux reüſſir;
mais au cas qu'on ne l'ayt point, on le peut vaincre par la couſtume & par l'habitude ; de ſorte que pluſieurs ont iugé qu'il
n'eſtoit pas tant beſoin de rechercher ſi noſtre Temperament
eſtoit propre à la Science que nous deſirions d'aprendre, comme de conſiderer ſi elle eſtoit abſolument neceſſaire pour
noſtre Fortune & pour noſtre condition, afin d'y employer
apres noſtre trauail à bon eſcient. Quand il ſe trouueroit
donc d'abord quelque contrarieté de la part de noſtre conſtitution corporelle, il ne faut point deſeſperer du ſuccez, puis
que meſme l'on demeure d'accord que le Temperament eſt
chang[é] par pluſieurs accidens, & que l'on ſe fortifie merueil-
leuſement de ce ſecours.

Quant au changement que les maladies aportent au Temperament, ie croy qu'il doit eſtre ſuſpect, d'autant qu'il eſt mal
ayſé que d'vn mal il en vienne vn bien ; Pour ce qui en arriue
dans la vieilleſſe, c'eſt encore vne faſcheuſe attente. La conſtitution du corps eſt changée d'vne autre maniere plus heureuſe. Ceux qui ont trop de froideur s'eſchauffent par l'exercice & par des remedes chauds, & ceux qui ont trop de chaleur
ſe ſeruent des bains & de quelques breuuages qui rafraiſchiſ-
ſent, pour operer & par le dehors & par le dedans. Cela profite à la Memoire lors qu'vne trop grande chaleur luy nuit.
On remedie auſſi au deffaut d'humidité d'vne autre part ;
Lors qu'elle abonde trop, l'on la retranche. La ſuperfluité
d'humeurs eſtant corrigée, l'Entendement eſt rendu plus ſubtil ; La Memoire en eſt plus forte, & pour la rendre auſſi plus
facile, il n'y a qu'à rendre le cerueau plus humide ou moins ſec.
On trouue des Autheurs qui ſans y aporter tant de diſtinction
veullent ayder à toutes ces choſes par de meſmes moyens :
Voicy les receptes qu'ils en preſcriuent ; Ils diſent, Qu'il faut
s'eſtuuer la teſte de laiſſiue où aura bouilly de la Camomille de
la Marjolaine, & des fueilles de Laurier ; Qu'il ſe faut frotter

les temples auec de l'huyle de Sureau & d'Euforbe, & se lauer les iambes en eau tiede où l'on aurafait bouillir de la Melisse & semblables herbes, & que pour le mesme dessein l'on peut faire vne pomme de senteur composée de racine d'Iris, de Menthe, de noix Muscade, d'Ambre, d'Ençens, d'Aloe, & de Lodanum. Tous ces secrets vont à eschauffer & desseicher, & l'espreuue en est fort perilleuse ; le craindrois qu'ils n'alterassent la santé du Corps, & qu'ils ne fussent aussi fort contraires à la bonté de l'Esprit. Cependant on propose qu'ils seruent autant à l'Imagination & à l'Entendement qu'à la Memoire, pource que non seulement l'on croid que qui a bonne memoire s'imagine mieux les choses & les entend mieux, mais aussi à cause que la chaleur que l'on excite resueille les especes qui se treuuent en l'Esprit de l'Homme. Il faut se garder d'y estre trompé ; Car plus de gens ont besoin d'estre rafraischis qu'eschauffez, & pour ce qui est de mettre les facultez de l'Esprit au meilleur estat qu'elles puissent estre selon la constitution de la personne, il n'est rien de plus à propos que d'auoir vne façon de viure moderée en toutes ses parties. Les mesmes preceptes que l'on peut donner pour la santé du Corps, seruent à la Santé de l'Ame ; Les alimens qui sont bons & pris en mediocre quantité, n'enuoyent que de douces fumées au Cerueau, qui seroit offusqué de vapeurs espaisses, pour la trop grande abondance d'alimens ; Auec cecy l'exercice moderé dissipe les mauuaises humeurs qui donnent de l'empeschement ; L'on ne sçauroit rien treuuer qui ayt d'auantage de force pour mettre le Corps & l'Esprit en bon estat. C'est vne erreur de croire que n'ayant pas le Temperament propre pour auoir bon esprit, on le puisse entierement changer : Penseroit on forcer la Nature ? On ne luy peut faire de violence sans en souffrir du dommage. Le Temperament que l'on veut obtenir ne sçauroit estre bon pour nous, s'il ne conserue la santé du corps, & cela est difficille par des changemens artificiels. Il se faut contenter de corriger quelque peu, ce que l'on ne peut amender, ce qui se fera par vne maniere de viure moderée, laquelle si l'on obserue bien, on n'ira pas si loin de vray que de passer d'vne extremité à l'autre, mais on s'auancera iusques dans le milieu,

& il pourra arriuer heureufement que noſtre complexion ſe trouuera dans vne vraye Harmonie, où les qualitez differentes ne ſe ſurpaſſeront point l'vn l'autre exceſſiuement, & leur eſgalité formera vn bon accord. C'eſt ce qui cauſe le plus excellent naturel, lequel merite ſeul le nom de Temperament, pour ſa parfaite temperature, les autres n'eſtans que des deſreiglemens. Ce vray Temperament monſtre ſa dignité, en ce qu'il eſt propre à toute ſorte de fonctions, & qu'il ne fauoriſe point d'auantage la Memoire & l'Imagination, que l'Entende-ment ; C'eſt vne folle vanité à ceux qui n'ont point de Memoire, de vouloir faire croire que c'eſt parce qu'ils ont beaucoup de iugement & que l'vn empeſche l'autre ; Car toutes les facultez ſe peuuent rencontrer enſemble au moins dans le degré neceſſaire à la Perfection. Le Temperament qui ſert à la produire ſe peut acquerir par la bonne reigle de la vie qui retire l'Homme de toute ſorte d'excez. Que ſi l'on croid qu'il y ayt des Temperamens naturels qui ſoient tellemēt fixez dez la naiſſance, que l'on ne leur puiſſe oſter ce qu'ils ont de ſurabondant, ny leur donner ce qui leur manque ; Si eſt-ce que l'on peut rendre leurs qualitez moins diſcordantes, & en faire de meilleurs organes pour toutes les operations de l'Ame, & quand l'Art n'auroit point ce pouuoir ſur le corps, nous tenons que l'Ame s'en peut paſſer, & ſe rendre capable elle ſeule des Diſciplines auſquelles elle ſe veut apliquer, par vne attention continuelle & methodique.

DE LA
GRANDE ET PARFAITE
METHODE,

Pour apprendre les Sciences & les Arts dans les Collé-
ges ou Academies ; Comment les Leçons y doiuent
estre autrement reiglées qu'à l'ordinaire, pour y estre
instruict de plus de choses, & plus facilement, & en
moins de temps.

SIXIESME TRAICTE'.

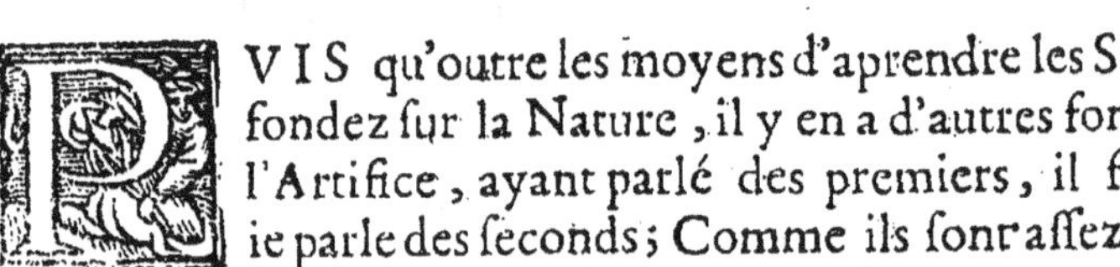

PVIS qu'outre les moyens d'aprendre les Sciences fondez sur la Nature, il y en a d'autres fondez sur l'Artifice, ayant parlé des premiers, il faut que ie parle des seconds ; Comme ils sont assez diuers, on s'abuse souuent à leur choix. Il y en a d'anciens & authorisez que presque tout le Monde suit, lesquels ne font paruenir aux Sciences qu'apres de longs trauaux, & ne font souuent obtenir que des Doctrines erronnées ou imparfaites. Nous en cherchons d'autres par lesquels toutes les Sciences & tous les Arts, soient apris plus facilement & plus promptement, & de cecy l'on peut encore composer vn Art particulier. Ce projet s'executera si l'on y obserue des Methodes qui ensei-

gnent à vn Homme en cinq ou six ans, & en deux ou en trois,
ce qu'il n'aprendroit pas en vingt par les reigles communes, ny
possible en toute sa vie. D'abord quelques personnes s'eston-
neront de cette Proposition, & douteront de son effect, mais
il leur faut monstrer comme elle n'a rien qui ne soit possible,
afin qu'ils ne fassent point de refuz de la croire, & de s'apliquer à ce qu'elle ordonne. Il est vray que l'on employe d'ordinaire sept annés aux Escholes d'Humanitez, deux à celles de
Philosophie, & trois ou quatre, plus ou moins à celles de la
Theologie, de la Iurisprudence, ou de la Medecine. Ie laisse
les facultez particulieres dans toute l'estenduë que les Maistres
leur voudront prescrire. On ne peut sçauoir trop d'vne Science dont on veut faire sa principale profession; Pource qui est
des Humanitez ou de la Philosophie & des Mathematiques, qui
sont des Sciences communes à toute sorte de gents, ie prendray
la hardiesse d'en parler, & de soustenir qu'on peut bien accomplir leur Estude en moins de temps qu'on n'a accoustumé.
Le Secret est qu'il en faut retrancher beaucoup de choses inutiles; Car de mesme que ceux qui ayant vn long chemin à faire.
s'auançent beaucoup en peu d'heure s'ils ne se fouruoyent nulle part, & s'ils ne marchent point obliquement, mais droicte-
ment; Aussi profite-t'on beaucoup quand l'on ne s'instruit
que des choses necessaires, & non point des superflues, & que
l'on suit vn ordre exact par tout. Ce sont là les moyens asseurez pour paruenir à ce bien. Cecy seruira à ceux qui se meslent
d'enseigner les autres & à leurs Disciples, afin que les vns ordonnent ce qu'il faut faire, & que les autres l'obseruent. Ie
veux tracer premierement les reigles de la grande & parfaite
Methode pour toute sorte de Colleges & d'Academies, &
apres auoir parlé de ce que l'on peut aprendre aux Escholes generalles, & publiques, ie traiteray des Instructions particulieres.

Comme l'âge le plus propre pour l'instruction des Hómes est
celuy de l'Enfance, & en suite celuy de l'Adolescence, on doit
parler principalement pour ces deux Temps. Aussi tost que les
Enfans ont l'vsage de la Raison, il leur faut donner les premieres Notions, sur lesquelles toutes les autres prennent leur fon-

De l'Instru-
ction des
Enfans.

dement, qui font d'aimer Dieu, le reuerer & le craindre, &
d'aymer auffi & refpecter leurs Parens & leurs Superieurs. Par
les refpects qu'ils rendront à vn Pere corporel & vifible, ils
s'efleueront d'autant plus à la cognoiffance de Dieu, leur Pere
inuifible & Spirituel, dont l'Amour & la crainte font l'accompliffement de toute Science & de toute Vertu. Dez qu'ils
fçauront parler & entendre la parole des autres, on leur donnera les inftructions de ce deuoir, en leur aprenant les Com-
mandemens de Dieu & de fon Eglife, auec les principalles
Prieres des Fidelles, afin que leur bouche ne foit pas pluftoft
ouuerte, qu'elle leur ferue à publier les loüanges de leur
Createur. On peut ioindre à cela les premiers Preceptes des
bonnes Mœurs & de la Ciuilité, qui eftant infinuez dans leur
Efprit de bonne heure, ils ne perdront iamais cette teinture.
Or cecy eft apris d'ordinaire par les Meres, ou par les Nourrices & les Gouuernâtes, & en ce qui eft des Elemens des Sciences qui font de fçauoir lire paffablement dans quelques Liures,
cela eft auffi monftré affez fouuent par des Femmes, pource
que la douceur de leur naturel, femble mieux s'accommoder à
la foibleffe du premier âge. De plus hautes Leçons font données par des Hommes, & fi les Peres ne font pas affez habiles
pour inftruire eux mefmes leurs Enfans, ou pluftoft comme il
arriue d'ordinaire, fi les employs de leurs diuerfes vacations
leur en oftent la commodité, ils doiuent choifir les meilleurs
Maiftres pour leur eftre fubftituez en cette fonction, qui leur
apartient autant que toute autre. Or foit que d'abord on mette les Enfans dans les plus grandes Academies ou dans les Efcholes particulieres, il me femble qu'il fera à propos de proceder de cette forte à leur inftruction.

  Pource que la Science eft attachée aux Liures, qui confer-
Comment uent tres feurement les preceptes des differentes Difciplines,
la Langue lors que l'on aura commencé d'aprendre aux Enfans à dire
Latine peut quelque chofe par cœur, on leur aprendra prefque en mefme
eftre aprife temps à connoiftre les lettres de l'Alphabeth, & à les affem-
aux Enfans. bler pour en former les Syllabes & les Mots, afin qu'ils foient
inftruits par la veüe autant que par l'oüye. Quelque temps
apres ils aprendront à former les Caracteres pour reprefenter

par

par efcrit ce que la voix prononce , & comme ils font alors plus
capables de retenir toute forte de Difcours les lifant & les tranf-
criuant , de là l'on a accouftumé de commencer de leur apren-
prendre la langue Latine , qui eft celle que l'on enfeigne principallement par toute l'Europe , à caufe qu'ayant le plus d'affinité auec les Langues vulgaires, elle en eft plus ayfée à prononcer & à retenir , & d'autant auffi qu'elle fe monftre la plus
neceffaire en toute forte de Profeffions , ayant efté la langue
ordinaire de plufieurs bons Autheurs qui s'en font feruis dans
leurs Liures. Si l'on la vouloit aprendre aux Enfans auparauant mefme qu'ils euffent cinq ou fix ans accomplis on pourroit vfer de l'inuention du Pere de Michel de Montagne, qui
lors que fon fils eftoit encore en nourrice & dez qu'il pût former fa parole, luy donna vn Maiftre de Latin qui le tenoit
continuellement entre fes bras, & ne luy parloit autre langage,
tellement qu'il aprit pluftoft à parler Latin que Gafcon ou
François; Car ny fon Pere , ny fa Mere , ny feruiteur , ny fer-
uante , ne luy parloient point autrement qu'en prononçant
autant de mots Latins qu'ils en auoient apris pour iargonner
auec luy. Chacun n'aymeroit pas vne telle fujettion , & ne
voudroit pas amufer vn jeune Efprit à des chofes qu'il eft affez
à temps de fçauoir en vn age plus auancé. Il feroit à craindre
qu'vn Enfant qui fçauroit bien le Latin ou le Grec , que
l'on luy auroit apris fi facilement par ce moyen, n'euft apres
beaucoup de peine à aprendre fa langue maternelle, qui luy
fembleroit comme eftrangere, quoy qu'elle luy fuft de plus
grande vtilité que toute autre pour la conuerfation ciuille; Ie
ne fçay quels enfans il pourroit eftre befoin d'inftruire en cette
maniere, fi ce n'eft ceux que l'on voudroit preparer à eftre des
Regens de College , lefquels pour ce fujet ne fuffent point
obligez de fçauoir autre langue que celle de leurs Claffes, &
fuffent entierement feparez du commerce du Monde ; Car
pour des Enfans de bonne maifon que l'on deftine à d'autres
employs , cette methode ne leur feroit pas fort vtile. Que s'ils
s'occupoient apres à aprendre la langue de leur Pais pour
la parler nettement & correctement , il y auroit danger
qu'ils ne miffent en oubly celle qu'ils auroient aprife la pre-

X x

miere. Montagne auoüe mesme que cette maniere d'Instruction ne luy fut pas fort auantageuse , & qu'estant mis au College, son Latin s'abastardit incontinent, de sorte que depuis il
en perdit tout vsage, & cette Institution extraordinaire, ne ser-
uit qu'à le faire arriuer d'abord aux premieres Classes, & luy
faire acheuer son cours à treize ans, mais que ce fut sans aucun
fruict ; C'est à dire en vn mot que cela fut cause qu'il fut trop
tost auancé à des Sciences mal aisées à comprendre pour cét
age , & qu'auec cela son premier langage s'estant corrompu
dans la lecture de diuers Autheurs, il perdit ce qu'il auoit desia
d'acquis. Cette experience ayant esté faite inutilement en luy,
elle n'est point à imiter ; Elle procedoit seulement de la fantaisie d'vn Pere curieux & de loisir , qui vouloit chercher de nouuelles Methodes pour l'Instruction de ses Enfans.

En ce qui est de la multiplicité des langues, quelques vns
se sont vantez d'en faciliter l'Instruction , mesmes touchant les
langues Orientales. Vn nommé des Vallées a crû autrefois y
pouuoir paruenir, par le moyen d'vne langue generalle apliquée à toutes les autres, qu'il appelloit langue Matrice, mais
on n'a point trouué qu'il ayt pû aprendre aux autres ce qu'il
sçauoit. Depuis ce téps là le sieur le Maire, qui est celuy qui a inuenté de nouuelles regles de Musique , & qui a fabriqué cette
espece de Luth qu'on apelle l'Almerie, a proposé aussi d'enseigner plusieurs langues en peu de temps à quelques personnes
que ce fust , mesmes à celles qui n'auoient receu encore aucun
Principe de Discipline. Afin de faire monstre d'vne industrie
non commune, il auoit instruit vn Enfant de huict à neuf ans,
auquel il auoit apris l'Hebreu, le Grec & le Latin ; qui com-
posoit vn petit Theme en chacune de ses langues assez passa-
blement, & traduisoit tout sur le champ les Liures qu'on luy
presentoit. Ie l'ay veu en vne celebre Compagnie au milieu
d'vne grande Bibliotheque, où l'on prenoit les Liures au hasard , & l'on les ouuroit de mesme, pour luy en donner des
passages à traduire. Comme on taschoit de s'imaginer par quel
moyen son Maistre l'auoit pû si bien instruire, on disoit qu'il
auoit choisi vn Enfant docile & de bonne memoire, & que le
tenant ordinairement chez luy, il auoit eu la commodité de

luy donner ſes enſeignemens à toute heure, pour luy aprendre
à lire & à expliquer les Autheurs à force de repetitions, ſans
l'occuper à autre choſe, luy faiſant meſme paſſer cela pour jeu,
& luy donnant chaque iour de petites recompenſes ſelon le
nombre des mots qu'il aprenoit. Cela ſembloit pourtant merueilleux que cét Enfant euſt la connoiſſance de trois langues
en vn age où à peine les autres peuuent ſçauoir les Rudimens
de la langue Latine ſeulement; Mais quoy qu'vne ſemblable
Methode pûſt ſeruir à d'autres Enfãs, il faudroit pour y reüſſir
qu'ils euſſent autant de Memoire que celuy là, & l'extreme
poinct de cette Faculté n'eſt pas à deſirer, puis que l'on tient
qu'en cét eſtat elle ne ſçauroit eſtre accompagnée d'ordinaire
d'vn grand Iugement. Ceux qui aprennent les choſes auec vne
telle facilité, ſont fort peu fondez en ce qu'ils ſçauent, & ſont
ſujets à l'oublier auec autant de haſtiueté comme ils l'ont
apris. Il eſt meſmes fort peu vtile à de tels Diſciples, de ſçauoir ſi toſt ce qu'ils peuuent aprendre plus commodement en
vne autre ſaiſon : Ils ne font que deuançer le temps dé quelque
année, & s'ils ſçauent deſia ce qui ne leur eſt pas encore neceſſaire, il ſe trouuera qu'en eſchange ils ignorent ce qu'il leur
ſeroit beſoin de ſçauoir preſentement, comme quelques reigles
des bonnes Mœurs, & celles de la Ciuilité & de la Bienſeance.
En effect on remarquoit auſſi que cét Enfant qui ſçauoit deſia
trois langues, ne ſçauoit rien autre choſe, & l'on a reconnû
depuis qu'il s'eſt monſtré tres lourd à quelques Profeſſions où
l'on l'a voulu apliquer. Il y a à reſpondre que ſi la Methode du
ſieur le Maire pour aprendre les Langues en peu de temps, n'eſt
profitable aux Enfans, elle le peut eſtre aux perſonnes auan-
çées en âge, & que l'eſpreuue n'en eſtoit faite en vn Enfant,
que pour monſtrer qu'elle deuoit eſtre encore plus ayſée en des
Hommes accomplis. Il eſt plus ſeur de vray d'aprendre les
langues par les voyes ordinaires, & par des preceptes reiglez,
que par des methodes extraordinaires & precipitées qui ne les
enſeignent qu'à demy : Toutefois pour en ſçauoir d'auantage,
meſmes en vn temps où l'on n'a pas le loiſir de ſuiure les voyes
communes, on pourroit auoir recours à vn tel Secret. Il n'a
point eſté publié par ſon Autheur, à cauſe qu'il demandoit cin-

quante Eſcholiers qui luy donnaſſent chacun mille francs, ou
vn petit nombre qui luy fiſt pareille ſomme pour ſa recompenſe; Il ne s'eſt point trouué de gents qui ayent aſſez aymé les
langues pour luy faire ce preſent, & pluſieurs meſmes ſe ſont
perſuadé, que ſon Art ne conſiſtoit qu'à aprendre les langues
par routine, ou par quelque ordre de Racines, & ſelon que
les langues deriuoient les vnes des autres. Cela peut eſtre
dreſſé d'vne façon reguliere ſans ſe promettre vne ſi prompte
Inſtruction, & ſans ſe laiſſer accabler par vne varieté de mots,
qui ne ſont qu eſtourdir l'Eſprit, & le rendent mal propre à de
plus hauts Enſeignemens, s ils ne ſont accompagnez de quelque Doctrine.

De ceux qui ont pre-tendu enſei-gner les Sciences en peu de temps.

　　La promptitude & la facilité ſont encore promiſes dans l'a-
prentiſſage des Sciences, quoy qu'il ſoit plus difficille que celuy des langues : Mais quelques vns qui s'en ſont meſlez, ſe
ſont monſtrez incapables de ce qu'ils promettoient, ou n'ont
eſté que des Impoſteurs. Tel eſtoit ce Docteur qui auoit faict
afficher dans Paris qu'il enſeignoit l'Abregé des longues Eſtudes, & qui ne donnoit neantmoins que des lieux communs où
vne ſeule ſentéce ſeruoit d'authorité à pluſieurs choſes, en châ-
geant quelque mot, & qui faiſoit preſque le meſme de quelques
Hiſtoires alleguées pour exemple, & des proprietez de quelques Plantes ou Pierres pour ſeruir de ſimilitude, ce qui eſtoit
vne vaine & trompeuſe monſtre d'Eloquence. Vn autre
que i'ay ouy nommer La Martelaye, lequel pretendoit
meſmes d'enſeigner aux Enfans les Sciences les plus hautes, n'auoit pas eu vn Eſcholier huict iours, que l'interro-
geant deuant ſes parens, il entreprenoit de luy faire trenuer
toutes les Categories d'Ariſtote, luy demandant ce que c'eſtoit
que la premiere choſe qui ſe rencôtroit, quelle eſtoit ſa quantité
& ſa qualité, & ainſi de tous les Accidens. Il vouloit faire croire
par ce moyen que cét Enfant eſtoit deſia grand Logicien, &
tout cecy n'eſtoit que vraye charlatanerie. Ce Maiſtre auoit
poſſible deſſein de perſuader, qu'il reſſembloit à Socrate, qui à
force d'interroger ſes Diſciples leur faiſoit trouuer la verité des
choſes, & pour ce ſujet diſoit qu'il faiſoit l'office de Sage-fem-
me enuers les Eſprits; Mais cét aucien Philoſophe les endoctri-

noit efficacement, au lieu que celuy-cy en faisoit seulement la
feinte. D'autres se voulans seruir de Methodes toutes extraordinaires, promettent qu'ils rendront sçauans en peu de temps,
tant les Enfans que les Hommes agez, suiuant les preceptes de
Raymond Lulle. On tient que le sieur de Vassi qui a autrefois
fait cette entreprise, s'en est bien acquitté, & de vray il a eu des
Escholiers qui sont paruenus à des connoissances extraordinaires, mais leur suffisance y a beaucoup contribué. Il se trouue
certains Pædagogues qui voulant enseigner les Sciences par
de semblables voyes, ignorent eux mesmes ce qu'ils se vantent
de pouuoir aprendre aux autres. Au reste dans le meilleur estat
que soient leurs Instructions, il faut reconnoistre qu'elles ne
sont qu'vn foible secours pour ceux qui n'ont pas eu le loisir d'e-
studier selon les Methodes communes, & que l'espreuue en est
nuisible & ridicule. Ces Maistres n'ayant enseigné à leurs
Disciples que des choses confuses capables de leur broüiller
l'Esprit, & ne leur ayant apris que deux ou trois discours sur
quelques sujets, dont ils se seruent à toute heure mesmes hors
de propos, leur Science n'est en comparaison de la vraye
Doctrine que comme les ouurages faux de l'Alchymie auprés
du vray or. Ce ne sont point les enseignemens qu'on doit donner icy ; Il faut acquerir la realité de la Doctrine non point
l'aparence seule. Si ie propose d'y faire paruenir en peu de
temps, c'est neantmoins dans vn temps raisonnable, & par des
methodes regulieres. Voyons premierement, ce qui se peut
faire pour les langues.

On insistera à nous representer que soit qu'on loüe ou qu'on
blasme l'exemple de l'instruction de Montagne, en quelque
âge que ce soit la langue Latine & la Grecque peuuét estre aprises toutes entieres par routine de mesme que les vulgaires ; Que
pour estre des langues mortes, elles ne sont pas d'vne autre
espece que les viuantes, & que lors qu'elles auoient vie & credit,
tout vn Peuple les sçauoit sans reigles ; Que les Enfans qui
estoient encore à la mammelle commençoient à les prononcer,
& les sçauoient parfaitement auant mesme que d'auoir vne raison parfaite : Neantmoins estant question d'aprendre vne seconde & vne troisiesme lãgue, il faut auoir laissé du téps à la pre-

*Si la langue
Latine &
le Grecque
se doiuent
aprendre par
routine.*

miere, qui eſt la langue maternelle pour ſe fortifier en nous, &
venant aux autres auec l'vſage de la Raiſon, il y faut vſer de ſes
droiƈts, qui ſont de nous donner des reigles, leſquelles en effet
doiuent eſtre plus eſtimées qu'vne ſimple routine, veu qu'elles
aportent plus de facilité & de certitude, faiſant connoiſtre la
variation, la liaiſon & la conſtruƈtion des mots. On peut bien ſe
ſeruir de ces methodes pour les langues mortes qui demeurent
fixes, puis que meſme elles ſont vtiles aux langues muables &
viuantes, comme pour l'Italienne & l'Eſpagnolle, qui ont leurs
loix chacune, & leurs Grammaires particulieres que les Maiſtres enſeignent. Il eſt vray qu'auec cela il eſt fort à propos que
l'on ſoit ſouuent parmy des gents qui ne ceſſent de parler de tels
langages, afin qne l'on s'accouſtume à mettre en œuure ce que
l'on a apris ; Par ce moyen l'on ioindra la routine aux reigles,
afin d'eſtre inſtruit parfaitement.

Pour rendre l'Inſtruƈtion generalle, il faut s'apli-quer aux Sciences, en meſme tẽps qu'au lan-gage.   Or comme ie veux donner vne maniere d'Inſtruƈtion qui
ſoit generalle, ie ne preten pas que la Ieuneſſe perde le plus beau
de ſon temps en s'adonnant à aprendre ſeulement vne langue,
qui telle qu'elle ſoit, n'eſt qu'vn ſimple jargon, & n'eſt que le
ſigne des choſes ; Il faut commencer de s'apliquer en meſme
temps aux choſes meſmes, qui ſont les Sciences & leurs preceptes. S'il ſemble que l'Inſtruƈtion en ſera plus longue, en recompenſe elle ſera double, & d'ailleurs nous pretendons l'abreger par vne methode ſi facile & ſi propre à tout, qu'elle enſeigne-
ra meſme beaucoup plus de choſes que l'on ne fait dans les Eſcholes ordinaires. Cherchons icy l'ordre qu'on y pourroit aporter. Soit que l'on commence à inſtruire les Enfans à ſix ou ſept
ans ou en vn age plus eſleué, pour leur aprendre la langue Latine, il faut premierement leur donner à retenir les mots Latins
qui expriment tout ce qui ſe treuue dans l'Vniuers, les diuiſant
en Noms des Choſes & en Mots qui ſignifient les Aƈtions, ainſi
que cela eſt reiglé dans la Science Vniuerſelle ; Car quoy que
l'on n'aprenne point d'abord cette Science aux Eſcholiers, il eſt
beſoin que les Maiſtres la ſcachent, comme fourniſſant de
maximes certaines a toutes les Sciences particulieres. Or ſçachant les Noms des Choſes, c'eſt deſia joindre leur connoiſſance au langage, ce qui ſe fera d'autant mieux, plus on ira en auant,

Sous les Noms des Choſes ſont compris les Subſtantifs, les
Adjectifs & les Pronoms ; Quant aux Mots qui ſignifient les
Actions, ils ont leurs differences de Verbes & d' Aduerbes, & à
cecy l'on joindra les Præpoſitions & les Conjonctions, qui ſont
des Mots, leſquels en quelque façon deriuent des Verbes. Les
Mots principaux de chaque partie d'Oraiſon ſeront ainſi reduits dans vn Catalogue auec les diuiſions de chaque eſpece ;
Les Eſcholiers en retenant chaque iour par cœur vn certain
nombre, il faudra qu'au bout de la ſemaine ils les repetent tous
afin de faire voir combien ils ont profité, & notez que ſi en ce
temps là ils employent encore quelque heure pour aprendre
à bien eſcrire, il ne ſera pas mal à propos que tout ce qu'ils co-
pieront, ne ſoit que de pareils termes, afin qu'ils ſoient mieux
imprimez dans leur Eſprit. On leur aprendra auſſi qu'il y a de
certains mots qui changent de terminaiſon eſtant declinez
ou conjuguez, & que d'autres ſont immuables, & leur en faiſant accoupler quelques vns, on leur fera voir quel eſt l'vſage
de ces declinaiſons & conjuguaiſons, pour la flexion & terminaiſon des Noms & des Verbes ſelon les cas & les temps. Leur
aprenant la Syntaxe par meſme moyen, ils ſçauront comment
les Noms & les Verbes ſont regis les vns par les autres, & en
quel rang on doit placer les Aduerbes, les Conjonctions, &
les autres parties de l'Oraiſon. Cecy ſe peut faire par des ſimples Tables où l'on verra en bref le nombre des Declinaiſons
& Conjugaiſons & leurs irregularitez, & les reigles de leur
employ, ſans qu'il ſoit beſoin ſi l'on veut de s'arreſter aux
Vers du Deſpautere qui chargent l'eſprit de termes barbares,
& inutiles, & font aprendre pluſieurs choſes pour vne. Ces for-
malitez ne ſont pas neceſſaires pour aprendre la congruité des
mots, & ne ſeruent qu'à allonger le temps. On verra que ſans
cela les Eſcholiers ne laiſſerõt pas de bien former des periodes
compoſées de diuerſes clauſes, & meſmes des diſcours compoſez de diuerſes peryodes. Lors qu'on leur fera traduire des
paſſages de quelques Autheurs Latins, on leur fera remarquer
l'employ, le changement & la ſituation des Mots, afin qu'ils
les puiſſent imiter, & que comme ils expliquent les ouurages
des autres, ils en puiſſent auſſi compoſer eux meſmes. On les

obligera encore à retenir par cœur de petits difcours ou Dialogues Latins fur toutes forte de fujet s familiers, pour s'accouftumer à parler facilemēt en cette langue. On y ioindra quelque
inftruction touchant les chofes du Monde les plus euidentes,
referuant ce qui eft de plus d'important pour de plus hautes leçons : Mais pource que les perfonnes les plus jeunes & les
moins fubtiles, en comprendront affez pour voir que la plus
part des chofes font differentes de quantité, on leur enfeigne-
ra en mefme temps les Mathematiques qu'on apelle pures, qui
donnent des reigles à cet accident des Corps.

De l'Ari-
thmetique
& de la
Geometrie.

On doit croire que de telles parties des Mathematiques
peuuent eftre enfeignées dez le commencement des Eftudes, felon la Methode de quelques anciens Philofophes ; Au
moins les peut on faire aller du pair auec plufieurs Sciences
aufquelles elles font iointes par affinité. Toutefois fi l'on croid
qu'elles ont de la fuperiorité pour leur certitude, il faut confiderer qu'aux endroits où les Mathematiques font affeurées, les
connoiffances de la Phyfique, & les conclufions de la Logique
ne le font pas moins ; Car de dire que le plus grand nóbre contient plufieurs fois le plus petit, & que fi de chofes efgales on
ofte chofes efgalles, le refte fera efgal, cela fe veriffie aux
Corps naturels, comme dans les raifonnemens & les demonftrations. Tout cecy eft donc joint à la confideration des proprietez les plus connuës des chofes, & pource que l'on les
nomme pour les faire connoiftre, & que l'on les connoift par
le difcours, en s'informant du langage, on s'informera auffi de
leur Eftre. A fin de cultiuer diuerfement l'Efprit des jeunes
Efcholiers, & commencer d'vn train efgal à leur donner les
Principes de toutes les Sciences, à vne certaine heure du iour
il leur faudra donner les premieres reigles de l'Arithmetique
& de la Geometrie. Comme l'on fupofe que ceux que l'on
aura à enfeigner feront agez de neuf ou dix ans, puis que l'on
aprend bien à joüer aux Cartes, aux Dames, & aux Efchets,
à des Enfans de cét age, il ne fera pas plus malayfé de leur
aprendre ces rudimens des Mathematiques, qui confiftent en
Nombres & en Figures qu'ils peuuent ayfement conçeuoir,
pource que cela ne depend que de la veüe, & apres de la Memoire.

moire, laquelle est plus puissante en eux que toute autre faculté, & que cela n'est pas plus difficille à comprendre que les reigles de la Grammaire.

Ces Instructions leur suffiront pour vne premiere Classe; *De la se-* Quand ils seront montez à vne seconde, outre les Roolles des *conde Classe* Mots principaux de la langue Latine qu'ils auront desia apris, *& de la Lan-* il faudra leur donner vn Discours qui en comprenne tous les *gue Latine,* Mots en general, sans y estre employez qu'vne fois chacun, *en son en-* afin que cela soit plus succinct & se retienne mieux. Pour ayder *tier.* mesme à l'acquisition des Sciences, cela contiendra vne brieue Description de tout ce que l'on peut sçauoir dans l'Vniuers ; Et pource qu'il y a des choses qui ont diuerses apellations, il faudra que les Escholliers s'apliquent aussi à lire vn Dictionnaire Alphabetique complet, ce qui est extremement necessaire; Car dans la maniere ordinaire de l'Instruction, comme la pluspart des Enfans n'ont accoustumé de faire que ce à quoy ils sont obligez precizément, ils n'ont iamais parcouru ce Liure que lors qu'il leur a esté besoin d'y chercher les mots qu'ils ont ignorez pour la composition de leurs Themes, ou ceux qu'ils n'ont pû expliquer en traduisant les Autheurs, de sorte qu'ayant fait toutes leurs Estudes, il se trouue qu'il y a encore quantité de mots Latins qu'ils n'entendent point, & lors qu'ils les rencontrent quelque part, ils sont contraints de demeurer court, en quoy il y a du deshoneur pour eux, & pour ceux qui ont eu charge de les instruire. Si dez le commencement on leur auoit fait retenir par cœur tous les mots du Dictionnaire d'vn bout à l'autre, ils auroient esté sçauans en peu de temps daus cette langue, & se seroient garentis de la peine d'aller chercher à toute heure ce qu'ils n'entendent pas. Cecy semble peu de chose, & c'est pourtant vn tres-grand secret pour aprendre les langues. Ceux qui voudront abreger d'auantage se peuuent seruir de Dictionnaires faits par Racines, c'est à dire où il n'y ayt que les mots radicaux & fondamentaux des autres, par le moyen desquels l'on entende incontinent la signification de ceux qui en deriuent. Quand on sçait toute sorte de mots, on a dequoy fournir à toute sorte de discours, & ayant acquis auec cecy vne parfaite connoissance de la Syntaxe, on les peut

Y y

arranger correctement. En ce qui eſt d'acquerir la force & la douceur de la diction auec la proprieté du ſtile pour chaque ſujet, la lecture des Liures elegans y rendra vn notable ſeruice, par l'impreſſion que l'on receura du bon Caractere des Autheurs qui ont eſcrit du temps que la langue Latine eſtoit en ſa vigueur, ou de ceux qui eſtant venus depuis ſe ſont rendus capables d'vne excellente imitation.

De la Rhetorique, de la Poëſie, & de la Langue grecque.

Toutes les reigles de la Grammaire eſtant ainſi connuës & pratiquées, l'on paſſera à la Rhetorique & à l'Art Oratoire. Les Maiſtres enſeigneront comment il faut orner ce que l'on auoit ſeulement apris à mettre en ordre. L'on ſçaura qu'elles ſont les figures qui embelliſſent le diſcours, quels ſont les argumens qui les fortifient, & de quels lieux il les faut puiſer; Combien il y a d'eſpeces de diſcours, & ce qu'ils ont de parties, & l'on aprendra à compoſer des Epiſtres, des Harangues & des Narrations ſimples, ſe formant encore ſur l'exemple des bons Autheurs. D'autant que la Poëſie Latine a beaucoup de Doctrine & de grace, il ſera bon de lire quelque Poëme Latin à de certaines heures, & l'on obſeruera les diuers genres de Poëſie, taſchant d'imiter les vns ou les autres. Il n'eſt pas mal à propos de s'exercer à cecy quand meſme l'on ne ſe voudroit iamais meſler de faire des vers, chacun n'y eſtant pas propre, car cela ſeruira à faire connoiſtre l'excellence de cét Art, puis que l'on iuge mieux des choſes dont l'on a eſprouué la nature. Lors que la connoiſſance de la langue Latine ſera preſque toute acquiſe, on trouuera d'autant plus de facilité pour la Grecque, puiſque ces deux langues ont beaucoup de conformité enſemble. On lira auſſi des Dictionnaires Grecs, où il n'y aura que les racines des mots auec quelques autres Dictionnaires plus amples; On verra ce que la Grammaire Grecque peut auoir de particulier, & on y pourra joindre la Rhetorique vulgaire, dont les loix doiuent eſtre vniuerſelles pour toute ſorte de langues, ſinon à l'eſgard de quelques figures du diſcours.

Afin de s'auancer en meſme temps dans les autres Diſciplines, à vne autre heure on continuera les Leçons de Mathematique. Les Eſcholiers ſçachans deſia l'Arithmetique & la

Geometrie, ou tout au moins leurs principales reigles, on leur
enseignera la Cosmographie, la Geographie, & la Sphere, qui
en dependent, lesquelles ils comprendront alors auec plus de
certitude & de facilité, ayans d'abondant la connoissance de
plusieurs termes, qu'ils auront apris dez l'entrée de cette
Classe, s'ils ont leu le Discours que i'ay proposé qui sera vn denombrement sommaire de tout ce qui subsiste dans la Nature:
On le pourroit faire tel que celuy d'vn Autheur Allemand
lequel il donne pour la Porte des langues, mais l'on le rendra
encore plus complet, afin que l'ouuerture qu'il donnera aux
langues soit aussi pour les Sciences.

Par ce moyen comme les Escholiers sçauront le nom de
toutes choses, ils commençeront de connoistre aussi ce que
c'est que les choses mesmes, & ie veux donner vn aduis là dessus
qui doit estre fort vtile; C'est que selon l'inuention dont
i'ay desia proposé quelque partie, lors que l'on leur veut
aprendre la langue Latine & la Grecque, estant necessaire de
traduire d'vne langue en l'autre, il faudra faire en sorte que les
ouurages qu'ils tourneront de Grec ou de Latin en langue vulgaire, & les Themes François qu'ils auront à mettre en l'vne ou
l'autre de ces langues, ayent tousiours vn double fruict, &
qu'ils y aprennent les Sciences aussi bien que le langage. C'est
vn abus de donner des Themes à l'auenture comme l'on fait
d'ordinaire; Ie desirerois que ce fust des discours composez exprez où l'on vist des Portraicts de la Nature & de l'Art, & des
Descriptions naïues de tout ce que l'on est obligé de sçauoir
pour le present & pour l'auenir. Pour vne demonstration plus
complette on y adjousteroit quelques traictez qui concerne-
roient les aplications des Hommes, & afin de les mieux
conceuoir l'on y joindroit vn Abregé de l'Histoire Vniuerselle,
où la veritable seroit distinguée de la mésongere & controuuée;
Il faudroit neantmoins les aprendre conjoinctement ou chacune
à leur tour, pource que mesmes les Fables des Poëtes seruent à
l'intelligence de la vraye Histoire & de toutes les remarques de
l'Antiquité. Sçachant cela c'est vn bon moyen pour entendre
en peu de temps tout ce qui est allegué dans les Autheurs Grecs

& Latins, & pour aprendre à parler & à iuger de tout ce qui se passe dedans le Monde.

Des Classes de Philoso-phie.

Quand on ne voudroit point faire estudier vn Enfant plus auant, il en sçauroit autant que plusieurs qui ont esté long temps au College. A mesure qu'il auroit fait du progrez dans la langue Latine, il auroit eu assez de temps pour aprendre la Grecque ; Pour ce qu'il auroit connoissance auec cecy de ce qui est enseigné dans la Rhetorique, il auroit apris tout ce qu'on apelle les Humanitez, & bien plus amplement encore qu'à l'ordinaire, ayant apris la Grammaire, la Rhetorique & l'Art de Poësie, auec l'Histoire du Monde & des Hommes, l'Arithmetique, la Geometrie, la Cosmographie, la Geographie & la Sphere ; Mais ce n'est pas pourtant assez ; Il ne se faut pas arrester en si beau chemin. Ce n'est pas estre à moitié de l'œuure ; Car a peine doit on donner le nom de Science à ce que l'on sçayt, si l'on n'a la Science parfaicte ; En vain l'on sçayt l'Art de parler, si l'on n'a quelque chose à dire, & mesme si l'on n'est capable de parler de toutes choses. Ceux qui ont apris la Grammaire & la Rhetorique dans les Escholes ordinaires, ont faict toutes leurs Classes sans rien aprendre d'auantage ; Nous auons mis ordre que de plus l'on ayt les premieres notions des choses naturelles & des actions humaines par des discours faits exprez ; Ainsi en aprenant les langues & tous les Arts qui concernent le langage, l'on sçaura desia dequoy l'on doit parler, afin que si l'on arrestoit là son Instruction, elle ne soit pas entierement infructueuse : Neantmoins comme ce n'est pas tout ce que l'on peut sçauoir, il faut passer à de plus hautes Leçons pour auoir vne Doctrine parfaite. On a tousiours accoustumé apres cecy d'establir vne Classe ou deux pour y aprendre la Logique, la Morale, la Physique, & la Metaphysique, ce que l'on apelle le Cours de Philosophie : C'est bien alors que l'on doit s'occuper à ces Sciences, mais il les faut donner d'autre sorte, tant pour toutes leurs parties que pour la Methode d'Instructió. L'on enseignera premierement la Logique à qui l'on donnera les distinctions de Logique Mentale & de Logique du Discours, auec les diuisions des Categories les mieux accommodées à l'vsage de la Raison que l'on les pourra dresser, & l'on formera quelques Difputes fur cette partie de Science qui doit agir au dehors pour efclaircir le iugement & non point pour le troubler, banniffant ces furprifes de langage qui aprennent à douter de toutes chofes, & à chicaner fur les matieres les plus claires, pluftoft qu'à faire trouuer la verité. L'on viendra apres à la Phyfique qu'il fera grand befoin d'enfeigner autrement que dans toutes nos Vniuerfitez. Premierement afin qu'il ne manque rien à cette Inftruction, & que l'on ne dife point que l'on cele les opinions des anciens Philofophes, pour les priuer de l'honneur qui leur eft deu, l'on declarera en bref leurs principales opinions fur les chofes naturelles, & ayant monftré les erreurs des vnes & des autres, l'on eftablira vne Phyfique nouuelle fondée fur l'experience & fur les Sens accompagnez de la Raifon. Afin que les Efcholiers foient autant inftruits par la veüe que par l'ouye, ce fera alors vne excellente methode de leur faire voir des efpreuues à l'œil de tout ce qui leur fera propofé de parole. Ceux qui ont leu les Liures des Maiftres d'Optique & des Aftronomes ou Mathematiciens, comme de Maurolicus, de Kepler & de Galilée, reconnoiffent que les fecrets du mouuement des Aftres, & de la maniere dont ils nous efchauffent & nous communiquent leur lumiere, peuuent eftre ayfement demonftrez par quelques exemples, & que l'on les peut encore reprefenter par le moyen de certains miroirs & autres machines que les Ingenieurs inuentent. La production des Meteores eft imitée par des Vaiffeaux faits expres, ainfi que Robert Flud en a donné les portraits dans fon Liure ; La Science vniuerfelle en declare auffi quelque chofe dans les Traictez de l'Imitation : C'eft pourquoy les Maiftres de Phyfiquedoiuent donner des enfeignemens conformes à cecy, & pour y profiter beaucoup, mefmes en fort peu de temps, il faut qu'ils ayent ces chofes toutes preparées, afin qu'au mefme inftant qu'ils propoferont quelque effect naturel, ils en faffent voir auffi-toft la verité par l'experience. Quand ils viendront aux Pierres, aux Metaux, & aux Mineraux, ils pourront faire aporter dans leurs Claffes des armoires à diuers guichets, où tous ces Corps feront placez felon leur ordre de dignité, ou d'inftruction, & en peu d'heüre il les feront voir à leurs Difci-

Y y iij

ples, les nommant les vns apres les autres par diuerses fois, &
leur permettant de les regarder de prez & de les toucher, afin
qu'ils les connoissent mieux. Cecy leur donnera beaucoup de
contentement & de profit, les rendant capables de parler do-
resnauant de toutes ces matieres auec asseurance, comme les
ayant veües & maniées, au lieu qu'aujourd'huy la pluspart de
ceux qui sont les sçauans, discourent de plusieurs Pierres, Mineraux, & Sucs liquides ou cõdensez, & autres corps souster-
rains, sans les auoir iamais veus, de sorte qu'ils en ignorent la
couleur & la consistence, & croyent iaune ce qui est verd, &
dur ce qui est mol & liquide; & si l'on leur monstroit les choses dont ils parlent quelquefois auec trop de hardiesse, il y auroit sujet de honte pour eux, de ce que mesmes ils ne les con-
noistroient pas. La faute vient de ce qu'il ne se trouue guere
de lieu où l'on ayt eu soin d'amasser toutes ces matieres ensem.
ble; Cela se deuroit faire au moins dans les celebres Academies: Cette despéce seroit bien employée, puisque cela seroit de
seruice tous les ans pour les Escholiers l'espace de quelques
iours, & que le reste du temps, cela pourroit satisfaire tous les
curieux. On y aprendroit quantité de choses belles & rares,
pour la generation de tous les Corps; On y verroit des Pierres precieuses enchassées dans d'autres moindres, & des Metaux dans des Marcasites, comme cela se trouue d'ordinaire.
L'on n'oubliroit pas aussi d'y assembler des plus beaux coquillages & des coraux de plusieurs couleurs & toute sorte de Corps
petrifiez. Pourquoy ne s'employeroit on pas à vne chose si
agreable & si vtile, puis que l'on a veu autrefois à Paris vn simple homme qui n'auoit aucune estude, apellé Bernard Palissy, lequel se faisoit pourtant admirer par de telles aplications?
C'estoit vn Sculpteur en terre & ouurier en esmaux, qui par
ses seules experiences s'estoit rendu plus sçauant que ceux qui
n'ont que la doctrine des Liures, & qui non seulement estoit
sçauant pour soy, mais pour instruire les autres. Il promettoit
qu'en trois leçons, il enseigneroit tout ce qui se peut sçauoir de
l'origine des Fontaines, & de la production des Pierres tant
grossieres que precieuses & des Metaux, contre les opinions
d'Aristote & d'autres Philosophes, ce qu'il pretendoit accom-

plir en monftrant feulement les raretez de fon Cabinet, où l'on
voyoit plufieurs fortes de Pierres , les vnes formées entierement , & les autres à demy , & quelques vnes enfermées dans
d'autres , auec quantité de corps petrifiez , de Marcafites &
autres Mineraux. Le Catalogue s'en treuue dans fes œuures
auec le nom de fes Auditeurs qui eftoient des plus habiles
Hommes de fon fiecle , & à entendre fes raifonnemens & fes
demonftrations , l'on ne fçauroit douter qu'il ne reuffift en fon
deffein , & que l'on ne le puiffe imiter heureufement. On peut
voir ce que i'ay raporté cy deuant de fes ouurages. Baçon qui a
efcrit depuis a fait vn Traicté qu'il nôme la nouuelle Ifle Atlan-
tide , dans lequel il feint auoir efté à vne Ifle où il y auoit vn
College de Sages, apellé la Maifon de Salomon, qui inftruifoit
d'auantage que tout ce que l'on a dit par le paffé. On y faifoit
tout ce qui fe peut imaginer pour eftre inftruit des chofes naturels , car l'on n'y confideroit pas feulement les diuers corps
du Monde tels qu'ils fe treuuent , mais l'on y faifoit encore des
imitations de la Nature , y ayant là des Caues de diuerfes pro-
fondeurs , pour y remarquer la diuerfe temperature des lieux
foufterrains , & pour y produire des Metaux & des Mineraux
artificiels ; Il y auoit des Montagnes fur lefquelles l'on auoit
bafty des Tours fort hautes pour efprouuer la temperature de
l'air ; On y treuuoit de certains lieux dreffez de telle maniere , que quand l'on vouloit l'on y formoit de la pluye , de la
neige , de la grefle , du vent, du Tonnerre & des efclairs & tous
les autres Meteores , & l'on y faifoit engendrer quelques Infectes , comme des grenoüilles, des moufches, des vers , & des
chenilles. Il y auoit des lacs artificiels , les vns remplis d'eau
douce , les autres de fallée , pour y nourrir de toute forte de
poiffons , & en reconnoiftre la Nature ; Il y auoit des Ver-
gers , où l'on rendoit la fertilité aux Arbres fteriles, & l'on leur
faifoit porter des fruicts de groffeur prodigieufe ou de couleur
& de forme differentes de l'ordinaire , & l'on faifoit naiftre de
nouuelles efpeces de Plantes ; L'on y nourriffoit auffi de toute
forte d'animaux dont l'on rendoit la generation diuerfe , &
mefme pour ce qui eftoit des Hommes, l'on y en faifoit croiftre
quelques vns comme des Geans , & l'on rendoit les autres

inuulnerables & exempts de tout mal ; Mais outre que la pluſpart de ces choſes ſont de difficile execution & meſme im-
poſſibles, il y en a dont les preparatifs couſteroient vn long
trauail & beaucoup de deſpence. Il ſe faut contenter de voir
toutes ces choſes ſelon les commoditez du lieu où l'on ſe rencontre. Outre l'amaz de curioſitez qu'vn Maiſtre de Phyſique peut monſtrer à ſes Diſciples, touchant les mineraux &
autres corps enfermez ſous Terre, venant aux Corps qui ſont
ſeulement attachez à la Terre par des racines, & qui ont de la
vegetation au dehors comme les Plantes, il faudroit qu'apres
quelques vnes de ſes Leçons il menaſt ſes Eſcholiers dans vn
Iardin accomply où il leur fiſt voir la pluſpart des Plantes qu'il
leur auroit nommées, & il ſuffiroit de leur faire voir en portrait celles qui ne ſe pourroient trouuer dans le Pays. Quant
aux Animaux de toutes les ſortes, d'autant qu'il ne leur en
pourroit pas monſtrer beaucoup de viuans, il les feroit voir
auſſi en platte peinture ou en figure de relief, & leur raconte-
roit les proprietez des vns ou des autres, ſelon qu'il les auroit
examinées, ou ſur ce qu'il auroit apris de quelque fidelles ob-
ſeruateurs, comme il s'en treuue encore aujourd'huy ; Par
exemple l'on a eu ſujet d'admirer les ſoins & l'experience du
ſieur Morin, qui s'eſt acquis vne parfaicte connoiſſance des
Plantes & de pluſieurs Inſectes, ſpecialement des Chenilles &
des Papillons, s'eſtant fait aporter pendant vn certain temps
des chenilles de toutes les ſortes, qu'il gardoit ſous des cloches
de verre, où elles ſe nourriſſoient des fueilles des Plantes ſur
leſquelles on les auoit trouuées. Par ce moyen il a obſerué
quelles Chenilles & quels Papillons viennent de certaines
Plantes, par combien de temps la forme de Chenilles eſt con-
ſeruée, en quelle ſaiſon elles s'enferment dans vne Coque, &
quand elles deuiennent Papillons, & ayant fait les meſmes
obſeruations par deux ou trois années de ſuite, il s'eſt aſſeuré
de leur nature. Sa curioſité n'en eſt pas demeurée là, ayant
gardé la peau des plus groſſes Chenilles toutes ſeiches, & preſque tous les Papillons, dont la bigarrure fait voir la beauté de
cét inſecte, & de plus ayant fait peindre chaque Chenille dans
vne fueille à part auec la Plante dont elle ſe nourrit, & la forme
qu'elle

qu'elle a de Papillon, ce qui eſt accompagné de quelques
Eſcrits qui raportent ce qu'il en a obſerué ; Et il ſeroit tout
preſt d'en faire grauer les planches & imprimer le diſcours,
n'eſtoit que ce ſiecle ſe monſtre ſouuent ingrat aux plus
beaux ouurages. Il s'eſt veu de pareilles curioſirez dans l'Antiquité. Pline dit que Philiſcus Thaſien employa toute ſa vie
dans les Bois pour la contemplation de la nature des Mouſches
à miel ; Qu'Ariſtomachus habitant de la ville de Soli en l'Iſle
de Cypre, employa cinquante ans en cette recherche, & qu'ils
en auoient tous deux eſcrit ; Et qu'vn Gentilhomme Romain
qui auoit eſté Conſul, lequel on ne nomme pas, auoit fait faire des Ruches de Corne dans ſa Meſtairie pour mieux obſeruer
le meſnage de ces petits Animaux. Il y a encore maintenant
des Curieux en quelques endroicts, qui ont fait accommoder
des chaſſis de verre, entre leſquels des Mouſches ſe ſont reti-
rées, & y ont fait leur Cire & leur Miel. Si l'on faiſoit des obſeruations exactes des autres Animaux tant parfaits qu'imparfaits, on en ſçauroit enticremét la nature. Ariſtote & les autres
Autheurs qui ont eſcrit en general de cette matiere, auoient
beſoin des recherches particulieres de tels Hommes que ceux
dont nous auons parlé, pour ſçauoir la nature de chaque eſpece.
Plus ils en ont eu, plus cecy a adjouſté au prix de leurs Liures.
Si les Maiſtres de nos Claſſes ont en leur diſpoſition quelques
vnes de ces remarques curieuſes effectiues & ſenſibles, ils s'en
ſeruiront vtilement pour l'inſtruction des Eſcholiers, touchant
les choſes naturelles ; Ce qu'il y a de bon en cecy, c'eſt que
l'on y trouue moins de peine que de recreation. Lors qu'vn
Maiſtre de Phyſique ſera paruenu au Corps de l'Homme, les
Leçons qu'il en fera pourront auſſi eſtre accompagnées d'vne
diſſection faite par luy meſme ou par quelque habile Chirur-
gien, ou au moins de la veüe de quelques figures exactes de
toutes les parties de l'Anatomie. Il eſt eſtrange que dans l'eſtude que l'on fait des choſes naturelles, on ne parle aucunement
de ce qui nous concerne. Les Regens croyent en eſtre quittes
pour auoir excuſé leur pareſſe ou leur ignorance par ce mot
commun ; Qu'où le Phyſicien finit, le Medecin commence ;
Neantmoins le nom de Phyſicien & de Medecin ſignifioient

Z z

autrefois mefme chofe: Mais c'eft qu'ils ne veullent pas fe charger de tant de trauail , & d'autant que plufieurs Autheurs qui
par cy deuant ont dreffé des Phyfiques n'ont traicté que du
vuide , de l'infiny, des Caufes & des Elemens , ils ne pretendent point efmouuoir d'autres Queftions que celles qu'ils treuuent dans leurs Liures , tellement que la Phyfique qu'ils donnent n'eft qu'vne partie des raifonnemens que l'on pourroit
faire dans la Logique & dans la Metaphyfique, fur les Principes des Chofes Corporelles ; Que fi quelques vns vont plus
auant, ce n'eft que pour traicter des chofes du Ciel à l'ancienne mode, c'eft à dire auec beaucoup d'erreurs, à quoy ils ioignent quelques Chapitres des Meteores qui font du mefme
ftile ; Ne parlant apres ny des Metaux, ny des Mineraux , ny
des Plantes, & ne faifant aucune mention des Animaux parfaits ou imparfaits, des Poiffons , des Oyfeaux & des Beftes
Terreftres, d'autant que cela leur femble poffible trop long ou
trop difficille , ils traitent feulement en general de la faculté
vegetatiue & de la fenfitiue. C'eft vn extreme deffaut d'obmettre à parler des principales chofes qui conftituent la Natu-
te, & fur tout de fe taire de la compofition du Corps de l'Homme. En vain l'Homme connoift les autres chofes s'il ne fe connoift foy mefme. Quelle Science auons nous quand nous fçauons en quel lieu fe forme le Tonnerre & la pluye, ou en quel
rang font les Aftres, & que nous ne fcauons comment fe fait
noftre digeftion & la diftribution de noftre nourriture, ny
en quel lieu eft noftre cœur, noftre poulmon & noftre foye ?
Voulons nous produire des Meteores tels que ceux que nous
voyons en l'air, ou au moins former de tels corps que les inferieurs ? L'imitation en eft poffible, mais le plus fouuent affez
inutile, & fi nous ne penfons qu'à en tirer quelque vfage, bien
qu'il s'y trouue quelque vtilité, elle n'eft rien au prix de ce qui
regarde noftre propre corps. Il faut connoiftre fes diuerfes parties, leurs qualitez & leurs fonctions, pour eftre affeuré de ce
qui leur eft propre, & pour fe fçauoir maintenir dans vne parfaite fanté. Vne telle inftruction eft fi neceffaire à toute forte
de perfonnes que quiconque a la commodité de la receuoir fait
mal de la negliger, & l'on y peut mefme adjoufter vne brieue

description des remedes defquels l'on fe doit feruir en cas de maladie; On dira que chacun n'a pas befoin de cecy expreffement s'il ne veut eftre Medecin, & qu'il fe faut raporter aux gens de cette Profeffion des moyens de fe guerir; Mais i'entens que l'on en aprenne ce que l'on peut pour l'vfage vulgaire, car mefme quand on n'en aprendroit pas affez pour eftre capable de fe confeiller foy mefme dans les accidens qui furuiennent, cela feruira toufiours à faire qu'on en foit moins rebelle aux confeils des bons Medecins quand l'on les apelle à fon fecours, & la confiance que l'on aura aux chofes dont l'on aura apris la puiffance, fera partie de la guerifon. Or l'on aura acquis en cecy la connoiffance de toutes les chofes naturelles, à laquelle l'on aura pû joindre celle des artificielles fuiuant leurs degrez; Car en parlant des corps Elementaires & des Meteores, il aura falu dire quelque chofe des moyens de les imiter ou ameliorer & de s'en feruir, ce qui fe fait par diuers Inftrumens d'Optique & par des machines dont le modelle doit eftre monftré aux Efcoliers; Puis venant aux corps parfaitement côpofez, on aura declaré quelques fecrets de la Chymie qui fepare le pur de l'impur, & de la Pharmacie qui compofe les medicamens, deux fidelles Miniftres de la Medecine. Il y a beaucoup d'autres Arts & Meftiers dont l'on pourra voir les Machines & les Inftrumens auec la maniere d'y trauailler, afin qu'il ne manque rien à l'Inftruction de ceux qui defirent eftre veritablement fçauans, & afin qu'ils fcachent auffi bien l'vfage des chofes, comme leur Eftre & leurs Proprietez, & que l'vn s'aprenne auec l'autre comme en fe joüant.

Apres cette dependance de la Phyfique & des Mathematiques, ayant quitté les chofes corporelles, l'on paffera aux Spirituelles, ce qui fe fera fi l'on veut dans vne Claffe plus efleuée. On viendra à la confideration de l'Ame humaine, ayant laiffé la confideration de l'Ame des Beftes pour les recherches de Phyfique, à caufe qu'elle eft toute corporelle. L'Ame humaine fera confiderée comme fpirituelle & immortelle, quoy qu'elle foit icy attachée à vn corps. La Metaphyfique fera enfeignée en fuite, pource que de l'Ame de l'Homme l'on monte à la confideration des Anges & à celle de Dieu; Mais ce que l'on range d'ordinaire dans cette Science, touchant l'Eftre, l'Effence, & l'Exiftence, & tout ce que l'on apelle les Tranf-cendans n'y fera remarqué qu'en bref au Traicté des Idées vniuerfelles, pource que l'on en aura defia parlé dans la Logi-que, & que cela ne doit pas eftre rebattu tant de fois. On don-nera encore vn Sommaire de la Theologie, où l'on aprendra ce qu'il eft neceffaire à tout homme de fçauoir pour fon falut. Plufieurs fe contentent de ce qu'ils ont apris touchant la Foy dans le petit Catechifme que l'on enfeigne aux Enfans : Mais, on aura icy vn Catechifme plus eftendu, & fait exprez pour ceux qui ont vne entiere ioüyffance de leur Raifon. Là ils verront l'explication de plufieurs chofes qu'ils auoient aprifes par cœur dans l'Enfance fans les entendre, afin qu'elles leur feruiffent en temps conuenable. La plufpart s'attendent à ce qu'ils en pourront aprendre dans les Sermons ou dans leurs lectures diuerfes, mais il eft bon d'en auoir par auance vne inftruction Methodique. Dans le Traicté de l'Ame l'on parle des paffions & affections & des vices qu'elles engendrent, ou des vertus qu'elles peuuët produire; Dans la Theologie, l'on en traicte auffi pour examiner les deuoirs de l'Homme; Neant-moins il en faut faire des Leçons particulieres dans vne Claffe à part où l'on aprendra l'Ethique ou Morale en general, & l'Oeconomique & la Politique qui en dependent. Ce ne fera pas pour ne fçauoir que la definition du fouuerain bien & la difference des actions humaines : L'on y aprendra auffi les rai-fons les plus fortes, par lefquelles l'on puiffe eftre deftourné des mauuaifes habitudes & porté aux bonnes, auec des exem-ples pris des Hiftoires tant feculieres qu'Ecclefiaftiques. L'on verra ainfi les reigles de bien viure & le moyen de les obferuer, & ces enfeignemens feront accommodez autant qu'il fe pourra à l'vfage du fiecle & du gouuernement fous lequel l'on fe trou-uera, ne raportant les chofes anciennes, que pour la confir-mation des modernes.

De la Science vniuerfelle. Il femble qu'alors l'Efcholier aura apris tout ce qui fe peut fçauoir pour luy donner entrée à toutes fortes de Profeffions, & qu'il fera fuffifamment pourueu des principales Sciences: Mais il y a encore vne chofe à defirer pour l'accompliffement

de ſa Doctrine. Il faut qu'il aprenne l'ordre naturel & la vraye
liaiſon de toutes les Sciences & de tous les Arts, qui eſt cette
Science vniuerſelle qu'on doit eſtimer le Chef-d'œuure des
connoiſſances. Sans elle il ne ſçauroit rien auec vne parfaite
methode ; Il ignoreroit en quel endroit il faudroit apliquer
chaque diſcipline, & ce qu'il eſt neceſſaire de ſçauoir abſolument pour rendre compte de ce que l'on ſçait. Nous trouuons
que dans le Liure qui en a eſté donné au Public, on a pris occaſion de traiter aſſez amplement quelques Principes de Phyſique & d'autres Sciences, pource que ce ſont des endroits où la
pluſpart des Philoſophes, tombent en erreur ; Mais lors que
cette Science vniuerſelle ſera enſeignée à part, on ne s'ar-
reſtera qu'aux principales diuiſions de chaque Diſcipline, ſelon
qu'elles ſont compriſes dans leur enchaiſnement general. Cela
n'empeſchera pas que ſi l'on a deſſein de s'adonner particulierement à quelqu'vne des Sciences, qui ſont du plus grand vſage
dans la vie ciuille, comme à la Medecine, à la Iuriſprudence,
ou à la Theologie, l'on ne le faſſe aiſément ; Car tant s'en
faut que cela y nuiſe, qu'au contraire comme toutes les Sciences ont de la correſpondance les vnes auec les autres, cette
Doctrine vniuerſelle aportera vn grand eſclairciſſement à celle
à laquelle on s'apliquera le plus.

Or i'ay donné vn ordre aſſez exact pour aprendre les principales Sciences, & qui eſt le vray Cours d'Humanitez & de
Philoſophie propre pour toute ſorte de gens, tant de ceux qui
eſtudient auec deſſein, que de ceux qui ne s'y arreſtent que par
curioſité. Il faut auoüer que toutes ces inſtructions formeront
autrement l'eſprit que celles que l'on a accouſtumé de donner.
Les diſciplines que j'y ay annexées ſont en bien plus grande
quantité que celles des Colleges ordinaires, & ſuffiront preſque
à tout ce qu'on peut deſirer de ſçauoir principalement ; D'ailleurs
elles dreſſent vn Homme pour le Monde, & pour toute ſorte
d'emplois où il ſe voudra apliquer. La pluſpart des Eſcholiers
ſortant des Eſtudes, n'en rempottent que l'vſage de la langue
Latine auec quelques phraſes pueriles, & quelques obſeruations
pedanteſques, ce qui eſt apellé les Humanitez, & s'ils ont paſſé
à la Philoſophie ils ne ſçauent qu'vne ennuyeuſe Methode de

Recapitu-
lation de
l'ordre pour
aprendre les
Sciences.

Z z iij

difputer par Sophifmes & fauffes confequences, fans auoir rien
apris de ce qui eft certain & de ce que l'on peut efprouuer;
Au lieu de cela i'ay donné le moyen d'aprendre en peu de temps
la langue Latine & la Grecque, & d'acquerir conjointement
plufieurs connoiffances des chofes, & mefmes toutes celles qui
font neceffaires à vn Homme qui veut paffer pour habile. Cela
fe peut aprendre en quatre Claffes, à chacune défquelles on ne
demeurera qu'vn an ou deux tout au plus, felon la force des Efprits. I'ay mis la Grammaire Latine pour la premiere Claffe,
auec les principes de l'Arithmetique & de la Geometrie. La
Rhetorique eft pour la feconde, auec l'Art de la Poëfie, la Grammaire Grecque, la Cofmographie, la Geographie & la Sphere,
ce qui fera accompagné de Defcriptions & Narrations Hifto-
riques, qui rempliront l'Efprit de plufieurs rares connoiffances.
La troifiefme Claffe a efté eftablie pour le cours de Philofophie
qui confifte en Logique, Phyfique, Metaphyfique & Moralle,
& pource que l'on y joindra vn Abregé de Theologie & vn autre de Politique, auec l'aplication des exemples qui fe trouuent
dans l'Hiftoire, & l'ordre de la Science vniuerfelle, cela pourra
paffer à vne quatriefme, voire à vne cinquiefme Claffe, que
l'on nommera la Premiere fi l'on veut à la mode des Colleges.
Il faut auffi eftre auerty que ie ne limite pas tellement le nombre
des Claffes, & le temps que l'on aura à y demeurer, que ie ne
fois d'auis qu'on les puiffe augmêter ou diuifer, & que l'on en retranche quelques Difciplines ou que l'on les change à d'autres
felon que l'on le iugera à propos. I'ay pourtant donné à peu
prez l'ordre qui paroift le plus complet pour les grandes Academies, lefquelles eftant nommées Vniuerfitez, font bien connoiftre qu'elles doiuent inftruire vniuerfellement de toutes chofes. Plufieurs chofes y feront traictées fuccinctement, mais fo-
lidement & fuffifamment, afin que l'on en puiffe aprendre d'a-
uantage, & en moins de temps que l'ordinaire. Que fi l'on
continuë à nous fouftenir qu'il eft mal ayfé d'aprendre tant de
diuerfes curiofitez en fi peu d'années, il faut fe reprefenter que
c'eft la Methode qui fert à cela, laquelle fera toute particuliere
pour chaque Difcipline; Il fe trouuera qu'ayant retranché ce

que l'on auoit mis d'inutile dans la plufpart des Sciences, celles que l'on eftoit deux ou trois ans à aprendre, feront aprifes en trois mois, & qu'elles feront mieux fçeuës, d'autant que parmy elles, on void aujourd'huy les mauuaifes chofes tenir la place des bonnes, & que les vnes en feront oftées, pour y loger celles qui n'y font pas, ou ne point offufquer les autres qui s'y rencontrent, & de plus que dans toutes les particularitez de l'inftruction il n'y aura rien d'oyfif, vne forte d'enfeignement feruant à plufieurs, comme les Themes & les Textes d'Autheurs qui outre les Langues aprendront les Sciences auec ordre. On doit remarquer auffi que pour cét effect, i'enten qu'il y ayt des Leçõs expreffes, & qu'il ne faudra point que les Maiftres prennent la liberté de les chãger ou amplifier, pour penfer acquerir de la reputation par cette nouueauté & par vne abondance de paroles fuperflues. Il eft vray que les chofes demeurans en l'eftat qu'elles font, on ne trouuera pas de Regens dans les Efcholes publiques qui enfeignent de cette maniere, iufques à ce qu'on en ayt ordonné par vne inftitution fuperieure; Mais au deffaut de cela, les Peres peuuent donner des Precepteurs à leurs Enfans qui fuiuront cette Methode & qui y ioindront l'experience des chofes, comme il fe pourra faire felon la commodité des lieux, & qui au deffaut fe feruiront de peintures & d'autres reprefentations, ou des feules demonftrations par le Difcours telles que ie les ay propofées. Quand aux Hommes faits qui voudront remedier à la negligence & au malheur de leur ieuneffe, pour auoir efté mal inftruits, ou pour ne l'auoir point efté du tout, ils peuuent reparer le temps perdu en eftudiant de cette forte, foit d'eux mefmes par la lecture des diuers Liures qu'ils prendront fur chaque fujet fuiuant l'ordre prefcrit, foit fous diuers Maiftres pour chaque Difcipline, felon le befoin de cette fuite, ou fous vn feul qui aura vne capacité fuffifante. Ils verront que la Doctrine eftant acquife par degrez, ils la conçeuront auec plus de facilité, & que comme on leur en indique vne plus ample & plus certaine que la vulgaire, elle les rendra plus capables que s'ils auoient paffé par les Colleges, & leur aprendra auffi plus de chofes qu'on n'y en aprend ordinairement.

Quelqu'vn formera icy vne queftion, à fçauoir fi l'on ne
pourroit pas bien eftre inftruit par le feul ordre de la Science
vniuerfelle, & fi en mettant cet ouurage au iour, on n'a pas voulu faire entendre que cette Inftruction eftoit la vraye, & celle
qu'il eftoit le plus à propos de donner aux Hommes. Pour terminer cette difficulté qui pourroit inquieter quelques Efprits,
nous confidererons que fi cette Difcipline generalle eftoit complette en toutes fes parties, elle auroit grand effect fur ceux qui
auroient le naturel excellent, ou à qui l'âge & la contemplation
ordinaire des chofes auroient defia donné des Principes de connoiffance ; Mais que pour l'Inftruction des Enfans, il eft bon de
s'accommoder à la capacité de leur Efprit, & leur aprendre
d'abord les Arts qui dependent de la Memoire felon la couftume ancienne. Toutefois dans la Methode que i'ay donnée, i'ay
entendu qu'en aprenant la Grammaire aux Enfans, on leur
aprift auffi quelques Principes de la Science des chofes ; Car
mefmes felon l'ordre d'vne vraye Encyclopædie, dans le temps
qu'on a connoiffance de quelque chofe, fi l'on en veut parler
correctement & veritablement, il faut fçauoir la Grammaire &
la Logique, & mefmes ces deux Sciences ne font fondées que
fur la connoiffance des Chofes, puis que fans cela l'on manque-
roit de fujet pour difcourir; Voyla pourquoy on a raifon de blafmer ceux qui ayant entrepris de faire des Liures qui enfeignaffent
toutes chofes fous la forme d'Encyclopædies, les ont cômencez
abfolument par la Grammaire ou la Logique, ou par l'Arithmetique & la Geometrie ; Il faloit auparauant donner vne defcription generalle des chofes de l'Vniuers, afin d'auoir dequoy
parler & raifonner, ou dequoy compter & mefurer. Noftre
Science vniuerfelle a fuiuy vn tel ordre, que les Sciences parti-
culierers y font dans le rang qu'vne vraye Encyclopædie demande, lequel eft felon la Raifon & la Nature, au lieu que les
autres ordres font forcez, eftant affujettis à quelque rang de
dignité ou de facilité d'Inftruction. La liaifon & la correfpondance qui fe trouuent dans la Science vniuerfelle font donc caufe,
qu'encore que ceux qui ont apris quelques Sciences particulieres,
doiuent aprendre la generalle pour feruir de reigle à ce qu'ils
fçauent, on la peut pourtant donner la premiere prefupofant

que

que l'on á defia quelque connoiffance des chofes, ou qu'en l'ac-
querant on doit aprendre à parler de ce que l'on fçait, & que lifant des traictez qui font voir la Nature en Abregé, fi l'on y
fçait joindre toutes les Sciences & tous les Arts qui en dependent, c'eft auoir trouué le fecret de fe rendre parfaitement fca-
uant. Cela fait voir que la Science vniuerfelle peut eftre aprife,
ou la premiere ou la derniere, ou dans la compagnie des autres
Difciplines.

Toutes ces Methodes tant les particulieres que la gene- *On doit*
ralle, tendent à rendre les inftructions faciles, bien rei- *choifir la*
glées & amples à fuffifance, & neantmoins de petite eftenduë. *Methode*
Leur commodité & leur vtilité les peut faire rechercher. La *te, la plus*
feule Science vniuerfelle donne plus de connoiffances que les *aÿfée,& la*
Humanitez & la Philofophie des Academies ordinaires, puis *plus vtile.*
qu'elle remplit ce que l'on y a laiffé de vuide, & qu'elle doit
eftre eftimée vn Cours general & parfaict. Si l'on ne fe fert
pas affez bien de celle que i'ay donnée, il y faut aporter du
changement; Tant y a que le deffein n'en fcauroit eftre abfolument blafmé ny celuy des Methodes abregées pour aprendre les Sciences particulieres. Ie ne veux pas rejetter non plus
les Methodes que plufieurs Maiftres obferuent : I'auoüe que
l'on peut arriuer à vn mefme lieu par diuerfes voyes; Mais il
femble de vray qu'on doit choifir la plus courte & la plus ayfée,
& mefmes celle qui fatisfait d'auantage. Ceux qui ne peuuent
abandonner les couftumes anciennes difent que la longueur
ordinaire des Eftudes eft à fuporter, pour ce que c'eft autant
de temps paffé, & que les Enfans ne peuuent employer ce
temps là à autre chofe : Toutefois il faut demeurer d'accord
que ce fera toufiours vne belle entreprife, fi dans vn pareil
efpace on peut aprendre plus de chofes, & auec vn ordre plus
exact.

Apres auoir parlé des moyens d'aprendre les Sciences auec *Qu'il ne*
facilité, il faut declarer qu'encore qu'en mefme temps nous *faut pas*
n'ayons donné des preceptes que pour aprendre le Grec & le *mefprifer*
Latin, & que nous ayons entendu que toutes les Sciences fuf- *les langues*
fent aprifes dans l'vne ou l'autre de ces deux langues, ce n'eft *Vulgaires.*
pas pour mefprifer les autres comme nuifibles ou inutiles & de

peu de conſequençe. On les aprendra toutes ſelon la neceſſité
ou la curioſité. Ceux qui ont à conuerſer auec quelques Eſtrangers pour des negotiations, ou qui ont à voyager en pluſieurs
contiées en doiuent aprendre le principal langage. On l'a-
prend encore par le ſeul deſir d'en conſulter les Autheurs, ſoit
Poëtes, ſoit Hiſtoriens, dont les belles penſées meritent que
l'on les voye en leur langue; Cela ſe fait ſouuent pour la langue Eſpagnolle & l'Italienne, que la pluſpart des gens de condition, & notamment ceux qui ayment les Sciences ſont
curieux de ſçauoir; Neantmoins il eſt bon de ne s'adonner à
ces langues modernes, que quand l'on ſera confirmé dans les
deux anciennes qui en ſont les Matrices, de peur que cela n'en
corrompe l'vſage. On choiſira celles qui ont le plus de cours,
& qui ſont les plus neceſſaires, ou à noſtre commerce, ou à
noſtre eſpece d'Eſtude. Pour les aprendre ayſement, on ſe
ſeruira des Dictionnaires les plus amples, ou de ceux qui ne
ſont que de mots radicaux; On en aura les Grammaires, on en
traduira les Autheurs,& on en compoſera des Themes, ainſi
que pour la langue Latine & la Grecque. Quant à la langue
maternelle tant s'en faut que ceux qui s'apliquent aux Sciences
la doiuent negliger pout ces deux anciennes, qu'au contraire
i'enten que la Latine & la Grecque ſoient expliquées par la
Françoiſe, qui a tiré d'elles ſon origine, & qu'elle leur ſoit
ſouuent conferée. C'eſt vne choſe fort abſurde qu'vn Eſcholier ayant eſté neuf ou dix ans dans les Colleges, y ayt apris
beaucoup de choſes, & ſpecialement deux langues, qui ne viuent plus guere que dans les Liures, & qu'il ne ſcache pas la
langue de ſa patrie, qui eſt viuante & qui eſt en vſage chez
pluſieurs Nations; Car ſi ſon pere & ſa mere ou autres gents
auec leſquels il a paſſé ſon enfance, luy ont apris de mauuaiſes façons de parler, il ne trouue point perſonne qui l'en re-
prenne dans les Eſcholes ordinaires, ce qui nous fait ſouhaiter
que parmy la nouuelle façon d'enſeigner que nous propoſons,
l'on donne quelque peu de temps à s'inſtruire de la pureté du
langage du païs où l'on vit, afin que l'on ne ſoit point comme
eſtranger dans ſa propre terre. Ceux meſme qui ſont d'vne
Prouince plus eſloignée y profiteront grandement, au lieu

qu'apres tant de temps que l'on paſſe dans nos Colleges,
les Gaſcons, les Picards, & les Normands gardent encore
les mots & les accens de leur Patrie, tellement que s'ils con-
uerſent dans le Monde, l'on trouue que c'eſt en vain qu'ils
ont employé pluſieurs années pour aprendre le Grec & le Latin, s'ils ne ſçauent pas la langue Françoiſe en ſa pureté qui
eſt vne langue qui a plus de cours, & qui leur eſt neceſſaire en
toute ſorte de communications.

On paſſe bien plus outre à l'eſtime du langage maternel. *Que les Sciences peuuent eſtre apriſes dans la langue maternelle.*
Pluſieurs diſent que ce qui fait que l'on ſort des Colleges y
ayant ſi peu apris, c'eſt que l'on y employe ſept années à
aprendre le Latin & le Grec, & que l'on ne donne que deux
ans pour la Philoſophie ; Que ſi l'on enſeignoit les Sciences en
noſtre langue maternelle que nous ſçauons deſia, tant d'années
ne ſe perdroient pas à n'aprendre qu'vn jargon : Car ſçachez
pluſieurs langues, vous ne ſcauez que des mots que l'vſage a
inuentez pour dire vne meſme choſe diuerſement: Cela n'augmente point vos connoiſſances ; On tient que ce temps ſeroit
plus vtilement employé à toutes les parties des Mathematiques
& de la Philoſophie, & que par ce moyen l'on formeroit
quantité d'habiles gens, qui ſeroient remplis de Doctrine, au
temps meſme qu'a peine les autres ſcauent parler ; Nous pouuons reſpondre que l'on abrege l'aprentiſſage des langues par
les remedes que nous auons donnez, de ſorte que l'on auroit
tort de ſe plaindre de la longueur de cette inſtruction, & d'ailleurs que l'enfance n'eſtant pas propre à eſtre chargée de
Sciences, qui demandent les forces de l'Entendement, il eſt
bon de l'occuper à ce qui ne conſiſte qu'en Memoire, comme
d'aprendre le Latin & le Grec qui ſont des langues neceſſaires
pour entendre beaucoup de bons Autheurs qui n'ont point eſté
traduits. Neantmoins à cauſe que ceux qui ont repugnance
d'aprendre ces langues mortes n'ont deſſein d'eſtudier que
pour leur propre ſatisfaction, & qu'il y en a qui ſont deſia auan-
çez en âge, & n'ont pas le loiſir de paſſer par les formes ordinaires, ils peuuent aprendre les Sciences en leur langue maternelle, comme elles ſont preſque toutes redigées par eſcrit
en noſtre vulgaire François, & il y a auſſi des Maiſtres qui les

enseignent en cette langue auec vn succez fort heureux. Le
sieur le Gras, Homme d'esprit & d'erudition, auoit proposé au
Cardinal de Richelieu de dresser vn College François accomply de toutes ses Classes, non seulement en faueur des gens de
nostre Nation, qui y voudroient estre instruits, mais aussi pour
plusieurs Estrangers qui viennent passer quelques années en
France afin d'y aprendre nostre langue, lesquels deuoient
estre rauys de trouuer le moyen d'y profiter plus qu'ils ne pre-
tendoient, y pouuant aprendre les plus hautes Sciences auec la
langue, & mesme auec plus de facilité & en moins de temps
que l'on ne fait ailleurs ; Or celuy quiauoit donné le dessein de
cette nouuelle Vniuersité ou Academie luy auoit trouué des
methodes conuenables, & il auoit aussi partagé prudemment
toutes les heures du iour à diuers exercices, voulant qu'il y eust
des Maistres pour la Musique & la Danse, & pour aprendre à
manier les Armes, & à monter à Cheual, afin que la jeune
Noblesse y rencōtrast tout ce qu'elle pourroit souhaiter pour sa
perfection. Mais ayant choisi pour siege de son Academie la
nouuelle ville de Richelieu, afin d'honorer le premier Mi-
nistre de l'Estat qui l'auoit fait edifier sous son nom, il n'y pouuoit auoir d'Escholiers qu'apres vn long establissement, le lieu
estant sterile & peu frequenté. Cela eust mieux reussi dans
Blois ou dans Orleans, ou dans Paris mesmes, pource que les
Anglois, les Flamends & les Allemands qui viennent en France, s'arrestent d'ordinaire en l'vne de ces Villes. De plus les
guerres empeschoient alors que les voyages des Estrangers ne
fussent si frequens, & apres la mort du Cardinal de Richelieu,
n'y ayant plus personne qui eust soin de la subsistence de ce
College François, son dessein fut entierement quité, lors
qu'il n'auoit pas encore commencé d'esclorre. Sans auoir vn si
grand dessein que celuy d'vne Academie generalle, plusieurs
Sciences sont enseignées en François dans la ville de Paris
par des Instructions particulieres. Il se trouue de tels Maistres
pour toutes les parties des Mathematiques, comme necessaires
à quantité de gents qui n'ont iamais apris le Latin. Quelques
autres monstrent la Philosophie en François. Les sieurs Isnard,
Vassart, & Sainct Ange, ont entrepris autrefois de l'enseigner

en public & en particulier, mais leurs Leçons ont duré peu &
ont fait peu de bruit. Quelques vns ont eu depuis le mesme
dessein, & selon que la Fortune l'a voulu, ont eu pareil succez, quoy que leur capacité ne soit pas reuoquée en doute :
Tant y a qu'il ne s'est trouué aucun des Professeurs de Philosophie qui ayt enseigné auec plus de perseuerance & d'aprobá-
tion, que le sieur de l'Esclache, qui les ayant tous precedez,
subsiste encore apres eux. Il a toufiours esté suiuy de ceux qui
font fort ayses d'aprendre de luy ce que l'on aprend au College,
parce qu'il s'est rendu consommé dans la Doctrine d'Aristote,
& qu'entre les Tables de sa Philosophie, il en a commencé des
Discours continus, faisant ses escrits en François aussi bien
que ses Harangues, & ses Instructions ordinaires. Quelques Formalistes se persuadent que l'on fait tort à la grauité
des Sciences de les enseigner en langue vulga're, & que c'est les
rendre communes au Peuple qui n'a pas besoin de les sçauoir
toutes, & que mesmes pour trauailler à cecy on a besoin que
quantité de Liures soient traduicts, à faute desquels vn Homme
ne sçauroit estre entierement sçauant. On respond en premier
lieu ; Que les Grecs que plusieurs veullent suiure si ponctuellement, ont escrit & enseigné la Philosophie en leur langue,
& que si les Romains se sont adonnez à aprendre la langue
Grecque, comme la Mere & la conseruatrice des plus belles
Sciences, les meilleurs Autheurs de leur Nation n'ont pourtant
pas escrit en autre langue que la leur ; & qu'ils ont accommodé
les mots de la Philosophie, selon leurs terminaisons. Que si
l'on se plaint que l'on rend les Sciences trop communes, les
enseignant en langue vulgaire, c'est témoigner peu de charité
enuers tous les Hommes, de ne vouloir pas qu'ils soient in-
struicts chacun selon leur pouuoir ; Et quant aux bonnes
Traductions des Liures necessaires, il ne faut pas craindre
qu'elles nous manquent, veu que tant d'habiles gents y ont
desia trauaillé, & y trauaillent encore auec tant de soin. De plus
nous auons quantité de Liures originaires François, où l'on
aprend presque toute sorte de Disciplines. C'est ce qui donne la
hardiesse à plusieurs Escriuains d'y en adiouster d'autres, com-

me ie fay ceux-cy ; Et afin d'ayder à toutes les perfonnes qui
veullent bien eftre inftruictes par ces ouurages modernes , i'en
donneray ailleurs vn denombrement & vn Sommaire Examen ; Mais nous auons à chercher premierement des Methodes d'vne Inftruction generalle , plus fuccinctes & plus indu-
ftrieufes que les precedentes pour ceux qui ne fe peuuent arrefter aux Formes ordinaires.

DE LA METHODE ROYALLE.

AVTRE METHODE PLVS FACILE, & plus abregée que la premiere, & neantmoins aussi instructiue pour enseigner les Princes & les Grands Seigneurs, ou les Personnes qui estant desia auancées en âge ou occupées à de grands employs, ne sçauroient s'assujettir aux Methodes ordinaires.

SEPTIESME TRAITE.

N pourroit bien croire que ce seroit assez de la Methode que i'ay donnée cy-dessus pour les Sciences, veu qu'elle va plus loin que l'ordinaire, & qu'elle s'accomplit par des moyens plus courts & plus aysez : Neantmoins il y à des personnes pour qui les quatre ou cinq ans *Qu'il y a vne Methode des Methodes qui est la Methode Royalle.* sont encore trop, & de qui l'âge, la condition, ou l'humeur, ne souffrent pas qu'ils se donnent tant de loisir, tellement qu'on nous demande des manieres de s'instruire plus succintes, & il y en a qui voudroient s'il se pouuoit qu'on deuinst sçauant en vn moment & par les seuls souhaits : Mais les meilleures intentions demeurent infructueuses sans l'action , & quand on auroit en sa disposition toutes les richesses du Monde, l'on n'en

ſçauroit acheter de la Doctrine ſi le trauail ne s'y ioint. Toutefois il faut faire effort en conſideration des Roys & des Princes, & de tous ceux qui n'ont pas aſſez de temps de reſte pour
employer aux inſtructions ordinaires; Si nous pouuons trouuer
pour eux vne Methode d'enſeigner plus abregée que les autres,
ce ſera veritablement la methode des Methodes & la methode Royalle, parce qu'elle ſera propre aux Princes & aux Rois,
& qu'on ſera obligé d'y propoſer des choſes qui ne peuuent
eſtre accomplies que par vne deſpence de Roy ou de tres-
grand Seigneur.

Quelques-vns, ont pretendu diminuer les fatigues de l'eſtude, les conuertiſſant entierement en vne eſpece de ieu. Ils
ont creu que cela ſe feroit le plus vtilement pour les Elemens
des Sciences, qui ſont de ſçauoir lire & eſcrire en quelque langue, ſpecialement en la Langue maternelle, & que l'on pouuoit aprendre cecy à des Enfans comme en ſe ioüant & lors
qu'ils y penſeront le moins: Ils leur ont donc formé des ioüets
qui auoient la figure & le nom de Lettres, & leur ont fait ainſi
connoiſtre tout leur Alphabeth. Cela eſtoit figuré ſur des dez
ou ſur des pieces d'Eſchiquier, ou bien l'on auoit formé les Lettres propres de quelque matiere ſolide, & de leur diuerſe aſſo-
ciation, on monſtroit aux Enfans à compoſer les Syllabes.
Mais quel chemin plus court y auoit-il à cela, s'il faloit touſiours apres leur faire connoiſtre les meſmes caracteres dans les
Liures en plus petit eſpace, & auec vne proximité moins diſtinguée? Pourquoy employer tant de façon en vne choſe ſi
commune? Il y en a qui ont d'autres Liures d'Alphabeth que
les vulgaires, auec toutes les combinations qui ſe puiſſent trouuer, mais cela reuient touſiours à l'ancienne methode qui n'eſt
pas moins ayſée, & par laquelle l'on aprend aſſez bien à lire à
force de ioindre les Lettres, & il ne ſemble point qu'il ſoit à
propos d'aprendre à lire d'autre ſorte, ny aux enfans des
Grands, ny à ceux du ſimple peuple. En ce qui eſt de la Grammaire Latine ou de la Grecque, quelques-vns de ceux qui les
enſeignent ayans voulu ſe faire rechercher pour quelque gen-
tilleſſe particuliere, ont auſſi compoſé des ieux de leurs Declinaiſons & Coniugaiſons. On voit des Liures qui deſcriuent

vne

vnē guerre imaginaire d'entre les Noms & les Verbes, auec
la forme de leurs combats & de leurs Traictez ou accords,dont
l'on peut baftir toute la Syntaxe. Certainement c'eft là vne
agreable induftrie pour diuertir ceux qui fçauent defia ces chofes, mais ce n'eft pas vne commodité pour les enfeigner plus
facilement à ceux qui ne les fçauent point : Ils ne feront pas
moins embaraffez de ces nouuelles reigles que des anciennes,
& quand ils fçauroient parfaitement les diuerfes rencontres
de tels Ieux, elles leur feroient inutiles,s'ils ignoroient à quoy
il les faudroit apliquer pour s'en feruir ferieufement, & ils auroient apres double peine ayant à fe desfaire de leurs premieres
Leçons & à en aprendre d'autres. On peut dire le mefme de
quelques Methodes que l'on a trouuées pour reduire la Cofmographie, la Geographie, la Chronologie & l'Hiftoire & mefmes la Logique & autres Difciplines, en des Ieux de Cartes.
Si l'on fe feruoit feulement d'abord de ces fortes d'Inuentions,
on ne feroit qu'embrouiller l'efprit des Enfans; Lors que l'on
voudroit apres les inftruire tout de bon, ils croiroient toufiours
joüer, & parleroient pluftoft de Ieu que de Science. On ne
fçauroit auffi aprendre beaucoup de chofes par vne maniere fi
contrainte, d'autant qu'vne Carte ne peut porter qu'vn nom,
& quelques qualitez fans rien aprofondir d'auantage; D'ailleurs il femble indigne de la majefté desSciences de les traiter fi
baffement. Que fi la Methode en eft eftimée ingenieufe, &
fi elle fert de recreation à ceux qui ont receu d'autre part vne
inftruction plus forte, il ne faut point efperer que ce foit de là
que la vraye erudition procede. Ie ne nie pas qu'il n'y ayt des
Methodes particulieres pour faire que les efprits les plus inquiets & les moins attentifs foient rendus capables de quelque
Difcipline, & mefmes qu'on ne leur puiffe aprendre les Sciences comme en fe jouant, mais ce doit eftre par vne voye moins
affectée & plus legitime que celles qu'on a declarées. Or c'eft
ne faire que fe joüer, que d'auoir des moyens faciles & agreables pour paruenir à quelque doctrine, & d'y employer fi peu
de temps chaque iour, que cela ne femble qu'vn diuertiffement
& vn relafche des autres occupations : Il faut pourtant que ce
Ieu foit ferieux, & qu'il n'enfeigne que des chofes vtiles, car

n'eſtant point à propos d'aprendre rien en jeuneſſe ny en quelque age que ce ſoit, qui ne doiue ſeruir le reſte de la vie, pourquoy remplira-t'on ſa Memoire de ces Ieux & Bagatelles, qui
ſont autre choſe que ce que l'on doit aprendre, & qu'il faut oublier ſi l'on veut eſtre veritablement ſçauant? A quoy eſt il
bon d'aprendre deux choſes pour vne, s'il faut enfin que l'vne
ſoit effacée, & que l'autre demeure? Que ſi l'on les veut retenir toutes deux, ne doit on pas dire que l Eſprit ayant vne certaine capacité pour receuoir vn certain nombre d'Images, c'eſt
comme vne place qui eſtant remplie ne peut plus rien contenir,
& qu'il vaudroit mieux qu'elle fuſt occupée de quelques autres
choſes plus vtiles, mais que ſi l'on pretend en oſter ce qui **y**
eſt de mauuais & y laiſſer ce qui eſt de bon, il eſt encore à
craindre que l'vn n'emporte l'autre en meſme temps, & qu'on
ne perde l'vſage des choſes vtiles auec celuy des choſes inutiles.

Des Me-
thodes na-
turelles &
faciles. C'eſt ce qui fait condamner les vers du Deſpautere & quantité de Reigles ſemblables, que l'on fait aprendre par cœur à
la jeuneſſe, meſme dans la Philoſophie; Car il ſemble que l'on
auroit pluſtoſt fait d'aprendre les vrayes choſes que ce qui les
repreſente. On dit qu'il eſt de ces Methodes comme des eſtayes
& des ſintres de bois, qui ſont neceſſaires aux Architectes pour
la conſtruction des voutes, & que l'on peut oſter quand de tels
baſtimens ſont faits, parce qu'ils n'y ſeruent plus de rien: Mais
cela ſe fait pour des ouurages humains où les pieces ſont miſes
l'vne apres l'autre, au lieu que nous voulons imiter les ouurages de la Nature Miniſtre de la Diuinité, laquelle operant tout
d'vne ſuite, & faiſant que les choſes ſe ſouſtiennent d'elles
meſmes par leur liaiſon, elles n'ont pas beſoin de ces apuys vulgaires. Pour aprendre parfaitement la Grammaire ou la Logique, on doit donc obſeruer des reigles purement naturelles,
qui par conſequent ſeront plus courtes & plus ayſées; Il a bien
falu que l'on en ayt eu autrefois, puis que ce n'eſt que depuis
vn certain temps que l'on ſe ſert de celles où le trop d'artifice
nuit. J'aurois pitié d'vn Enfant de haute condition à qui l'on
feroit perdre cinq ou ſix ans, à aprendre par cœur ces rubriques
de College indignes d'vn noble Eſprit, & qui ne ſeruent aux

Regens que pour faire vn grand myftere de leur Sciencë, & la retenir enuelopée fous diuers voiles. Ce qu'il y a mefme de fafcheux en cecy pour quelques Princes & grands Seigneurs, c'eft que comme ils fçauent bien-toft ce qu'ils font, dez qu'ils viennent à l'âge de commander & de fuiure leur propre volonté, ils croyent fe faire tort de s'affubjectir à des Leçons, & poffible en ont ils fujet, Car la maniere dont l'on les a inftruits iufques alors leur a fait prendre vn defgouft des Sciences, lors qu'à peine en eftoient ils à l'entrée, de forte qu'il fe trouue que leur plus bel âge ne s'eft employé qu'à aprendre ce que les enfans des petits Bourgeois n'auroient pas en grande eftime s'ils ne paffoient plus outre; Cependant ceux de la plus haute condition en demeurent là quelquefois, foit par le peu de foin que les Precepteurs ont eu de leur monftrer ce qui eftoit de befoin, foit par le mefpris que les Difciples en ont fait, par caprice ou d'vn propos deliberé. Afin d'euiter cet inconuenient, fi la docilité d'vn Prince fe foufmet à l'inftructió, & fi l'on a tout loifir d'y trauailler en commençant dez fes premieres années, on y peut reüffir par la grande Methode que i'ay defia dreffée où les Langues & les Sciences font aprifes conjointement; Quelqu'vn nous obiectera que cela ne doit eftre ordonné que pour les perfonnes de condition priuée, qui ont befoin de fçauoir les Sciences à plein fonds, pour fe rendre capables de quelques profeffions ciuilles: Neantmoins fi vn Prince fçauoit tout ce que fçauent ceux qui ont eftudié le plus, ie ne doute point que l'on ne l'en eftimaft d'auätage, & que l'on ne croye que celuy qui commande à tous, doit bien fçauoir ce que fçauent tous les autres, & leur eftre fuperieur en doctrine auffi bien qu'en puiffance. Mais à dire le vray, comment pourroit-il arriuer à cela par les voyes ordinaires fans quelque miracle? Les enfans du commun font dix ou douze années dans les Claffes où ils eftudient depuis le matin iufqu'au foir, auec l'apprehenfion des menaffes & des corrections, au lieu qu'vn Roy ou vn Prince ne peuuent eftre afferuis à de fi longs trauaux, qui ne font propres en effect qu'à ceux qui cherchent le fouftien de leur vie felon qu'ils profiteront dauantage à l'eftude. Non feulement le befoin que l'on a d'vn Prince fait que l'on tafche de le retirer:

d'vne aplication trop penible , par laquelle on craindroit de nuire à sa santé , mais il est encore apellé à d'autres fonctions qui occupent la plufpart de son temps. Il faut qu'il s'employe de bonne heure à receuoir les Grands de son Eftat qui luy font leurs foufmiffions, ou les Ambaffadeurs des Roys eftrangers qui viennent renoauueller leurs alliances; Il eft neceffaire qu'il fe trouue dans les confeils & dans les autres affemblées necef-faires; C'eft à dire en vn mot qu'il faut que fur tout il aprenne à faire le Maiftre & le Roy. Quand aura-t'il donc le loifir de voir tant d'Autheurs, de tant copier & conftruire de Textes, de tant faire de Themes, & de tant aprendre de chofes par cœur, comme l'on fait dans vne inftruction commune ? Cela feroit peut eftre obferué fi l'on commençoit à l'inftruire dez la plus baffe jeuneffe, mais lors qu'vn Prince eft vn peu auancé en age, fi l'on luy veut enfeigner quelque chofe, il eft à propos de chercher des Methodes plus ayfées. La plufpart n'ayans guere le loifir de beaucoup lire & de beaucoup ef-crire, en ont encore moins la volonté. Ils penfent que de-puis que ces occupations ont paffé de certaines bornes, elles ne font que pour des perfonnes que la fortune a raualle infiniment au deffous d'eux. Il s'en peut trouuer mefmes qui dans leur baffe jeuneffe negligent entierement les Sciences : Que fera-t'on s'ils font de cette humeur ? Aura-t'on vne foible complai-fance pour ne leur rien aprendre du tout, faute d'en trouuer des moyens plus commodes? Il faut eftre plus refolu en vne occafion fi importante : Ceux qui ont la charge d'inftruire ces cheres perfonnes, font, coulpables deuant Dieu & deuant les Hommes s'ils s'y portent mollement, puis que de l'education & de l'inftruction d'vn Prince depend le bien ou le mal de tout fon peuple. On me reprefentera qu'il n'eft befoin neceffaire-ment d'aprendre aux Princes qu'à bien gouuerner. Il eft vray que lors qu'ils peuuent atteindre à ce poinct, ils ont acquis la principale doctrine des Souuerains; mais outre qu'elle ne peut eftre aprife parfaitement fans le fecours de plufieurs autres Sciences, il y a auffi des occafions où le Prince ne fcauroit agir pleinement & heureufement fans elles. Il eft bon de recher-cher comment on fe pourra accommoder à fon naturel & à fa condition, pour luy mettre dans l'efprit ce qu'il conuient qu'il fcache.

Plufieurs Autheurs fe font meflez de nous indiquer les Scien- *Comment l'on doit enfeigner au Prince la Grammaire & les lan- gues.* ces neceffaires au Prince, fans y mettre aucun ordre, & fans don- ner aucun moyen de les enfeigner auec facilité, croyant poffi- ble que la methode ordinaire y fuffifoit; mais elle n'a garde d'y feruir, fi mefme la plus exquife a de la peine à s'y faire efcouter. Ie m'en vay expofer icy celle qui me femble commode & agrea- ble. Pour ce qui eft d'aprendre à lire & à efcrire au Prince, cela peut eftre fait de la maniere commune, & quand il le fçaura af- fez bien, il luy faut prefenter les autres inftrumens des Sciences. Si l'on ne iuge point à propos de luy aprendre la Langue latine par la voye des Grammairiens, & fi fon âge ou fon humeur y re- pugnent, on ne le doit pas pourtant priuer d'vne fi belle con- noiffance: Il faut au moins luy en aprendre affez pour entendre paffablement ceux qui parleront à luy en cette langue, & ce qu'il en trouuera efcrit quelque part. Cecy fe fera par vn choix des Mots principaux que l'on reduira en ordre de Dictionnaire, & dont l'on compofera vn difcours plus abregé que celuy où ils font tous employez en general. Que fi l'on dit qu'il reftera quantité de Mots & de Phrafes qu'il n'entendra point; auffi n'eft il pas befoin qu'il fcache expliquer Iuuenal ou Plaute. Il faut prendre garde que nous formons vn Roy & vn Gouuerneur de peuples, non pas vn Docteur en Critique, dont l'efprit s'em- ploye pluftoft à iuger des mots que des chofes. Quand le Prin- ce aura apres acquis les Sciences qui luy font propres, il fe pour- ra mefme paffer des Langues mortes, & pourueu qu'il entende les mots Grecs ou Latins du commun vfage, il y en aura affez pour luy, & il pourra parler en ces langues là, & en quelques autres langues eftrangeres, auffi bien comme il pourra entendre ceux qui s'en feruent, quant ce ne feroit que par accouftumance, & puis rien n'empefche que l'on ne le faffe paffer plus outre fi fon loifir le permet, luy aprennant les mots moins frequens dont l'on luy donnera le roolle, & luy faifant conftruire les Au- theurs où l'on les peut trouuer, à quoy l'on ioindra auffi la Syn- taxe, afin que fes reigles le rendent plus affeuré de la congruité de fon Langage.

B b b iij

Des Ma-
thematiques.

Entre les Arts & les Sciences, plusieurs parties des Mathematiques luy estant fort vtiles, on luy aprendra les principes de l'Arithmetique, & de la Geometrie, & apres la Cosmographie & la Sphere. Or comme les Maistres qui ne sçauent que ces Arts les traictent fort au long pour les faire valoir d'auantage, & y arrestent leurs Escholiers plusieurs années, il faut que si le Prince n'a qu'vn seul Precepteur pour toutes ces choses, il les reduise adroictement en abrégé, n'en tirant que ce qui est absolument necessaire, ou que si des Maistres inferieurs & particuliers pour ces Arts iustruisent quelquefois son Disciple, il prenne garde qu'ils ne l'amusent point à des Questions friuolles ; Car quoy que plusieurs tiennent, Que chacun doit estre creu en son Art, il y a vn Art des Arts & vne Science des Sciences, par qui tout ce qui est subalterne doit estre reglé, & si le principal Precepteur possede cecy, il sera capable de iuger de toute sorte de Disciplines.

Des choses
naturelles.

D'autant que la connoissance des choses naturelles a beaucoup de liaison auec les Mathematiques, on les doit enseigner conjoinctement, Cela doit faire voir specialement qu'il y a des Sciences & des Arts qui se peuuent aprendre par maniere de ieu, & que par ce moyen ceux qui les ont le plus en horreur les peuuent trouuer plaisans, mais il faut qu'outre l'instruction de la parole l'on s'y serue des objets propres. Si i'ay desia proposé cecy à toute sorte de personnes, à plus forte raison le doit on proposer aux Princes de qui le pouuoir ne laisse rien à faire pour la despence ou pour quelque autre difficulté, & qui doiuent accomplir leurs desseins plus parfaitement. Les equipages de chasse que l'on leur dresse, les combats de barriere, les Carrouzels & les autres ieux que l'on prepare pour leur diuertissement en plusieurs lieux, auec les Comedies & les Balets où il y a tant de machines differentes, sont des spectacles où paroissent diuers effets de l'adresse des Hommes, desquels la consideration est necessaire en son rang & en sa saison : Neantmoins tous ces spectacles coustent bien plus, & ne profitent pas tant que les spectacles d'vne instruction parfaite & reglée, dont ie veux icy donner l'ordre, qui sera accomply par vne magnificence tres-glorieuse & tres-durable. I'ay proposé dans la grande Metho-

de quelques spectacles separez , & tels qu'on les pourra ren-
conrrer ; Mais ie fouhaiterois qu'on les affemblaft icy ; I'ay parlé de la Maifon de Salomon de l'inuention d'vn Chancelier
d'Angleterre, qui auoit quelque deffein d'en faire conftruire
vne dans fon païs à peu prez femblable. Il faut maintenant inuenter des chofes plus ayfées à executer. Que l'on faffe des
galeries & des cabinets où l'on voye vne reprefentation folide
de l'vniuers & de fes parties , auec les mouuemens de tous les
Aftres,& mefmes celuy du flux & du reflux de la mer; Que l'on y
faffe pareftre des globes lumineux qui communiquent leur efclat
à des globes efpais & fans lumiere propre ,' ainfi que le Soleil
donne de la lumiere à la Lune ; Que plus bas l'on faffe vne imitation des Meteores , afin de monftrer comment ils fe forment,
& que tous les corps de la Nature foient là auffi arrangez dans
vne maniere d'amphitheatre felon leur dignité, pour eftre mieux
diftinguez : Que l'on y voye les pierres groffieres & les precieufes, les coquilles & les Coraux, les Metaux & les Marcafites &
autres matieres minerales , & qu'il y ait vn verger auprez où
l'on treuue de toute forte de plantes ; Que dans des lieux prochains i'on voye de toute forte d'infectes enfermez fous des cloches de verre , qu'il y ait des volieres pour les oyfeaux , & que
plufieurs poiffons differens foient referuez dans vn Viuier au
milieu de ce pourpris ; Qu'il y ait là auffi de toute forte d'animaux terreftres , dont l'on laiffe errer les plus paifibles , & que
les farouches foient enferméz dans des cages de fer, & que de
plus l'on voye par tous ces lieux des Tableaux qui expriment
la naiffance & les proprietez de toutes ces Subftances,& reprefentent dans leurs Peintures ce que l'on ne peut pas voir en effect dans vn feul moment, comme la production & le progrez
des chofes. Voyla comment les merueilles de la Nature feront
mifes deuant les yeux de chacun , & ayant vn autre lieu pour la
pratique des Arts , ce fera vne Inftruction parfáicte. L'on aura
en cecy le plus bel ornement que l'on fçauroit trouuer pour
vne Maifon de plaifance; Car y ayant encore fait dreffer des
Moulins de toutes les fortes, des Pompes, des Horloges, des
Statuës mouuantes, & mefme parlantes s'il fe peut, ou rendant
quelque fon , auec toutes les Machines qui feruent à diuers

La Soli-
tude & l'A-
mour Phi-
lofophique
de Cleo-
mede.
Sect. 2.
pag. 47.

Meftiers, où peut on rien voir de plus agreable ? Ce fera vn
Palais tel que celuy que Cleomede feint auoir efté bafty par le
Prince Technes, & par la Reyne Phyfis, ou par l'Art & la
Nature mariez enfemble. Iamais aucun Monarque n'en eut vn
plus fuperbe & plus inftructif; On s'y rendra fçauant par la
feule promenade. Le Prince ayant efté nourry quelques iours
dans cette Maifon magnifique, aprendra bien toft toute forte
de curiofitez, & le Precepteur joignant vn peu d'explication à
la veüe, l'en inftruira entierement comme par recreation. Ce
n'eft pas que ie propofe cecy comme des chofes neceffaires; On
ne s'en feruira que felon les occafions & les commoditez, &
pour faire monftre d'vne Inftruction extraordinaire, veritablement Royalle & fuperbe. A faute de cela on pourra enfeigner la Phyfique par de feuls portraits, ou par des difcours de
viue voix, & s'ils n'inftruifent fi parfaitement, il y en aura
pourtant affez pour vn Homme qui n'eft pas obligé à de fi particulieres connoiffances.

*De la Me-
taphyfique
& de la
Theologie
naturelle.*

En fuite pour inftruire le Prince des chofes que l'on ne void
point, & que l'on ne reprefente que par le difcours, l'on dreffera de petits Traictez de Metaphyfique & de Theologie naturelle, puis de Morale & de Politique, & fi l'on y fcayt choifir ce
que chaque Science a de plus exquis, ie preten que par co
moyen on luy en aprendra d'auantage en quelques mois, que
n'en fcauent ceux qui ont efté dix ans fous diuers Maiftres; Car
il faut auoüer que de tant de chofes qu'on aprend, dans les
Colleges & dans vne grande varieté de Leçons, on n'en fçauroit retenir qu'vne partie qui fouuent eft la moins confiderable, au lieu que n'aprenant qu'vn certain nombre de chofes,
on les retient mieux, & fi elles font toutes triées l'acquifition
en eft meilleure.

*Que l'on
peut apren-
dre beau-
coup de cho-
fes en moin-
d'tëps qu'au
College.*

N'eft il pas vray auffi que ceux qui font enfeignez à la maniere ordinaire, font fept ou huict ans dans les Claffes que l'on
apelle d'Humanitez, pour n'y aprendre que ce qui concerne
le langage Latin & le Grec auec leur Grammaire, & quelques
Principes de la Rhetorique, & que neantmoins cela fe peut
aprendre en beaucoup moins de temps? Tout ce que l'on a
à refpondre, c'eft que ce terme eft encore employé à la lecture

des

des ouurages de quantité d'Autheurs tant en Profe qu'en Vers
où l'on aprend plufieurs Antiquitez dignes d'eftre fçeües; mais
ie repartiray que tout ce que l'on aprend là de ces chofes, peut
eftre apris en quinze iours par vne autre methode mefme auec
plus de perfection ; Car cela ne comprend que les Fables des
Payens, dont Homere, Ouide, & autres Poëtes font pleins,
ou quelques Hiftoires que l'on puife fans ordre dans diuers
Hiftoriens & Orateurs, & pour fupléer à cecy, ie declare qu'il y
a quelque inuention qui operera d'auantage que la commune.
Il faut dreffer la Genealogie des Dieux de l'antiquité auec vne
fuite fuccincte de leurs faits ; Puis il faut auoir vne Chronologie
veritable où l'on voye l'ordre des diuers âges du Monde, la
fondation & la decadence des Empires, le tour accompagné
des Remarques que l'on a accouftumé de faire fur les accidens
les plus memorables. Ayant leu cecy deux ou trois fois au
Prince, pour peu d'attention qu'il y donne il en aprendra ce
qu'il en faut fçauoir. Lors qu'il en parlera en fuite, qui eft ce qui
ne iugera qu'il en fcayt plus que ceux qui n'en ont rien apris que
dans les Annotations diuerfes des Regens, où ces chofes ne fe
trouuans que par hafard d'vn cofté & d'autre, cela n'inftruit
point comme vn difcours fuiuy qui n'eft que de ce fujet, & n'a
rien de fuperflu ?

Auec cecy on pourra aprendre au Prince toutes les graces *De la lai-*
de la langue vulgaire, tant pour la Profe que pour les Vers, afin *gue vulgai-*
qu'il n'ignore rien de ce qu'on apelle les belles lettres, Que fi en *re & d'v-*
l'inftruifant fimplement à quelques Sciences on ne luy a pas pû *fecours pou-*
aprendre la langue Greque ny la Latine, il ne faut pas neant- *ceux qui i-*
moins que cela foit capable de luy nuire. Ce fera vn notable fe- *gnorent la*
cours de luy faire vn roolle des mots qui deriuent de ces langues *Grecque &*
auec leur explication, de peur que la plus forte partie d'vn dif- *la Latine.*
cours ne luy foit fouuent inconnuë, & que fa langue maternelle
ne luy foit vne langue barbare.

Pour rendre fon Inftruction facile en toutes manieres, on luy *Des fom-*
dreffera auffi des Sommaires ingenieux de tout ce que l'on luy *maires in-*
voudra enfeigner, foit pour les langues, foit pour les Sciences *genieux des*
ou les Arts, à quelques-vns defquels il n'y aura pas pour vn quart *Sciences &*
d'heure de lecture, de forte qu'il luy fera aifé de les aprendre par *des Arts.*

cœur ; Et afin d'y trouuer plus de commodité , on les reduira en
Tables & en Cartes, où tout d'vne veuë on trouuera les choses
qu'il faut sçauoir. Ces Tables seront par diuisions & souf-diui-
sions, & par discours simples ou accompagnez de quelques figures selon les matieres ; Car la Figure represente à la veuë, ce que
les paroles expriment par leur sens , comme font les figures de
Mathematique & de Mechanique. De plus il y a encore des
moyens pour ranger toutes les Sciences sous de certaines images
que leurs diuisions composent, ce qui peut beaucoup aider à en
faire ressouuenir , cóme qui mettroit les vnes dans vn quarté, les
autres dans des cercles & des triangles & autres figures simples,
dont l'on se peut seruir selon la commodité que l'on rencontre-
ra, ou bien l'on inuentera des Figures Enigmatiques, & des Portraits de diuerses choses significatiues , comme qui represente-
roit la Science Morale par vne Forteresse munie de Bastions qui
signifieroient les Vertus Cardinalles, auec l'armée des vices autour diuersement campée : Mais sans tout cela puisque l'on peut
descrire les diuerses opositions & les depédances des choses, par
des paroles seules auec des branches & des lignes qui les accou-
plent , cela suffit aux moins intelligens. Ces differentes Tables
ou Images, estant reduites par feuillets dans quelque grand Liure,
& les mesmes Descriptions estant encore peintes autour du Cabinet où l'on aura accoustumé de faire les Leçons , & dans des
lieux de promenoir, c'est pour en rafraischir tousiours la memoire : Mais il faut prendre garde qu'il y ayt en cecy beaucoup
de choses en peu d'espace, & en peu de mots & de remarques,
& ne faire pas cómme ceux qui voullant reduire toutes les Sciences en Tables, pour n'y pas mesme oublier les choses inutiles,
les font grandes excessiuement , ce qui vous offusque la veüe &
vous accable l'esprit. Il faut donc vn excellent Artisan pour de
tels ouurages ; Comme les Peintres trouuent que l'on a plus de
peine à faire vn Portrait en petit qu'au naturel ; Aussi ces abregez demandent plus de soin & plus d'artifice que des desseins
fort estendus. Nous desirons que celuy qui s'en mesle soit
habile en toutes Sciences , & qu'il ayt acquis cette Science vniuerselle qui ordonne de toutes les autres ; Si cela se peut, il in-
struira aussi son Disciple à cette Doctrine generalle, afin que

rien ne luy soit caché, & que son iugement estant formé pour toute sorte de connoissances, il en soit plus propre à toute sorte d'actions.

Pource que l'on ne trouue pas d'abord en vn seul lieu toutes les Instructions que l'on souhaiteroit, & qu'elles ne sont pas faites auec ces Methodes dont le soulagement est extraordinaire, i'apreuue bien que l'on se serue de quelques Recueils faits par le passé, comme de ceux de Fortius, de Freigius, d'Alstedius & autres, où l'on trouue des Abregez de diuerses Sciences. Il y a eu mesme des Autheurs qui ont voulu employer leurs trauaux particulierement pour les Grands. Nous auons vn Liure de l'Institution du Prince, où l'on trouue quelque Methode d'enseigner auec vn Abregé de Grammaire, de Rhetorique, de Dialectique & de Physique; Il y a eu vn autre Liure du mesme temps apellé, *La Principauté de l'Homme*, où l'on void vn Abregé de la Grammaire Latine, & de la Grecque, de la Logique, & de la Physique. Ce sont dés ouurages composez pendant la jeunesse du feu Roy Louis XIII. comme pour luy seruir d'Instruction. Les preceptes en sont assez bons quoy qu'ils soient communs. Depuis peu le Pere Labbe Iesuite a fait imprimer *sa Geographie Royalle*, qui est vn Abregé fort exact; M. de la Motte le Vayer Precepteur de Monsieur le Duc d'Anjou, a donné aussi au public, *la Geographie du Prince, la Rhetorique du Prince, la Moralle du Prince*, Liures qui portent de tels tiltres à cause qu'on les a destinez pour l'instruction des Princes particulierement. Ces Sommaires sont excellens, & font conceuoir plus de choses que beaucoup d'autres Liures plus amples. Si l'on vouloit faire de tels ouurages sous diuerses faces on en pourroit encore composer quelques vns, lesquels portans le tiltre de Liures de Princes, seroient faits pour les Princes seulement, & ne seroient point communs à tous les autres Hommes; Car si vne Geographie faite à l'ordinaire, est autant la Geographie des Historiens & des Voyageurs que celle des Princes, il s'en peut faire vne particuliere pour eux, & d'vne nouuelle inuention. Il faudroit qu'elle enseignast au Prince pour qui elle seroit faite, quelles terres seroient sous son pouuoir, qui seroient celles où

il deuroit auoir des pretentions, & celles qu'il pourroit conquerir ; De cette forte ce feroit vne vraye Geographie de Roy
& de Prince.   On feroit auſſi vne Rhetorique, qui enſeigne-
roit au Prince quel langage luy feroit conuenable felon les
occurrences, de quel genre de Harangues, & de quelles fleurs
oratoires il fe deuroit feruir felon la dignité de fa condition.
On luy pourroit encore donner vne Moralle qui ne traiteroit
que des matieres qui luy feroient propres, & la Politique feroit
deftinée principalement à luy enfeigner la maniere de bien
commander & de fe bien faire obeyr.   Il y a beaucoup d'autres
Sommaires des Arts & des Sciences qui pourroient eſtre accommodez à l'inſtruction des Princes, pour ne leur en aprendre que ce qui feroit neceffaire à leur fonction , laiffant les inftructions plus amples pour ceux qui en ont befoin dans les conditions inferieures ; Ainfi l'on fera vn choix aux Princes de ce
qui eft de plus glorieux à aprendre pour eux , & de ce qui paffe
la portée des particuliers.   Cela n'empefche pas que les Sommaires qui font propres pour toute forte de perfonnes ne foient
tres-dignes auffi de l'eftude des Grands , veu que mefmes ils
leur font neceffaires, eftant le fondement des autres.   Mais il
faut les rendre commodes à ceux qui n'ont pas tant de loifir d'a-
prendre que le commun des hommes, en ayant retranché autant qu'il fe peut les termes de l'Efchole, ou les ayant rendus
d'vne tres-facile intelligence.   Les Autheurs dont i'ay parlé fe
font bien acquittez de cecy , & ont tracé des enfeignemens fort
bons en leur genre, tant pour les Grands que pour les moindres.
C'eft à ceux qui veullent faire pareftre des efcrits fous d'autres
formes, à s'y porter auec vne diligence efgalle à leur deffein.

    Ie fcay que quand l'on propofe de dreffer tant de forte d'en-
feignemens pour les Princes , toute la troupe des ignorans n'en
fait point compte, & croid que toutes ces diuerfes connoiffances leur font inutiles.   A quoy eft-il bon, difent quelques-vns,
qu'vn Monarque ou vn grand Seigneur, fçache ce que c'eft
de Logique, de Phyfique , d'Ethique , de Rhetorique , de
Poëfie & de tant d'autres profeffions qui ne font propres qu'à
des gens de College, ou à des hommes oyfifs, non pas à des
Princes qui ont les affaires de leur Eftat à manier, fort efloi-

gnées de ces obſeruations Scholaſtiques , auec leſquelles meſmes les galanteries de la Cour ne peuuent compatir ? Ie reſ-
pondray que l'on veut raualler vn Prince, iuſques à vn degré
fort abaiſſé , le mettant au nombre de ceux qui ne ſe ſoucient
point que leur Eſprit ſoit eſclairé par de belles connoiſſances.
Si des Hommes particuliers ou des Peuples entiers de quelque
contrée du Monde , iugent ainſi de leurs Princes , ils en ont
des penſées fort indignes , & telles que des Princes & des Roys
des Barbares. Pource qu'ils ſont Princes doiuent ils eſtre ignorans ? Ils doiuent pluſtoſt pour cette raiſon eſtre inſtruits de
toutes choſes. Pourquoy donc ne trauaillera-t'on pas à les rendre ſçauans , ſi cela ſe peut faire ſans peine , & auec beaucoup
de profit , & ſi par là ils peuuent ſe rendre d'autant plus capables de la charge que Dieu leur a commiſe , & de manier ces
grandes affaires par leſquelles on pretend au contraire qu'ils
ſoient diſtraits de l'eſtude ? La Logique ne leur ſera-t'elle pas
vtile afin que l'on ne les ſurprenne point par de faux raiſonnemens ? Ne doiuẽt-ils point s'adóner encore à la cónoiſſance des
choſes naturelles & des ſurnaturelles, veu qu'ils en ſerõt mieux
guidez à la connoiſſance de Dieu & d'eux meſmes , & la Science Moralle ne leur ſeruira-t'elle pas d'vne bonne conduite ?
C'eſt vne horrible ſtupidité de croire que les Sciences ne ſóient
propres qu'à vne vie mercenaire , comme ſi elles ne ſeruoient
pas à nous inſtruire de tout ce qui peut rendre vne vie glorieu-
ſe & memorable. Hermes ou Mercure Roy des Egyptiens
n'a-t'il pas eſté apellé Triſmegiſte , c'eſt a dire trois fois grand,
pource qu'il eſtoit grand Preſtre , grand Philoſophe & grand
Roy ? Salomon qui auoit le don de Sageſſe & de Science, ne
connoiſſoit il pas depuis le Cedre iuſqu'a l'hyſſope ? C'eſt à
faire aux grands Roys de ſçauoir tout, comme de pouuoir tout;
Quelle ſatisfaction auroit vn Prince lors que des Hommes
doctes luy feroient des Harangues , ou luy tiendroient des diſcours familiers, s'il y auoit là des choſes qu'il n'entendiſt pas ?
N'eſt il pas plus ſeant qu'il y reſponde ſur le champ, que ſi à
toute heure il auoit beſoin d'vn Interprete ou d'vn Pædago-
gue ? Cela monſtre que l'art de l'Eloquence , & tout ce qui
depend des belles Lettres luy eſt de grand ſeruice. Ie ne preten

point qu'il compose en Vers ou en Prose, comme Iacques V I.
Roy d'Angleterre & quelques autres Roys; mais quand il le
feroit à ses heures de recreation , qu'y pourroit on trouuer à
reprendre ? Plusieurs Princes se sont donné de ces sortes d'occupations qui ne leur ont point tourné à blasme , mais si l'on en
a veu de Poëtes & d'Orateurs , sur tout la facilité de parler en
public leur a esté bien seante. Leurs discours d'apareil ont eu
vne merueilleuse force , & beaucoup plus grande encore que
ceux des Officiers de leur Couronne. Ils ont paru en leur vray
lustre dans vne assemblée d'Estats & en quelques autres compagnies.   Les Harangues de Henry I I I. ont esté trouuées
d'vn stile net & persuasif ; Elles eussent eu vn plus grand esclat
en vn Monarque plus heureux. Que si le Prince n'est pas né
entierement pour l'exercice des Lettres , & qu'il ne puisse paruenir à composer quelque chose de luy mesme , encore ne luy
faut il pas oster le moyen de se seruir de ce que font les autres, &
d'entendre au moins les prieres ou les Remonstrances que l'on
luy fait , auec les ouurages que l'on luy dedie , & tout ce qu'il
peut lire dans les Liures. Voudroit on mesme luy interdire le
plaisir qu'il peut prendre à la veüe des Peintures & des Inscrip-
tions , qui publient la gloire des auciens Heros ou la sienne , &
le priuer des moyens de profiter de toutes ces choses qui ne se
font la plusfart que pour luy ? Bref à quelque chose qu'il s'aplique , la Science ne donnera-t'elle pas plus de lumiere à son iugement & plus de fermeté à son courage, le rendant habile tant
pour le conseil que pour l'execution ?

Ce qui contribuera à cecy , c'est que ie ne veux pas en faire
vn Prince sedentaire & foible ; Ie ne souhaite pas que les exercices de l'Esprit luy empeschent ceux du Corps, puis qu'ils luy
sont necessaires esgalement. Platon disoit qu'il faloit exercer
conjointement le Corps & l'Esprit ; Il faudra choisir des heures pour aprendre au Prince à manier les Armes & à monter
à Cheual, & pour les autres exercices corporels , qui sont de
diuertissement ou de bien seance ; De sorte que le temps
qu'il prendra apres pour ses estudes , sera comme pour le de-
lasser de cette petite fatigue.

Si l'on inſtruit vn Prince par cét ordre, l'on ne le rendra pas ſeulement eſgal aux plus excellens; L'on fera qu'il les ſur-paſſe d'vne longue diſtance, mais pour atteindre à ce but, ce n'eſt pas aſſez de l'inſtruire aux diſciplines communes & ſcho-laſtiques. On luy aprendra la vraye ſcience de Roy, qui va au delà de celle des Hommes communs. Outre la Politique gene-ralle on luy en donnera vne accommodée aux intereſts de ſon Eſtat, & à ceux de ſes voyſins & alliez, & qui luy aprendra les moyẽs d'agir glorieuſemẽt auec ſes amys & ſes ennemys. Il ſera inſtruit du dedans de ſon Royaume & du dehors; Il ſçaura quel en a eſté l'eſtabliſſement & le progrez, & quelle en doit eſtre la conſeruation; Comment il y pourra faire fleurir la bonne Religion & y maintenir ſa puiſſance; Comment il doit rendre la Iuſtice, & par quelles voyes il augmentera ſes finan-ces ſans fouler le peuple; & comment en rangeant ſes ſubjets dans l'obeiſſance, il mettra les eſtrangers dans le reſpect & dans la crainte; En vn mot comment ſon Eſtat ſera rendu tranquille & fleuriſſant, & comment il en pourra porter les bornes plus loin par ſes conqueſtes. Les preceptes de la Paix feront accompagnez de ceux de la guerre, pour s'en ſeruir dans le beſoin. On luy aprendra les moyens de leuer des troupes, de les aguerrir & de les faire ſubſiſter; Comment il les faut con-duire, les faire camper, les faire marcher en bataille, & les faire combattre en raze campagne auec bon ſuccez, ou les at-tacher à des ſieges de places, pour les emporter d'aſſaut ou par capitulation, & comment il faut apres vſer de la Victoire. Ce ſont là les choſes qu'on doit ſur tout aprendre aux Princes & aux Roys, non pas vne doctrine de Pedant, qui eſt indigne d'eux, & où il n'y a que du temps à perdre: Mais quoy que l'on aprenne à vn Prince tout ce qui depend de ſa fonction, s'il n'a pas aſſez de ſoin & de naturel pour en retenir quelque cho-ſe, on ſera en peine comment on y pourra remedier, veu les diſtractions qu'ont accouſtumé d'auoir les perſonnes d'vne condition ſi haute. Voylà pourquoy le Precepteur doit pren-dre ſon temps auec adreſſe, & ſe ſeruir en cecy de Sommaires, de Tables, de Deſcriptions naïues, & de figures exactes; S'il eſt habile Homme il ne donnera pas ſeulement les Inſtructions

moralles & politiques, mais auſſi les inſtructions militaires, ſelon
ce que les Liures & les exemples du temps les peuuent fournir.

　　Le Precepteur cherchera encore l'occaſion d'inſtruire le
Prince ſur la grace & le maintien du Corps, & ſur toutes
les actions exterieures, ſur la moderation des paſſions, & ſur la
conduite entiere de la vie. Il eſt vray qu'en cela ie ne luy attribue pas ſeulement l'Office de Precepteur, mais celuy de Gouuerneur, qui ſont deux charges qu'il n'eſt point mal à propos de
joindre enſemble, quand il ſe trouue vn Homme qui en eſt capable. Le Gouuerneur ayant ſoin de la nourriture du Prince
& de ſes mœurs, qui eſt bien plus que de luy aprendre la Grammaire & la Rhetorique, ou les Mathematiques, il ne faut point
douter qu'il ne ſoit capable de ces Sciences; Et s'il eſt capable
auſſi des Sciences les plus hautes qui ſont les contemplatiues &
Theoriques, il le peut bien eſtre des practiques & actiues. Quoy
que ceux qui ſont pris pour Gouuerneurs, ne ſoient pas perſonnes à s'employer à toute ſorte d'inſtructions, il ne faut pas
s'eſtonner de ce que ie fay la propoſition de leur donner auec
cecy la charge de Precepteurs, parce que ie n'enten pas que l'on
inſtruiſe les Princes par des Leçons vulgaires, mais par des
Leçons exquiſes & choiſies, auſquelles l'Homme qui s'apliquera ſera bien digne d'eſtre Gouuerneur, auſſi bien que Precepteur, & peut eſtre que dans ce haut degré de capacité il croiroit s'abaiſſer d'eſtre l'vn ſans l'autre. Selon ce que l'on obſerue
aujourd'huy dans pluſieurs Cours la pluſpart des Precepteurs
que l'on donne aux Princes, ſont des Eccleſiaſtiques dont la
premiere fonction eſt d'enſeigner à bien viure, ou ce ſont gens
doctes & ſages qui ſont capables de tout, auſquels la conduite
de la vie d'vn Prince peut bien eſtre commiſe auec l'inſtruction
pour les Sciences quoy qu'il y ayt encore à part quelque Homme de qualité qui porte tiltre de Gouuerneur & de Sur-Inten-
dant à l'Education. Quant à ces Precepteurs qui n'ont perſonne au deſſus d'eux, & par ce moyen ont la fonction de Gouuerneurs, comme on en a veu chez pluſieurs Empereurs & Roys,
ſi on en vouloit encore auoir de pareils, d'autant qu'ils auroient trop d'occupation de reigler les mœurs d'vn Prince, & ſes
eſtudes, ie n'improuuerois pas qu'ils cuſſent quelque habile
　　　　　　　　　　　　　　　　　　　　　　　Homme

Homme fous eux pour faire les repetitions à leur Difciple fuiuant
leur ordre. Ce ne feroit neantmoins que touchant les Sciences
communes, fe referuant l'inftruction entiere de celles qui feroient de leur inuention, & principalement de celles qui apar-
tiendroient à la dignité de Prince ou de Roy, comme i'en ay
propofé quelques vnes. Outre les Sciences humaines, & l'Art
militaire, il y a la Morale Pratique & la Politique vfagere,
dont ie fay vne troifiefme efpece de Difcipline, à laquelle ce
Precepteur doit eftre expert. Que fi des Princes qui feroient
defia hors de l'age ordinaire pour l'inftruction, auoient cette
loüable curiofité de reparer les deffaux de leurs premiers enfeignemens, pource que la fonction de les enfeigner feroit celle
d'vn fecret confident, pluftoft que d'vn Precepteur ou Gouuerneur, elle deuroit principalement confiderer les Eftudes
qui apartiennent à l'Ame, comme les plus releuées & les plus
neceffaires. Or il faut s'imaginer que ie n'ay rien auancé en
tout cecy qui regarde particulierement quelques Princes qui
foient aujourd'huy en eftat d'eftre inftruits, ou quelques autres
perfonnes releuées ; Nous fçauons qu'il y a d'excellens
Precepteurs en ce fiecle, & qu'il y en a eu aux fiecles paffez,
lefquels ont rendu leurs Difciples tres-grands Hommes : Mais
de quelque methode qu'ils fe foient feruis, il n'eft pas defendu
d'en chercher vne pour l'auenir, qui foit plus facile & plus
inftructiue.

C'eft faire beaucoup d'enfeigner aux Princes & aux Roys, *Il y a icy des*
comment ils doiuent eftre inftruits, ou comment ils doiuent *manieres de*
faire inftruire leurs enfans, & d'enfeigner auffi aux Pre- *s'inftruire*
cepteurs comment ils doiuent s'acquitter de leur charge, foit *pour toute*
pour l'inftruction des perfonnes de haute condition ou des *forte de*
mediocres. Nous ne fommes pas affeurez, fi ce que l'on en *gens.*
trouue icy nous doit feruir Neantmoins quãd on n'en iugeroit
que par les feules propofitions, toute forte de gens peuuent
rencontrer en cela des manieres de s'inftruire plus
amples & plus faciles qu'à l'ordinaire, lefquelles feront
fort commodes, fpecialement pour ceux qui font defia
auancez en age, & qui n'ont pas eu le bon-heur d'eftre in-
ftruicts dez leur enfance : Comme au deffous des Roys & des
Princes, il y a des hommes dont l'heureufe naiffance, & les

vertus particulieres meritent bien que l'on pense à eux ; I'enten
qu'encore que ce Traicté porte le tiltre de Methode Royalle,
il ne soit pas seulement pour les Princes & les Roys, mais pour
tous ceux que le bon naturel rend dignes d'vne haute fortune.
Ces instructions doiuent estre variées selon les occasions, &
selon la portée de ceux que l'on enseigne , tellement que l'on
n'en sçauroit establir de reigle particuliere. Ie n'ay fait mesmes que de simples propositions ; Aussi n'apellay-je point ce
Traicté absolument , *La Methode Royalle*, mais, *De la Methode
Royalle* , obseruant cette maniere de tiltre en d'autres Traictez,
pour monstrer que ie parle seulement en bref de quelque chose , plustost que de donner la chose mesme. Or ayant declaré
les secrets qui seruent à vne Institution generalle, si ceux qui en
ont la charge, ont l'Esprit assez puissant pour s'en imaginer toutes les particularitez , apres l'ouuerture que i'en ay faite , il ne
leur en faut rien dire d'auantage : Ils trouueront le moyen
d'instruire ingenieusement leurs Disciples , & de les rendre
sçauans sans qu'ils y pensent , & sans mesmes qu'ils en ayent la
volonté , ce qui est le Chef-d'œuure de toutes les Instructions:
Mais pource que les Leçons qu'ils dresseront en Tables ou en
Sommaires, ne seront pas la mesme chose que ce que pourroit
donner celuy qui est maistre de ses inuentions, l'on souhaiteroit possible d'auoir tous ces ouurages de la mesme main qui
les a proposez : A fin d'y estre incité , il faudroit rencontrer des
gens disposez à les receuoir , & qu'vn Autheur fust asseuré de
ne point trauailler inutilement. Ce seroit alors qu'il deuroit
accomplir vn ouurage digne d'estre veu des Princes & de tous
ceux qui sont au dessus des autres ; Il seroit obligé de donner vne Science qui se monstreroit la guide des autres
Sciences , & seroit la vraye Science humaine vniuerselle , laquelle descouure en quels endroits l'Esprit de l'Homme doit demeurer en suspens , & se contenter de sçauoir quelles choses ne peuuent estre sceuës , & en quelles autres il faut
leuer le doute. Cecy est la Science de la verité & du vray raisonnement où est contenuë la vraye Logique aplicable à toutes
Sciences, sous laquelle on comprend ordinairement les lettres
humaines ou les Humanitez , & toute la Philosophie auec vne
Science ciuille & toute particuliere , qui est celle de connoistre

le naturel des Hommes, & la condition des affaires, deux fondemens principaux de la Prudence du Monde, dont les Efcholes vulgaires ne nous donnent point de preceptes ; Mais quelque ingratitude qu'ayt le fiecle, il faut que ie declare vne partie de cecy ; Puifque i'ay entrepris d'efcrire de la Perfection de
l'Homme, ie feray voir plufieurs Traictez qui en dependent, en Sommaire où autrement, felon que ie le iugeray neceffaire. Les enfeignemens curieux qui fe trouueront en cela
feront donnez auffi librement que les communs. Ceux dont
la profeffion eft d'enfeigner pour le profit, font vn fecret de
leurs Methodes afin d'attirer d'auantage d'Efcholiers, mais il
faut monftrer en defcouurant ces chofes qu'elles viennent
d'vn autre lieu.

Outre ces manieres d'aprendre les Sciences par l'inftruction
des Maiftres ou par les Liures, il y a celle des Conuerfations &
Conferences auec des gens d'efprit & de fçauoir; C'eft vn grand
auantage d'auoir prez de foy vne Science viuante & animée;
Elle tranfmet bien plus puiffamment fes maximes en noftre
efprit qu'vne Science morte. La conuerfation auec toute forte
de perfonnes eft l'employ & l'vfage de ce que nous auons apris
en particulier ; Les difcours qui fe font aux eftudes ne font que
feintes, mais ceux qui fe font dans les Compagnies du Monde
font des realitez. Celuy quis'eft veu fouuët l'efpée à la main dans
les combats eft plus adroit & plus vaillant que celuy qui n'a fait
toute fa vie que tenir vn fleuret dans vne falle, & qui tremble à la
moindre rencontre ; Auffi ceux qui ont iouy de differentes conuerfations fçauent bien mieux comment il faut parler, deuant
toute forte de gens que ceux qui n'ont veu que leur Cabinet ou
vne Claffe. Entre les conuerfations il y en a de familieres, & de
ferieufes ou importantes. Ces dernieres font celles qui inftruifent le plus ; Au deffus de cela l'on mettra les Conferences ou
Affemblées, & les Academies, foit que l'on en faffe partie &
que l'on y dife fon aduis, ou que l'on efcoute feulement l'aduis
des autres;Entre les eftudes libres,l'on peut encore mettre l'atë-
tiõ que l'on a pour ouyr de doctes Predicatiõs & de belles Hará-
gues & autres actions publiques. C eft auffi vn employ des eftudes du College où l'on profite beaucoup;fi apres auoir ouy quel-

ques Declamations l'on est obligé d'en faire de semblables ou de
respondre aux premieres, d'autant que l'on se rend plus habile
par l'exercice; Il y a pareille raison d'ouyr les Disputes de Philosophie ou de Theologie pour s'instruire à disputer à son tour,
& l'on fera mesme chose des Causes qui sont plaidées dans les
Sieges de Iustice. Toutes ces choses estant bien enteduës, instrui-
sent à les imiter & donnent d'autres connoissances meslées. Il n'y
a pas iusqu'aux Comedies qu'on croid estre capables de donner
quelques enseignemens à ceux qui les escoutent, pourueu qu'elles
soient dans les bonnes reigles.

Des voya-
ges.
　　　Plusieurs mettent les voyages au nombre des meilleurs
moyens de s'instruire, & en effect quand l'on ne feroit que considerer les diuersitez du Monde dans la difference des contrées,
des villes, & des mœurs des habitans, c'est vne estude assez vtile,
& qui peut faire auoüer que le Monde est vn spectacle euident,
lequel enseigne tous ceux qui le veullent considerer. Neantmoins comme l'on ne sçauroit ouurir les portes les mieux closes
sans en auoir la clef, il est besoin que nous ayons desia receü
d'ailleurs l'art d'expliquer les choses, afin que nostre recherche
soit vtile. Il est à propos mesme auparauant que partir pour vn
voyage d'auoir apris les langues des Pays où l'on veut aller, craignant que l'on n'y soit plustost occupé à y aprendre des mots que
des choses, & qu'au lieu d'y chercher des instructions releuées,
il semble que l'on ne soit allé qu'à des Escholes de Grammaire.
Il ne faut s'y rien reseruer à aprendre pour le langage,
que la prononciation & l'accent du Pays, afin que tout d'vn
coup l'on soit capable d'entendre ce que disent ceux qui en sont
habitans originaires, & d'auoir societé auec eux. Quand l'on
veut voyager pour aprendre les Sciences & les Arts & la practique du Monde, il ne faut pas aussi ressembler à ceux qui passant
en diuerses contrées, s'informent seulement où sont les plus belles femmes & les meilleurs vins & tous les sujets de Delices; Il faut que le voyage soit vne occasion d'Estude & non
pas de desbauche, afin que l'on en reuienne d'autre sorte
que la pluspart des ieunes hommes qui vont en Pays loin-
tain, lesquels apres la perte de leur argent & de leur san-

té , ne raportent rien que de mauuaifes habitudes & de fal-
cheufes maladies. Quelques perfonnes qui ayment le repos ou
qui n'ont pas le loifir & la commodité d'aller par le Monde fe
contentent de voyager par les Liures, où ils aprennent encore
tout ce qu'il eft befoin de fçauoir pour la conduite & pour le bien
de la vie. Chacun peut profiter dans fa maniere d'Eftude felon
fa bonne intention.

FIN.

Extraict du Priuilege du Roy.

PAR Lettres Patentes du Roy données à Paris le quatriefme iour de Feburier mil fix cens quarante fept, fignées Par le Roy en fon Côfeil RENOVARD, & fcellées du grand Seau. Il eft permis au Sieur DE SOREL, Confeiller du Roy en fes Confeils, Premier Hiftoriographe de France & de fa Majefté, de faire imprimer vendre & diftribuer par tel Libraire ou Imprimeur qu'il luy plaira en vn feul Volume ou en plufieurs differends, vn Liure intitulé, *De la Perfection de l'Homme, tant pour les connoiſſances que pour les Mœurs, Auec les bonnes reigles de la Vie, & l'Examen de plufieurs Autheurs,* & ce pour le temps de fept ans, à compter du iour que chaque Volume ou Traicté fera acheué d'imprimer pour la premiere fois : Et defenfes font faites à toutes autres perfonnes de l'imprimer vendre & diftribuer fur les peines y contenuës, comme il eft plus amplement porté par lefdites Lettres.

Et le fufdit a cedé & tranfporté le prefent Priuilege à R. DE NAIN Marchand Libraire à Paris en ce qui eft des Traictez particuliers, De la Perfection de l'Homme, & des Methodes des Sciences.

Acheué d'imprimer pour la premiere fois le dernier iour de Nouembre 1654.

Les Exemplaires ont efté fournis.

PAge 5. ligne 7. liſez, premier. p 30. l. 23. oſtez, icy. p. 53. l 35. liſez trouue. p. 69. l. 30. on le iuge. p. 129. l. 19. ſont comme. p. 144. l. 1. c'en doiuent. p. 156. l. 10. leur lieu p. 167. l. 25. aprouuée. p. 168. l. 29. de les faire aprouuer. p. 170. l. 33. des Nouateurs. p. 171. l. 17. ne doit point. p. 172. l. 27. Pyrrhoniens. p. 175. l. 19. quoy que. p. 181 l. 26. effacées. p, 190. l 35. qu'il ſe faut. p. 200. l. 33 les meſmes effets. p. 216. l. 25. au lieu de, que la chaleur ne s'engendre point icy bas, il eſt mieux de mettre, que ſi la chaleur ne s'engendre point icy bas. p. 217. l. 33. & de l'humidité du feu. p. 232. l. 33. abuſé a les remarquer. p. 238. l. 27. Geometriques. p. 242. l. 6. de grandeur infinie. p. 257. l. 17. oſtez, auſſi. p. 281. l. 6. & ce qu'ils ont fait en a porté. p. 284. l. 7. le Cercle. p. 242. l. 19. *Apodictico docendi gener.* p. 304. l. 22. partie. p 315. l. 35. il faut. p. 323. l. 27. s'ils. p 324. l. 5. marches. p. 368. l. 30. particulieres. p. 37?. en la derniere ligne oſtez, auſſi. p. 340. l. 6. il eſt beſoin, au lieu de, neceſſaire.